廖传华　李聃　程文洁 / 著

污水处理技术
及资源化利用

化学工业出版社

·北京·

内 容 简 介

污水资源化利用对于推动我国水资源的集约节约高效利用意义重大。

本书共分为预处理篇、能源利用篇、物料利用篇、水资源利用篇四篇，共17章，主要介绍了污水处理政策解读及污水处理方式、污水除渣、气浮、调节、焚烧产热、水热氧化产热、水热气化产热、水热气化产可燃气、生物气化产沼气，生物气化产氢气、有机物的分离与回收、有机物的利用途径、无机物的分离与回收、无机物的利用途径、污水农业回用、污水工业回用、污水生活回用、污水生态回用等的技术、设备、方法及途径。

本书不仅可供从事污水处理的科研人员、技术人员和管理人员阅读，也可供高等学校环境科学与工程、市政工程等相关专业的师生参考。

图书在版编目（CIP）数据

污水处理技术及资源化利用/廖传华，李聃，程文洁著. —北京：化学工业出版社，2022.7（2023.5重印）
ISBN 978-7-122-41229-4

Ⅰ.①污… Ⅱ.①廖… ②李… ③程… Ⅲ.①污水处理②废水综合利用 Ⅳ.①X703

中国版本图书馆CIP数据核字（2022）第063452号

责任编辑：卢萌萌 仇志刚　　　　　　加工编辑：王云霞
责任校对：田睿涵　　　　　　　　　　装帧设计：史利平

出版发行：化学工业出版社（北京市东城区青年湖南街13号　邮政编码100011）
印　　装：北京科印技术咨询服务有限公司数码印刷分部
787mm×1092mm　1/16　印张22　字数511千字　　2023年5月北京第1版第2次印刷

购书咨询：010-64518888　　　　　　售后服务：010-64518899
网　　址：http://www.cip.com.cn
凡购买本书，如有缺损质量问题，本社销售中心负责调换。

定　　价：138.00元

随着国民经济的飞速发展、城市化进程的加快和社会主义新农村建设的推进，城市污水、工业污水和农村污水的排放量日益增多，这些排放的污水中都不可避免地混有一定组成的污染物质，如果不经处理而直接排放，不但会对环境造成污染，而且还会浪费其中所含的有用资源。

在相当长的一段时间内，由于认识的错位，认为污水是一种废弃物，水体受污水污染后会造成严重的环境问题。因此，从保护水体环境的角度出发，我国污水处理的目标是控制排放水质标准，以消除污染物及由污染物带来的危害。随着国民经济的发展和生活水平的提高，人们对清洁环境的要求越来越高，因此环境保护和水污染防治工作也更加严格。但从循环经济的角度出发，污水也是一种资源和能源的载体，污水的治理工作必须推进污水资源化利用，促进解决水资源短缺、水环境污染、水生态损害问题，推动高质量发展、可持续发展。因此，国家于 2020 年前后相继出台了一系列政策，把污水资源化利用摆在更加突出的位置，鼓励污水处理和污水资源化利用行业发展。

由此可以看出，我国污水处理与资源化利用起步较晚，与世界发达国家还存在一定的差距。为此，在结合目前国内外污水资源化利用现状的基础上，我们著写了这本《污水处理技术及资源化利用》，将污水作为一种能源与资源的载体，从污水的能源利用、物料利用和水资源化利用三个方面对各种污水资源化利用技术与途径分别进行了系统的介绍，并对污水除渣、气浮、调节等常用的预处理过程也进行了简要阐述，以期为从事污水资源化利用的技术人员、科研人员和管理人员提供一定的参考，进而推动我国污水资源化处理技术与设备的发展与进步。

全书分四篇共 17 章。第 1 章概述性地介绍了污水的来源与分类、水质及危害、相关处理处置政策解读及相关技术；第 2～4 章为预处理篇，分别介绍了污水除渣、气浮、调节等污水预处理过程；第 5～9 章为能源利用篇，分别介绍了焚烧产热、水热氧化产热、水热气化产可燃气、生物气化产沼气、生物气化产氢气；第 10～13 章为物料利用篇，分别介绍了污水中有机物和无机物的分离与回收技术及其利用途径；第 14～17 章为水资源利用篇，分别介绍了污水在农业、工业、生活、生态等领域的回用途径。

全书由南京工业大学廖传华、中海油研究总院有限责任公司李聘和南京工业大学程文洁著，其中第 1、第 5、第 6、第 7、第 10、第 12、第 17 章由廖传华著写，第 2、第 3、第 8、第 9、第 15 章由李聘著写，第 4、第 11、第 13、第 14、第 16 章由程文洁著写。全书最后由廖传华统稿并定稿。

全书虽经多次审稿、修改，但污水资源化处理过程涉及的知识面广，由于笔者水平有限，不妥及疏漏之处在所难免，恳请广大读者不吝赐教，笔者将不胜感激。

著者

2022 年 2 月

目录

第 1 章   001

绪论

1.1 ▶ 污水的来源与分类 ··· 001
    1.1.1　污水的来源 ··· 001
    1.1.2　污水的分类 ··· 002

1.2 ▶ 污水的水质及危害 ··· 004
    1.2.1　污水的水质 ··· 004
    1.2.2　污水的危害 ··· 006

1.3 ▶ 污水处理政策解读 ··· 007

1.4 ▶ 污水处理 ··· 010
    1.4.1　污水处理的原则 ··· 010
    1.4.2　污水处理的方式 ··· 011
    1.4.3　污水的处理方法 ··· 011
    1.4.4　污水资源化利用方法 ··· 012

参考文献 ·· 012

预处理篇

第 2 章   014

污水除渣

2.1 ▶ 格栅 ··· 014
    2.1.1　格栅的设置 ··· 014
    2.1.2　格栅的分类 ··· 015
    2.1.3　格栅除渣机 ··· 016

2.2 ▶ 筛网 ··· 017
    2.2.1　筛网的设置 ··· 017
    2.2.2　筛网的分类 ··· 018

2.3 ▶ 沉砂 ·· 019

　　2.3.1　沉砂池的设置 ·· 019

　　2.3.2　沉砂池的分类 ·· 019

　　2.3.3　除砂与砂水分离 ·· 021

参考文献 ·· 022

第 3 章　　　　　　　　　　　　　　　　　　　　023

气浮

3.1 ▶ 气浮法的特性 ·· 023

　　3.1.1　气浮法的特点 ·· 023

　　3.1.2　气浮法的适用对象 ·· 023

　　3.1.3　气浮法的分类 ·· 024

3.2 ▶ 加压溶气气浮 ·· 024

　　3.2.1　基本流程 ·· 024

　　3.2.2　工艺设计 ·· 026

　　3.2.3　工艺特点 ·· 030

3.3 ▶ 加压溶气气浮的设备组成 ·· 031

　　3.3.1　加压溶气设备 ·· 031

　　3.3.2　溶气释放设备 ·· 033

　　3.3.3　气浮池 ·· 033

　　3.3.4　刮渣机 ·· 035

3.4 ▶ 其他气浮法 ·· 036

　　3.4.1　电解气浮法 ·· 036

　　3.4.2　射流气浮法 ·· 036

　　3.4.3　曝气气浮法 ·· 037

　　3.4.4　叶轮气浮法 ·· 038

参考文献 ·· 038

第 4 章　　　　　　　　　　　　　　　　　　　　039

调节

4.1 ▶ 调节的作用与分类 ·· 039

　　4.1.1　调节的作用 ··· 039

　　4.1.2　调节的分类 ··· 039

4.2 ▶ 水量调节 ·· 039

4.3 ▶ 水质调节 ……………………………………………………………………… 040

4.4 ▶ 调节池 …………………………………………………………………………… 041

    4.4.1 调节池的分类 ……………………………………………………………… 042

    4.4.2 调节池的形式 ……………………………………………………………… 042

    4.4.3 调节池的设计 ……………………………………………………………… 042

参考文献 ……………………………………………………………………………… 044

能源利用篇

第 5 章   046

焚烧产热

5.1 ▶ 焚烧处理的流程及存在的问题 ……………………………………………… 046

    5.1.1 焚烧处理流程 ……………………………………………………………… 046

    5.1.2 有机污水焚烧存在的问题 ………………………………………………… 048

5.2 ▶ 焚烧系统的设计计算 ………………………………………………………… 049

    5.2.1 有机污水的热值估算 ……………………………………………………… 049

    5.2.2 有机污水焚烧产热量计算 ………………………………………………… 050

5.3 ▶ 焚烧炉的选型 ………………………………………………………………… 051

5.4 ▶ 焚烧的应用及热量的回收利用 ……………………………………………… 052

    5.4.1 焚烧在污水处理中的应用 ………………………………………………… 053

    5.4.2 焚烧热量的回收利用 ……………………………………………………… 053

参考文献 ……………………………………………………………………………… 053

第 6 章   055

水热氧化产热

6.1 ▶ 水热氧化技术的分类 ………………………………………………………… 055

    6.1.1 湿式氧化 …………………………………………………………………… 055

    6.1.2 超临界水氧化 ……………………………………………………………… 058

6.2 ▶ 湿式氧化与能源化利用 ……………………………………………………… 058

    6.2.1 湿式氧化的工艺流程 ……………………………………………………… 058

    6.2.2 湿式氧化的影响因素 ……………………………………………………… 062

    6.2.3 湿式氧化的主要设备 ……………………………………………………… 065

    6.2.4 有机污水湿式氧化的能量利用 …………………………………………… 065

6.3 ▶ **超临界水氧化与能源化利用** ···································· 066

    6.3.1   超临界水氧化的工艺流程 ··························· 066

    6.3.2   超临界水氧化反应器 ····························· 068

    6.3.3   有机污水超临界水氧化的能量回用 ··················· 075

参考文献 ·· 079

第 7 章   082

水热气化产可燃气

7.1 ▶ **水热气化技术** ··· 082

    7.1.1   水热处理过程 ······························· 082

    7.1.2   水热气化过程 ······························· 083

    7.1.3   水热气化过程的影响因素 ······················· 084

7.2 ▶ **有机污水超临界水气化制氢** ······························ 085

    7.2.1   有机污水超临界水气化制氢的机理 ················· 085

    7.2.2   有机污水超临界水气化制氢的工艺 ················· 086

    7.2.3   有机污水超临界水气化制氢过程的影响因素 ··········· 086

参考文献 ·· 088

第 8 章   090

生物气化产沼气

8.1 ▶ **有机污水厌氧消化的机理** ····························· 090

8.2 ▶ **有机污水厌氧消化过程的影响因素** ···················· 093

    8.2.1   工艺条件的影响 ····························· 093

    8.2.2   环境因素的影响 ····························· 096

8.3 ▶ **有机污水产甲烷的潜能及消化工艺** ···················· 099

    8.3.1   有机污水厌氧消化产甲烷的潜能 ·················· 099

    8.3.2   有机污水厌氧消化工艺 ······················· 100

8.4 ▶ **有机污水厌氧消化反应器** ····························· 103

    8.4.1   常规型反应器 ······························· 104

    8.4.2   污泥滞留型反应器 ··························· 106

    8.4.3   附着膜型反应器 ····························· 111

8.5 ▶ **有机污水厌氧消化产物的利用** ························ 113

    8.5.1   沼气的利用 ······························· 114

    8.5.2   沼液和沼渣的利用 ··························· 114

参考文献 ·· 114

第 9 章   116

生物气化产氢气

9.1 ▶ 有机污水生物制氢的方法 ······················· 116

    9.1.1   直接生物光解制氢 ·························· 116

    9.1.2   间接生物光解制氢 ·························· 116

    9.1.3   光发酵制氢 ···································· 117

    9.1.4   暗发酵制氢 ···································· 118

9.2 ▶ 有机污水厌氧发酵产氢的途径 ·················· 119

    9.2.1   EMP 途径中的丙酮酸脱羧产氢 ·········· 119

    9.2.2   辅酶 I 的氧化还原平衡调节产氢 ········ 120

    9.2.3   产氢产乙酸菌的产氢作用 ·················· 121

    9.2.4   NADPH 在生物产氢过程中的作用 ······ 121

    9.2.5   氢酶的催化作用 ···························· 122

9.3 ▶ 厌氧消化制氢过程的影响因素 ·················· 123

    9.3.1   物料性质的影响 ···························· 123

    9.3.2   工艺条件的影响 ···························· 124

    9.3.3   其他因素的影响 ···························· 125

参考文献 ·· 126

物料利用篇

第 10 章   128

有机物的分离与回收

10.1 ▶ 精馏法提取有机物 ······························· 128

    10.1.1   精馏操作流程 ······························ 128

    10.1.2   精馏装置的热量衡算 ······················ 130

    10.1.3   多组分精馏 ·································· 132

    10.1.4   复杂精馏 ···································· 133

    10.1.5   影响精馏操作的主要因素 ·················· 135

    10.1.6   间歇精馏的新型操作方式 ·················· 138

10.2 ▶ 萃取法提取有机物 ······························· 140

    10.2.1   溶剂萃取操作的特点 ······················ 141

10. 2. 2　溶剂萃取的操作流程 ·············· 141

10. 2. 3　溶剂萃取的操作方式 ·············· 143

10. 2. 4　萃取剂的选择 ·············· 144

10. 2. 5　萃取设备 ·············· 146

10. 3 ▶ 化学沉淀法分离回收有机物 ·············· **154**

10. 4 ▶ 重力沉降法分离回收有机物 ·············· **156**

10. 5 ▶ 过滤法分离回收有机物 ·············· **156**

10. 5. 1　过滤机 ·············· 157

10. 5. 2　过滤机的生产能力 ·············· 164

10. 5. 3　过滤机的选型 ·············· 167

10. 6 ▶ 膜滤法分离回收有机物 ·············· **169**

10. 6. 1　反渗透及其应用 ·············· 169

10. 6. 2　超滤及其应用 ·············· 170

参考文献 ·············· **171**

第 11 章　　　　　　　　　　　　　　174

有机物的利用途径

11. 1 ▶ 工业回用 ·············· **174**

11. 1. 1　本工艺过程的回用 ·············· 174

11. 1. 2　其他工艺过程的回用 ·············· 175

11. 2 ▶ 农业利用 ·············· **176**

11. 2. 1　堆肥 ·············· 176

11. 2. 2　制复混肥料 ·············· 182

11. 3 ▶ 制吸附材料 ·············· **183**

11. 3. 1　热解活化法 ·············· 183

11. 3. 2　物理活化法 ·············· 184

11. 3. 3　化学活化法 ·············· 185

11. 3. 4　化学物理活化法 ·············· 186

11. 4 ▶ 转化制能源 ·············· **187**

11. 4. 1　热化学转化技术 ·············· 187

11. 4. 2　物理转化技术 ·············· 190

11. 4. 3　生物转化技术 ·············· 190

参考文献 ·············· **191**

无机物的分离与回收

12.1 ▶ 蒸发浓缩法回收无机物 ·· 192

    12.1.1 污水蒸发的优缺点 ·· 192

    12.1.2 污水蒸发的工艺流程 ·· 193

    12.1.3 蒸发器的类型 ··· 194

    12.1.4 蒸发器的设计 ··· 201

12.2 ▶ 结晶法回收无机物 ·· 201

    12.2.1 结晶法的分类 ··· 201

    12.2.2 结晶设备的选型 ·· 202

    12.2.3 结晶过程的计算 ·· 206

12.3 ▶ 膜分离法回收无机物 ·· 208

    12.3.1 反渗透及其应用 ·· 208

    12.3.2 纳滤及其应用 ··· 213

    12.3.3 超滤及其应用 ··· 214

    12.3.4 微滤及其应用 ··· 217

    12.3.5 电渗析及其应用 ·· 217

12.4 ▶ 化学沉淀法回收无机物 ·· 224

    12.4.1 氢氧化物沉淀法 ·· 224

    12.4.2 硫化物沉淀法 ··· 228

    12.4.3 碳酸盐沉淀法 ··· 229

    12.4.4 铁氧体沉淀法 ··· 229

    12.4.5 其他沉淀法 ··· 231

    12.4.6 化学沉淀法的应用 ·· 234

    12.4.7 化学还原法的应用 ·· 234

参考文献 ··· 237

无机物的利用途径

13.1 ▶ 工业回用 ·· 239

    13.1.1 本工艺过程的回用 ·· 239

    13.1.2 其他工艺过程的回用 ·· 240

13.2 ▶ 制建筑材料 ·· 241

    13.2.1 制烧结砖 ··· 241

    13.2.2 制免烧砖 ··· 242

13. 2. 3　制备陶粒 ·· 245

13. 2. 4　制备矿渣水泥 ·· 248

13. 2. 5　制备轻质填充料 ·· 249

13. 2. 6　熔融制人造石料 ·· 249

13. 3 ▶ 制功能材料　249

13. 3. 1　制备磁性材料 ·· 249

13. 3. 2　制备催化材料 ·· 251

参考文献 ·· 252

水资源利用篇

第 14 章　254

污水农业回用

14. 1 ▶ 农田灌溉　254

14. 1. 1　农田灌溉的方法 ·· 254

14. 1. 2　灌溉用水的水质要求 ··································· 256

14. 1. 3　污水灌溉回用的水质标准 ······························ 256

14. 1. 4　灌溉回用污水的处理技术 ······························ 259

14. 2 ▶ 植苗造林　260

14. 2. 1　水在植苗造林中的作用 ································· 261

14. 2. 2　污水在植苗造林中的回用 ······························ 262

14. 3 ▶ 畜牧养殖　262

14. 3. 1　畜牧养殖的需水量 ····································· 262

14. 3. 2　畜牧养殖的饮水源 ····································· 263

14. 3. 3　畜牧养殖饮用水的水质要求 ···························· 264

14. 3. 4　畜牧产品加工用水的水质要求 ·························· 266

14. 4 ▶ 水产养殖　266

14. 4. 1　水产养殖的需水量 ····································· 267

14. 4. 2　水产养殖的水质要求 ··································· 267

14. 4. 3　污水水产养殖回用 ····································· 269

14. 5 ▶ 污水生态农业　271

14. 5. 1　污水的控制与处理途径 ································· 271

14. 5. 2　污水生态农业的原理 ··································· 272

14. 5. 3　污水生态农业的类型 ··································· 274

14. 5. 4　污水生态农业的发展方向 ······························ 276

参考文献 ·· 277

第 15 章 278

污水工业回用

15.1 ▶ 污水工业回用的原则 ································· 278

15.2 ▶ 工业过程的用水分析 ································· 279

15.3 ▶ 典型工业过程的主要用水节点 ················· 281
    15.3.1 石油炼制 ··································· 281
    15.3.2 乙烯 ······································· 283
    15.3.3 煤制气 ··································· 284
    15.3.4 合成氨 ··································· 286
    15.3.5 煤制甲醇 ································ 287
    15.3.6 氯碱 ······································· 289

15.4 ▶ 污水的工业回用方式 ································· 290
    15.4.1 间接回用 ································ 290
    15.4.2 直接回用 ································ 291
    15.4.3 再生回用 ································ 291
    15.4.4 再生循环 ································ 291
    15.4.5 污水工业回用的处理 ·············· 292

15.5 ▶ 污水的工业回用途径 ································· 292
    15.5.1 产品用水 ································ 292
    15.5.2 冷却用水 ································ 293
    15.5.3 洗涤用水 ································ 294
    15.5.4 冲渣用水 ································ 294
    15.5.5 烟气净化用水 ························ 295
    15.5.6 除尘冲灰用水 ························ 295
    15.5.7 地坪冲洗用水 ························ 295

参考文献 ·· 296

第 16 章 297

污水生活回用

16.1 ▶ 市政用水 ·· 297
    16.1.1 城市绿化用水 ························ 297
    16.1.2 景观环境用水 ························ 299
    16.1.3 建筑施工用水 ························ 301

16.1.4 道路清扫用水 ·································· 304

16.2 ▶ 消防用水 ·································· 306
16.2.1 消防用水量 ·································· 306
16.2.2 消防用水的水源 ·································· 309
16.2.3 污水消防回用的防护与保障 ·································· 311

16.3 ▶ 生活杂用水 ·································· 311
16.3.1 洗车用水 ·································· 311
16.3.2 冲厕用水 ·································· 312

参考文献 ·································· 314

第 17 章 315

污水生态回用

17.1 ▶ 湿地回用 ·································· 315
17.1.1 自然湿地 ·································· 315
17.1.2 人工湿地 ·································· 317
17.1.3 污水在湿地中的回用 ·································· 319

17.2 ▶ 地表水补水 ·································· 320
17.2.1 地表水的载体 ·································· 320
17.2.2 水资源的危机 ·································· 321
17.2.3 缓解水危机的措施 ·································· 324
17.2.4 污水地表水补水 ·································· 325

17.3 ▶ 地下水补水 ·································· 326
17.3.1 地下水的分类与分布 ·································· 326
17.3.2 地下水的功能与水质 ·································· 328
17.3.3 地下水破坏的影响 ·································· 330
17.3.4 地下水的补给水源 ·································· 331
17.3.5 污水地下水补水 ·································· 332

17.4 ▶ 地下储能 ·································· 333
17.4.1 地下储能的原理 ·································· 333
17.4.2 地下储能的优点 ·································· 334
17.4.3 地下储能的发展 ·································· 334
17.4.4 污水地下储能 ·································· 335

参考文献 ·································· 336

第 1 章

绪　论

　　水是生命之源，生活之基，生产之要，生态之素，人类社会的发展一刻也离不开水。在现代社会中，水更是经济可持续发展的必要物质条件。然而，随着社会经济的快速发展、城市化进程的加快，由水污染的加剧而导致的水资源供需矛盾更加突出。在我国，水已成为制约可持续发展的重要因素，水危机比能源危机更为严峻，加强对污水的处理与回用，实现按质分级用水、减少污染物的排放，进而促进低碳社会的建设，已成为实现经济社会高质量发展的重要前提之一。

▶ 1.1　污水的来源与分类

　　水是人类社会生存和发展的重要物质保证。首先，水中含有各种生物所需的各种微量元素，是一切生物维持生命本征和正常代谢所必需的物质，人类的日常生活（如做饭、洗漱等）、农作物的生长都离不开水。其次，水是一种重要的溶剂和能源载体，工农业生产、能源产业等皆需使用水资源。经过各种使用途径后，水或者会被外界物质污染，或者温度发生变化，从而丧失了其原有功能，这种水常被称为污水或废水。污水意指被外界物质或能量所污染的水，而废水的意思更接近于没有利用价值的水，从循环经济的角度看，完全没有利用价值的水基本不存在。因此，本书将各行各业中经各种使用途径后排出的被外界物质或能源污染后的水统称为污水，其实质是一种物质或能量的载体。

1.1.1　污水的来源

　　污水是人类日常生活和社会活动过程中废弃排出的水及径流雨水的总称，包括生活污水、工业污水和流入排水管渠的径流雨水等。在实际应用过程中往往将人们生活过程中产生和排出的污水称为生活污水，如城市污水、农村污水，主要包括粪便水、洗涤水、冲洗水；将工农业生产等各种社会活动过程中产生的污水称为生产污水。

　　目前我国每年的污水排放总量已达 500 多亿吨，并呈逐年上升的趋势，相当于人均排放 40 吨，其中相当部分未经处理直接排入江河湖库。在全国七大流域中，太湖、淮河、黄河的水质最差，约有 70% 以上的河段受到污染；海河、松辽流域的污染也相当严重，污染河段占 60% 以上。河流污染情况严峻，其发展趋势也令人担忧。从全国情况看，污染正从支流向干流延伸，从城市向农村蔓延，从地表向地下渗透，从区域向流域扩展。据检测，目前全国多数城市的地下水都受到了不同程度的点状和面状污染，且有逐年加重的趋势。在全国118个城市中，64%的城市地下水受到严重污染，33%的城市地下水受到轻度污染。从地区分布来看，北方地区比南方地区污染更为严重。日益严重的水污染不仅降低了水体的使用功能，而且进一步加剧了水资源短缺的矛盾，很多地区由资源性缺水转变为水质性缺水，对我国正在实施的可持续发展战略带来了严重影响，而且还严重威胁到城市居民的饮水安全和人民群众的健康。

1.1.2 污水的分类

污水的分类方法很多。根据污染物的化学类别可分为有机污水和无机污水，前者主要含有机污染物，大多数具有生物降解性；后者主要含无机污染物，一般不具有生物降解性。根据污水的来源可分为工业污水、城市污水和农村污水。

1.1.2.1 工业污水

工业污水是工业生产厂区中排放水的总称，包括生产污水、厂区生活污水、厂区初期雨水和洁净污水等。设有露天设备的厂区初期雨水中往往含有较多的工业污染物，应纳入污水处理系统接受处理。工厂的洁净污水（也称生产净污水）主要来源于间接冷却水的排放，所含污染物较少，一般可以直接排放。在一般情况下，"工业污水"和"工业废水"这两个术语经常混合用，本书采用"工业污水"这一术语。

1.1.2.2 城市污水

城市污水是城市居民日常生产产生的生活污水和排入城市下水道的工业污水的总称，主要来自家庭、商业、机关、学校、旅游服务业及其他城市公用设施，包括生活污水、工业污水和降水产生的部分城市地表径流。因城市功能、工业规模与类型的差异，在不同城市的城市污水中，工业污水所占的比重会有所不同，对于一般性质的城市，其工业污水在城市污水中的比重大约为10%~50%。

1.1.2.3 农村污水

农村污水是农村产生的污水的总称，根据来源可分为农民生活过程产生的农村生活污水和农业生产过程产生的农业污水。

(1) 农村生活污水

农村生活污水主要来源于农村居民的日常生活，包括生活洗涤污水、厨房清洗污水、冲厕污水等。农村生活污水水质比较简单，具有水量排放不规律、间歇性较强、生化性较好等特点。但由于农村居民居住比较分散、人口数量较大、密度较低、排放面源较大、收集较为困难，因此常规的城市生活污水处理模式就不能应用于农村。

① 生活洗涤污水：是农村居民日常洗漱和衣物浆洗的排放水。有调查显示，92%的农村家庭一直使用洗衣粉，6%的家庭同时使用洗衣粉和肥皂，只有2%的家庭长期使用肥皂。洗涤用品的使用使洗涤污水含有大量化学成分，如洗衣粉的大量使用加重了磷负荷问题。

② 厨房清洗污水：是厨房操作后的排放水，多由洗碗水、刷锅水、淘米水和洗菜水组成。淘米水和洗菜水中含有米糠、菜屑等有机物，其他污水中含有大量的动植物脂肪和钠、氯等多种元素。由于生活水平的提高，农村肉类食品及油类使用的增加，使生活污水的油类成分增加。

③ 冲厕污水：随着农村经济水平的提高和社会主义新农村建设的推进，部分农村改水改厕后，使用了抽水马桶，产生了大量的冲厕污水。

（2）农业污水

农业污水是指农作物栽培、牲畜饲养、农产品加工等过程中排出的影响人体健康和环境质量的污水或液态物质。其来源主要有农田径流、饲养场污水、农产品加工污水。污水中含有各种病原体、悬浮物、化肥、农药、不溶解固体物和盐分等。农业污水数量大，影响面广。

1）农田径流

农田径流指雨水或灌溉水流过农田表面后排出的水流，是农业污水的主要来源。农田径流中主要含有氮、磷、农药等污染物。

① 氮：施用于农田而未被植物吸收利用或未被微生物和土壤固定的氮肥，是农田径流中氮素的主要来源。化肥以硝态氮和亚硝态氮形态存在时，尤其容易被径流带走。农田径流中的氮素还来自土壤的有机物、植物残体和施用于农田的厩肥等。一般土壤中全氮含量为 $0.075\% \sim 0.3\%$，以表土层厚 15cm 计，全氮含量为 $1500 \sim 6000 kg/hm^2$，每年矿化的氮约 $30 \sim 60 kg/hm^2$。不同地区和不同土壤上农田径流的含氮量有较大的差别，如英国田间排水中含铵态氮 0.5mg/L，硝态氮 17mg/L，每年径流量以 100mm 计，铵态氮为 $0.5 kg/hm^2$，硝态氮为 $17 kg/hm^2$。瑞典农田径流中含铵态氮 0.09mg/L、硝态氮 4.1mg/L。有些地区硝态氮为 $20 \sim 40mg/L$，甚至达 81.6mg/L。

② 磷：土壤中全磷量为 $0.01\% \sim 0.13\%$，水溶性磷为 $(0.01 \sim 0.1) \times 10^{-6}$。土壤中的有机磷是不活动的，无机磷也容易被土壤固定。荷兰海相沉积黏土农田径流中含磷约 0.06mg/L，河流沉积黏土农田径流中含磷约 0.04mg/L，从挖掘过泥炭的有机质含量丰富的土壤流出的径流中含磷约 0.7mg/L，水稻田因渍水可使土壤中可溶性磷量增加，每年失磷较多，约为 $0.53 kg/hm^2$。

土壤中的氮、磷等营养元素，可随水和径流中的土壤颗粒流失。大部分耕地含磷 0.1%、氮 $0.1\% \sim 0.2\%$、碳 $1\% \sim 2\%$，因此，农田土壤侵蚀 1mm，径流中有磷 $10 kg/hm^2$、氮 $10 \sim 20 kg/hm^2$ 和碳 $100 \sim 200 kg/hm^2$。

③ 农药：农田径流中农药的含量一般不高，流失量约为施药量的 5%。如施药后短期内出现大雨或暴雨，第一次径流中农药含量较高。水溶性强的农药主要在径流的水相部分；吸附能力强的农药（如 2,4-D-三嗪等）可吸附在土壤颗粒上，随径流中的土壤颗粒悬浮在水中。

2）饲养场污水

农户饲养家畜家禽，就会产生冲圈水。畜禽粪尿所含的 N、P 及生化需氧量（BOD）等浓度很高，冲洗水中的化学需氧量（COD）、五日生化需氧量（BOD_5）和固体悬浮物（SS）浓度也很高。有资料显示，一头猪产生的污水是一个人的 7 倍，而一头牛则是 22 倍。牲畜、家禽的粪尿污水是农业污水的第二个来源。

饲养场污水可作为厩肥，大都采用面施的方法，如果厩肥中大量可溶性碳、氮、磷化合物还未与土壤充分发生作用前就出现径流，就会造成比化肥更严重的污染。对于厩肥还没有完善的检测方法确定其营养元素的释放速度以推算合理的用量和时间，因此这类径流污染是难以避免的。

饲养场牲畜粪尿的排泄量大，用未充分消毒灭菌的粪尿水浇灌菜地和农田，会造成土壤污染；粪尿被雨水流冲到河溪塘沟，会造成饮用水源污染。在饲养场临近河岸和冬季土地冻结的情况下，这种污水对周围水生、陆生生态系统的影响更大。

3）农产品加工污水

在水果、肉类、谷物和乳制品等农产品的加工过程中排出的污水，是农业污水的第三个来源。发达国家的农产品加工污水量相当大，如美国食品工业每年排放污水约 25 亿吨，在各类污水中居第五位。

▶ 1.2 污水的水质及危害

污泥的来源不同，水质不同，物理、化学和生化性质也各异，了解污水的各种性质是选择合适处理处置方法的基础。

1.2.1 污水的水质

水质是水与水中杂质或污染物共同表现的综合特性。水质指标表示水中特定杂质或污染物的种类和数量，是判断水质好坏、污染程度的具体衡量尺度。

（1）工业污水的水质

工业污水的水质差异很大，不同行业产生的污水的性质不同，即使生产相同产品的同类工厂，由于所用原料、生产工艺、设备条件、管理水平等的差别，污水的水质也可能有所差异。几种主要工业行业污水的主要污染物和水质特点如表 1-1 所示。

表 1-1　几种主要工业行业污水的主要污染物和水质特点

行业	工厂性质	主要污染物	水质特点
冶金	选矿、采矿、烧结、炼焦、金属冶炼、电解、精炼	酚、氰、硫化物、氟化物、多环芳烃、吡啶、焦油、煤粉、As、Pb、Cd、Mn、Cu、Zn、Cr、酸性洗涤水	COD 较高，含重金属，毒性大
化工	化肥、纤维、橡胶、染料、塑料、农药、油漆、涂料、洗涤剂、树脂	酸、碱、盐类、氰化物、酚、苯、醇、醛、酮、氯仿、农药、洗涤剂、多氯联苯、硝基化合物、胺类化合物、Hg、Cd、Cr、As、Pb	BOD 高，COD 高，pH 值变化大，含盐高，毒性强，成分复杂，难降解
石油化工	炼油、蒸馏、裂解、催化、合成	油、酚、硫、砷、芳烃、酮	COD 高，含油量大，成分复杂
纺织	棉毛加工、纺织印染、漂洗	染料、酸碱、纤维物、洗涤剂、硫化物、硝基化合物	带色，毒性强，pH 值变化大，难降解
造纸	制浆、造纸	黑液、碱、木质素、悬浮物、硫化物、As	污染物含量高，碱性大，恶臭
食品、酿造	屠宰、肉类加工、油品加工、乳制品加工、蔬菜水果加工、酿酒、饮料生产	有机物、油脂、悬浮物、病原微生物	BOD 高，易生物处理，恶臭
机械制造	机械加工、热处理、电镀、喷漆	酸、油类、氰化物、Cr、Cd、Ni、Cu、Zn、Pb	重金属含量高，酸性强
电子仪表	电子器件原料、电信器材、仪器仪表	酸、氰化物、Hg、Cd、Cr、Ni、Cu	重金属含量高，酸性强，水量小

行业	工厂性质	主要污染物	水质特点
动力	火力发电、核电站	冷却水热污染、火电厂冲灰、水中粉煤灰、酸性污水、放射性污染物	水温高，悬浮物高，酸性，放射性

工业污水也可以按其中所含主要污染物或主要性质分类，如酸性污水、碱性污水、含酚污水、含油污水等。对于不同特性的污水，可以有针对性地选择处理方法和处理工艺。

工业污水的总体特点是：①水量大，特别是一些耗水量大的行业，如造纸、纺织、酿造、化工等；②污染物浓度高，许多工业污水所含污染物的浓度都超过了生活污水，有些污水，如造纸黑液、酿造废液等，有机物的浓度达到了几万甚至几十万毫克每升；③成分复杂，有的污水含有重金属、酸碱、对生物有毒性的物质、难生物降解有机物等；④带有颜色和异味；⑤水温偏高。

（2）城市污水的水质

由于城市污水中工业污水只占一定的比例，并且工业污水需要达到《污水排入城镇下水道水质标准》（GB/T 31962—2015）后才能排入城市下水道（超过标准的工业污水需要在工厂内经过适当的预处理，除去对城市污水处理厂运行有害或城市污水处理厂处理工艺难以去除的污染物，如酸、碱、高浓度悬浮物、高浓度有机物、重金属等），因此，城市污水的主要水质指标有着和生活污水相似的特性。

城市污水水质浑浊，新鲜污水的颜色呈黄色，随着在下水道中发生厌氧分解，污水的颜色逐渐加深，最终呈黑褐色，水中夹带的部分固体杂质，如卫生纸、粪便等，也分解或液化成细小的悬浮物或溶解物。

城市污水中含有一定量的悬浮物，悬浮物中所含有机物大约占城市污水中有机物总量的 $30\%\sim50\%$，主要来源是人类的食物消化分解产物和日用化学品，包括纤维素、油脂、蛋白质及其分解产物、氨氮、洗涤剂成分（表面活性剂、磷）等，生活与城市活动中所使用的各种物质几乎都可以在污水中找到其相关成分。其含量为：一般浓度范围为 $BOD_5 = 100\sim300mg/L$，$COD = 250\sim600mg/L$；常见浓度为 $BOD_5 = 180\sim250mg/L$，$COD = 300\sim500mg/L$。这些有机污染物的生物降解性较好，适于生物处理。由于工业污水中污染物的含量一般都高于生活污水，工业污水在城市污水中所占比例越大，有机物的浓度，特别是 COD 的浓度也越高。

城市污水中含有氮、磷等植物生长的营养元素。氮的主要存在形式是氨氮和有机氮，其中以氨氮为主，主要来自食物消化分解产物，氨氮浓度（以 N 计）一般范围是 $15\sim50mg/L$，常见浓度是 $30\sim40mg/L$。磷主要来自合成洗涤剂（合成洗涤剂中所含的聚合磷酸盐助剂）和食物消化分解产物，主要以无机磷酸盐形式存在，总磷浓度（以 P 计）一般范围是 $4\sim10mg/L$，常见浓度是 $5\sim8mg/L$。

城市污水中还含有多种微生物，包括病原微生物和寄生虫卵等。表 1-2 所示是典型的城市污水的水质。

表 1-2　典型的城市污水的水质 单位：mg/L

指标	一般浓度范围	常见浓度范围
悬浮物	$100\sim300$	$200\sim250$

指标	一般浓度范围	常见浓度范围
COD	250~600	300~500
BOD$_5$	100~300	180~250
氨氮（以 N 计）	15~50	30~40
总磷（以 P 计）	4~10	5~8

(3) 农村污水的水质

农村污水的水质具有以下特点：①分布散乱，农村人口较少，分布广泛且分散，大部分没有污水排放管网；②农村生活污水浓度低，变化大；③大部分农村生活污水的性质相差不大，水中基本不含重金属和有毒有害物质（但随着人们生活水平的提高，部分农村生活污水中可能含有重金属和有毒有害物质），含一定量的氮、磷，可生化性强；④水质波动大，不同时段的水质不同；⑤冲厕排放的污水水质较差，但可进入化粪池用作肥料。

1.2.2 污水的危害

无论是工业污水，还是城市污水和农村污水，其中都含有一定的污染组分，有的甚至含有有毒有害成分，因此已部分或全部失去了水原有的功能，而且会对周边环境和人体健康产生危害。

污水中有机物含量高，易腐烂，有强烈的臭味，并且含有寄生虫卵、致病微生物和重金属（Cu、Zn、Cr、Hg 等），以及盐类、多氯联苯、二噁英、放射性核素等难降解的有毒有害物质，如不加以妥善处理，任意排放，将会造成二次污染。

(1) 对水体环境的影响

污水未经处理或处理不达标而直接排放，会对受纳水体造成严重的破坏。污水中含有的有机组分和氮、磷等营养元素可导致受纳水体富营养化。富含有机组分的污水如长时间静置于水塘、坑洼，不仅严重影响放置地附近的环境卫生状况（臭气、有害昆虫、含致病生物密度大的空气等），也可能使污染物由表面径流向地下径流渗透，引起更大范围的水体污染问题。污水中所含的有毒有害物质进入水体，能导致饮用水源被污染，并在水生动植物体内富集，并随着食物链的迁移而最终对人体健康造成影响。

(2) 对土壤环境的影响

城市污水、农村生活污水和养殖污水中含有大量的 N、P、K、Ca 及有机质，可以明显改变土壤的理化性质，增加氮、磷、钾的含量，同时可以缓慢释放许多植物所必需的微量元素，具有长效性。因此，富含有机组分的城市污水、农村生活污水和养殖污水是有用的生物资源，是很好的土壤改良剂和肥料。

工业污水中除含有对植物有益的成分外，还可能含有盐类、酚、氰、苯并芘、硫化物、重金属元素（如 Cr、Cd、Hg、Ni、As）等多种有害物质。如果不经处理而直接排放，就会由于渗滤作用而进入土壤，从而对土壤的理化性质、持水性能、生长能力等造成相当严重的影响，还可造成大范围的土壤污染，破坏自然生态系统，使生态系统内的物种失去平衡。如受重金属元素污染后，表现为土壤板结、含毒量过高、作物生长不良，严重的甚至没有收成。

（3）对大气环境的影响

城市污水、农村生活污水和养殖污水中含有的病原微生物可通过多种途径进入大气，然后通过呼吸作用直接进入人体内，或通过吸附在皮肤或果蔬表面间接地进入人体内，危害人类健康。

养殖污水中往往含有部分带臭味的物质，如硫化氢、氨、腐胺类等，任意排放会向周围散发臭气，对大气环境造成污染，不仅影响放置区周边居民的生活质量，也会给工作人员的健康带来危害。同时，臭气中的硫化氢等腐蚀性气体会严重腐蚀设备，缩短其使用寿命。另外，污水中的有机组分在缺氧条件下，在微生物作用下会发生降解生成有机酸、甲烷等。甲烷是温室气体，其产生和排放会加剧气候变暖。

为了减轻或降低污水的危害，必须对产生的各类污水有针对地进行合适的处理处置。

▶ 1.3 污水处理政策解读

污水处理是指采用物理、化学、生物等手段，将污水中所含有的生产、生活不需要的有害物质进行消除或转化，为适用特定用途而对水质进行一系列调理的过程。

我国污水处理的发展经历了三个时期。

（1）2016 年以前，以环境保护和水污染防治为目标

在相当长的一段时间内，由于认识的错位，认为污水是一种废弃物，水体受污水污染后会造成严重的环境问题。为保护水体环境，必须对水体的污染严加控制。在此指导思想下，我国污水处理的目标是控制排放水质标准，以消除污染物及由污染物带来的危害。为了防止各类污水任意向水体排放，污染水环境，制定颁布的法律法规和政策性文件均以水质污染控制为目的，如《污水综合排放标准》（GB 8978—1996）、住房和城乡建设部发布的《污水排入城镇下水道水质标准》（CJ 343—2010）（现已作废，新标准请参考 GB/T 31962—2015）、国家环境保护部和国家质量监督检验检疫总局发布的《城镇污水处理厂污染物排放标准》（GB 18918—2002）及相关的行业标准。这些标准都是针对污水处理排放的。

为了贯彻水污染防治和水资源开发利用的方针，提高城市污水利用率，做好城市节约用水工作，合理利用水资源，实现城市污水资源化，促进城市建设和经济建设的可持续发展，建设部于 2002 年 12 月 20 日发布了"城市污水再生利用"系列标准，包括《城市污水再生利用　分类》（GB/T 18919—2002）、《城市污水再生利用　城市杂用水水质》（GB/T 18920—2002）、《城市污水再生利用　景观环境用水》（GB/T 18921—2002），自 2003 年 5 月 1 日起实施。其中，GB/T 18919—2002 已更新至 GB/T 18919—2020，并于 2021 年 2 月 1 日起实施；GB/T 18921—2002 已更新至 GB/T 18921—2019，并于 2020 年 5 月 1 日起实施。

此后，根据形势的发展，又陆续制定了"城市污水再生利用"系列的其他应用领域的标准，包括《城市污水再生利用　工业用水水质》（GB/T 19923—2005）、《城市污水再生利用　地下水回灌水质》（GB/T 19772—2005）、《城市污水再生利用　农田灌溉用水水质》（GB 20922—2007）、《城市污水再生利用　绿地灌溉水质》（GB/T 25499—2010）。

（2）2016～2020 年，以节水及水循环利用为目标

随着国民经济的发展和生活水平的提高，人们对清洁环境的要求越来越高，因此环境保护和水污染防治工作也更加严格。同时，我国是一个严重缺水的国家，如何加强节水并实现水资源循环利用，是实现可持续发展战略的重要手段。针对这种情况，从 2016 年开始，我国陆续颁布了一系列的法律法规及污水处理政策（包括对已有法律标准的修订），对污水处理进行了规范，同时对环境保护及水污染防治提出了更加严格的标准，并且对节水及水循环利用提出了更高的要求。表 1-3 为 2016～2020 年中国水处理行业相关政策一览表。

表 1-3　2016～2020 年中国水处理行业相关政策一览表

日期	政策名称	内容
2019.4	《国家节水行动方案》	目标：到 2020 年，万元国内生产总值用水量、万元工业增加值用水量较 2015 年分别降低 23% 和 20%，规模以上工业用水重复利用率达到 91% 以上，农田灌溉水有效利用系数提高到 0.55 以上，全国公共供水管网漏损率控制在 10% 以内；到 2022 年，万元国内生产总值用水量、万元工业增加值用水量较 2015 年分别降低 30% 和 28%，农田灌溉水有效利用系数提高到 0.56 以上，全国用水总量控制在 6700 亿立方米以内；到 2035 年，全国用水总量控制在 7000 亿立方米以内
2018.10	《中华人民共和国循环经济促进法》（2018 年修订）	企业应当发展串联用水系统和循环用水系统，提高水的重复利用率。企业应当采用先进技术、工艺和设备，对生产过程中产生的废水进行再生利用
2018.6	《关于全面加强生态环境保护坚决打好污染防治攻坚战的意见》	明确了蓝天、碧水和净土保卫战的目标：2020 年，全国地级及以上城市空气质量优良天数比例达到 80% 以上；全国地表水Ⅰ～Ⅲ类水体比例达到 70% 以上，劣Ⅴ类水体比例控制在 5% 以内；近岸海域水质优良比例达到 70% 左右；受污染耕地安全利用率达到 90% 左右
2018.1	《排污许可管理办法（试行）》	强化排污单位污染治理主体责任，要求纳入固定污染源排污许可分类管理名录的企业事业单位和其他生产经营者必须持证排污，无证不得排污，并通过建立企业承诺、自行监测、台账记录、执行报告、信息公开等制度，进一步落实持证排污单位污染治理主体责任
2018.1	《中华人民共和国水污染防治法》	强化地方责任，突出饮用水安全保障，完善排污许可及总量控制、区域流域水污染联合防治等制度，加严水污染防治措施，加大对超标、超总量排放等的处理力度
2017.10	《工业和信息化部关于加快推进环保装备制造业发展的指导意见》	针对水污染防治装备，重点推广低成本高标准、低能耗高效率污水处理装备，燃煤电厂、煤化工等行业高盐废水的零排放治理和综合利用技术，深度脱氮脱磷与安全高效消毒技术装备。推进黑臭水体修复、农村污水治理、城镇及工业园区污水厂提标改造，以及工业及畜禽养殖、垃圾渗滤液处理等领域高难度难降解污水治理应用示范
2017.8	《环境保护部关于推进环境污染第三方治理的实施意见》	以环境污染治理"市场化、专业化、产业化"为导向，推动建立排污者付费、第三方治理与排污许可证制度有机结合的污染防治新机制，引导社会资本积极参与，不断提升治理效率和专业化水平
2017.7	《工业集聚区水污染治理任务推进方案》	要求以硬措施落实"水十条"任务。对逾期未完成任务的省级及以上工业集聚区一律暂停审批和核准其增加水污染物排放的建设项目，并依规撤销园区资格
2017.4	《"十三五"环境领域科技创新专项规划》	规定水环境质量改善和生态修复的重点任务：基于低耗与高值利用的工业污水处理技术、污水资源能源回收利用技术、高效地下水污染综合防控与修复技术、基于标准与效应协同控制的饮用水净化技术、流域生态水管理理论技术

日期	政策名称	内容
2016.12	《中华人民共和国环境保护税法》	税务机关和环境保护机关建立涉税信息共享平台和工作配合机制，加强对环境保护税的征收管理。各级人民政府应当鼓励纳税人加大环境保护建设投入，对纳税人用于污染物自动监测设备的投资予以资金和政策支持
2016.11	《"十三五"生态环境保护规划》	实施最严格的环境保护制度；到2020年，主要污染物排放总量大幅减少；加强源头防控，夯实绿色发展基础，实施专项治理，全面推进达标排放与污水减排；全面推行"河长制"；实现专项治理，实施重点行业企业达标排放限期改造；完善工业园区污水集中处理设施
2016.6	《工业绿色发展规划（2016—2020年）》	加强节水减污。围绕钢铁、化工、造纸、印染、饮料等高耗水行业，实施用水企业水效领跑引领行动，开展水平衡测试及水效对标达标，大力推进节水技术改造，推广工业节水工艺、技术和装备。强化高耗水行业企业生产过程和工序用水管理，严格执行取水定额国家标准，围绕高耗水行业和缺水地区开展工业节水专项行动，提高工业用水效率

（3）2020年后，以污水资源化利用为目标

为持续打好污染防治攻坚战，系统推进污水处理领域补短板强弱项，推进污水资源化利用，促进解决水资源短缺、水环境污染、水生态损害问题，推动高质量发展、可持续发展，国家于2020年后又相继出台了一系列政策，把污水资源化利用摆在更加突出的位置，鼓励污水处理和污水资源化利用行业发展。表1-4为2020年后出台的中国污水处理行业相关政策一览表。

表1-4　2020年后出台的中国污水处理行业相关政策一览表

发布时间	发布单位	政策名称	主要内容
2020.2	生态环境部	《关于做好新型冠状病毒感染的肺炎疫情医疗污水和城镇污水监管工作的通知》	部署医疗污水和城镇污水监管工作，规范医疗污水应急处理、杀菌消毒要求，防止新型冠状病毒通过粪便和污水扩散传播
2020.3	生态环境部	《排污许可证申请与核发技术规范　水处理通用工序》	加快推进固定污染源排污许可全覆盖，健全技术规范体系，指导排污单位水处理设施许可申请与核发工作
2020.4	国家发展改革委、财政部、住房城乡建设部、生态环境部、水利部等五部门	《关于完善长江经济带污水处理收费机制有关政策的指导意见》	按照"污染付费、公平负担、补偿成本、合理盈利"的原则，完善长江经济带污水处理成本分担机制、激励约束机制和收费标准动态调整机制，健全相关配套政策，建立健全覆盖所有城镇、适应水污染防治和绿色发展要求的污水处理收费长效机制
2020.7	国家发展改革委、住房城乡建设部	《城镇生活污水处理设施补短板强弱项实施方案》	明确到2023年，县级及以上城市设施能力基本满足生活污水处理需求。生活污水收集效能明显提升，城市市政雨污管网混错接改造更新取得显著成效。城市污泥无害化处置率和资源化利用率进一步提高。缺水地区和水环境敏感区域污水资源化利用水平显著提升
2020.9	生态环境部	《关于公开征求废止、修改部分生态环境规章和规范性文件意见的函》	拟废止2件规章、修改2件规章、废止15件规范性文件。其中原环保部发布的《关于加强城镇污水处理厂污泥污染防治工作的通知》（下称《通知》）因与《城镇排水与污水处理条例》不一致，拟予以废止，《通知》中规定的污水处理厂以贮存（即不处理处置）为目的将污泥运出厂界的，必须将污泥脱水至含水率50%以下的强制要求也随止
2020.12	生态环境部	《关于进一步规范城镇（园区）污水处理环境管理的通知》	城镇（园区）污水处理涉及地方人民政府（含园区管理机构）、向污水处理厂排放污水的企事业单位（以下简称运营单位）等多个方面，依法明晰各方责任是规范污水处理环境管理的前提和基础

发布时间	发布单位	政策名称	主要内容
2021.1	国家发展改革委等十部门	《关于推进污水资源化利用的指导意见》	到2025年，全国污水收集效能显著提升，县城及城市污水处理能力基本满足当地经济社会发展需要，水环境敏感地区污水处理基本实现提标升级；全国地级及以上缺水城市再生水利用率达到25%以上，京津冀地区达到35%以上；工业用水重复利用率、畜禽粪污和渔业养殖尾水资源化利用水平显著提升；污水资源化利用政策体系和市场机制基本建立。到2035年，形成系统、安全、环保、经济的污水资源化利用格局
2021.3	十三届全国人大四次会议	《中华人民共和国国民经济和社会发展第十四个五年规划和2035年远景目标纲要》	构建集污水、垃圾、固废、危废、医废处理处置设施和监测监管能力于一体的环境基础设施体系，形成由城市向建制镇和乡村延伸覆盖的环境基础设施网络。推进城镇污水管网全覆盖，开展污水处理差别化精准提标，推广污泥集中焚烧无害化处理，城市污泥无害化处置率达到90%，地级及以上缺水城市污水资源化利用率超过25%
2021.6	国家发展改革委、住房城乡建设部	《"十四五"城镇污水处理及资源化利用发展规划》	到2025年，基本消除城市建成区生活污水直排口和收集处理设施空白区，全国城市生活污水集中收集率力争达到70%以上；城市和县城污水处理能力基本满足经济社会发展需要，城市黑臭水体基本达到一级A排放标准；全国地级及以上缺水城市再生水利用率达到25%以上，京津冀地区达到35%以上，黄河流域中下游地级及以上缺水城市力争达到30%；城市和县城污泥无害化、资源化利用水平进一步提升，城市污泥无害化处置率达到90%以上；长江经济带、黄河流域、京津冀地区建制镇污水收集处理能力、污泥无害化处置水平明显提升
2022.6	工业和信息化部等六部委	《工业水效提升行动计划》	到2025年，全国万元工业增加值用水量较2020年下降16%。重点用水行业水效进一步提升，钢铁行业吨钢取水量、造纸行业主要产品单位取水量下降10%，石化化工行业主要产品单位取水量下降5%，纺织、食品、有色金属行业主要产品单位取水量下降15%。工业废水循环利用水平进一步提高，力争全国规模以上工业用水重复利用率达到94%左右。工业节水政策机制更加健全，企业节水意识普遍增强，节水型生产方式基本建立，初步形成工业用水与发展规模、产业结构和空间布局等协调发展的现代化格局

由此可以看出，污水的资源化利用将是我国污水处理的方向，因此，今后的污水处理必须遵循资源化利用的原则。

▶ 1.4 污水处理

污水资源化处理的范畴包括：通过适当的处理工艺减少污水中有毒有害物质的量与浓度直至达到排放标准，处理后的污水的循环和再利用等。

1.4.1 污水处理的原则

不同来源的污水，其水质不同，适用的处理方法不同，处理后排放水的去向也各异，无法采用统一的水质标准进行衡量，此时可根据具体情况对需处理的污水进行分级处理。

（1）一级处理

污水的一级处理通常是采用较为经济的物理处理方法，包括格栅、沉砂、沉淀等，去除水中悬浮状固体颗粒污染物质。由于以上处理方法对水中溶解状和胶体状的有机物去除作用极为有限，污水的一级处理不能达到直接排入水体的水质要求。

（2）二级处理

污水的二级处理通常是在一级处理的基础上，采用生物处理方法去除水中以溶解状和胶体状存在的有机污染物质。对于城市污水和与城市污水性质相近的工业污水，经过二级处理一般可以达到排入水体的水质要求。

（3）三级处理、深度处理或再生处理

对于二级处理仍未达到排放水质要求的难于处理的污水的继续处理，一般称为三级处理。对于排入敏感水体或进行污水回用所需进行的处理，一般称为深度处理或再生处理。

1.4.2　污水处理的方式

根据污水的来源与水量规模，污水的处理有单独处理和合并处理两大方式。

（1）单独处理

单独处理是针对某一来源的污水，采用合适的方法单独对其进行处理。

① 工业污水单独处理。是在工厂内把工业污水处理到直接排入天然水体的污水排放标准，处理后的出水直接排入天然水体。这种方式需要在工厂内设置完整的工业污水处理设施，是一种分散处理方式。

② 城市污水单独处理。是将分散排放的城市污水经收集后，在城市污水处理厂处理到直接排入天然水体的污水排放标准，出水直接排入天然水体。这种方式需建设大、中型的污水处理厂，是一种集中处理方式。

（2）合并处理

合并处理是将工业污水在工厂内处理达到排入城市下水道的水质标准，送到城市污水处理厂中与生活污水合并处理，出水再排入天然水体。这种处理方式能够节省基建投资和运行费用，占地省，便于管理，并且可以取得比工业污水单独处理更好的处理效果，是我国水污染防治工作中积极推行的技术政策。

对于已经建有城市污水处理厂的城市，污水产生量较小的工业企业应争取获得环保和城建管理部门的批准，在交纳排放费的基础上，将工业污水排入城市下水道，与城市污水合并处理。对于不符合排入城市管网水质标准的工业污水，需在工厂内进行适当的预处理，在达到相关水质标准后，再排入城市下水道。

对于尚未设立城市污水处理厂的城市中的工业企业和排放污水量过大或远离城市的工业企业，一般需要设置完整独立的工业污水处理系统，处理后的水直接排放或进行再利用。

1.4.3　污水的处理方法

污水因其中含有污染组分，已部分或全部丧失了其原先的使用功能，并能对受纳水体、土壤和大气造成污染，进而影响人类身体健康，因此在排放前必须进行处理。

根据处理的目的，污水处理可分为两种情况。

（1）以达标排放为目的的处理方法

这种方法是采用一定的方法和技术，将污水中的污染组分进行转化或分离，从而使处理后的排水水质达到相关的排放标准。

（2）以资源回用为目的的处理方法

这种方法是通过技术开发将污水中所含的污染组分进行转化或分离，实现变废为宝，同时使处理后的水部分或全部恢复原有的使用功能，实现水资源回用，从而取得良好的经济效益、环境效益和社会效益。这种方式就是污水的资源化利用。

由于污水的来源不一，不可避免地会存在大块状杂质及长纤维，会对处理设备的正常运行造成巨大影响，有的甚至会导致运行不正常。因此，无论何种处理方式，必须对污水先进行预处理。

1.4.4 污水资源化利用方法

根据污水中所含污染组分的性质及回用途径，污水资源化利用可分为三个方面。

（1）能源利用

对于含有较高浓度有机污染组分的污水（称之为高浓有机污水），其蕴含有大量的化学能，可采用焚烧、水热氧化等方式，在将污染组分转化去除的同时副产能量；也可采用水热气化、生物气化等方法回收可燃气、沼气等能源物质。

（2）物料利用

污水物料利用就是将污水中所含的有利用价值的物料通过合理的手段进行分离，进而实现物料的循环利用。对于有机组分，常用的分离手段有精馏、萃取、化学沉淀、重力沉降、过滤和膜滤等；对于无机组分，常用的分离手段有蒸发浓缩、结晶、膜分离和化学沉淀等。

（3）水资源利用

根据污水的水质特性，采用合适的方法进行处理后的水，基本去除了其中所含的污染物，已部分或全部恢复了其使用功能，因此可将其有针对性地回用于农业、工业、生活、生态等，实现水资源回用，减少新鲜水的用量，缓解当地的水资源压力。

参考文献

[1] 廖传华，米展，周玲，等.物理法水处理过程与设备 [M].北京：化学工业出版社，2016.

[2] 廖传华，朱廷风，代国俊，等.化学法水处理过程与设备 [M].北京：化学工业出版社，2016.

[3] 廖传华，韦策，赵清万，等.生物法水处理过程与设备 [M].北京：化学工业出版社，2016.

[4] 廖传华，王小军，王银峰，等.能源环境工程 [M].北京：化学工业出版社，2020.

[5] 廖传华，王银峰，高豪杰，等.环境能源工程 [M].北京：化学工业出版社，2021.

[6] 季红飞，王重庆，冯志祥，等.工业节水案例与技术集成 [M].北京：中国石化出版社，2011.

[7] 廖传华，张斜爱，冯志祥.重点行业节水减排技术 [M].北京：化学工业出版社，2016.

预处理篇

预处理也称初步处理，通常是指在污水处理厂的进口处，通过一些专用处理设备或构筑物对污水进行简单的处理，去除水中所含有的会影响后续设备正常运行的大块状杂质及长纤维，如漂浮物、砂粒、果壳、纤维物等，对于水质和水量变化较大的工业污水，还需进行水量和水质的均和调节。

污水预处理技术包括除渣、气浮、调节等，采用的设备有格栅、筛网、沉砂池、气浮池、调节池等。

污水除渣

污水除渣的目的是去除水中所含有的会影响后续设备正常运行的大块状杂质及长纤维，如漂浮物、砂粒、果壳、纤维物等，所涉及的技术包括格栅、筛网、沉砂等。

▶ 2.1 格栅

无论是工业污水、城市污水，还是农村污水，在其产生与排放环节中常会带进一些大块的固体悬浮物和漂浮物，如塑料瓶、塑料袋、破布、棉纱、木棍、树枝、水草等，会对处理过程与设备造成影响，严重的甚至会导致非正常运行。格栅的作用就是将这些大块的固体悬浮物和漂浮物截留并去除。

2.1.1 格栅的设置

污水处理中，格栅是一种对后续处理设备具有保护作用的设备，通常设置在污水处理流程之首或泵站的进口处等咽喉位置。

(1) 工艺布置

① 工业污水。对于普通的工业污水，泵前设置一道格栅即可，栅距可根据水质确定。对于含有较多纤维物的工业污水，如纺织污水等，为了有效去除纤维，常用的格栅工艺是：第一道为格栅，第二道为筛网或捞毛机。

② 城市污水。城市污水的排水系统分为合流制和分流制。对于合流制排水系统的污水提升泵房，因所含杂物的尺寸较大（如树枝等），为了保证格栅的正常运行，常在中格栅前再设置一道粗格栅；对于分流制的城市污水系统，一般在提升泵前设置中格栅、细格栅两道格栅，例如第一道可采用栅距 25mm 的中格栅，第二道采用栅距 8mm 的细格栅。也有在泵前设置中格栅、泵后设备细格栅的布置方法。

③ 地表水取水。当采用岸边固定式地表水取水构筑物时，一般采用两道格栅，其中第一道为粗格栅，主要阻截大块的漂浮物；第二道多用旋转筛网，截留较小的杂物，如小鱼等。

(2) 格栅设置要求

① 布置要求。格栅安装在泵前的格栅间中，格栅间与泵房的土建结构为一个整体。机械格栅每道不宜少于 2 台，以便维修。当来水接入管的埋深较小时，可选用较高的

格栅机，把栅渣直接刮出地面以上。当接入管的埋深较大时，受格栅机械所限，格栅机需设置在地面以下的工作平台上。格栅间地面下的工作平台应高出栅前最高设计水位 0.5m 以上，并设有防止水淹（如前设速闭闸，以便在泵房断电时迅速关闭格栅间进水）、安全和冲洗措施等。

格栅间工作台两侧过道宽度应不小于 0.7m，机械格栅工作台正面过道宽度不应小于 1.5m，以便操作。

② 格栅设置。格栅前渠道内的水流速度一般采用 0.4～0.9m/s，过栅流速一般采用 0.6～1.0m/s。过栅流速过大时有些截留物可能穿过，流速过低时可能在渠道中产生沉淀。设计中应以最大设计流量时满足流速要求的上限为准，进行设备的选型和格栅间渠道的设计。

机械格栅的倾角一般为 60°～90°。人工清捞的格栅倾角小时较省力，但占地面积大，一般采用 50°～60°。

2.1.2 格栅的分类

格栅是由一组平行的金属栅条按一定间距（15～20mm）制成的框架，斜放在污水流经的渠道或泵站集水池的进口处，以截留水中较大的悬浮物和漂浮物，防止水泵、管道以及处理设备的堵塞。

根据栅距（栅条之间的净距），可把格栅细分为粗格栅、中格栅、细格栅三类。一般采用粗细格栅结合使用。

(1) 粗格栅

粗格栅的栅距范围为 40～150mm，常采用 100mm。栅条结构采用金属直栅条，垂直排列，一般不设清渣机械，必要时人工清渣，主要用于隔除粗大的漂浮物。

此类格栅主要用于地表水取水构筑物、城市排水合流制管道的提升泵房、大型污水处理厂等，隔除水中粗大的漂浮物，如树干等。在此类格栅后一般需要设置栅距较小的格栅，进一步拦截杂物。

(2) 中格栅

在污水处理中，中格栅有时也被作为粗格栅，其栅距范围为 10～40mm，常用栅距为 16～25mm，用于城市污水处理和工业污水处理。除个别小型工业污水处理采用人工清渣外，一般都采用机械清渣。

(3) 细格栅

栅距范围为 1.5～10mm，常用的栅距为 5～8mm。细格栅较好解决了栅缝易堵塞的难题，可以有效去除细小的杂物，如小塑料瓶、小塑料袋等，明显改善处理效果，减少初沉池水面的漂浮杂物。

栅条的形状有圆形、方形和矩形等，其中以圆形栅条的水流阻力最小，矩形栅条因其刚度好而常采用。

按照栅条形状，格栅可分为平面格栅和曲面格栅。平面格栅是使用最广泛的格栅形式，一般由栅条、框架和清渣机构组成。栅条部分的基本形式如图 2-1 所示，正面为进水侧，平面格栅由金属材料焊接而成，材质有不锈钢、镀锌钢等。栅条截面形状为矩形或圆角矩形（以减小水流阻力），如表 2-1 所示。曲面格栅只用于细格栅，且应用较少。表 2-2 所示为常用格栅的分类及特征。

表 2-1　栅条断面形状及尺寸

栅条断面形式	一般采用尺寸/mm	栅条断面形式	一般采用尺寸/mm
正方形	20　20　20	迎水面为半圆形的矩形	10　10　10　50
圆形	20　20　20	迎水、背水面均为半圆形的矩形	10　10　10　50
锐边矩形	10　10　10　50		

表 2-2　常用格栅的分类及特征

构造类型	型式	栅渣去除、栅面清洗方法
立式格条型	固定手动式	人工耙取栅渣
	固定曝气式	下部曝气、剥离栅渣
	机械自动式	除渣耙自动耙取栅渣
旋转筒型	外周进水滚筒式	刮板刮取筒外栅渣
	内周进水滚筒式	栅渣自动造粒，靠自重或螺旋排出
曲面格栅	1/4 圆弧式	靠离心力和自重排出

2.1.3　格栅除渣机

格栅的水头损失较小，一般在 0.08～0.15m，阻力主要由截留物堵塞栅条所造成。为保证格栅的正常运行，必须进行清渣处理。

按照清渣方式，清渣可分为人工清渣和机械清渣两大类。机械清渣的格栅除污机又有多种类型。

(1) 人工格栅

采用人工清捞除渣的格栅较为简单，使用平面格栅，格栅倾斜角为 50°～60°，格栅上部设立清捞平台，如图 2-2 所示，主要用于小型工业污水处理。

(2) 机械清渣格栅

城市污水处理和大中型工业污水处理均采用机械清渣格栅，也称格栅除污机。常用的格栅除污机主要有：①链条牵引式格栅除污机；②钢丝绳牵引式格栅除污机；③移动伸缩臂式格栅除污机；④铲抓式移动格栅除污机；⑤自清回转式格栅除污机；⑥旋转式格栅除污机。前四种格栅均采用如图 2-1 所示的固定栅条，清渣齿耙由机械带动，定期把截留在栅条前的杂物向上刮出，由皮带输送机运走。清渣齿耙的带动方式有链条牵引、移动式伸缩臂牵引、钢丝绳牵引、铲斗牵引等。常用格栅除渣机的比较见表 2-3。

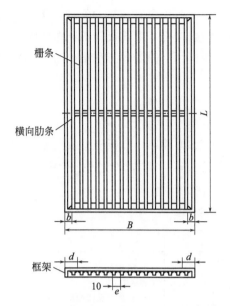

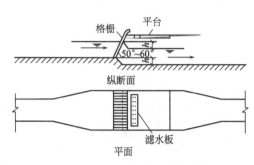

图 2-1 平面格栅栅条部分的基本形式示意图   图 2-2 人工清渣的格栅

表 2-3 常用格栅除渣机的比较

类型	适用范围	优点	缺点
链条式	主要用于粗、中格栅，深度不大的中小型格栅，主要清除长纤维及条状杂物	1.构造简单，制造方便 2.占地面积小	1.杂物进入链条与链轮时容易卡住 2.套筒滚子链造价高，易腐蚀
移动伸缩臂式	主要用于粗、中格栅，深度中等的宽大格栅，耙斗式适于较深格栅	1.设备全部在水面上 2.钢绳在水面上运行，寿命长 3.可不停水检修	1.移动部件构造复杂 2.移动时耙齿与栅条间隙对位较困难
钢丝绳牵引式	主要用于中、细格栅，固定式用于中小格栅，移动式用于宽大格栅	1.水下无固定部件者，维修方便 2.适用范围广	1.水下有固定部件者，维修检查需停水 2.钢丝绳易腐蚀
自清回转式	主要用于中、细格栅，耙钩式用于较深中小格栅，背耙式用于较浅格栅	1.用不锈钢或塑料制造，耐腐蚀 2.封闭式传动链，不易被杂物卡住	1.耙沟易磨损，造价高 2.塑料件易破损
旋转式	主要用于中、细格栅，深度浅的中小格栅	1.构造简单，制造方便 2.运行稳定，容易检修	筒形梯形栅条格栅制造技术要求较高

▶ 2.2 筛网

对于水中的某些悬浮物，如纤维（碎布、线头、羽毛、兽毛等）、纸浆、藻类等一些细固体杂质，一般格栅不能完全截除。为了避免给后续的处理构筑物或设备带来麻烦，需要在格栅之后再用筛网进行补充处理，去除水中大于筛网孔径的颗粒杂质。

2.2.1 筛网的设置

由于筛网的清渣设备不能承受较大的杂质，如漂木、树枝等，筛网前需要设置格栅。

造纸、纺织、毛纺、化纤、羽绒加工、制革等工业污水含有较多的纤维杂物，一般需使用筛网进行处理，常用的筛网类型有水力筛网、转鼓筛网、带式旋转筛网等。个别小型城市污水处理采用水力筛网去除细小杂质。在农业径流污水的处理工程中，常用旋转筛网去除水中的小鱼、小草等细小杂质。

2.2.2 筛网的分类

筛网可分为四大类：①固定筛网，常用的设备为水力筛网；②板框型旋转筛，常用的设备为旋转筛网；③连续传送带型旋转筛网，常用的设备为带式旋转筛；④转筒型筛网，常用的设备为转鼓筛网和微滤机。常用筛网设备的比较见表2-4。

表2-4　常用筛网设备的比较

类型	适用范围	优点	缺点
固定式	从污水中去除低浓度固体杂质及毛和纤维类，安装在水面以上时，需要水头落差或水泵提升	1. 平面筛网构造简单，造价低 2. 梯形筛丝筛面，不易堵塞，不易磨损	1. 平面筛网易磨损易堵塞，不易清洗 2. 梯形筛丝曲面筛网构造复杂
转筒式	从污水中去除低浓度杂质及毛和纤维类，进水深度一般<1.5m	1. 水力驱动式构造简单，造价低 2. 电动梯形筛丝转筒筛网，不易堵塞	1. 水力驱动式易堵塞 2. 电动梯形筛网构造较复杂，造价高
板框式	常用深度1～4m，可用深度10～30m	驱动部分在水上，维护管理方便	1. 造价高，板框筛网更换较麻烦 2. 构造较复杂，易堵塞

（1）水力筛网

也称固定筛网，由筛条组成，筛条间距为0.25～1.5mm。一般设在水泵提升之后，用于细小杂质的去除。其优点是：结构简单，设备费低，处理可靠，维护方便；不足之处是：筛宽水力负荷有限［对城市污水的水力负荷约为2000m³/(d·m)］，单台设备的处理能力有限（一般设备的筛宽在2m以内），水头损失较大，在1.2～2.1m之间。以上特点使水力筛网多用于工业污水处理，在城市污水中仅用于个别小型污水处理厂。

（2）旋转筛网

旋转筛网由绕在上下两个旋转轴上的连续筛网板组成，网板由金属框架及金属网丝组成，网孔一般为1～10mm。旋转筛网由电机带动连续转动，转速为3r/min左右，所拦截的杂物随筛网旋转到上部时，被冲洗管喷嘴喷出的压力水冲入排渣槽带走。其平面布置形式有正面进水、网内侧向进水和网外侧向进水三种。

（3）带式旋转筛网

带式旋转筛网结构简单，通常倾斜设置在污水渠道中，带面自下向上旋转，网面上截留的杂物用刮渣板或冲洗喷嘴清除。

（4）转鼓筛网

转鼓筛网采用旋转圆筒形外壳，其上覆有筛网，截留在筛网上的杂物用刮渣板或冲洗喷嘴清除。转鼓筛网的水流方向有两种，从外向内或从内向外，前者因杂质截留在网的外面，便于清洗不易堵塞。转鼓筛网多用于工业污水的除毛处理。

▶ 2.3 沉砂

沉砂的目的是在城市污水处理中去除砂粒等粒径较大的重质颗粒物，以防止对后续处理构筑物与设备可能产生的不利影响，包括堵塞管道、造成过量的机械磨损、占据污泥消化池池容等。

2.3.1 沉砂池的设置

因城市污水的下水道系统会带入较多的砂粒等大颗粒物，在初次沉淀池前必须设置沉砂池。含砂粒较少的工业污水处理可以不设置沉砂池。对于农村污水，由于其水流流速较小，基本不夹带泥砂，也可不设置沉砂池。

城市污水处理中沉砂池所去除的颗粒物包括砂粒、煤渣、果核等。沉砂池的设计要求是：对砂粒（密度 $2.65g/cm^3$）的去除粒径为 $0.2mm$，并要求外运沉砂中尽量少含附着与夹带的有机物，以免在沉砂池废渣的处置过程中产生砂渣的过度腐败问题。

沉砂池设置与设计计算的一般规定有：

① 沉砂池按去除相对密度 2.65、粒径 0.2mm 以上的砂粒设计。

② 污水流量应按分期建设考虑：当污水自流入厂时，按每期最大设计流量计算；用污水泵提升入厂时，按每期工作泵的最大组合流量计算；在合流制处理系统中，应按降雨时的设计流量计算。

③ 沉砂池的个数或分格数不应少于 2 个，并列设置，在污水量较少时可以只运行 1 个池。

④ 城市污水的沉砂量可按 $0.03L/m^3$ 污水计算，砂渣的含水率为 60%，容重为 $1500kg/m^3$；合流制污水的沉砂量需根据实际情况确定。

⑤ 砂斗容积按 2 日的沉砂量计算，斗壁与水平面夹角不小于 55°。

⑥ 一般应采用机械除砂，并设置贮砂池。排砂管直径不应小于 200mm。

⑦ 重力排砂时，沉砂池与贮砂池应尽可能靠近。

⑧ 砂渣外运处置前宜用洗砂机处理，洗去砂上黏附的有机物。

2.3.2 沉砂池的分类

沉砂池的形式，可分为平流式、曝气式和旋流式沉砂池三大类。

(1) 平流式沉砂池

平流式沉砂池采用渠道式，污水经消能或整流后进入池中，沿水平方向流至末端经堰板流出，砂粒沉在池底。在池的底部设有砂斗，定期排砂。

平流式沉砂池结构简单，处理效果较好，但沉砂效果不稳定，不能适应水量波动较大的特性。水量大时，流速过快，许多砂粒未及时沉下；水量小时，流速过慢，有机悬浮物也沉下来了，沉砂易腐败。目前只在个别小厂或老厂中使用。

国外城市污水处理厂曾采用过多尔式沉砂池，它是一种方形平流式沉淀池，典型尺寸为 $10m \times 10m \times 0.8m$，中心设旋转刮砂机，连续排砂。该池型因占地大，不能适应水量变化，在新设计中已极少采用。

（2）曝气式沉砂池

曝气式沉砂池采用矩形长池形，在沿池长一侧的底部设置一排曝气管，通过曝气产生四个作用：①在池的过水断面上产生旋流，水呈螺旋状通过沉砂池；②水力旋流使砂粒与有机物分离，沉渣不易腐败；③气浮油脂并吹脱挥发性物质；④预曝气充氧，氧化部分有机物。重颗粒沉到底，并在旋流和重力的作用下流进集砂槽，再定期用排砂机械（刮板或螺旋推进器、移动吸砂泵等）排出池外；较轻的有机颗粒则随旋流流出沉砂池。图2-3为曝气式沉砂池的断面图。

曝气式沉砂池的主要优点：①可在水力负荷变动较大的情况下保持稳定的砂粒去除效果；②沉砂中附着的有机物少，沉砂的性能稳定；③有对污水预曝气的作用，改善了原污水的厌氧状态；④还可被用于化学药剂的投加、混合、絮凝等。

曝气式沉砂池的缺点：①需要额外的曝气能耗；②对污水的曝气产生了严重的臭气空气污染问题。随着污水处理厂对空气污染问题的日益重视，从20世纪90年代中期开始，城市污水处理厂大多改为旋流式沉砂池。

（3）旋流式沉砂池

旋流式沉砂池采用圆形浅池形，池壁上开有较大的进出水口，池底为平底或向中心倾斜的斜底，底部中心的下部是一个较大的砂斗，沉砂池中心设有搅拌与排砂设备。

旋流式沉砂池的构造如图2-4所示。进水从切线方向流进池中，在池中形成旋流，池中心的机械搅拌叶片进一步促进了水的旋流。在水流涡流和机械叶片的作用下，较重的砂粒从靠近池中心的环形孔口落入下部的砂斗，再经排砂泵或空气提升器排出池外。

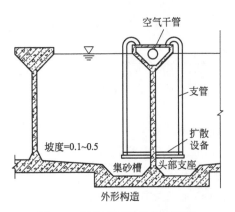

图 2-3　曝气式沉砂池的断面图

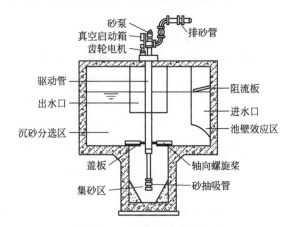

图 2-4　旋流式沉砂池的构造

旋流式沉砂池的气味小，沉砂中夹带的有机物含量低，可在一定范围内适应水量变化，有多种规格的定型设计可供选用。各种沉砂池的设计参数见表2-5。

表 2-5　各种沉砂池的设计参数

主要设计参数	平流式	竖流式	旋流式	曝气式
大流速/(m/s)	0.3	0.1	0.9	旋流流速 0.25~0.3
小流速/(m/s)	0.15	0.02	0.6	水平流速 0.08~0.15

主要设计参数	平流式	竖流式	旋流式	曝气式
停留时间/s	30～60	30～60		60～180（预曝 600～1800）
有效水深/m	0.25～1.0	—		2～3
池（格）宽/m	≥0.6	—	进水平直段长度大于渠宽 7 倍以上，进出水渠间夹角大于 270°	宽/深比值为 1～1.5
池底坡度	0.01～0.02	—		长/宽比值约为 5
消能和整流装置	池首部	—		曝气量 0.2m^3/m^3 水
进水中心管流速/(m/s)	—	0.3		曝气器距池底 0.6～0.9m

2.3.3 除砂与砂水分离

对于沉积在沉砂池中的沉砂，必须定期除去，以保证沉砂池的正常运行。排砂间隙过长会堵塞排砂管、砂泵，堵卡刮砂机械；排砂间隙太短又会使排砂量增大，含水率高，增加后续处理的难度。

2.3.3.1 除砂机

沉砂的去除一般是采用除砂机，水处理工程中常用的除砂机主要有以下几种。

（1）抓斗式除砂机

抓斗式除砂机分门形抓斗除砂机与单臂回转式抓斗除砂机两种。前者采用较多。

门形抓斗除砂机形同一个门式起重机，横跨于沉砂池上。该机的主要部分是行走架、刚性支架、挠性支架、鞍梁、抓斗启闭装置、小车行走装置、抓斗等，其中抓斗的启闭、大车及小车的行走等由操作室内的操作盘控制。

（2）链斗式除砂机

链斗式除砂机实际上是一部带有多个 V 型砂斗的双链输送机。除砂机的两根主链每隔一定距离安装一个 V 型砂斗，两根主链连成一个环形。通过传动链驱动轴带动链轮旋转，使 V 型砂斗在沉砂池底砂沟中沿导轨移动，将沉砂刮入斗中，斗在通过链轮以后改变运动方向，逐渐将沉砂送出水面。V 型砂斗脱离水面后，砂斗中的水逐渐从斗下的无数小孔滤出，流回池内。V 型砂斗到达池最上部的从动链轮处，再次发生翻转，将砂卸入下部的砂槽中。与此同时，设在上部的数个喷嘴向 V 型砂斗内喷出压力水，将斗内黏附的砂子冲入砂槽，砂槽内的砂靠水冲入集砂斗中。砂在集砂斗中继续依靠重力滤除所含水分。砂积累至一定数量后，集砂斗可以翻转，将砂卸到运输车上。

（3）桁车泵吸式除砂机

桁车泵吸式除砂机由以下几部分组成。

① 结构部分：即支撑整机安装所有设备的桥架、两端的鞍梁。结构部分多为钢铁或铝合金制造。

② 驱动、行走部分：除砂机的往复行走速度为 1～2mm/min，驱动装置由电机与减速机构成，有些使用分别驱动结构，即由两台相同的电机与减速机分别驱动两端的驱动行走轮，有些使用长轴驱动结构，即用一台电机与减速机通过一根贯通整个桥架的长轴驱动两端的驱动行走轮。行走轮有钢轮及实心胶轮两种。使用胶轮的每台车还要增加 4～6 个

导向轮，以防止车在行走中跑偏。

③ 工作部分：每台除砂机安装 1～2 台离心式砂泵，用以从池底将沉积在砂沟中的砂浆抽出。有些除砂机将砂浆抽到池边的砂渠，使之通过砂渠流到集砂井。有些直接将砂水混合物抽送到砂水分离器中。

④ 电控部分：安装在桥车上的控制柜及各部位安装的传感器、保护开关等组成除砂机的电控部分。有了这一部分，除砂机才能按预定的程序运转，才能有保护功能。除此以外，一部分控制箱内还安装了一台用于时间控制的电子钟，可以根据沉砂池的来砂状况调节 24h 的工作时间及停机时间。

⑤ 电缆鼓：这是连接往复行走的桁车与外界动力电源和监控信号的通道。由于除砂机还要和机外的砂水分离设备统一协调运转，所以监控信号最终是与总控制柜连接的。

（4）压力式斜板除砂器

压力式斜板除砂器是利用斜板沉淀的原理除砂，可直接安装于管井、大口井、渗渠等地下水取水构筑物的水泵出水管道上，也可安装于地表水源取水泵房的出水管道上，以截留大颗粒砂。除砂器内积聚的沉砂由人工或自动定期排除。

（5）XS 型除砂机

XS 型除砂机采用两只离心砂泵从平流式曝气沉淀池底部的砂沟中吸砂。泵在水中，电机在桥架上，吸砂管的下部有 1m 左右的弹簧橡胶管。砂泵的出水从切线方向进入水力旋流器，调节砂泵出水管上的阀门，使水力旋流器处于最佳工作状态。这种一体化设备结构简单、紧凑，操作方便，费用低，但砂水分离的效果稍差。

2.3.3.2 砂水分离设备

采用除砂机从沉砂池底部抽出的是砂水混合物，其含水量高达 97％～99％以上，有的还混有相当数量的有机污泥，导致运输、处理都相当困难，必须将无机砂粒与水及有机污泥分开。常用的砂水分离设备有水力旋流器、振动筛式砂水分离器及螺旋式洗砂机。

📖 **参考文献**

［1］廖传华，米展，周玲，等.物理法水处理过程与设备［M］.北京：化学工业出版社，2016.
［2］廖传华，朱廷风，代国俊，等.化学法水处理过程与设备［M］.北京：化学工业出版社，2016.
［3］廖传华，韦策，赵清万，等.生物法水处理过程与设备［M］.北京：化学工业出版社，2016.
［4］王郁，林逢凯.水污染控制工程［M］.北京：化学工业出版社，2008.
［5］张晓键，黄霞.水与废水物化处理的原理与工艺［M］.北京：清华大学出版社，2011.

第3章

气 浮

污水的来源不同，其中所含的杂质也不同，有些污水中含有密度接近于水的固体或液体污染物，采用沉砂方法无法去除。气浮是通过在污水中通入空气，产生高度分散的微细气泡，以气泡为载体，将密度接近于水的固体或液体污染物黏附形成密度小于水的气浮体，在浮力作用下上浮至水面形成浮渣层，从而去除水中的悬浮物质，同时改善水质。为改善水中悬浮物与微细气泡的黏附程度，通常还需要同时向水中加入混凝剂或浮选剂。

▶ 3.1 气浮法的特性

气浮法是使水中产生大量的微细气泡，以微细气泡作为载体，黏附水中的杂质颗粒，使其视密度小于水，然后颗粒被气泡挟带浮升至水面而与水分离去除的方法。

3.1.1 气浮法的特点

与重力法相比较，气浮法具有如下特点。

① 对难以用沉淀法处理的污水，气浮法处理效率高，出水水质好。

② 浮渣含水率低，一般在 96% 以下，比沉淀法污泥的体积减少 1/2～9/10，简化了污泥处置，节省了费用，而且表面刮渣比池底排泥方便。

③ 可以回收有用物质，如造纸白水中的纸浆。

④ 气浮法所需药剂量比沉淀法少。

⑤ 由于气浮池的表面负荷有可能高达 $12m^3/(m^2 \cdot h)$，水在池中的停留时间很短，只需 10～20min，而且池深只需 2m 左右，因此占地少，占地面积为沉淀法的 1/8～1/2，池容积仅为沉淀的 1/8～1/4，节省基建费用约 25%。

⑥ 气浮池具有预曝气、脱色、降低 COD 等作用，出水和浮渣都含有一定量的氧，有利于后续处理或再用，泥渣不易腐化。

但是，气浮法也存在着一些缺点，如电耗较大，约 $0.02～0.04kW \cdot h/m^3$；目前使用的溶气释放器易堵塞；浮渣受风雨影响较显著。

3.1.2 气浮法的适用对象

根据气浮法的特点，气浮法主要适用于以下一些污水处理场合。

① 固液分离。污水中固体颗粒的粒度很细小，颗粒本身及其形成的絮体密度接近或

低于水，很难利用沉淀法实现固液分离的各种污水。

② 液液分离。从污水中分离回收石油和有机溶剂的微细油滴、表面活性剂及各种金属离子等。

③ 要求获得比重力沉淀法更高的水力负荷和固体负荷，或用地受到限制的场合。

气浮法广泛用于去除水中处于乳化状态的油或密度接近于水的微细悬浮颗粒状杂质，如石油工业、煤气发生站、化工污水中所含的悬浮油和乳化油类（粒径在 $0.5 \sim 25\mu m$），毛纺工业洗毛污水中所含的羊毛脂及洗涤剂，食品工业污水中所含的油脂，选煤车间污水中的细煤粉（粒径在 $0.5 \sim 1mm$），造纸污水中的纸浆、纤维及填料，纤维工业污水中的细小纤维等。为了促进气泡与颗粒状杂质的黏附和使颗粒杂质聚结成较大尺寸的颗粒，通常在污水进入气浮设备前，向污水中投加混凝剂进行混凝处理。

此外，气浮法还可以作为对含油污水隔油后的补充处理（即二级生物处理前的预处理）。隔油池出水一般含有 $50 \sim 150mg/L$ 的乳化油。经一级气浮法处理后，可使水中的含油量降至 $30mg/L$ 左右，再经二级气浮处理，出水含油量可达 $10mg/L$ 以下。

3.1.3　气浮法的分类

按产生气泡的方式，气浮法可分为溶气气浮（分为真空溶气气浮和加压溶气气浮两种类型）、充气气浮（分为微孔扩散器布气上浮法和剪切气泡上浮法）、电解气浮。主要气浮法的比较见表 3-1。

表 3-1　主要气浮法的比较

名称	溶气气浮	充气气浮	电解气浮
产气方式	1. 加压溶气 2. 真空产气	1. 压缩空气通过微孔板 2. 机械力高速剪切空气	电解池正负极板分别产生氢气泡和氧气泡
气泡尺寸	加压 $50 \sim 150\mu m$ 真空 $20 \sim 100\mu m$	$0.5 \sim 100mm$	氢气泡$\leqslant 30\mu m$ 氧气泡$\leqslant 60\mu m$
表面负荷 $m^3/(m^2 \cdot h)$	$5 \sim 10$	$5 \sim 10$	$10 \sim 50$
主要用于	给水净化、生活污水、工业污水处理。可取代给水和污水处理中的沉淀和澄清；可用于污水深度处理的预处理及污泥浓缩	矿物浮选、生活污水和工业污水处理。如油脂、羊毛脂等污水的初级处理；表面活性剂的泡沫分离	工业污水处理，如含各种金属离子、油脂、乳酪、色度和有机物的污水处理

▶ 3.2　加压溶气气浮

加压溶气气浮是目前效果最好、应用最为广泛的一种气浮方法，其基本原理是使空气在加压条件下溶于水中，再将压力降至常压，使过饱和的空气以微细气泡的形式释放出来。

3.2.1　基本流程

根据水来源的不同，加压溶气气浮的基本流程可分为全溶气（全部原水溶气）流程、部分溶气（部分原水溶气）流程和回流加压溶气（部分回流溶气）流程。

（1）全加压溶气流程

工艺流程如图 3-1 所示。在该流程中将全部入流污水用泵加压至 0.3～0.5MPa 后，送入加压溶气罐。在溶气罐内，空气溶于污水中，再经减压释放装置进入气浮池进行固液分离。

全加压溶气流程的优点是溶气量大，增加了悬浮颗粒与气泡的接触机会。在处理相同量污水时，所用的气浮池较部分回流加压溶气气浮法小，可以节约基建费用，减少占地。缺点是含油污水的乳化程度增加，所需的加压泵和溶气罐比另两种流程大，增加了投资；由于对全部污水进行加压溶气，其动力消耗也较高。

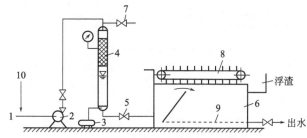

图 3-1 全加压溶气气浮法工艺流程
1—污水进入；2—加压泵；3—空压机；4—溶气罐；5—减压释放阀；6—气浮池；
7—放气阀；8—刮渣机；9—出水系统；10—混凝剂

（2）部分加压溶气流程

部分加压溶气气浮是取部分污水（一般为 30%～35%）加压和溶气，剩余部分直接进入气浮池与溶气污水混合，其工艺流程如图 3-2 所示。这种流程的特点是由于只有部分污水进入溶气罐，加压泵所需加压的水量和溶气罐的容积比全加压溶气流程的小，因此可节省部分设备费用和动力消耗；加压泵所造成的乳化油量低。但由于仅部分污水进行加压溶气，所能提供的空气量较少，因此若欲提供与全溶气方式同样的空气量，必须加大溶气罐的压力。

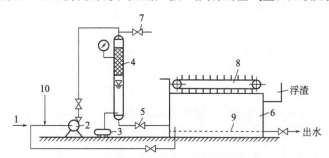

图 3-2 部分加压溶气气浮法工艺流程
1—污水进入；2—加压泵；3—空压机；4—溶气罐；5—减压释放阀；
6—气浮池；7—放气阀；8—刮渣机；9—出水系统；10—混凝剂

（3）回流加压溶气流程

回流加压溶气气浮工艺流程如图 3-3 所示。部分处理后的回流水被加压泵送往溶气罐。空压机将空气送入溶气罐，使空气充分溶于水中。溶气水经释放器进入气浮池，并与来水混合。由于突然减到常压，溶解于水中的过饱和空气从水中逸出，形成许多微细气泡，从而产生气浮作用。气浮池形成的浮渣由刮渣机刮到浮渣槽内排出池外。处理水从气浮池的中下部排出。回流量取原污水量的 25%～50%，一般取 30%。这种流程的优点是加压水量少，动力消耗少，不会促成含油污水的乳化，但气浮池的容积较大。该方式适用于悬浮物浓度高的污水，但由于回流水的影响，气浮池所需的容积比其他方式的要大。

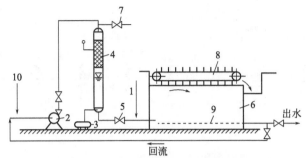

图 3-3 回流加压溶气气浮法工艺流程
1—污水进入；2—加压泵；3—空压机；4—溶气罐；5—减压释放阀；
6—气浮池；7—放气阀；8—刮渣机；9—出水系统；10—混凝剂

3.2.2 工艺设计

3.2.2.1 设计条件

① 用待处理污水进行气浮小试或现场试验，确定溶气压力及其释气量、回流比（溶气水量与待处理污水量之比）。无试验资料时，溶气压力采用 0.2～0.4MPa，释气量对接近生活污水的可取 40～45mL/L，回流比取 25%～50%。

② 根据试验结果选定混凝剂种类和用量，确定混合及反应方式和时间。为获得充分的共聚与气浮效果，一般混合时间取 2～3min，反应时间 5～10min。

③ 根据对处理水质的要求、气浮作业与前后处理构筑物的衔接、施工难易程度等技术经济指标，确定气浮池的池形。气浮池的有效水深为 2.0～2.5m，长宽比一般为1:(1～1.5)，以单格宽度不超过 10m、长度不超过 15m 为宜。水力停留时间一般为 10～20min，表面负荷为 5～10m³/(m²·h)。

④ 反应池应与气浮池紧密相连，并注意水流的衔接，防止打碎絮体，进入气浮池接触室的水流速度宜控制在 0.1m/s 以下。

⑤ 接触室的尺寸应综合下列因素确定：水流的上升流速一般应控制在 10～20mm/s，水流在室内的停留时间应不少于 60s。接触室的高度以 1.5～2.0m 为宜，平面尺寸应满足溶气释放器的要求。

⑥ 气浮分离室水流的下向流速一般取 1.5～3.0mm/s 为宜。应用于污水处理时，浊度大于 100 度时，取 1～1.5mm/s，以保证分离室表面负荷在 5.5～10.8 m³/(m²·h) 之间。分离室的深度一般取 1.5～2.5m。复核停留时间一般取 10～15min，有大量絮凝体的污水可延长至 20～30min。

⑦ 气浮池的排渣，一般设置专用刮渣机定期排渣。对于集渣槽，方形池设在池的一端或两端，圆形池设在径向。为使刮板移动速度不大于浮渣溢入集渣槽的速度，刮渣机行走速度应控制在 5～8cm/s。

⑧ 气浮池集水应保持进、出水的平衡，以保持气浮池的正常水位。一般采用穿孔集水管与出水井连通，集水管的最大流速应控制在 0.5m/s 左右。中小型气浮池在出水井的上部设置水位调节管阀，大型气浮池则设可控溢流堰板，以便升降水位、调节流量。

⑨ 压力溶气罐以采用阶梯环、拉西环、规整填料等为填料，填料层高取 $1\sim1.5m$，罐高 $2.5\sim3.0m$。罐径按过水断面积负荷 $100\sim200\ m^3/(m^2\cdot h)$ 计算。溶气罐的水力停留时间以 3min 计。溶气罐顶需设放气阀，以便定期将罐内顶部积存的受压空气放掉，否则溶气罐的有效容积将减少，而且会有大量气泡窜出，影响气浮效果。

⑩ 溶气释放器使水充分减压消能，保证溶入水中的气泡全部释放出来，防止气泡互相碰撞而增大，保证气泡的微细度；防止水流冲击，保证气泡与颗粒的黏附条件。释放器前管道的流速应控制在 $1m/s$ 以下，释放器出口的流速控制在 $0.4\sim0.5m/s$，每个释放器的作用直径一般为 $30\sim110cm$。

⑪ 竖流式气浮池的高度为 $4\sim5m$，其他工艺参数与平流式相同。

3.2.2.2 工艺计算

(1) 气固比

气固比是设计加压溶气气浮系统时最基本的参数，反映了溶解空气量（A）与原水中悬浮固体含量（S）的比值，即

$$\alpha=\frac{A}{S}=\frac{\text{经减压释放的溶解空气总量}}{\text{原水带入的悬浮固体总量}} \tag{3-1}$$

根据被处理污水中污染物的不同，气固比 α 有两种不同的表示方法：当分离乳化油等密度小于水的液态悬浮物时，α 常用体积比表示；当分离密度大于水的固态悬浮物时，α 采用质量比计算。当 α 采用质量比时，经减压后理论上释放的空气量 A 可由下式计算：

$$A=\gamma C_a(f-1)R/1000 \tag{3-2}$$

式中　A——减压至 1atm（$1atm=101325Pa$）时理论上释放的空气量，kg/d；

　　　γ——空气容重，g/L，见表 3-2；

　　　C_a——一定温度下，1atm 时的空气溶解度，mL/L，见表 3-2；

　　　f——加压溶气系统的溶气效率，为实际空气溶解度与理论空气溶解度之比，与溶气罐形式等因素有关；

　　　R——压力水回流量或加压溶气水量，m^3/d。

表 3-2　空气容重及在水中的溶解度

温度/℃	空气容重/(mg/L)	溶解度/(mL/L)	温度/℃	空气容重/(mg/L)	溶解度/(mL/L)
0	1252	29.2	30	1127	15.7
10	1206	22.8	40	1092	14.2
20	1164	18.7			

气浮的悬浮固体干重为

$$S=QC_s \tag{3-3}$$

式中　S——悬浮固体的干重，kg/d；

　　　Q——气浮池的设计能力，m^3/d；

　　　C_s——污水中的悬浮颗粒浓度，kg/m^3。

因此，气固比 α 可写成

$$\alpha=\frac{A}{S}=\frac{\gamma C_a(f-1)R}{QC_s\times1000} \tag{3-4}$$

参数 α 的选择影响气浮效果（如出水水质、浮渣浓度等），应针对所处理的污水进行气浮试验后确定。气固比的确定可采用间歇试验，如图 3-4 所示。

试验表明，参数 α 对气浮效果影响很大。图 3-5 为三种污水的气浮试验结果。可以看出，对于同种污水，α 值增大，出水悬浮物浓度降低，浮渣固体含量提高；而对于不同污水，其气浮特性不同。因此，合适的 α 值应由试验确定。如无资料或无试验数据时，α 一般可选用 0.05～0.06，污水中悬浮固体含量高时，可选用上限，低时可采用下限。剩余污泥气浮浓缩时一般采用 0.03～0.04。

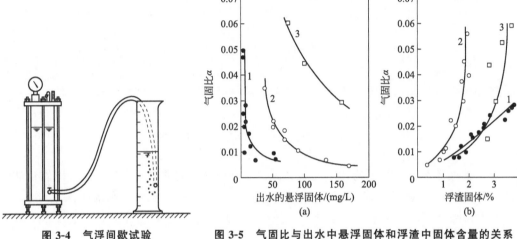

图 3-4　气浮间歇试验

图 3-5　气固比与出水中悬浮固体和浮渣中固体含量的关系
曲线 1—污泥容积指数为 85 的活性污泥混合液；
曲线 2—污泥容积指数为 400 的活性污泥混合液；
曲线 3—造纸污水

污水中悬浮固体总量应包括：污水中原有的呈悬浮状的物质量 S_1，因投加化学药剂使原水中呈乳化状的物质、溶解性的物质或胶体状物质转化为絮状物的增加量 S_2，以及因加入的化学药剂所带入的悬浮物质量 S_3，即

$$S = S_1 + S_2 + S_3 \tag{3-5}$$

（2）气浮所需空气量 Q_g（m^3/h）

$$Q_g = QR'a_c\Psi/1000 \tag{3-6}$$

式中　Q——气浮池的设计水量，m^3/h；

　　　R'——试验条件下的回流比，%；

　　　a_c——试验条件下的释气量，L/m^3；

　　　Ψ——水温校正系数，取 1.0～1.3（主要考虑水的黏度影响，试验条件下的水温与冬季水温相差大者取高值）。

空气溶解在水中需要一个过程，而且与水的流态有关。在静止或缓慢流动的水流中，空气的扩散溶解过程相当缓慢，溶解量与加压时间的关系如图 3-6 所示。实际生产中，溶气罐内的停留时间一般采用 2～4min，水中空气含量约为饱和含量的 50%～60%。设计时空气量

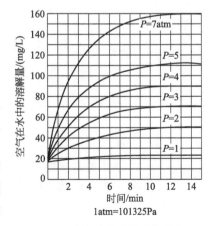

1atm=101325Pa

图 3-6　空气在水中的溶解量与加压时间的关系（20℃）

应按 25% 的过量考虑，留有余地，保证气浮效果。

（3）加压溶气水量 Q_p

气浮所需的空气量 Q_g 全部溶于水中，得到的水即为加压溶气水，其水量 Q_p 可按下式计算：

$$Q_p = \frac{Q_g}{\eta K_T} \tag{3-7}$$

式中　Q_p——加压溶气水量，m^3/h；

　　　K_T——溶解度系数，根据水温查表 3-3；

　　　η——溶气效率，用阶梯环作填料的溶气罐可按表 3-4 查得。

表 3-3　不同温度下的 K_T 值

温度/℃	0	10	20	30	40
K_T	3.77×10^{-2}	2.95×10^{-2}	2.43×10^{-2}	2.06×10^{-2}	1.79×10^{-2}

表 3-4　阶梯环填料罐（层高 1m）的水温、压力与溶气效率的关系

水温/℃	5			10			15			20			25			30		
溶气压力/MPa	0.2	0.3	0.4~0.5	0.2	0.3	0.4~0.5	0.2	0.3	0.4~0.5	0.2	0.3	0.4~0.5	0.2	0.3	0.4~0.5	0.2	0.3	0.4~0.5
溶气效率/%	76	83	80	77	84	81	80	86	83	85	90	90	88	92	92	93	98	98

3.2.2.3　气浮池的计算

气浮池的有效容积和面积可分别根据水力停留时间和表面负荷进行计算，但在回流加压溶气流程中，应考虑加压溶气水回流量使气浮池处理水量的增加。

（1）接触室表面积 A_c

选定接触室中水流的上升流速 v_c 后，按下式计算：

$$A_c = \frac{Q + Q_p}{v_c} \tag{3-8}$$

式中　A_c——接触室的表面积，m^2；

　　　Q——污水设计流量，m^3/h；

　　　Q_p——加压溶气水的回流量，m^3/h；

　　　v_c——接触室中水流的上升流速，m/h。

接触室的容积一般应按停留时间大于 60s 进行复核。接触室的平面尺寸如长宽比等数据的确定应考虑施工的方便和释放器的合理布置等因素。

（2）分离室表面积 A_s

选定分离速度（分离室的向下平均水流速度）v_s 后按下式计算：

$$A_s = \frac{Q + Q_p}{v_s} \tag{3-9}$$

式中　A_s——分离室的表面积，m^2；

　　　v_s——分离室中的向下平均水流流速，m/h。

对于矩形池，分离室的长宽比一般取 (1~2)∶1。

(3) 气浮池的净容积 W

选定池的平均水深 H（一般指分离池深），气浮池的净容积可按下式计算：

$$W = (A_c + A_s)H \qquad (3-10)$$

式中　W——气浮池的净容积，m^3；

　　　H——分离池的水深，m。

同时以池内停留时间 t 进行校核，一般要求 t 为 10~20min。

(4) 溶气罐直径 D_d

选定过流密度 I 后，溶气罐的直径可按下式计算：

$$D_d = \sqrt{\frac{4Q_p}{\pi I}} \qquad (3-11)$$

式中　D_d——溶气罐的直径，m；

　　　Q_p——加压溶气水的回流量，m^3/h；

　　　I——溶气罐的过流密度，$m^3/(m^2 \cdot d)$。

一般对于空罐，I 选用 1000~2000$m^3/(m^2 \cdot d)$；对填料罐，I 选用 2500~5000$m^3/(m^2 \cdot d)$。

(5) 溶气罐高度 Z

$$Z = 2Z_1 + Z_2 + Z_3 + Z_4 \qquad (3-12)$$

式中　Z_1——罐顶、底封头的高度（根据罐直径而定），m；

　　　Z_2——布水区高度，一般取 0.2~0.3m；

　　　Z_3——贮水区高度，一般取 1.0m；

　　　Z_4——填料层高度，当采用阶梯环时，可取 1.0~1.3m。

(6) 空压机的额定气量 Q'_g

$$Q'_g = \Psi' \frac{Q_g}{60 \times 1000} \qquad (3-13)$$

式中　Ψ'——安全系数，一般取 1.2~1.5。

3.2.3 工艺特点

加压溶气气浮工艺应用于污水处理行业具有如下优点：

① 在加压条件下，空气溶解度大，能够提供足够的微细气泡，可满足不同要求的固液分离，确保去除效果。

② 加压溶入的气体经急骤减压，释放出大量尺寸微细（20~120μm）、粒度均匀、密集稳定的微细气泡。微细气泡集群上浮过程稳定，对液体的扰动微小，确保了气浮效果。因此特别适用于细小颗粒和疏松絮凝体的固液分离。

② 工艺过程及设备比较简单，管理维修方便，特别是处理水部分回流方式，处理效果显著且稳定，并能较大地节省能量。

③ 采用共聚（微气泡直接参与凝聚并和微絮粒共聚长大）气浮技术，可以简化气浮工艺，节省混凝剂用量。

▶ 3.3 加压溶气气浮的设备组成

加压溶气气浮工艺的设备由四部分组成：加压溶气设备、溶气释放设备、气浮池和刮渣机。

3.3.1 加压溶气设备

加压溶气设备包括加压泵、气浮设备、溶气罐、空气供给设备及附属设备。

（1）加压泵

用来提升污水，将水、气以一定压力送至溶气罐。加压泵的压力决定了空气在水中的溶解程度。

（2）气浮设备

气浮设备是产生微细气泡的设备，是气浮法处理系统的核心。气浮设备决定了气浮系统的溶气方式。

按产生气泡的方式，气浮设备可分为微孔布气气浮设备、压力溶气气浮设备和电解凝聚气浮设备三种。

1）微孔布气气浮设备

微孔布气气浮设备是利用机械剪切力，将混合于水中的空气粉碎成微细气泡，从而进行气浮处理的设备。按粉碎方法的不同，又可分为水泵吸水管吸气气浮、水泵压水管射流气浮、扩散曝气气浮和叶轮气浮四种。

① 水泵吸水管吸气气浮设备。水泵吸水管吸气气浮设备是利用水泵吸水管部位的负压，使空气经气量调节阀进入水泵吸水管，在水泵叶轮的高速搅拌及剪切作用下形成气水混合流体，进入气浮池进行气浮处理。水泵吸水管吸气溶气方式所需设备简单，但在经济性和安全方面都不理想，长期运行还会发生水泵气蚀。

② 水泵压水管射流气浮设备。水泵压水管射流气浮设备是利用喷射器喷嘴将水以高速喷出，并在吸入室形成负压，从进气管吸入的空气与水混合进入喉管后，空气被粉碎成微细气泡，并在扩散段进一步被压缩，增大了空气在水中的溶解度，气溶水在气浮池中进行气浮处理。这种气浮方式的能量损失大，但不需要另设空气机。

③ 叶轮气浮设备。叶轮气浮设备的充气是靠叶轮高速旋转时在固定盖板上形成负压，从空气管中吸入空气。进入水中的空气与水流被叶轮充分搅拌，成为细小的气泡甩出导向叶片外面。经过稳流挡板消能稳流后，气泡垂直上浮，形成气溶水。叶轮气浮设备适用于处理水量不大但污染物浓度较高的污水，除油效果一般在 80% 左右。

2）压力溶气气浮设备

压力溶气气浮设备有加压溶气气浮设备和溶气真空气浮设备。溶气真空气浮设备由于可能得到的空气量受设备真空度的影响，析出的微泡数量有限，且构造复杂，现已逐步淘汰。

目前常用的加压溶气气浮方式是水泵-空压机加压溶气气浮方式。在图 3-1、图 3-2、图 3-3 表示的不同工艺流程中采用的都是水泵-空压机加压溶气气浮方式。空气由空压机供给，利用水泵将部分气浮出水提升到溶气罐，也有将压缩空气管接在水泵压水管上一起进入溶气罐的。加压到 0.3～0.55MPa，同时注入压缩空气使之过饱和，然后瞬间减压，骤然释放出大量微细气泡，因此气浮处理较好。水泵-空压机加压溶气气浮方式的优点是能耗相对较低，是一种使用广泛的溶气气浮方式，多用于污水（特别是含油污水）的处理。但空压机的噪声较大。

3）电解凝聚气浮设备

电解凝聚气浮设备是利用不溶性阳极和阴极直接电解水，靠电解产生的氢气和氧气的微细气泡将已絮凝的悬浮物载浮至水面，从而达到分离的目的。

电解法产生的气泡尺寸远小于溶气气浮和布气气浮所产生的气泡尺寸，且不产生紊流，因而电解凝聚气浮法去除的污染物范围广，对有机污水不但可降低 BOD，还有氧化、脱色和杀菌的作用，对污水负荷变化的适应力也强，设备占地面积小，生成的污泥量也少，有很大的发展前途，但目前存在电能消耗和极板消耗较大、运行费用较高的问题。

(3) 溶气罐

溶气罐的作用是使水与空气充分接触，促进空气溶解。溶气罐的形式多样，如图 3-7 所示。其中填充式溶气罐由于加有填料可加剧紊动程度，提高液相的分散程度，不断地更新液相与气相的界面，因而效率较高，使用普遍。

影响填充式溶气罐效率的主要因素有：填料的种类和特性、填料层高度、罐内液位高、布水方式和温度等。

填充式溶气罐的主要工艺参数如下：

① 过流密度：$2500\sim5000\mathrm{m}^3/(\mathrm{m}^2\cdot\mathrm{d})$；
② 填料层高度：$0.8\sim1.3\mathrm{m}$；
③ 液位的控制高：$0.6\sim1.0\mathrm{m}$（从罐底计）；
④ 溶气罐承压能力：$>0.3\mathrm{MPa}$。

填充式溶气罐中的填料有各种形式，如阶梯环、拉西环、波纹片卷等。其中阶梯环的溶气效率最高，拉西环次之，波纹片卷最低。推荐使用低能耗、空压机供气、阶梯环填料、喷淋式溶气罐，其构造形式如图 3-8 所示。

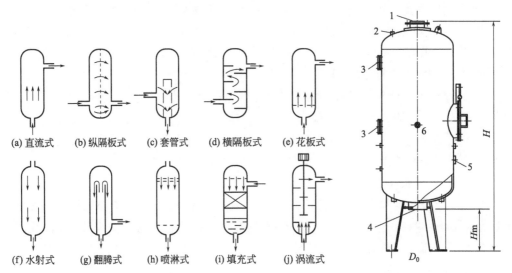

(a) 直流式　(b) 纵隔板式　(c) 套管式　(d) 横隔板式　(e) 花板式

(f) 水射式　(g) 翻腾式　(h) 喷淋式　(i) 填充式　(j) 涡流式

图 3-7　溶气罐的几种形式

图 3-8　喷淋式填料罐
1—进水管；2—进气管；3—观察窗（进出料孔）；4—出水管；5—液位传感器；6—放气管

3.3.2 溶气释放设备

溶气释放设备是将加压溶气水减压后，迅速使溶于水中的空气以极为细小的气泡形式释放出来。微细气泡的直径大小和数量对气浮效果影响很大，一般要求微细气泡的直径在 $20\sim100\mu m$ 范围内。

溶气释放设备由溶气释放装置和溶气管路组成。目前在生产中采用的溶气释放设备分两类：一种是减压阀，另一种是专用释放器。减压阀可以利用现成的截止阀，设备经济方便，但运行稳定性不够高。专用释放器是根据溶气释放规律制造的。在国外，有英国水研究中心开发的 WRC 喷嘴、针形阀等。在国内有 TS 型、TJ 型和 TV 型等，见图 3-9。三种溶气释放器的基本结构及其特性见表 3-5。

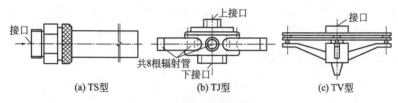

(a) TS 型   (b) TJ 型   (c) TV 型

图 3-9   溶气释放器

表 3-5   三种溶气释放器的基本结构及其特性

名称	基本结构	特性
TS 型溶气释放器	孔口—多孔室—小平行圆盘缝隙—管嘴	1. 在 0.15MPa 以上，可释放溶气量的 99%。释出的微细气泡密集，直径为 $20\sim40\mu m$。在 0.2MPa 压力下即能正常工作 2. 孔盒易堵塞，单个释放器出流量小，作用范围小
TJ 型溶气释放器	孔口—单孔室—大平行圆盘缝隙—舌簧—管嘴	1. 在 0.15MPa 以上，可释放溶气量的 99%。释出的微细气泡密集，直径为 $20\sim40\mu m$。在 0.2MPa 压力下即能正常工作 2. 单个释放器出流量和作用范围较大，堵塞时可用水射器提起舌簧，清除堵塞物
TV 型溶气释放器	孔口—单孔室—上小下大平行圆盘缝隙	1. 在 0.15MPa 以上，可释放溶气量的 99%。释出的微细气泡密集，直径为 $20\sim40\mu m$。在 0.2MPa 压力下即能正常工作 2. 单个释放器出流量和作用范围较大，堵塞时可用压缩空气使下盘移动，清除堵塞物

TS 型溶气释放器的工作原理如图 3-10 所示。当压力溶气水通过孔盒时，反复经过收缩、扩散、撞击、返流、挤压、旋涡等流态，在 0.1s 的瞬间，压力损失高达 95% 左右，创造了既迅速又充分地释放出溶解空气的条件。经这种释放器后，可产生均匀稳定的雾状气泡，而且释放器出口流速低，不致打碎矾花。

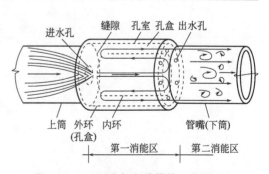

图 3-10   TS 型溶气释放器的工作原理

3.3.3 气浮池

气浮池的功能是提供一定的容积和表面，使微细气泡与水中悬浮颗粒充分混合、接触、黏附，并进行气浮。气浮池的形式多种多样，常用的有平流式气浮池、竖流式气浮池，以及将气浮池与混凝反应、出水沉淀、出水过滤等综合为一体的综合气浮池等。在实际应用时应根据污水水质、水温、建造条件（如地形、用地面积、投资、建材等）及管理水平等综合考虑。

平流式气浮池（如图3-11所示）一般为方形池，与反应池（可用机械搅拌、折板、孔室旋流等池型）共壁相连，污水从下部进入反应池，完成与混凝剂的混合反应后，经挡板底部进入接触室，与溶气水接触混合。清水由分离室底部集水管集取，浮渣刮入集渣槽，实现固液分离。

平流式气浮池的优点是池身浅、造价低、结构简单、管理方便。缺点是分离部分的容积利用率不高，与后续处理构筑物在高程上配合较困难。

竖流式气浮池如图3-12所示。反应室出来的污水从气浮池底部进入中心接触室，向上进入环形分离室，实现固液分离。其优点是接触室在池中央，水流由接触室向四周扩散，水力条件比平流式好，便于与后续处理构筑物在高程上配合；缺点是与反应较难衔接，构造比较复杂，容积利用率较低。

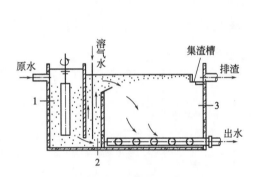

图3-11　平流式气浮池
1—反应池；2—接触室；3—气浮池

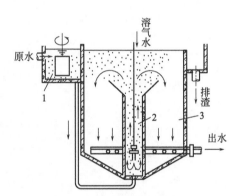

图3-12　竖流式气浮池
1—反应池；2—接触室；3—气浮池

除上述两种基本形式外，还有各种组合式一体化气浮池，如气浮-沉淀一体化（图3-13）、气浮-过滤一体化（图3-14）、气浮-反应一体化（图3-15）。

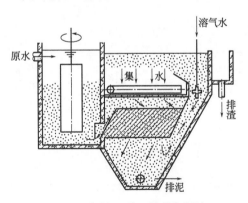

图3-13　气浮-沉淀一体化气浮池

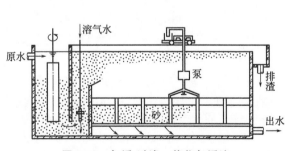

图3-14　气浮-过滤一体化气浮池

气浮-沉淀一体化气浮池的悬浮物去除率高，主要应用于原水浑浊度较高及水中含有一部分密度较大、不易进行气浮的杂质时，将高效同向流斜板置于分离区，先将部分易沉

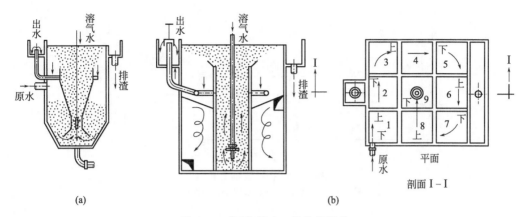

图 3-15　气浮-反应一体化气浮池

（a）涡流反应式浮池；（b）孔室反应式气浮池

杂质去除，而不易沉淀的较轻杂质则由后续的气浮加以去除。这种形式结构紧凑，占地小，也能照顾后续构筑物的高程需要。

气浮-过滤一体化气浮池为充分利用气浮分离池下部的容积，在其中设置了滤池。滤池可以是普通快滤池，也可以是移动冲洗罩滤池。一般以后者的配合更为经济和合理。气浮池的刮泥机可以兼作冲洗罩的移动设备。同时由于设置了滤池，使气浮集水更为均匀。

气浮-反应一体化气浮池可分为涡流反应式和孔室反应式两种。涡流反应式是在池中部切向进水，入口水流旋动较剧，由于反应区断面扩大，因而流速减缓，部分絮体沉淀。孔室反应式是将池体分隔成两部分，下部划分 9 格，外围 8 格为孔室旋流反应池，中央 1 至 2 格为气浮接触室。气浮-反应一体化气浮池的优点是部分絮凝颗粒沉于池底，减轻了气浮池的负荷。气浮池和反应池隔开，出水水质较好。

3.3.4　刮渣机

经气浮处理后，污水中含有的密度接近于水的固体或液体污染物会逐渐被微细气泡挟裹并夹带到气浮池的表面，形成浮渣。浮渣必须定期清除，以免影响气浮效果。一般采用刮渣机进行清除，矩形气浮池采用桥式刮渣机（如图 3-16 所示），圆形气浮池推荐采用行星式刮渣机（如图 3-17 所示）。

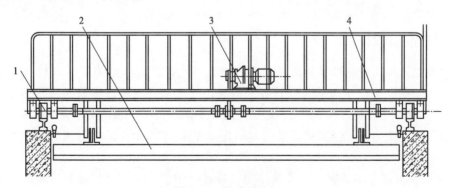

图 3-16　桥式刮渣机

1—行走部分；2—刮板；3—驱动机构；4—桁架

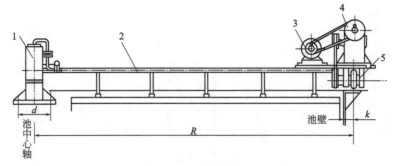

图 3-17　行星式刮渣机

1—中心管柱；2—行星臂；3—电机；4—传动部分；5—行走轮

▶ 3.4　其他气浮法

除了常用的加压溶气气浮法外，电解气浮法、射流气浮法、曝气气浮法、叶轮气浮法在污水处理领域中也有一定的应用。

3.4.1　电解气浮法

电解气浮法是在直流电的电解作用下，利用正极和负极产生氢气和氧气的微细气泡，对污水中的悬浮物进行黏附并将其带至水面以进行固液分离的方法，其装置示意图如图 3-18 所示。

电解法产生的气泡远小于溶气法和散气法产生的气泡，可用于去除细分散悬浮物固体和乳化油。电解法除可用于固液分离外，还具有多种作用，如对有机物的氧化作用、脱色作用和杀菌作用，主要用于工业污水的处理，对污水负荷的变化适应性强，生成污泥量少，占地省，噪声低。但由于电解气浮的电耗较高，较难适用于大型污水处理厂。

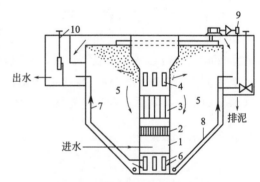

图 3-18　电解气浮法装置示意图

1—入流室；2—整流栅；3—电极组；4—出流孔；
5—分离室；6—集水孔；7—出水管；8—排沉泥管；
9—刮渣机；10—水位调节器

3.4.2　射流气浮法

射流气浮是采用以水带气射流器向水中充入空气，射流器结构如图 3-19 所示。高压水经过喷嘴喷射产生负压而从吸气管吸入空气，气水混合物通过喉管时将气泡撕裂、粉碎、剪切成微细气泡。进入扩散段后，动能转化为势能，进一步压缩气泡，随后进入气浮池。

射流气浮池多为圆形竖流式，其基本结构如图 3-20 所示。采用射流气浮池时应注意如下几点：

① 为保证射流器不堵塞，要求悬浮物颗粒粒径小于喷嘴直径，喉管直径与喷嘴直径之比为 2～2.5；

② 反应段内的上升流速应控制在 60～80m/h；

③ 分离段内的上升流速应控制在 6~8m/h；

④ 停留时间为 8~15min；

⑤ 进水压力为 0.1~0.3MPa；

⑥ 浮渣由液位控制溢流排出；

⑦ 空气量为水量的 5%~8%；

⑧ SS 的去除率一般为 90%~95%。

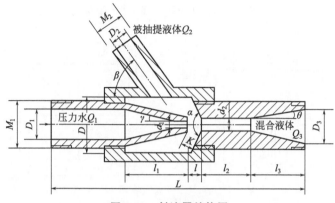

图 3-19　射流器结构图

3.4.3　曝气气浮法

曝气气浮法是使压缩空气通过具有微孔结构的扩散板或扩散管，以微细气泡形式进入污水中，与悬浮物发生黏附并气浮。这种方法的优点是简单易行，但扩散装置的微孔容易堵塞，产生的气泡较大，气浮效果不好。装置示意图如图 3-21 所示。

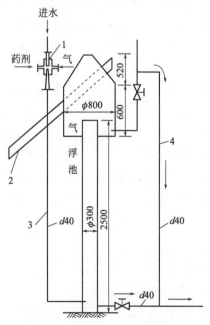

图 3—20　射流气浮池基本结构

1—射流器；2—排渣槽；
3—进水管；4—出水管

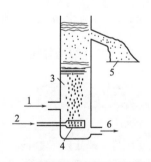

图 3-21　扩散板曝气气浮法装置示意图

1—入流液；2—空气进入；3—分离柱；
4—微孔扩散板；5—浮渣；6—出流液

3.4.4 叶轮气浮法

叶轮气浮法的装置示意图如图 3-22 所示。在叶轮气浮池的底部设置有叶轮叶片，由转轴与池上部的电机连接，并由后者驱动叶轮转动。在叶轮的上部装有带导向叶轮的盖板。盖板下的导向叶轮为 12～18 片，与直径成 60°角（图 3-23）。盖板与叶轮间距为 10mm，在盖板上开孔 12～18 个，孔径为 20～30mm，位置在叶轮叶片中间，作为循环水流的入口。叶轮有 6 个叶片，叶轮与导向叶轮之间的间距为 5～8mm。

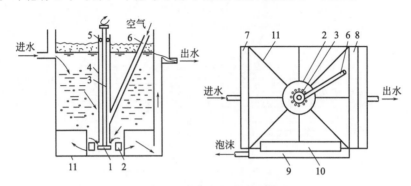

图 3-22　叶轮气浮法装置示意图
1—叶轮；2—盖板；3—转轴；4—轴套；5—轴承；6—进气管；
7—进水槽；8—出水槽；9—泡沫槽；10—刮沫板；11—整流板

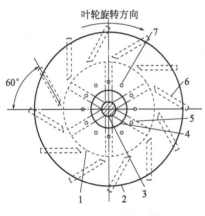

图 3-23　叶轮盖板构造
1—叶轮；2—盖板；3—转轴；4—轴承；
5—叶轮叶片；6—导向叶轮；7—循环进水口

叶轮气浮的充气是靠设置在池底的叶轮高速旋转时在固定的盖板下形成负压，从空气管中吸入空气，而污水由盖板上的小孔进入。在叶轮的搅动下，空气被粉碎成细小的气泡，并与水充分混合，水气混合体甩出导向叶轮之外。导向叶轮使水流阻力减小，又经整流板稳流后，在池体内平稳地垂直上升，进行气浮。形成的泡沫不断地被缓慢转动的刮板刮出池外。

叶轮直径一般为 200～600mm，叶轮的转速多采用 900～1500r/min，圆周线速度为 10～15m/s，气浮池充水深度与吸气量有关，一般为 1.5～2.0m 而不超过 3m。

叶轮气浮一般适用于悬浮物浓度高的污水的气浮，例如用于从洗煤污水中回收洗煤粉，设备不易堵塞。叶轮气浮产生的气泡直径约为 1mm，效率比加压溶气气浮法的差，约为加压溶气气浮法的 80%。

👤 **参考文献**

[1] 廖传华，米展，周玲，等.物理法水处理过程与设备 [M].北京：化学工业出版社，2016.
[2] 廖传华，朱廷风，代国俊，等.化学法水处理过程与设备 [M].北京：化学工业出版社，2016.
[3] 廖传华，韦策，赵清万，等.生物法水处理过程与设备 [M].北京：化学工业出版社，2016.
[4] 王郁，林逢凯.水污染控制工程 [M].北京：化学工业出版社，2008.
[5] 张晓键，黄霞.水与废水物化处理的原理与工艺 [M].北京：清华大学出版社，2011.

第4章

调　节

无论是工业污水，还是城镇污水和农村污水，其产流量与水质并不总是恒定均匀的，往往随着时间的推移而变化（生活污水随生活作息规律而变化，工业污水的水量水质随生产过程而变化），但是污水处理装备和流程都是按一定的水质和水量设计的，它们的运行都有一定的操作指标，水量和水质的变化使得处理设备不能在最佳的工艺条件下运行，严重时甚至会使设备无法工作。因此，需对来水进行调节，以保证后续系统的正常运行。

▶ 4.1　调节的作用与分类

4.1.1　调节的作用

所有的污水处理设施均是按某一设定的来水水质和处理规模而设计的，当来水的水质或/和水量变化幅度过大时，必将使后续的处理系统无法正常运行。若来水水质较好、水量较小时，后续的处理系统会处于"吃不饱"的状态，造成设备使用率和使用效率下降；当来水水质太差、水量太大时，将使后续的处理系统过载，从而导致处理后的排水无法满足排放或回用要求。因此，调节的作用就是使来水的水质和水量稳定在一个合适的范围内，以满足后续处理系统的负荷要求，为后续处理系统的正常运转创造必要条件。

4.1.2　调节的分类

根据调节的对象，污水处理过程中的调节可分为水量调节和水质调节。

水量调节是对来水的水量进行调节，以保证后续系统的进水量稳定在一定的范围内。这种方法适用于来水水量随时间变化的情况，如城镇和农村生活污水、间歇生产过程产生的工业污水、农村养殖污水。

水质调节是对来水的水质进行调节，以保证后续系统的进水水质稳定在一定的范围内。这种方法适用于多股不同水质来水的混合处理（如城市污水处理厂中来自不同区域的城市生活污水），也适用单股来水但水质随时间而变化的污水处理（如农村污水中的农产品加工污水、工业生产过程中产生的洗涤污水）。

▶ 4.2　水量调节

污水处理中单纯的水量调节是在污水提升泵上做文章，一般是选用合适的污水泵，或者水泵多排，来达到水量平均化的目的。目前工程上采用的主要有两种方式：线内调节和线外调节。

（1）线内调节

也称主线调节，流量调节池设置在主流线上，如图4-1所示。水量调节池如图4-2所示，进水一般采用重力流，出水用泵提升。调节池的容积可采用图解法计算。实际上，由于污水流量的变化往往规律性差，所以调节池容积的设计一般凭经验确定。

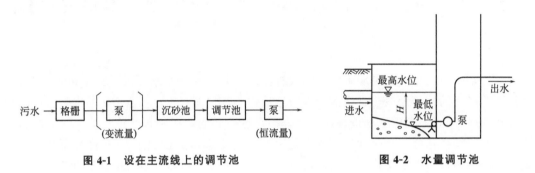

图4-1　设在主流线上的调节池　　　　图4-2　水量调节池

但是对于某些污水管道的埋深较大、调节池深度受限的情况，需设置二次提升，如图4-1中括号所示。

（2）线外调节

采用如图4-3所示的方式，调节池设在旁路上，当污水流量过高时，多余污水用泵打入调节池，当流量低于设计流量时，再从调节池流至集水井，并送去后续处理。

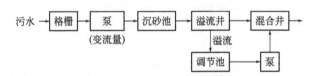

图4-3　设在主流线外的调节池

与线内调内相比，线外调节不受污水进水管道高程的限制，由于调节池后设置专用提升泵，调节池一般为半地上式，施工与维护方便，特别适合工厂生产为白班或两班制、水量波动不大、污水处理需要24h连续运行（如生物处理）的情况。但被调节水量需要两次提升，动力消耗较大。

▶ 4.3　水质调节

水质调节一般分为常规和不常规两类。常规的一般就是在前端设计有足够的调节空间，保证污水有足够的停留时间，达到均值的要求。不常规的就是如果某段时间内污水的指标异常，一般需要添加营养剂，补充碳源或氮源。通常所说的水质调节是指常规水质调节，其任务是对不同时段或不同来源的污水进行混合，使流出水的水质比较均匀。用于水质调节的调节池也称均和池或匀质池。

一般地，水质调节的作用可体现为以下几个方面。

① 提高污水的可处理性，减少在生化处理过程中产生的冲击负荷。

② 对微生物有毒的物质得到稀释，短期排出的高温污水还可以得到降温处理。

③ 使酸性污水和碱性污水得到中和，使 pH 值保持稳定，减少由于调节 pH 值所需的酸碱量。

④ 对化学处理而言，药剂投加量的控制及反应更为可靠，使操作费用降低，处理能力及负荷提高。

水质调节的基本方法也有两种：

① 利用外加动力（如叶轮搅拌、空气搅拌、水泵循环）而进行的强制调节，设备简单，效果较好，但运行费用高。

② 利用差流方式使不同时段和不同浓度的污水进行自身水力混合，基本没有运行费用，但设备结构较复杂。

（1）外加动力方式

图 4-4 为一种外加动力的水质调节池（曝气均和池），采用压缩空气搅拌。在池底设有曝气管，在空气搅拌作用下，使不同时段进入池内的污水得以混合。这种调节池构造简单，效果较好，并可防止悬浮物沉积于池内，最适宜在污水流量不大、处理工艺中需要预曝气以及有现成压缩空气的情况下使用。如果污水中存在易挥发的有害物质，则不宜使用此类调节池，此时可使用叶轮搅拌。

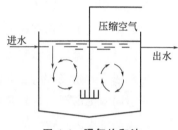

图 4-4　曝气均和池

（2）差流方式

差流方式的调节池类型很多。如图 4-5 所示为一种折流调节池，配水槽设在调节池上部，池内设有许多折流板，污水通过配水槽上的孔口溢流至调节池的不同折流板间，从而使某一时刻的出水中包含不同时刻流入的污水，也即其水质达到了某种程度的调节。

图 4-6 所示为一种构造比较简单的差流式调节池。对角线上的出水槽所接纳的污水来自不同的时间，也即浓度各不相同，这样就达到了水质调节的目的。为了防止调节池内污水短路，可在池内设置一些纵向挡板，以增强调节效果。

图 4-5　折流调节池

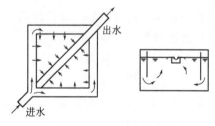

图 4-6　差流式调节池

▶ 4.4　调节池

用于水质和水量调节的主要设施为调节池。在污水处理工艺中，调节池还可兼作沉淀池或隔油池。

4.4.1 调节池的分类

调节池的分类方法很多。按形式分为圆形、方形、(自然)多边形等,可建在地下或地上;按结构分为混凝土、钢筋混凝土、石结构和自然体等;按在工艺流程中的位置分为前置原水集中调节池、分流调节池、处理后水调节池。

一般是按调节池的功能将其分为水量调节池、水质调节池和同时兼具部分预处理作用的调节池等。

如果调节池的作用仅是调节水量,只需保持必要的调节池容积并使出水均匀即可。如果调节池的作用是使污水水质达到均衡,则应使调节池在构造上和功能上考虑达到水质均和的措施,使不同时段流入池内的污水能完全混合。

4.4.2 调节池的形式

常见调节池的形式有如下几种。

(1) 穿孔导流槽式调节池

出水槽沿对角线方向设置,污水由左右两侧进入池内,经过不同的时间才流出水槽,从而使不同浓度的污水达到自动调节均和的目的。为防止水流在池内短路,可在池底设沉渣斗,定期排出沉降物。如果调节池容积很大,可将调节池做成平底,用压缩空气搅拌污水,以防止沉降物在调节池内沉降下来。空气用量为 $1.5 \sim 3 m^3/(m^2 \cdot h)$,调节池有效水深为 $1.5 \sim 2m$,纵向隔板间距为 $1 \sim 1.5m$。

(2) 分段投入式水质调节池

污水在隔墙内折流,通过配水槽的多个孔口投配到调节池前后的各个位置,达到混合、均衡的目的。

(3) 空气搅拌式调节池

污水从高位曝气沉砂池自流入调节池,池内设有曝气管,起均化和预曝气作用,池中沉渣通过曝气搅拌随水流排放。

也有的调节池就是由两、三个空池子组成,池底装有空气管道,每池间歇独立运转,轮流作用。第一池充满后,水循序流入第二池。第一池内的水用空气搅拌均匀后,再用泵抽往后续的设备中。第一池抽空后,再循序抽第二池的水。这样虽能调节水量和水质,但是基建与运行费用均较高。

调节池的典型出水方式见图 4-7。堰顶出水调节池只能调节出水水质,不能调节流量。需同时调节水质和水量时,应采用图 4-8 所示的对角线出水调节池或图 4-9 所示的周边进水池底出水调节池。

4.4.3 调节池的设计

调节池的最小有效容积应能够容纳水质水量变化一个周期所排放的全部污水量。为了获得充分的均质效果,池容可按日排全部污水量设计。为同时获得要求的某种预处理效果,池容按同时达到均质和某种预处理效果(如生物水解酸化、脱除某种气体等)所需容积计算,计算值为最小有效均质调节池容,设计时应增加无效池容。无效池容是指不能起水量调节作用的池容，如不能排出池外的水所占池容、保护高度所占池容、生化预处理生物污泥保有量所占池容、隔墙立柱所占池容等。

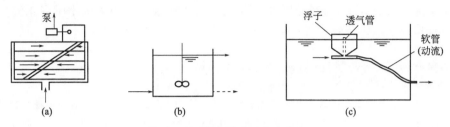

图4-7 调节池的典型出水方式
（a）地下式（泵出水）；（b）地面式（自流出水）；（c）浮子定量出水装置

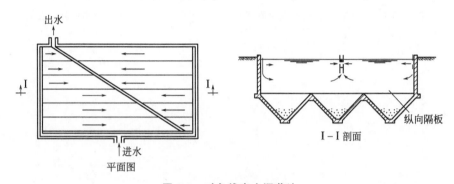

图4-8 对角线出水调节池

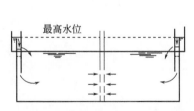

图4-9 周边进水池底出水调节池

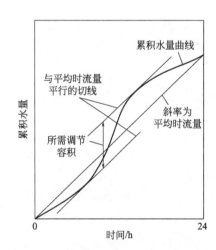

图4-10 小时累积水量曲线调节容积作图法

对于进行水量调节的变水位调节池，调节容积的计算方法有逐时流量曲线作图法和小时累积水量曲线作图法。以下介绍后一种作图法，其示意图如图4-10所示。小时累积水量曲线调节容积作图求解步骤如下：

① 以小时（h）为横坐标，累积水量为纵坐标，绘制最大变化日的小时累积水量曲线；

② 图中对角线（原点与24h累积水量的连线）的斜率为平均小时流量，即水泵的恒定流量；

③ 平行于对角线作累积水量曲线的切线，其上下两条切线的垂直距离即为所需调节容积。

由于实际中每天的小时流量都会有所不同，得不到规律性很强的小时变化流量曲线，在设计中选用调节池容积时，应视情况留有余地。

参考文献

[1] 廖传华，米展，周玲，等.物理法水处理过程与设备 [M].北京：化学工业出版社，2016.

[2] 廖传华，朱廷风，代国俊，等.化学法水处理过程与设备 [M].北京：化学工业出版社，2016.

[3] 廖传华，韦策，赵清万，等.生物法水处理过程与设备 [M].北京：化学工业出版社，2016.

[4] 王郁，林逢凯.水污染控制工程 [M].北京：化学工业出版社，2008.

[5] 张晓键，黄霞.水与废水物化处理的原理与工艺 [M].北京：清华大学出版社，2011.

能源利用篇

对于含有较高浓度有机组分的污水（称之为高浓有机污水），其蕴含有大量的化学能，可采用焚烧、水热氧化等方式，在将污染组分转化去除的同时副产能量；也可采用水热气化、生物气化等方法回收可燃气、沼气等能源物质。

第**5**章

焚烧产热

对于有机物含量（以 COD 计）较高的污水，如石油化工、冶金、造纸、制革、发酵酿造、制药、纺织印染等行业的污水，直接排放会对环境造成严重污染，必须进行处理后才能排放。由于这些污水本身具有一定的熔值，因此可采用焚烧法，在高温条件下，使污水中的有机组分与空气中的氧进行剧烈的化学反应，将有机污染物转为水、二氧化碳等无害物质，从而实现其无害化处理。与此同时，焚烧过程还会释放热量，如将这部分热量回收利用，则能实现有机污水能源化利用的目的。

工业生产中产生的污水种类极其繁多，可根据化学组成将其分为 3 类。①不含卤素的污水，所含的有机化合物仅含有 C、H、O，有时还含有 S。如果有机组分的浓度较高时自身可燃，可作为燃料，燃烧产物为 CO_2、H_2O 和 SO_2，燃烧产生的热量可通过锅炉或余热锅炉回收。②含卤素的污水，所含的有机化合物包括 CCl_4、C_2H_3Cl、CH_3Br 等。污水的热值取决于卤素的含量，在焚烧处理时，应根据其热值的高低确定是否需要辅助燃料。污水在焚烧炉内氧化后，将产生单质卤素或卤化氢（HF、HCl、HBr 等），根据需要可将其去除或回收。③含高盐有机污水，含有较高浓度的无机盐或有机盐，在燃烧后会产生熔化盐，因此在设计时，耐火材料、燃烧温度的选择以及停留时间的确定将成为主要考虑因素，由于该类污水通常热值较低，需要添加辅助燃料以达到完全燃烧。

▶ 5.1 焚烧处理的流程及存在的问题

不同污水焚烧处理的工艺流程根据污水性质的不同而有所不同。对于 COD 值很高、热值也很高的污水，可以直接进入焚烧炉进行焚烧处理；对于热值不是很高的污水，则需添加辅助燃料进行焚烧；对于含水分比较高的有机污水，可先进行蒸发浓缩后再进行焚烧。当污水中不含有害的低沸点有机物时，可考虑采用高温烟气直接浓缩的方法，但对于含有有害的低沸点组分的有机污水应采用间接加热的浓缩法。

5.1.1 焚烧处理流程

污水的焚烧过程是集物理变化、化学变化、反应动力学、催化作用、燃烧空气动力学和传热学等多学科于一体的综合过程。有机物在高温下分解成无毒、无害的 CO_2 和 H_2O 等小分子物质，有机氮化物、有机硫化物、有机氯化物等被氧化成 SO_x、NO_x、HCl 等酸性气体，应通过尾气吸收塔对其进行净化处理，使净化后的气体满足现行的《大气污染物综合排放标准》（GB 16297—1996），对于环境保护要求高的地区，还需满足相关的地方标准，如江苏省的《大气污染物综合排放标准》（DB 32/4041—2021）。焚烧产生的热量可以回收或供热。因此，焚烧法是一种使污水实现减量化、无害化和资源化的处理技术。

污水焚烧处理的工艺流程一般包括预处理、高温焚烧、余热回收、烟气处理等几个阶段。

（1）预处理

由于污水的来源及成分不同，通常都要进行预处理使其达到燃烧要求。预处理主要包括污水的过滤、蒸发浓缩、调整黏度等，其目的是为后续的焚烧过程提供最优的条件。

① 污水中一般都含有固体悬浮颗粒，而污水常采用雾化焚烧，因此在焚烧前需要过滤，去除其中的悬浮物，防止固体悬浮物堵塞雾化喷嘴，使炉体结垢。

② 不同工业污水的酸碱度不同。酸性污水进入焚烧炉会造成炉体腐蚀，而碱性污水更易造成炉膛的结焦结渣。因此污水在进入焚烧炉前需进行中和处理。

③ 低黏度污水有利于泵的输送和喷嘴雾化，所以可采用加热或稀释的方法降低污水的黏度。

④ 喷液、雾化过程在污水焚烧过程中十分重要。雾化喷嘴的大小、嘴形直接关系到液滴的大小和液滴凝聚，因此需要选择合适的喷嘴和雾化介质。

⑤ 不适当的混合会严重限制某些能作为燃料的污水的焚烧，合理的混合能促进多组分污水的焚烧。混合组分的反应度和挥发性是提高混合效果的重要因素，混合物的黏性也十分重要，因为它影响雾化过程。合理的混合方法可以减少液滴的微爆现象。

（2）高温焚烧

污水的焚烧过程大致分为水分的蒸发、有机物的气化或裂解、有机物与空气中氧的燃烧反应三个阶段。焚烧温度、停留时间、空气过剩量等焚烧参数是影响污水焚烧效果的重要因素，在焚烧过程中要进行合适的调节与控制。

① 大多数有机物的焚烧温度范围为 900～1200℃，最佳的焚烧温度与有机物的构成有关。

② 停留时间与污水的组成、炉温、雾化效果有关。在雾化效果好、焚烧温度正常的条件下，污水的停留时间一般为 1～2s。

③ 空气过剩量的多少大多根据经验选取。空气过剩量大，不仅会增加燃料消耗，有时还会造成副反应。一般空气过剩量选取范围为 20%～30%。

④ 对于工业污水中所含的挥发性有机化合物，可采用催化焚烧的方式，即对污水进行催化氧化后再焚烧，可以降低运行温度，减少能量消耗。对于含抗生物降解组分的有机污水，可以采用微波辐射下的电化学焚烧，它不会产生二次污染，容易实现自动化。

（3）余热回收

余热回收是将高浓度有机污水焚烧产生的热量加以回收利用，既节能又环保。但余热利用需要尽量避免二噁英类物质合成的适宜温度区间（300～500℃）。

余热回收装置并不是污水焚烧炉的必要组件，是否安装取决于焚烧炉的产热量，产热量低的焚烧炉安装余热回收装置是不经济的。余热回收设计还需考虑污水焚烧产生的 HCl、SO_x 等物质的露点腐蚀问题，要控制腐蚀条件，选用耐腐蚀材料，保证其不进入露点区域。

（4）烟气处理

污水，尤其是工业污水，多含有 N、P、Cl、S 等元素，焚烧处理会产生 SO_2、NO_x、HCl 等酸性气体，不但污染大气，而且还降低了烟气的露点，造成炉膛腐蚀和积灰，影响锅炉的正常运行。因此，焚烧装置必须考虑二次污染问题，产生的烟气必须经过脱酸处理后才能排放到大气中。美国环境保护署（EPA）要求所有焚烧炉必须达到以下三条标准：①主要危险物 P、O、H、C 的分解率、去除率≥99.9999%；②颗粒物排放浓度 $34\sim57mg/m^3$；③烟气中 HCl（Cl_2）的浓度（干基，以 HCl 计）为 $(21\sim600)\times10^{-6}$。我国的国家标准《危险废物焚烧污染控制标准》（GB 18484—2020）对高浓度有机污水等危险废物焚烧处理的烟气排放进行了严格的规定。

污水焚烧烟气脱酸的方式主要有三种：湿法脱酸、干法脱酸和半干法脱酸。采用何种方式脱酸与污水的成分有关。当污水中 N、S、Cl 等成分的含量少时，可以采用干法脱酸；当污水中含有大量 N、S、Cl 等成分时，可采用湿法脱酸；一般情况下多采用干法脱酸和湿法脱酸相结合的半干法脱酸，构造简单，投资少，能源消耗少。

高浓度污水在焚烧过程中会产生飞灰等颗粒物，因此烟气在排放前必须进行除尘处理，减少烟尘排放。烟气除尘多采用除尘器，常用的主要有旋风除尘器、袋式除尘器、静电除尘器等，应用最多的是袋式除尘器，主要是通过精细的布袋将烟气进行过滤，从而去除烟气中的飞灰，除尘效率能够达到 99% 以上。但袋式除尘器必须采取保温措施，并应设置除尘器旁路。为防止结露和粉尘板结，袋式除尘器宜设置热风循环系统或其他加热方式，维持除尘器内温度高于烟气露点温度 $20\sim30℃$。袋式除尘器应考虑滤袋材质的使用温度、阻燃性等性能特点，袋笼材质应考虑使用温度、防酸碱腐蚀等性能特点。

5.1.2 有机污水焚烧存在的问题

采用焚烧法处理高浓度污水具有占地面积小、焚烧处理彻底等特点，具有广阔的应用前景，但必须同时解决以下几个不可避免的问题。

（1）焚烧过程中有害物质的排放

如果污水中含有聚氯乙烯、氯苯酚、氯苯、多氯联苯等类似结构的物质，在焚烧过程中会产生二噁英。抑制二噁英的生成可采取以下方法：①提高焚烧温度，一般应≥800℃，延长烟气停留时间，保证充分燃烧，在焚烧炉中，利用 3T+1E（指温度、时间、扰动和空气过剩系数）综合控制的原则，确保污水中的有害成分充分分解；②加入辅助燃料煤，利用煤中的硫抑制二噁英的生成；③尽可能充分燃烧以减少烟气中的碳含量；④使冷却烟道尾部的烟气温度迅速下降，尽量缩短其在 $500\sim300℃$ 温度段的停留时间，避免二噁英在此温度段的再合成；⑤采用高效的烟气除尘设施，由于烟气的飞灰中可能吸附有二噁英，必须加以去除；⑥利用活性炭部分吸附尾气中的二噁英。

（2）结焦结渣

结焦结渣是熔化的飞灰在受热面上的积聚，其本质是燃烧产生大量热量，使温度超过了灰渣的变性温度而发生的黏结成块现象。造成焚烧炉结焦结渣的原因很多，如灰分的组成及其熔点的高低、焚烧温度、碱金属盐类、燃烧器布置方式及其结构、辅助燃料的混合比例及其特性等。减轻结焦结渣的方法有：①适当降低焚烧温度；②预处理时除去碱金属盐类；③设计最佳的燃烧器喷射高度；④添加高岭土、石灰石、Fe_2O_3 粉末等添加剂来抑制结焦结渣。

(3) 炉体腐蚀

炉体腐蚀的主要形式为露点腐蚀和应力腐蚀。炉体腐蚀的主要原因有：①焚烧产生的酸性物质如 H_2S、SO_2、NO_x 等与水蒸气结合形成酸液，附着在炉壁上造成化学和电化学腐蚀；②炉体受热不均产生的热应力。主要的防护措施有：①在尾气炉前端加防护衬里；②使用耐腐蚀性能强的炉体材料。

(4) 二次污水

焚烧装置产生的污水主要为洗涤尾气产生的烟气除尘污水，主要污染指标为 COD、SS，一般经沉淀处理后排放。

(5) 处理成本与投资效益

高浓度有机污水焚烧的处理成本较高，原因主要有如下两点。

① 项目初投资大。焚烧处理高浓度有机污水包括焚烧系统和烟气处理系统，所需的设备多，且部分设备需进口，因此初投资大。要降低项目的初投资，主要是进一步发展高浓度污水焚烧技术，大力推行焚烧处理设备的国产化，降低对进口设备的依赖。

② 处理污水的热值波动范围较大，很多污水的焚烧处理必须添加辅助燃料，造成处理成本高。一般认为 COD≥100000mg/L、热值≥10450kJ/kg 的污水，在辅助燃料引燃后能够自燃，适宜用焚烧法处理。因此需提前对污水进行分析，热值高于 10450kJ/kg 的污水直接入炉焚烧；热值低于 10450kJ/kg 的污水，可以浓缩后再入炉焚烧，也可以采用其他的处理技术进行处理。

▶ 5.2 焚烧系统的设计计算

污水焚烧系统的核心是焚烧炉，焚烧系统设计的主要任务是估算污水的燃烧产热量，为焚烧炉和热量回收设备的选型设计提供依据。

5.2.1 有机污水的热值估算

有机污水中由于含有相当数量的可燃有机物，所以具有一定的发热值。有机污水的热值是辅助燃料配比、焚烧炉设计和余热产生量计算的必需参数。

若有机污水中的有机组分成分单一，则可通过有关资料直接查取该组分的氧化方程及发热值。如果已知污水中有机组分各元素的含量，也可根据下式来计算有机污水的低位发热值（Q_{dw}，kJ/kg）：

$$Q_{dw} = 337.4w(C) + 603.3[w(H) - w(O)/8]95.13w(S) - 25.08w(H_2O) \quad (5-1)$$

式中　$w(C)$、$w(H)$、$w(O)$、$w(S)$、$w(H_2O)$ ——有机物中碳、氢、氧、硫的质量分数和有机污水的含水率。

然而，有机污水中的有机组分是生产过程中产生的废弃物，成分复杂，不易点燃，利用工业分析方法确定有机污水的元素组成和发热值是难以实现的。通常采用监测指标 COD 值来计算有机污水的发热值。COD 的燃烧热约等于 14kJ/g，用于计算有机污水高位发热值所产生的最大相对误差为−10%和+7%，在工程计算时是允许的。

有机污水在焚烧前应首先测定污水的低位发热值，或通过测定 COD 值以估算出其热值。焚烧时，辅助燃料的消耗量直接关系到处理成本的高低。对于 COD 值小于 235g/L 左右的有机污水，其低位热值为 3300kJ/kg，不能满足自身蒸发所需的热量，焚烧过程的辅助燃料耗量很大，从经济上分析是不利的。对于低位热值达 3300kJ/kg 的有机污水，采用流化床焚烧炉就可在点燃后不加辅助燃料进行焚烧处理。

5.2.2 有机污水焚烧产热量计算

焚烧所需理论空气量、焚烧后产生的理论烟气量和理论烟气焓是焚烧炉产生余热量计算的必需参数。

(1) 理论空气量

有机污水焚烧是对污水中的所有有机质的完全燃烧，完全燃烧的需氧量由组成成分决定。有机物的主要组成元素有 C、H、O、N，假设 C 和 H 都完全氧化为 CO_2 和 H_2O，则燃烧反应为

$$C_a O_b H_c N_d + (a + 0.25c - 0.5b) O_2 = a CO_2 + 0.5c H_2O + 0.5d N_2$$

采用上式计算理论耗氧量虽然可以得到较为精确的结果，但有时却无法进行，因为无法得知有机物的准确化学式及其所占的比例，因此也可采用污水的化学耗氧量（COD）近似替代有机物的含量而计算理论耗氧量。一般认为 1g COD 物质完全燃烧需要 1g 氧气，即

$$A = COD \tag{5-2}$$

式中　A——燃烧的需氧量，kg/L；

　　COD——污水中化学耗氧量物质的浓度，kg/L。

有机污水焚烧时所需要的理论空气量的计算式为：

$$V^\ominus = \frac{COD}{K_{O_2} \times \rho_{O_2}} = \frac{COD}{0.21 \times 1429.1} = \frac{COD}{300.111} \tag{5-3}$$

式中　$V^\ominus$——有机污水焚烧时所需的理论空气量（标准状态），m^3/m^3；

　　K_{O_2}——空气中氧气的体积比，约为 0.21；

　　ρ_{O_2}——氧气在标准状态下的密度，g/m^3，其值为 1429.1。

(2) 理论烟气量

理论烟气量由四部分组成：有机物燃烧产物（主要为二氧化碳、二氧化硫、产生的水蒸气和生成的氮氧化物）、理论空气量中原有的氮气和水蒸气、有机污水中水分蒸发产生的水蒸气，如下式：

$$V_y^\ominus = V_{yj} + 0.79V^\ominus + 0.0161V^\ominus + 1.24P/100 \tag{5-4}$$

式中　$V_y^\ominus$——有机污水焚烧的理论烟气量（标准状态），m^3/kg；

　　V_{yj}——有机物焚烧产物的体积（标准状态），m^3/kg；

　　P——污水的含水量，%。

将 $V_{yj} = 1.163COD/1000$ 代入式（5-3）和式（5-4），整理得：

$$V_y^\ominus = 0.003849COD + 0.0124P \tag{5-5}$$

(3) 理论烟气焓

理论烟气焓是有机污水焚烧产生的理论烟气量所具有的焓值，是焚烧炉设计时热力计算的必需参数。通常情况下某一温度的理论烟气焓是根据烟气的成分和各种组分的比热容计算确定，如下式：

$$I_y^\ominus = V_{RO_2}^\ominus (CT)_{RO_2} + V_{N_2}^\ominus (CT)_{N_2} + V_{H_2O}^\ominus (CT)_{H_2O} \tag{5-6}$$

式中　$I_y^\ominus$——理论烟气焓，kJ/kg；

$\quad\quad V_{RO_2}^\ominus$——烟气中三原子气体（$CO_2$ 和 SO_2）的量（标准状态），m^3/kg；

$\quad\quad V_{N_2}^\ominus$——理论烟气中氮气的量（标准状态），$m^3$/kg；

$\quad\quad V_{H_2O}^\ominus$——理论烟气中水蒸气的量（标准状态），$m^3$/kg；

$\quad\quad C$——气体的比热容，$kJ/(m^3 \cdot ℃)$，可根据气体种类和温度计算或查表获得；

$\quad\quad T$——烟气的温度，℃。

由于有机污水的组成复杂，焚烧后产生的烟气成分难以确定，利用式（5-6）计算理论烟气焓的方法难以实现，工程上一般采用有机污水的 COD 值来估算理论烟气焓。平均来说，焚烧 1g COD 物质产生 $0.00058664m^3$（标准状态）的三原子气体、$0.00054727m^3$（标准状态）的水蒸气、$0.000066763m^3$（标准状态）的氮气，同时每消耗 1g COD 物质就从空气中带入焚烧产物 $0.00263237m^3$（标准状态）的氮气和 $0.000053647m^3$（标准状态）的水蒸气。考虑到有机污水本身所含的水量 P 在焚烧时也产生水蒸气进入理论烟气量中，所以 COD 与理论烟气量所具有的焓值的关系如下：

$$I_y^\ominus = COD \times [5.8664 \times 10^{-4} (CT)_{RO_2} + 26.9913 \times 10^{-4} (CT)_{N_2}] +$$
$$(6.00918 \times 10^{-4} COD + 0.0124P)(CT)_{H_2O} \tag{5-7}$$

在有机污水焚烧炉设计的适用温度和 COD 浓度范围内，水分含量在 ＞42％ 的情况下，由式（5-7）计算的理论烟气焓所产生的相对误差 ≤15％，这对于焚烧炉设计时的热力计算是能够接受的。

▶ 5.3　焚烧炉的选型

焚烧设备多种多样，对于不同的工业污水，可以采用不同的炉型。常用的污水焚烧设备有喷射焚烧炉、回转窑焚烧炉、流化床焚烧炉等。

喷射焚烧炉是通过喷嘴将污水雾化为小液滴，辅助燃料和雾化蒸汽或空气由燃烧器进入炉膛，污水经蒸汽或空气雾化后由喷嘴喷入火焰区燃烧，燃烧室停留时间为 0.3～2.0s，焚烧炉出口温度为 815～1200℃，燃烧室出口空气过剩系数为 1.2～2.5，排出的烟气进入急冷室或余热锅炉回收热量。其优点是：①可处理的污水种类多，处理量适用范围广；②炉体结构简单，无运动部件，运行维护简单；③设备造价相对较低。其缺点是无法处理黏度非常高而无法雾化的高浓有机污水。

回转窑焚烧炉是采用回转窑作为燃烧室的回转运行的焚烧炉，可处理废物的范围广，可同时处理固体、液体和气体废物，操作稳定、焚烧安全，但管理复杂，维修费用高，一般耐火衬里每两年更换 1 次。

流化床焚烧炉是使污水与处于流化状态的高温惰性床料充分混合，同时发生蒸发、热解、燃烧等过程。其优点是焚烧效率高、对污水的适应性强、环保性能好、结构紧凑、占地面积小、事故率低、维修工作量小。但在焚烧含有碱金属盐或碱土金属盐的污水时，在床层内容易形成低熔点的共晶体（熔点在635～815℃之间），如果熔化盐在床内积累，则会导致结焦、结渣，甚至流化失败。如果这些熔融盐被烟气带出，就会黏附在炉壁上固化成细颗粒，不容易用洗涤器去除。解决办法是：向床内添加合适的添加剂，将碱金属盐类包裹起来，形成熔点在1065～1290℃之间的高熔点物质。添加剂不仅能控制碱金属盐类的结焦问题，而且还能有效控制污水中含磷物质的灰熔点。

表5-1为几种焚烧炉的比较。可以看出，流化床焚烧炉（包括鼓泡流化床焚烧炉和循环流化床焚烧炉）在处理污水方面具有明显的优越性。正是由于流化床焚烧炉的上述优点，在工业发达国家，它已被广泛用于处理各种污水。

表5-1　几种焚烧炉的比较

项目	旋转窑焚烧炉	喷射焚烧炉	鼓泡流化床焚烧炉	循环流化床焚烧炉
投资费用构成	￥￥＋洗涤器＋燃烬室		￥＋洗涤器＋额外的给料器＋基础设施投资	
运行费用构成	￥￥＋更多的辅助燃料＋回转窑的维修＋洗涤器		￥＋额外的给料器的维修＋更多的石灰石＋洗涤器	
减少有害有机成分排放的方法	设燃烬室	炉膛内高温	燃烧室内高温	不需过高温度
减少Cl、S、P排放的方法	设洗涤器	42%采用洗涤器	设洗涤器	在燃烧室内加石灰石
NO_x、CO排放量	很高	很高	比CFB高	低
污水喷嘴数量	2	5		1（为基准）
污水给入方式	过滤后雾化	过滤后雾化	过滤后雾化	直接加入无需雾化
飞灰循环	无	无	最大给料量的10倍	给料量的50～100倍
燃烧效率	高（需采用燃烬室）	高	很高	最高
热效率/%	<70		<75	>78
碳燃烧效率/%			<90	>98
传热系数	中等	中等	高	最高
焚烧温度/℃	700～1300	800～1200	760～900	790～870
维修保养	不易	容易	容易	容易
装置体积	大（>4×CFB体积）	居于回转窑和鼓泡床间	较大（>2×CFB体积）	较小

　　注：CFB表示循环流化床焚烧炉；￥表示循环流化床焚烧炉的费用（作为比较基准），￥￥表示循环流化床焚烧炉费用的2倍。

▶ 5.4　焚烧的应用及热量的回收利用

由于焚烧能有效去除污水中的有机物，消除对环境的影响，可以副产热量，而且适用对象广泛，因此在有机污水处理领域得到了广泛的应用。

5.4.1 焚烧在污水处理中的应用

目前发达国家采用焚烧法处理高浓有机污水所采用的焚烧炉大多是以燃油或燃气为辅助燃料（中国以柴油或重油为主），技术相对成熟。意大利某公司处理由染料母液和压滤头遍洗液组成的高浓度污水（COD 浓度为 130g/L，含盐量为 6%～7%），先将污水送入二效蒸发器进行蒸发浓缩，然后送入焚烧炉焚烧。反应区温度为 900～1000℃，污水在炉内的停留时间为 3～4s 时，有机物完全氧化分解，其烟道排放的烟气符合国家标准。德国某公司将高浓度含盐污水和不可生化处理的染料、农药污水中和后蒸发浓缩，得到含水量为 30% 的结晶盐浓缩液，将该浓缩液进行焚烧处理，焚烧过程中以天然气为辅助燃料。当反应温度为 900～1000℃，停留时间约 3s 时，有机物得到有效分解。

20 世纪 80 年代以来，我国的石油化学工业、电子工业等得到了极大的发展，高浓度难降解工业污水的产量逐年增加，造纸厂、农药厂、制药厂及印染企业等都排放大量的高浓度难降解有机污水，一般的生化法很难彻底处理这些高浓有机污水，而高级氧化技术还很难应用到实际工程中，于是焚烧法逐渐开始受到青睐。如东北制药总厂较早采用硅砖砌成的圆形炉膛卧式液体喷射炉，以氯霉素的副产物邻硝基乙苯作燃料，处理维生素 C 石龙酸母液，实现了以废治废、节约能源的目的。年处理 COD 在 400t 以上，烟气经水洗后达到国家排放标准。河北某农药厂排放的精馏塔残釜液原先混入生化处理系统，但基本无法生化降解，后采用回转窑焚烧炉，处理能力为 1.1t/d，使用柴油作为辅助燃料，在油料/污水为 1:3、燃烧温度为 900～1000℃、燃烧时间为 3s 的情况下，可使有机废液得到彻底分解。平顶山尼龙 66 盐厂产生的己二酸、己二胺污水含有多种有机化合物，并且含有 1% 左右的钠盐，采用流化床焚烧炉，将己二酸污水经雾化后送入稀相区内焚烧，己二胺污水送入密相区进行焚烧，以煤为辅助燃料。当采用加入一定量的添加剂防止低熔点钠盐影响流化后，焚烧取得良好效果。

丑明等采用焚烧法处理了焦化污水。焦化污水经预处理除去 S^{2-} 后进入焚烧炉内，用焦炉煤气作燃料在焚烧炉内进行焚烧，污水中的有机物在高温下变成 CO_2 和水，使 COD、酚类、CN^- 等从根本上得到治理，产生的热废气经余热锅炉换热，产生蒸汽，可供生产上使用。对污水量较大的情况，可采用膜分离技术先把污水浓缩、分离、循环回收，浓缩的污水去焚烧炉焚烧。焚烧法还用于含酚污水的处理中。

5.4.2 焚烧热量的回收利用

如前所述，采用焚烧法处理时，污水中的有机物在焚烧过程中会放出热量，如果污水中的有机物浓度较高，则焚烧过程会放出大量的热量。对于这部分热量，应尽量进行回收利用，以提高系统的经济性。常用的余热利用设备主要包括余热锅炉、空气换热器等。

📖 参考文献

[1] 廖传华，米展，周玲，等.物理法水处理过程与设备 [M].北京：化学工业出版社，2016.

[2] 廖传华，朱廷风，代国俊，等.化学法水处理过程与设备 [M].北京：化学工业出版社，2016.

[3] 廖传华，韦策，赵清万，等.生物法水处理过程与设备 [M].北京：化学工业出版社，2016.

[4] 廖传华，王银峰，高豪杰，等.环境能源工程 [M].北京：化学工业出版社，2021.

［5］卜银坤.化工废液焚烧余热锅炉的结构设计研究［J］.工业锅炉，2015（5）：12-19.

［6］刘颖，王丽洁.化工废液焚烧及废气除尘工艺探讨［J］.科学中国人，2015（9）：28-29.

［7］尹洪超，付立欣，陈建标，等.废液焚烧炉内燃烧过程及污染物排放特性数值模拟［J］.热科学与技术，2015，14（4）：297-304.

［8］郑全军，王舫，肖显斌，等.新型有机废液焚烧炉炉内燃烧过程的数值模拟［J］.环境工程，2014，增刊1：210-213.

［9］李永胜，王舫，肖显斌，等.高浓度有机废液焚烧炉燃烧器布置方式的数值模拟［J］.工业炉，2014，36（2）：13-16.

［10］任天杰.化工厂硫胺废液焚烧处理工程方案设计探析［J］.当代化工，2014，43（5）：767-769.

［11］张善军.废液焚烧余热锅炉结渣过程的数值模拟研究［D］.大连：大连理工大学，2014.

［12］李军，李江陵.化工废液焚烧废气除尘技术特点探析［J］.中国环保产业，2013（1）：63-65.

［13］夏善伟.废液焚烧炉燃烧过程的数值模拟及结构优化设计［D］.合肥：合肥工业大学，2013.

［14］王舫，李永胜，肖显斌，等.新型有机废液焚烧炉的雾化干燥技术研究［J］.工业炉，2013，35（6）：1-4，15.

［15］李振威，喻朝飞，卢强.提高焚烧炉对BI废液焚烧效果的方法［J］.化工机械，2013，40（3）：408-409.

［16］胡琦，于淑芬，林川.废液焚烧处置控制系统的设计［J］.中国环保产业，2013（9）：50-54.

［17］李传凯.丙烯腈废液焚烧空气分级及NO_x排放试验研究［J］.石油化工设备，2013，42（3）：20-24.

［18］陈高，李传凯.丙烯腈废液焚烧二次污染物排放的特性研究［J］.工业炉，2012，34（6）：42-45.

［19］穆林，赵亮，尹洪超.化工废液焚烧炉内积灰结渣特性［J］.化工学报，2012，63（11）：3645-3651.

［20］穆林，赵亮，尹洪超.废液焚烧余热锅炉内气固两相流动与飞灰沉积的数值模拟［J］.中国电机工程学报，2012，32（29）：30-37.

［21］陈金思，金鑫，胡献国.有机废液焚烧技术的现状及发展趋势［J］.安徽化工，2011，37（5）：9-11.

［22］陈金思，施银燕，胡献国.废液焚烧炉的研究进展［J］.中国环保产业，2011（10）：22-25.

［23］张绍坤.焚烧法处理高浓度有机废液的技术探讨［J］.工业炉，2011，33（5）：25-28.

第6章

水热氧化产热

水热氧化是基于"所有废弃物都是放错位置的资源"这一理念发展起来的技术,在实现有机污水无害化处理的同时回收热能,从而实现环境治理与资源利用的统一,无疑具有重大的环境与社会意义。

▶ 6.1 水热氧化技术的分类

水热氧化是在高温高压条件下,以空气或其他氧化剂与污水中的有机物(或还原性无机物)发生氧化分解反应或氧化还原反应,大幅去除介质中的 COD、BOD_5 和 SS,并改变有毒有害金属的存在状态,大幅降低其毒性。根据反应的工艺条件,水热氧化可分为湿式氧化和超临界水氧化。

反应温度和压力在水的临界点以下的称为湿式氧化(wet oxidation,WO),典型运行条件为温度 150～350℃、压力 2～20MPa、反应时间 15～20min。如果使用空气作氧化剂,则称为湿式空气氧化(wet air oxidation,WAO)。反应温度和压力超过水的临界点的,称为超临界水氧化(supercritical water oxidation,SCWO),典型运行条件为温度 400～600℃、压力 25～40MPa、反应时间数秒至几分钟。或在反应系统中加入催化剂,相应称为催化湿式氧化(catalytic wet air oxidation,CWAO)和催化超临界水氧化(catalytic supercritical water oxidation,CSCWO)。

6.1.1 湿式氧化

湿式氧化工艺是美国 F. J. Zimmer Mann 于 1944 年提出的一种用于有毒有害有机污水的处理方法,是在高温(125～320℃)和高压(5.0～20MPa)条件下,以空气中的氧气为氧化剂(后来也使用其他氧化剂,如臭氧、过氧化氢等),在液相中将有机污染物氧化为 CO_2 和水等无机物或小分子有机物的化学过程。

6.1.1.1 传统湿式氧化

传统湿式氧化是以空气为氧化剂,将污水中的溶解性物质(包括无机物和有机物)通过氧化反应转化为无害的新物质或容易分离排除的形态(气体或固体),从而达到处理的目的。通常情况下氧气在水中的溶解度非常低(0.1MPa、20℃时氧气在水中的溶解度约为 9mg/L),因而在常温常压下,这种氧化反应的速率很慢,尤其是利用空气中的氧气进行的氧化反应就更慢,需借助各种辅助手段促进反应的进行(通常需要借助高温、高压和催化剂的作用）。一般来说，在 $10\sim20MPa$、$200\sim300℃$ 条件下，氧气在水中的溶解度会增大，几乎所有污染物都能被氧化成二氧化碳和水。

高温、高压及必需的液相条件是这一过程的主要特征。在高温高压下，水及作为氧化剂的氧的物理性质都发生了变化，如表 6-1 所示。从室温到 100℃ 范围内，氧的溶解度随温度的升高而降低，但在高温状态下，氧的这一性质发生了改变，当温度大于 150℃ 时，氧的溶解度随温度升高反而增大，在水中的传质系数也随温度升高而增大，因此有助于高温下进行氧化反应。

表 6-1 不同温度下水和氧气的物理性质

性质 \ 温度/℃	25	100	150	200	250	300	320	350
水								
蒸气压/MPa	0.033	1.05	4.92	16.07	41.10	88.17	116.64	141.90
黏度/(Pa·s)	922	281	181	137	116	106	104	103
密度/(g/mL)	0.944	0.991	0.955	0.934	0.908	0.870	0.848	0.828
氧气								
扩散系数/(m²/s)	22.4	91.8	162	239	311	373	393	407
亨利常数/(×10⁻³,MPa)	4.38	7.04	5.82	3.94	2.38	1.36	1.08	0.9
溶解度/(mg/L)	190	145	195	320	565	1040	1325	1585

湿式氧化过程大致可分为两个阶段：前半小时内，因反应物浓度很高，氧化速率很快，去除率增加快，此阶段受氧的传质控制；此后，因反应物浓度降低或产生的中间产物更难以氧化，使氧化速率趋缓，此阶段受反应动力学控制。

温度是湿式氧化过程的关键影响因素，温度越高，化学反应速率越快；温度的升高还可以加快氧的传质速率，减小液体的黏度。压力的主要作用是保证氧的分压维持在一定的范围内，以确保液相中有较高的溶解氧浓度。

湿式氧化是针对高浓有机污水的一种处理技术，具有独特的技术特点：

① 可有效氧化各类高浓度的有机污水，特别是毒性较大、常规方法难降解的污水，应用范围较广；

② 在特定的温度和压力条件下，对 COD 的去除效率可达到 90% 以上；

③ 处理装置较小，占地少，结构紧凑，易于管理；

④ 所需的能量几乎就是进出物料的热焓差，因此可以利用系统的反应热加热进料，能量消耗少；

⑤ 氧化有机污染物时，C 被氧化成 CO_2，N 被氧化成 NO_2，卤化物和硫化物被氧化为相应的无机卤化物和硫氧化物，因此产生的二次污染较少。

正因为此，湿式空气氧化在处理浓度太低而不能焚烧、浓度太高而不能进行生化处理的有机污水时具有很大的吸引力。但是，湿式氧化法的应用也存在一定的局限性：①要求在高温、高压条件下进行，条件要求严格，一次性投资大；②设备系统要求严，材料要耐高温、高压，且防腐蚀性要求高；③仅适用于小流量的高浓度难降解有机污水，或作为某种高浓度难降解有机污水的预处理，否则很不经济；④对某些有机物如多氯联苯、小分子羧酸等难以完全氧化去除。

目前，湿式氧化技术在国外已广泛用于各类高浓有机污水的处理，尤其是毒性大、难以用生化方法处理的农药污水、染料污水、制药污水、煤气洗涤污水、造纸污水、合成纤维污水及其他有机合成工业污水的处理，也用于还原性无机物（如 CN^-、SCN^-、S^{2-}）和放射性废物的处理。

然而，由于湿式氧化需要较高的温度和压力，相对较长的停留时间，设备投资和运行费用都较高。为降低反应温度和反应压力，同时提高处理效果，在传统湿式氧化技术的基础上进行了一些改进。归纳起来，湿式氧化技术的发展有两个方向：①开发适于湿式氧化的高效催化剂，使反应能在比较温和的条件下和更短的时间内完成，即催化湿式氧化；②将反应温度和压力进一步提高至水的临界点以上，进行超临界湿式氧化或超临界水氧化。

6.1.1.2　催化湿式氧化

催化湿式氧化是根据有机物在高温高压下进行催化燃烧的原理，在传统湿式氧化处理工艺中加入适当的催化剂。其最显著的特点是以羟基自由基为主要氧化剂与有机物发生反应，反应中生成的有机自由基可以继续参加·HO 的链式反应，或者通过生成有机过氧化物自由基后进一步发生氧化分解反应，直至降解为最终产物 CO_2 和 H_2O，从而达到氧化分解有机物的目的。

湿式氧化的催化剂主要包括过渡金属及其氧化物、复合氧化物和盐类。已有多种过渡金属氧化物被认为具有湿式氧化催化活性，其中贵金属系（如以 Pt、Pd 为活性成分）催化剂的活性高、寿命长、适应性强，但价格昂贵，应用受到限制，所以在应用研究中比较重视非贵金属催化剂，其中过渡金属如 Cu、Fe、Ni、Co、Mn 等在不同的反应中都具有较好的催化性能。表 6-2 列出了一些催化湿式氧化法中常用的催化剂。

表 6-2　催化湿式氧化法常用的催化剂

类别	催化剂
均相催化剂	$PdCl_2$、$RuCl_3$、$RhCl_3$、$IrCl_4$、K_2PtO_4、$NaAuCl_4$、NH_4ReO_4、$AgNO_3$、$Na_2Cr_2O_7$、$Cu(NO_3)_2$、$CuSO_4$、$CoCl_2$、$NiSO_4$、$FeSO_4$、$MnSO_4$、$ZnSO_4$、$SnCl_2$、Na_2CO_3、$Cu(OH)_2$、$CuCl$、$FeCl_2$、$CuSO_4$-$(NH_4)_2SO_4$、$MnCl_2$、$Cu(BF_4)_2$、$Mn(Ac)_2$
非均相催化剂	WO_3、V_2O_5、MoO_3、ZrO_4、TaO_2、Nb_2O_5、HfO_2、OsO_4、CuO、Cu_2O、Co_2O_3、NiO、Mn_2O_3、CeO_2、Co_3O_4、SnO_2、Fe_2O_3
非均相催化剂复合氧化物	CuO-Al_2O_3、MnO_2-Al_2O_3、CuO-SiO_2、CuO-ZrO-Al_2O_3、RuO_2-CeO_2、RuO_2-Al_2O_3、RuO_2-ZrO_2、RuO_2-TiO_2、Mn_2O_3-CeO_2、Rh_2O_3-CeO_2、IrO_2-CeO_2、PdO-TiO_2、Co_3O_4-$BiO(OH)$、Co_3O_4-CeO_2、Co_3O_4-$BiO(OH)$-CeO_2、Co_3O_4-$BiO(OH)$-Lu_2O_3、CuO-ZnO、SnO_2-Sb_2O_4、SnO_2-MoO_3、Fe_2O_3-Sb_2O_4、SnO_2-Fe_2O_3、Fe_2O_3-Cr_2O_3、Fe_2O_3-P_2O_5、Cu-Mn-Fe 氧化物、Cu-Mn 氧化物、Cu-Mn-Zn 氧化物、Co-Mn 氧化物、Co-Cu 氧化物、Cu-Mn-Co 氧化物

催化湿式氧化是一种有效处理高浓度、有毒有害、生物难降解污水的高级氧化技术，具有如下特点：

① 由于非均相催化剂具有好的活性、稳定性、易分离等优点，已成为催化湿式氧化研究开发和实际应用的重要方向。

② 在非均相催化剂中，贵金属系列催化剂具有较高的活性，能氧化一些很难处理的

有机物，但是催化剂成本高，通过加入稀土氧化物可降低成本，而且能够提高催化剂的活性和稳定性；Cu系催化剂活性较高，但是存在严重的催化剂流失问题。催化剂在使用过程中有失活现象。

大量研究表明，催化湿式氧化降低了反应的温度和压力，提高了氧化分解的能力，缩短了反应的时间，缓解了设备的腐蚀，降低了成本，在各种高浓度难降解有毒有害污水的处理中非常有效，具有较高的实用价值和广泛的应用前景。催化剂向多组分、高活性、廉价、稳定性的方向发展。

6.1.2　超临界水氧化

超临界水氧化工艺是美国麻省理工学院 Medoll 教授于 1982 年提出的一种能完全、彻底地将有机物结构破坏的深度氧化技术。超临界水具有很好的溶解有机化合物和各种气体的特性，因此，当以氧气（或空气中氧气）或过氧化氢作为氧化剂与溶液中的有机物进行氧化反应时，可以实现在超临界水中的均相氧化。

采用超临界水氧化技术，水同时起着反应物和溶解污染物的作用，使反应过程具有如下特点：

① 许多存在于水中的有机质将完全溶解在超临界水中，并且氧气或空气也与超临界水形成均相，反应过程中反应物成单一流体相，氧化反应可在均相中进行。

② 氧的提供不再受湿式空气氧化过程中的界面传递阻力的控制，可按反应所需的化学计量关系，再考虑所需氧的过量倍数按需加入。

③ 在温度足够高（400～700℃）时，氧化速率非常快，可以在几分钟内将有机物完全转化成二氧化碳和水，去除率可达 99％以上。水在反应器内的停留时间缩短，反应器的尺寸可以减小。

④ 反应过程中可能生成的无机盐在超临界流体中的溶解度极小，因此被析出排除。

⑤ 当污水中的有机物质量分数超过 10％时，反应可自持进行，无需外界加热，热能可回收利用。

⑥ 设备密闭性好，反应过程中不排放污染物。

⑦ 与焚烧法相比，超临界水氧化法的操作维修费用较低，单位成本较低，具有工业应用价值。

超临界水氧化反应用的氧化剂通常为氧气或空气中氧气。使用过氧化氢（H_2O_2）作为氧化剂的实质是将热分解产生的氧气作为氧化剂，可以省去高压供气设备，减少工程投资，但氧化效率会受到影响，运行费用较高。

▶ 6.2　湿式氧化与能源化利用

有机污水的流动性较好，而且含有一定浓度的有机物，因此可采用湿式氧化处理而实现其能源化利用。

6.2.1　湿式氧化的工艺流程

湿式氧化处理有机污水是将污水置于密闭容器中，在高压条件下通入空气或氧气当氧化剂，按水力燃烧原理将污水中的有机物在高温条件下氧化分解成无机物的过程。

湿式氧化自 1958 年开始，经多年发展和改进，对于处理不同的有机物，出现了不同的工艺流程。

(1) Zimpro 工艺

Zimpro 工艺是由 F. J. Zimmermann 在 20 世纪 30 年代提出，40 年代在实验室开始研究，于 1950 年首次正式工业化。到 1996 年大约有 200 套装置投入使用，大约一半用于城市活性污泥处理，大约有 20 套用于活性炭再生，50 套用于工业污水的处理。

湿式氧化的 Zimpro 工艺流程如图 6-1 所示。反应器是鼓泡塔式反应器，内部处于完全混合状态，在反应器的轴向和径向完全混合，因而没有固定的停留时间，这一点限制了其在对污水水质要求很高场合时的应用。虽然在污水处理方面，Zimpro 流程不是非常完善的氧化处理技术，但可以作为有毒污水的预处理方法。污水和压缩空气混合后流经热交换器，温度达到一定要求后，从下向上流经反应器，污水中的有机物被氧化，同时反应释放出的热量使混合液的温度继续升高。反应器流出液体的温度、压力均较高，在热交换器内被冷却，反应过程中回收的热量用于提供大部分污水的预热。冷却后的液体经过压力控制阀降压后，在分离器内分为气、液两相。反应温度通常控制在 420~598K，压力控制在 2.0~12MPa 的范围内，温度和压力与所要求的氧化程度和污水的情况有关。污水在反应器内的平均停留时间一般为 60min 左右，在不同应用中可从 40min 到 4h。

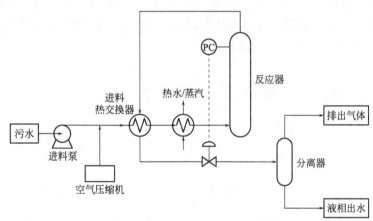

图 6-1 湿式氧化的 Zimpro 工艺流程

(2) Wetox 工艺

Wetox 工艺是由 Fassell 和 Bridges 在 20 世纪 70 年代设计成功的由 4~6 个由连续搅拌小室组成的阶梯水平式反应器，如图 6-2 所示。主要特点是每个小室内都增加了搅拌和曝气装置，有效改善了氧气在污水中的传质情况。这种改进是从以下 5 个方面进行的：

① 通过减小气泡的体积，增加传质面积；

② 改变反应器内的流型，使液体充分湍流，增加氧气和液体的接触时间；

③ 强化了液体的湍流程度，减小了气泡的滞膜厚度，从而降低了传质阻力；

④ 反应室内有气液相分离设备，有效增加了液相停留时间，减少了液相体积，提高了热转化效率；

⑤ 出水用于进水的加热，蒸汽通过热交换器回收热量，并被冷却为低压的气体或液相。

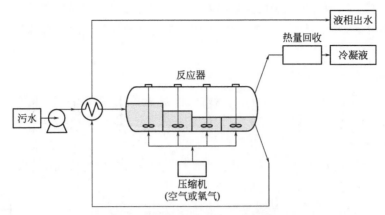

图 6-2　湿式氧化的 Wetox 工艺流程

该装备的主要工作温度在 480～520K 之间，压力在 4.0MPa 左右，停留时间在 30～60min 的范围内，适用于有机污水的完全氧化降解或作为生物处理的预处理过程，广泛用于处理炼油与石油化工污水、磺化的线性烷基苯废液等，也可用于电镀、造纸、钢铁、汽车工业等的污水处理。缺点是使用机械搅拌的能量消耗、维修和转动轴的高压密封问题。此外，与竖式反应器相比，反应器水平放置将占用较大的面积。

（3）Vertech 工艺

Vertech 工艺主要由一个垂直在地面下 1200～1500m 的反应器及两个管道组成，内管称为入水管，外管称为出水管，如图 6-3 所示。

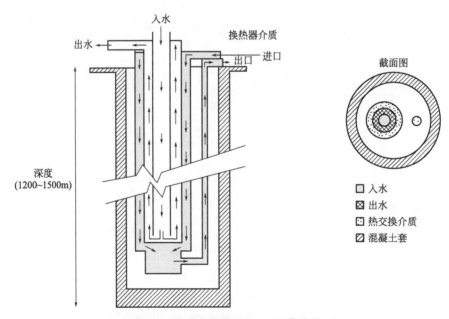

图 6-3　湿式氧化的 Vertech 工艺流程

可以认为这是一类深井反应器，优点是所需要的高压可以部分由重力转化，因而减少物料进入高压反应器所需要的能量。反应器内污水和氧气向下在管道内流动时，进行传质和传热过程。反应器内的压力与井的深度和流体的密度有关。当井的深度在 1200～

1500m 之间时，反应器底部的压力在 8.5～11MPa，换热管内的介质使反应器内的温度可达到 550K，停留时间约为 1h。污水在入水管中随着深度的增加压力逐渐增加，内管的入水与外管的热的出水进行热交换而使温度升高。当温度为 450K 时氧化过程开始，氧化释放的热量使入水的温度逐渐增加。污水氧化后上升到地面时出水压力减小，与入水和热交换管的液体进行热交换后温度降低，从反应器流出时的温度约为 320K。虽然此工艺有较好的降解效果，但流体在反应器内需要一定的停留时间才能流出较长的反应器。

（4）Kenox 工艺

该工艺的特点是一种带有混合和超声波装置的连续循环反应器，如图 6-4 所示。主反应器由内外两部分组成，污水和空气在反应器的底部混合后进入反应器，先在内筒体内流动，之后从内、外筒体间流出反应系统。内筒体内设置有混合装置，便于污水和空气的接触。当气液混合物流经混合装置时，有机物与氧气充分接触而被氧化。超声波装置安装在反应器的上部，超声波穿过有固体悬浮物的液体，利用空化效应在一定范围内瞬间产生高温和高压，加速反应进行。反应器的工作条件为：温度 473～513K，压力 4.1～4.7MPa 之间，最佳停留时间 40min。通过加入酸或碱，使进入第一个反应器的污水的 pH 值在 4 左右。缺点是使用机械搅拌，能耗过高，高压密封易出现问题，设备维护困难。

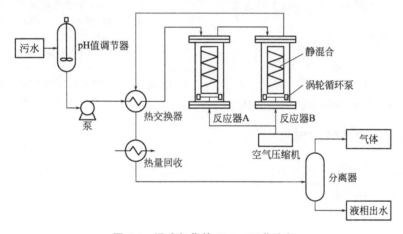

图 6-4　湿式氧化的 Kenox 工艺流程

（5）Oxyjet 工艺

湿式氧化的 Oxyjet 工艺流程如图 6-5 所示。采用射氧装置极大提高了两相流体的接触面积，强化了氧在液体中的传质。在反应系统中气液混合物流入射流混合器内，经射流装置作用，使液体形成了细小的液滴，产生大量的气液混合物。液滴的直径仅有几微米，因此传质面积大大增加，传质过程被大大强化。此后气液混合物流过反应器，有机物快速被氧化。与传统的鼓泡反应器相比，该装置可有效缩短反应所需的停留时间。在反应管之后，又有一射流反应器，使反应混合物流出反应器。此工艺适用于处理农药污水、含酚污水等。

由于湿式氧化为放热反应，因此可利用其产生的热能。目前应用的湿式氧化典型工艺流程如图 6-6 所示，污水通过储罐由高压泵打入换热器，与反应后的高温氧化液体换热，使温度升高到接近反应温度后进入反应器。反应所需的氧气由压缩机打入反应器。在反应器内，污水中的有机物在较高温度下与氧发生放热反应，被氧化成二氧化碳和水或低级有机酸等中间产物。反应后的气液混合物经分离器分离，液相经热交换器预热进料，回收热能。高温高压的尾气首先通过再沸器（如废热锅炉）产生蒸汽或经热交换器预热锅炉进水，冷凝水由第二分离器分离后通过循环泵再打入反应器，分离后的高压尾气送入透平机产生机械能或电能。为保证分离器中热流体充分冷却，在分离器外侧安装有水冷套筒。分离后的水由分离器底部排出，气体由顶部排出。

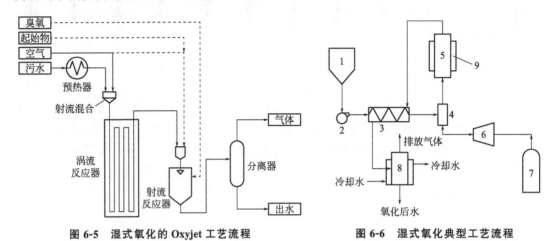

图 6-5　湿式氧化的 Oxyjet 工艺流程

图 6-6　湿式氧化典型工艺流程
1—污水储罐；2—加压泵；3—热交换器；
4—混合器；5—反应器；6—气体加压泵；
7—氧气罐；8—气液分离器；9—电加热套筒

经济性分析认为，这一典型系统适用于 COD 浓度 10～300g/L 的高浓有机污水的处理，不但处理了有机污染物，而且实现了能量的逐级利用，减少了有效能量的损失。

6.2.2　湿式氧化的影响因素

湿式氧化的处理效果取决于污水的性质和操作条件（温度、氧分压、时间、催化剂等），其中反应温度是最主要的影响因素。

（1）反应温度

大量研究表明，反应温度是湿式氧化系统处理效果的决定性影响因素，温度越高，反应速率越快，反应进行得越彻底。温度升高，氧在水中的传质系数也随着增大，同时，温度升高使液体的黏度减小，表面张力降低，有利于氧化反应的进行。不同温度下的湿式氧化效果如图 6-7 所示，可以看出：

① 温度越高，时间越长，有机物的去除率越高。当温度高于200℃时，可以达到较高的有机物去除率。当反应温度低于某个限定值时，即使延长反应时间，有机物的去除率也不会显著提高。一般认为湿式氧化的温度不宜低于180℃，通常操作温度控制在200～340℃。

② 达到相同的有机物去除率，温度越高，所需的时间越短，相应的反应器容积越小，设备投资也就越少。但过高的温度是不经济的，对于常规湿式氧化处理系统，操作温度在150～280℃范围内。

③ 湿式氧化过程大致可以分为两个速率阶段。前半小时，因反应物浓度高，氧化速率快，去除率增加快；此后，因反应物浓度降低或中间产物更难以氧化，致使氧化速率趋

缓，去除率增加不多。由此分析，若将湿式氧化作为生物氧化的预处理，则以控制湿式氧化时间半小时为宜。

（2）反应时间

对于不同的污染物，湿式氧化的难易程度不同，所需的反应时间也不同。反应时间是仅次于温度的一个影响因素。反应时间的长短决定着湿式氧化装置的容积。

实验与工程实践证明，湿式氧化达到一定的处理效果所需的时间随着反应温度的提高而缩短，温度越高，所需的反应时间越短；压力越高，所需的反应时间也越短。根据有机物被氧化的难易程度以及处理的要求，可确定最佳反应时间。一般而言，湿式氧化处理的停留时间在 0.1～2.0h 之间。若反应时间过长，则耗时耗力，去除率也不会明显提高。

（3）反应压力

气相氧分压对湿式氧化过程有一定影响，因为氧分压决定了液相中的溶解氧浓度。若氧分压不足，供氧过程就会成为湿式氧化的限速步骤。研究表明，氧化速率与氧分压成 0.3～1.0 次方关系，增大氧分压可提高传质速率，使反应速率增大，但整个过程的反应速率并不与氧传质速率成正比。在氧分压较高时，反应速率的上升趋于平缓。但总压影响不显著，控制一定总压的目的是保证呈液相反应。温度、总压和气相中的水汽量三者是耦合因素，其关系如图 6-8 所示。

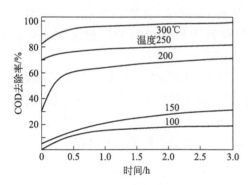

图 6-7　温度对湿式氧化效果的影响

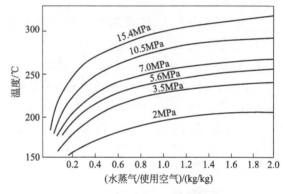

图 6-8　每千克干燥空气的饱和水蒸气量与温度、压力的关系

在一定温度下，压力愈高，气相中水汽量就愈小，总压的低限为该温度下水的饱和蒸气压。如果总压过低，大量的反应热就会消耗在水的汽化上，不但反应温度得不到保证，而且当进水量低于汽化量时，反应器就会被蒸干。湿式氧化系统应保证在液相中进行，总压力应不低于该温度下的饱和蒸气压，一般不低于 5.0～12.0MPa。

（4）有机物的结构及浓度

大量研究表明，有机物的氧化与其电荷特性和空间结构有很大的关系，不同有机物有不同的反应活化能和反应过程，因此湿式氧化的难易程度也不相同。

有机物的可氧化性与氧元素含量（O）或者碳元素含量（C）在分子量（M）中的比例具有较好的线性关系，即 O/M 值愈小，C/M 值愈大，氧化愈容易。研究表明，低分子量有机酸（如乙酸）的氧化性较差，不易氧化；脂肪族和卤代脂肪族化合物、氰化物、芳烃（如甲苯）、芳香族和含非卤代基团的卤代芳香族化合物的氧化性较好，易氧化；不含非卤代基团的卤代芳香族化合物（如氯苯和多氯联苯等）的氧化性较差，难氧化。

另一方面，不同的有机物有各自不同的反应活化能和氧化反应过程，因此氧化的难易程度也大不相同。一般情况下湿式氧化过程中存在大分子氧化为小分子中间产物的快速反应期和小分子中间产物继续氧化的慢速反应期两个过程。大量研究发现，中间产物苯甲酸和乙酸对湿式氧化的深度氧化有抑制作用，其原因是乙酸具有较高的氧化值，很难被氧化，因此乙酸是湿式氧化常见的累积的中间产物，在计算湿式氧化处理的完全氧化效率时，很大程度上依赖于乙酸的氧化程度。

（5）进料的 pH 值

在湿式氧化工艺中，由于不断有物质被氧化和新的中间体生成，使反应体系的 pH 值不断变化，其规律一般是先变小，后略有回升。湿式氧化的中间产物是大量的小分子羧酸，随着反应的进一步进行，羧酸进一步被氧化。温度越高，物质的转化越快，pH 值的变化越剧烈。pH 值对氧化过程的影响主要分 3 种情况：

① 对于某些污水，pH 值越低，其氧化效果越好。例如王怡中等在湿式氧化农药污水的实验中发现，有机磷的水解速率在酸性条件下大大加强，并且 COD 去除率随着初始 pH 值的降低而增大。

② 某些污水在湿式氧化过程中，pH 值对 COD 去除率的影响存在一个极值点。例如，Sadana 等采用湿式氧化法处理含酚污水，pH 值为 3.5～4.0 时，COD 的去除率最大。

③ 某些污水，pH 值越高，处理效果越好。例如 Imamure 发现，在 pH＞10 时，NH_3 的湿式氧化降解显著。Mantzavions 在湿式氧化处理橄榄油和酒厂污水时发现，COD 的去除率随着初始 pH 值升高而增大。

因此，pH 值可以影响湿式氧化的降解效率，调节 pH 到适合值，有利于加快反应的速率和有机物的降解，但从工程角度来看，低 pH 值对反应设备的腐蚀增强，对反应设备（如反应器、热交换器、分离器等）的材质要求高，需要选择价格昂贵的材料，使设备投资增加。同时，低 pH 易使催化剂活性组分溶出和流失，造成二次污染，因此在设计湿式氧化流程时要两者兼顾。

（6）搅拌强度

在高压反应釜内进行反应时，氧气从气相至液相的传质速率与搅拌强度有关。搅拌强度影响传质速率，增大搅拌强度时，液体的湍流程度越大，氧气在液相中的停留时间越长，因此传质速率就越大。当搅拌强度增大到一定时，搅拌强度对传质速率的影响很小。

（7）燃烧热值与所需的空气量

湿式氧化通常也称湿式燃烧。在湿式氧化反应系统中，一般依靠有机物被氧化所释放的热量（即燃烧热）维持反应温度，同时还需消耗空气，所需空气量可由处理污水的 COD 浓度计算获得。实际需氧量因受氧利用率的影响，常比理论值高出 20% 左右。虽然各种物质和组分的燃烧热值和所需空气量不尽相同，但它们消耗每千克空气所能释放的热量大致相等，一般约为 2900～3500kJ。

（8）氧化度

对有机物或还原性无机物的处理要求，一般用氧化度来表示。实际上多用 COD 去除率表示氧化度，它往往是根据处理要求选择的，但也常受经济因素和物料特性所支配。

（9）反应产物

一般条件下，大分子有机物经湿式氧化处理后，化学键断裂，然后进一步被氧化成小分子的含氧有机物。乙酸是一种常见的中间产物，由于其进一步氧化较困难，往往会积累下来。如果进一步提高反应温度，可将乙酸等中间产物完全氧化为二氧化碳和水等最终产物。选择适宜的催化剂和优化工艺条件，可以使中间产物有利于湿式氧化的彻底氧化。

（10）反应尾气

湿式氧化系统排放气体的成分随着处理物质和工艺条件的变化而不同，组成类似于重油锅炉烟道气，主要成分是氮和二氧化碳。排出的氧化气体一般具有刺激性臭味，应进行脱臭处理。

6.2.3　湿式氧化的主要设备

以上各湿式氧化工艺虽然有所不同，但基本流程极为相似，主要包括以下几点：

① 将污水用高压泵送入系统中，空气（或纯氧）与污水混合后，进入热交换器，换热后的液体经预热器预热后送入反应器内。

② 氧化反应是在氧化反应器内进行的，随着氧化反应的进行，释放出来的反应热使混合物的温度升高，达到氧化所需的温度。

③ 氧化后的混合物经过控制阀减压后送入换热器，与进料换热后进入冷凝器。气体、液体在分离器内分离后，分别排放。

完成上述湿式氧化过程的设备主要包括以下几种。

（1）反应器

反应器是湿式氧化过程的核心部分，湿式氧化反应在高温、高压下进行，而且所处理的污水通常有一定的腐蚀性，因此对反应器的材质要求较高，需要有良好的抗压强度和较好的耐腐蚀性能。

（2）热交换器

污水进入反应器之前，需要通过热交换器与处理后出水进行热交换，要求热交换器有较高的传热系数、较大的传热面积和较好的耐腐蚀性，且必须有良好的保温能力。含悬浮物多的污水常采用立式逆流套管式热交换器，含悬浮物少的污水常采用多管式热交换器。

（3）气液分离器

气液分离器是一个压力容器。当氧化后的液体经过热交换器后温度降低，使液相中的氧气、二氧化碳和易挥发的有机物从液相进入气相而分离。分离器内的液体再经过生物处理或直接排放。

（4）空气压缩机

在湿式氧化过程中，为了减少费用，常采用空气作为氧化剂。空气进入高温高压反应器之前，需要通过热交换器升温和通过压缩机提高空气的压力，以达到需要的温度和压力。通常使用往复式压缩机，根据压力要求来选定段数，一般选用3～6段。

6.2.4　有机污水湿式氧化的能量利用

采用湿式氧化技术处理有机污水，可将污水中有机污染物所含的化学能转化为热能，进而利用转化的热能产生蒸汽。湿式氧化产能的优点是不会产生对大气有污染的 N、S 化合物，而且回收能量的效率也高于传统的焚烧。Flynn 等探讨了湿式氧化工厂中不同形式的能量回收方式，其中以热回收的能量最为有效，可以将热量转化为蒸汽、锅炉热的入水和其他的用途，因此在有机污水的处理中得到了广泛的应用。此外，利用反应产生的气体使涡轮机膨胀产生机械能或电能，虽然能量转化率有些低，但也是能量转化的一种有效方式。

▶ 6.3 超临界水氧化与能源化利用

对于含难降解组分的有机污水，采用湿式氧化无法取得满意的处理效果，此时可采用超临界水氧化技术进行污染物的处理，同时实现其能源化利用。

6.3.1 超临界水氧化的工艺流程

超临界水氧化反应的氧化剂可以是纯氧、空气（含 21% 的氧气）或过氧化氢等，但实际经验表明：使用纯氧可大大减小反应器的体积，降低设备投资，但氧化剂成本提高；使用空气可降低氧化剂成本，但会导致相关设备体积加大，从而设备投资增大，而且电力需求过大，不适于工业化应用；使用过氧化氢作氧化剂，虽然可降低反应器等设备的体积，但成本提高，而且受市场双氧水浓度的限制，过氧化氢的氧化能力较差，有机物分解效率将会降低。因此，工业操作大多使用氧气作为氧化剂，其工艺流程如图 6-9 所示。

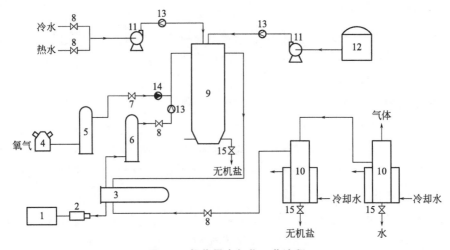

图 6-9　超临界水氧化工艺流程
1—污水池；2—高压柱塞泵；3—内浮头式热交换器；4—氧气压缩机；5—氧气缓冲罐；6—液体缓冲罐；
7—气体调节阀；8—液体调节阀；9—超临界水氧化反应器；10—分离器；11—高压柱塞泵；
12—燃油储罐；13—液体单向阀；14—气体单向阀；15—防堵阀门

将污水池中的污水用高压柱塞泵打入热交换器，从热交换器内管束中通过，进入缓冲罐内，同时启动氧气压缩机将氧气压入氧气缓冲罐内。污水与氧气混合进入反应器，在超临界状态下，污水中的含碳化合物被氧化成二氧化碳和水，含氮化合物被氧化成氮气等无害气体，硫、氯等元素则生成无机盐，而不会像焚烧法那样生成 NO_x 和 SO_x。生成的气体与超临界水成均相从反应器顶部排出，通过热交换器冷却后进入分离器，为使分离更加彻底，往往再串联一级气液分离器。分离器的下半部分安装有水冷套管，使超临界流体进一步降温，水蒸气冷凝。无机盐等固体颗粒由于在超临界水中溶解度极低而沉淀于反应器底部。

在超临界水氧化系统中，超临界水的性质与低极性的有机物相似，有机物具有很高的溶解性而无机物的溶解性很低。如在 25℃ 水中 $CaCl_2$ 的溶解度可达到 70%（质量分数），而在 500℃、25MPa 时仅为 3×10^{-6}（质量分数）；NaCl 在 25℃、25MPa 时的溶解度为 37%（质量分数），550℃ 时仅为 120×10^{-6}（质量分数）；而有机物和一些气体如 O_2、N_2、CO_2 甚至 CH_4 的溶解度则急剧升高。氧化剂 O_2 的存在，则加速了有机物分解的速率。连续式超临界水氧化的工艺流程为：污水→高压→换热→反应→分离（固液分离和气液分离），如图 6-10 所示。

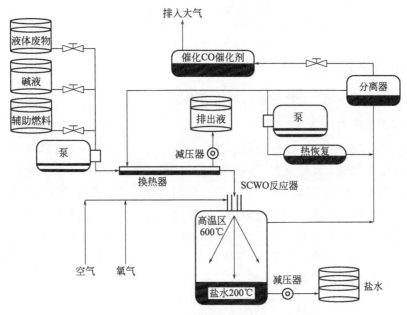

图 6-10　连续式超临界水氧化的工艺流程

由于超临界水氧化对有机物的完全氧化会放出大量的反应热，除了开工阶段需外加热量外，正常运转时，可通过产品水与原料水之间的间接换热，无需外加热量。另一方面，由于这些反应本身是放热反应，所以，为考虑过程能量的综合利用，可将反应后的高温流体分成两部分，一部分用来加热经压缩升压后的原水至超临界状态；另一部分用来推动透平机做功，将氧化剂（空气或氧气等）压缩至反应器的进料条件。

超临界水氧化适合于含有机物 1%～20%（质量分数）的污水，有机物含量过低时，不能满足自供热量操作，需要外热补充。有机物含量超过 20%～25% 时，焚烧法也不失为一种好的替代方案。图 6-11 是 Modell 提出的连续式超临界水氧化处理污水的工艺流程，图中标出了有代表性的几个参数，但没有示出换热过程。

目前，一些发达国家已经建立了超临界水氧化的中试装置，结合研究结果，超临界水氧化的工业开发也在同步进行，包括反应器设计、特殊材料实验、反应后无机盐固体的分离、热能回收和计算机控制等内容。美国、德国、日本、法国等发达国家先后建立了几十套工业装置，主要用于处理市政污泥、火箭推进剂、高毒性有机污水等。

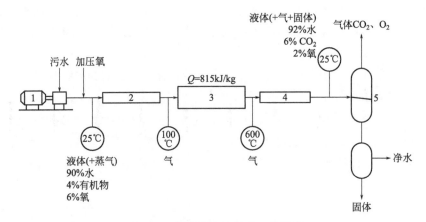

图 6-11 超临界水氧化的工艺流程
1—高压泵；2—预热反应器；3—绝热反应器；4—冷却器；5—分离器

6.3.2 超临界水氧化反应器

反应器是超临界水氧化系统的核心，其结构有多种型式。

(1) 三区式反应器

由 Hazelbeck 设计的三区式反应器结构如图 6-12 所示，整个反应器分为反应区、沉降区、沉淀区三个部分。反应区与沉降区由蛭石（水云母）隔开，上部为绝热反应区。污水和空气从喷嘴垂直注入反应器后，迅速发生高温氧化反应。由于温度高的流体密度低，反应后的流体因此向上流动，同时把热量传给刚进入的污水。而无机盐由于在超临界条件下不溶，导致向下沉淀。在底部漏斗有冷的盐水注入，把沉淀的无机盐带走。在反应器顶部还分别有一根燃料注入管和八根冷/热水注入管。在装置启动时，分别注入空气、燃料（例如燃油、易燃有机物）和热水（400℃左右），发生放热反应，然后注入被处理的污水，利用提供的热量带动下一步反应继续进行。当需要设备停车时，则由冷/热水注入管注入冷水，降低反应器内温度，从而逐步停止反应。

设计中需要注意的是反应器内部从热氧化反应区到冷溶解区的轴向温度、密度梯度变化。在反应器壁温与轴向距离的相对关系中，以水的临界温度处为零点，正方向表示温度超过374℃，负方向表示温度低于374℃。在大约200mm的短距离内，流体从超临界反应态转变到亚临界态。这样，反应器中高度的变化可使被处理对象的氧化以及盐的沉淀、再溶解在同一个容器中完成。

有文献表明，反应器内中心线处的转换率在同一水平面上是最低的，而在从喷嘴到反应器底的大约80%垂直距离上就能实现所希望的99%的有机物去除率。在实际设计中，除了考虑体系的反应动力学特性以外，还必须注意一些工程方面的因素，如腐蚀、盐的沉淀、热量传递等。

(2) 压力平衡式反应器

是一种将压力容器与反应筒分开，在间隙中高压空气从下部向上流动，并从上部通入反应筒的反应器。反应筒的内外壁所受压力基本一样，可减小内胆反应筒的壁厚，节约高价的内胆合金材料，并可定期更换反应筒，见图6-13。

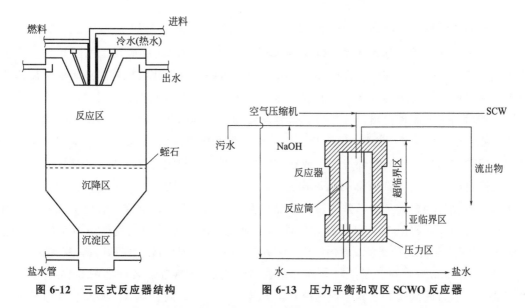

图 6-12 三区式反应器结构　　　　　图 6-13 压力平衡和双区 SCWO 反应器

污水与空（氧）气、中和剂（NaOH）从上部进入反应筒，当反应由燃料点燃运转后，超临界水才进入反应筒。反应筒在反应中的温度升至 600℃，反应后的产物从反应器上部排出。同时，无机盐在亚临界区作为固体物析出。冷水从反应筒下部进入，形成 100℃ 以下的亚临界温度区，随超临界区中无机盐固体物不断向下落入亚临界区并溶于水中，然后连续排出。该反应器已经在美国建立了 2t/d 处理能力的中试装置。反应器内反应筒内径 250mm、高 1300mm，运行表明，该反应器运转稳定，且能连续分离无机盐类。

（3）深井反应器

1983 年 6 月在美国的科罗拉多州建成了一套深井 SCWO/WAO 反应装置，如图 6-14 所示。深井反应器长 1520m，以空气作氧化剂，每日处理 5600kg 有机物。该装置处理量为 0.4～4.0m³/min，既可进行亚临界的湿式（WAO）处理，也可以进行超临界水氧化（SCWO）处理。由于是利用地热加热，可节省加热费用，并能处理 COD 值较低的污水。

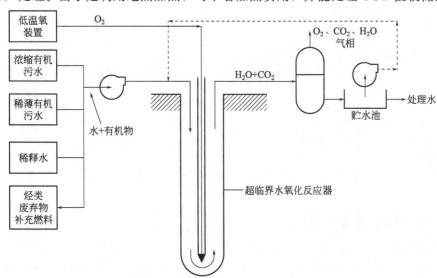

图 6-14 深井 SCWO/WAO 反应装置

（4）固气分离式反应器

该反应器为一种超临界水氧化反应与固体-气体分离同用的反应器，见图 6-15。为了连续或半连续除盐，需加设一根固体物脱除支管，可附设在固体物沉降塔或旋液分离器的下部。来自反应器的超临界水（含有固体盐类）从入口 2 进入旋液分离器 1，经旋液分离出固体物后，主要流体由出口 3 排出。带有固体物的流体向下经出口 4 进入脱除固体物支管 5。支管上部的温度一般为 450℃以上，此时夹带水的密度为 $0.1 g/cm^3$；采用水循环冷却法，或将支管暴露于通风环境中，或在支管周围缠绕冷却蛇管（注入冷却液）等，沿支管长度进行冷却，使支管底部的温度降至 100℃以下，水的密度约 $1 g/cm^3$。通过入口 6 可将加压空气送到夹套 7 内，并通过多孔烧结物 8 涌入支管中，这样支管内空气会有所增加。通过阀门 9 和阀门 10，可间歇除掉盐类。通过固体物夹带的或液体中溶解的气体组分的膨胀过程，可加速盐类从支管内排出。然后将阀门 10 关闭和阀门 9 打开，重复此操作。

日本 Organo 公司设计了一种与固体接收器联用的 SCWO 装置，如图 6-16 所示。在冷却器 2 和压力调节阀 3 之间的处理液管 1 上装设一台水力旋分器 4，其入液口和出液口分别与处理液管 1 的上流侧和下流侧相连，固体物出口是经第一开闭阀 6 而与固体物接收器 5 相连接。第一开闭阀 6 为球阀，固体物能顺利通过，防止在阀内堆积。固体物接收器 5 是立式密闭容器，用于收集经水力旋分器分离后的产物，上部装有第二开闭阀（排气阀）7，下部装有排出阀（球阀）8。试验证明，该装置适用于流体中含有微量固体物的固液分离，可较好地保护调节阀 3 不受损伤。

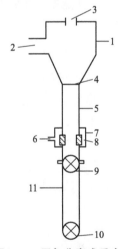

图 6-15　固气分离式反应器
1—旋液分离器；2—含有固体物的处理液入口；
3—分离出固体物的流体出口；4—出口；
5—支管；6—空气入口；7—夹套；8—多孔烧结物；
9，10—阀门；11—支管下部分

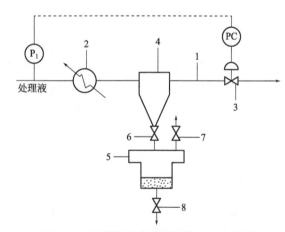

图 6-16　与固体接收器联用的 SCWO 装置
1—处理液管；2—冷却器；3—压力调节阀；
4—水力旋分器；5—固体物接收器；
6—第一开闭阀；7—第二开闭阀；8—排出阀

（5）多级温差反应器

为解决反应器和二重管内部结垢及使用大量管壁较厚的材料等问题，日本日立装置建设公司开发了一种使用不同温度、有多个热介质槽控温的多级温差反应器，如图 6-17 所示。

该装置由反应器1和多个热介质槽2及后处理装置3等组成。反应器为U形管，由进料管4、弯曲部5和回路6所组成，形成连续通路。污水经加压泵7以25MPa压力送入进料口8，超临界水氧化后的处理液由出料口9排出。多个热介质槽2在常压下存留温度不同的热介质，按顺序串联配置成组合介质槽，介质温度从左至右依次为100℃、200℃、300℃、400℃和500℃。前两个热介质槽最好用难热裂化的矿物油作为热介质，其余三个则用熔融盐作为热介质。

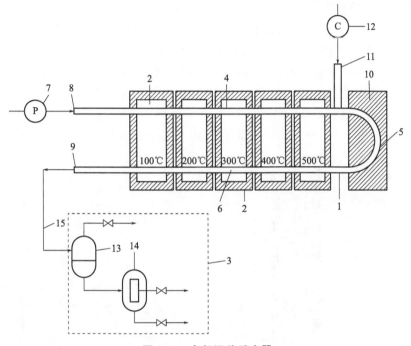

图 6-17 多级温差反应器

1—反应器；2—热介质槽；3—后处理装置；4—进料管；5—弯曲部；6—回路；7—加压泵；8—进料口；9—出料口；10—绝热部件；11—进氧口；12—压缩机；13—气液分离器；14—液固分离器；15—管线

　　超临界水氧化装置开始运转时需用加热设备启动。存留最高温度热介质的热介质槽（最右边一个）可使污水呈超临界状态，温度为500℃时，弯曲部5因氧化放热而升温到600℃。经压缩机12并由进氧口11供给氧气。后处理装置3包括气液分离器13和液固分离器14。处理液和灰分分别经两条管线排出。由此可见，该反应器加热、冷却装置的结构简单，而且热介质槽2在常压下运行，所需板材不必太厚，材料费和热能成本均较低。

(6) 波纹管式反应器

　　郭捷等设计了如图6-18所示的波纹管式反应器，内置喷嘴结构如图6-19所示。

　　由图6-18可见，经过反应器外部第一级加热至接近临界温度的高温高压污水和高压氧分别通过设在超临界反应器上端的污水入口1和氧气入口2同时进入设置在反应器上端的内置喷嘴3，并通过喷孔4形成喷射，射流设计有一定的角度，使污水和氧气互相碰撞雾化并通过喷嘴底部形成的喷雾区，正好落入下设波纹管5的超临界水反应区19中。喷嘴内部设有一测温孔6，用于插入热电偶以测量反应器内部的温度。此时从反应器下端的加热管7的冷凝段将反应器外部的能量传至波纹管5外部的洁净水区域8，此区域的水在加热管7的加热下重新成为超临界水，利用超临界水良好的传热性质，将加热管7传来的能量和波纹管 5 内的污水、氧气的混合物进行强化换热，使污水和氧气在临界温度以上进行反应。反应产物经亚临界区管程 14，在冷却水 17 的热交换作用下，温度降至临界温度以下，水变为液态，一同进入反应器中的固、液、气分离区 10，通过剩余氧出口 11 将氧气分离出来供循环使用。反应后的高温、高压、高热熔值的水通过洁净水出口 12 流出，沉降的无机盐从排出口 13 排出。在反应器外壳和波纹管之间设有一 Al_2O_3 陶瓷管状隔热层 15，在陶瓷管内壁设有一钛制隔离罩 16，并在 Al_2O_3 陶瓷管外壁和外层承压厚壁钢管 18 间设置有适当间距以流通冷却水 17。和高压污水同样压力的冷却水同时通过冷却水入口 20 进入冷却水管 17，通过一管状金属隔层 22 和反应出水进行一定的热交换，同时反应区热量也有少部分传至冷却水，使其成为超临界态，由于超临界水具有较高的定压比热容（临界点附近趋近于无穷大），是一种极好的热载体和热缓冲介质，可保证承压钢管温度恒定，不超出等级要求，直到外壳承压钢管温度恒定，保证设备的安全作用，随后带走一部分热量，从冷却水出口 21 流出。

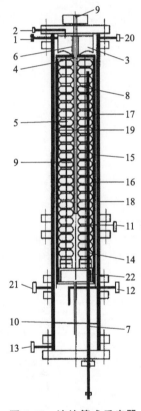

图 6-18 波纹管式反应器

1—污水入口；2—氧气入口；3—内置喷嘴；4—喷孔；5—波纹管；
6—测温孔；7—加热管；8—洁净水区域；9—电热偶；
10—固、液、气分离区；11—剩余氧出口；12—洁净水出口；
13—无机盐排出口；14—亚临界区管程；15—Al_2O_3 陶瓷管状隔热层；
16—钛制隔离罩；17—冷却水管；18—承压厚壁钢管；19—超临界水反应区；
20—冷却水入口；21—冷却水出口；22—管状金属隔层

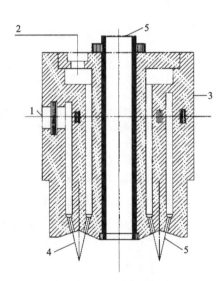

图 6-19 内置喷嘴结构

1—污水进口；2—氧气进口；
3—金属框；4—喷嘴孔；
5—测温口

(7) 中和容器式反应器

SCWO 法处理的污水往往含有氯、硫、磷、氮等，在反应过程中副产盐酸、硫酸和硝酸，对反应设备有强烈腐蚀。为解决设备腐蚀，往往用 NaOH 等碱中和，但产生的 NaCl 等无机盐在超临界水中几乎不溶，而是沉积在反应设备和管线内表面，甚至发生堵塞。日本 Organo 公司通过改善碱加入点和损伤条件解决了超临界水氧化过程中反应系统的酸腐蚀和盐沉积问题。

图 6-20 所示为容器型超临界水氧化反应器。反应器处理液经排出管排出，经冷却、减压和气液分离后，1/3 循环回到反应器，在排出管适当位置（TC-6、TC-7）添加中和剂溶液，这样就能防止酸腐蚀和盐沉积。

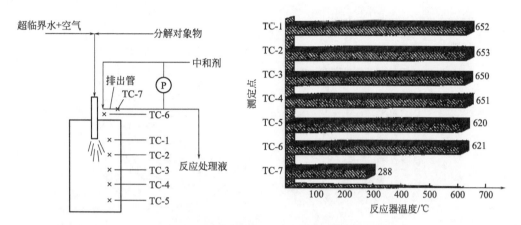

图 6-20　容器型超临界水氧化反应器

(8) 盘管式反应器

盘管式超临界水氧化反应器如图 6-21 所示，中和剂溶液添加位置在 T-4～T-5 之间，处理液温度为 525℃，添加的中和剂温度为 20℃。由温度分布结果可见，当加入中和剂溶液后，处理液的温度迅速降低到 300℃左右。试验结果表明三氯乙烯分解率为 99.999％以上，且无酸腐蚀和盐沉积。

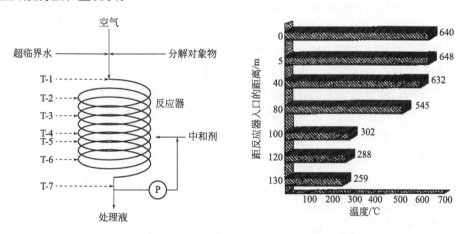

图 6-21　盘管式超临界水氧化反应器

(9) 射流式氧化反应器

为了强化超临界水氧化过程的传热与传质特性，提高处理效果，同时避免反应器内腐蚀及盐堵的发生，南京工业大学廖传华等开发了一种新型射流式超临界水氧化反应器，如图 6-22 所示，反应器内设置一射流盘管 [如图 6-22（b）所示]，与氧化剂进口连接。在射流盘管上均匀分布着一系列的射流列管，列管上开有小孔。在反应过程中，氧化剂从列管上的这些射流孔进入反应器。列管上射流孔的分布密集度自下而上减小，并且所有列管均匀分布在反应器的空间里，这样既可节约氧化剂，又可使氧化剂充分与超临界水相溶，反应更加完全。

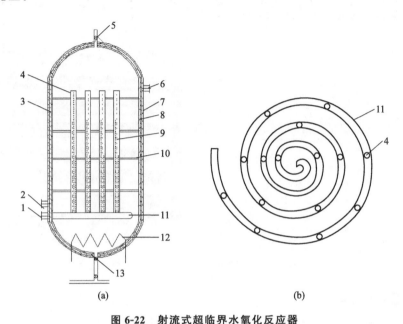

图 6-22 射流式超临界水氧化反应器

1—氧化剂进口接管；2—污水进口接管；3—反应器筒体；4—氧化剂列管；5—控压阀；
6—清水出口接管；7—绝热层；8—陶瓷衬里；9—氧化剂喷射孔；10—支撑板；
11—氧化剂盘管；12—加热器；13—无机盐排放阀

根据反应器内射流盘管安装的位置，可将反应器分为反应区与无机盐分离区。在射流盘管的上部区域为反应区，氧化剂经高压泵（或压缩机）加压至一定压力后，从氧化剂进口经射流盘管分配进入射流列管，沿列管上的小孔以射流方式进入待处理的超临界污水中。氧化剂射流进入超临界污水中时具有一定的速度，将导致反应器内超临界污水与氧化剂之间产生扰动，从而形成了良好的搅拌效果，既强化了超临界污水与氧化剂之间的传热传质效果，提高了反应效率，又可避免反应过程产生的无机盐在反应器壁与射流列管上产生沉积。反应器顶部设有控压阀，用于控制反应器内的压力不超过反应器的设计压力，以保证安全。反应产生的无机盐由于在超临界水中溶解度极小而大量析出，在重力作用下沉降进入反应器下部。射流盘管的下部区域为无机盐分离区，通过反应器底部设置的无机盐排放阀定时清除。

与进出口管道相比，反应器的直径较大，由高压泵输送而来的超临界污水在反应器中由下向上的流速很小，可近似认为其轴向流是层流，且无返混现象，因此具有较长的停留时间，可以保证超临界反应过程的充分进行。在运行过程中，由于受开孔方向的限制，氧化剂只能沿径向射流进入超临界污水中，也就是说，在某一径向平面内，由于射流扰动的作用，氧化剂能高度分散在超临界水相中，因此有大的相际接触表面，使传质和传热的效率较高。当反应过程的热效应较大时，可在反应器内部或外部装置热交换单元，使之变为具有热交换单元的射流式反应器。为避免反应器中的液相返混，当高径比较大时，常采用塔板将其分成多段式以保证反应效果。另外，反应器还具有结构简单、操作稳定、投资和维修费用低、液体滞留量大的特点，因此适用于大批量工业化应用。

超临界水氧化过程所用的氧化剂既可以是液态氧化剂（如双氧水，采用高压泵加压），也可以是气态氧化剂（如氧气或空气，用压缩机加压），氧化剂的状态不同，进入反应器的方式也不一样。液态氧化剂以射流方式从射流孔进入超临界污水中，此时反应器称为射流式反应器；如果氧化剂是气态，则以鼓泡的方式从射流孔进入超临界污水中，此时反应器称为射流式鼓泡床反应器。无论射流式反应器，还是射流式鼓泡床反应器，其传热传质性能对于超临界水氧化过程的效率具有较大的影响。

6.3.3 有机污水超临界水氧化的能量回用

由于有机污水中含有较高浓度的有机物，在超临界水氧化过程会放出反应热。如果污水中有机物的浓度较高，放出的热量除能维持反应自持进行之外还有富余，此时即可进行能量回收利用。回收的能量可用于以下方面。

6.3.3.1 高浓度有机污水联产蒸汽

高浓度难降解有机污水用传统方法（如焚烧、坑填、湿式空气氧化等）进行处理较为困难，但采用 SCWO 法能在短时间内迅速、彻底地氧化有机物。由于高浓污水的 COD 浓度较高，含有大量化学能，在反应过程中会放出大量的热，致使反应器出口的超临界流体含有极高的压力能和热能，能量能级高，直接排放不仅造成能量的浪费，还会因排放的高温流体而造成"热岛"效应。

针对这种情况，基于"先用功后用热，能量逐级利用，控制有效能损失最小"的指导思想，廖传华等提出如图 6-23 所示的超临界水氧化与热量回收系统耦合的工艺流程。

将待处理污水经高压柱塞泵 1 加压至设定压力，用加热器 3 加热至设定的温度，达到超临界状态后，进入反应器 4。氧化剂经高压柱塞泵（对于液态氧化剂）或压缩机（对于气态氧化剂）7 加压至指定的压力后进入反应器 4，与待处理污水混合并发生超临界水氧化反应，污水中的有机物、氨氮及总磷等经过反应后被降解成二氧化碳、氮氧化物及无机盐，达到排放标准或回用要求。如果反应器 4 内的温度达不到工艺要求，即可启动反应器 4 附设的加热器对混合液进行加热。在超临界状态下，反应过程中产生的无机盐等在水中的溶解度非常小，因此沉积在反应器 4 的底部，可通过间歇启闭反应器 4 下部的两个阀门而排出。反应过程产生的 CO_2 等气体在超临界状态下与水互溶。

为充分利用系统的热量，将由反应器 4 出来的高温高压水分为两股，一股（绝大部分）首先经过第一换热器 2 与由高压柱塞泵 1 加压后的污水进行热量交换，充分利用高温水的热量对冷污水进行预热，以减小后续加热器 3 和反应器 4 所附设加热器的负荷；从第一换热器 2 出来的污水虽然与冷污水进行了热量交换，但仍具有较高的温度，因此采用第三换热器 8 对其进行冷却，再经第二气液分离器 9 实现气液分离后即可达标排放或回用。另一部分经过第二换热器 5 冷却后，由第一气液分离器 6 实现气液分离后即可达标排放或回用。第二换热器 5 的作用是对高温高压水进行冷却，同时产生满足需要的热水或蒸汽，另供它用。

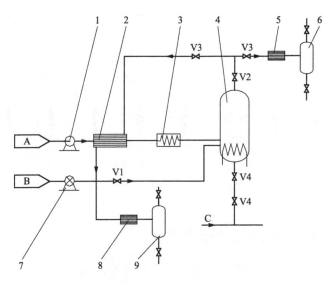

图 6-23　超临界水氧化与热量回收系统耦合的工艺流程

1—高压柱塞泵；2—第一换热器；3—加热器；4—反应器；5—第二换热器；6—第一气液分离器；
7—压缩机或高压柱塞泵；8—第三换热器；9—第二气液分离器；
V1, V2, V3, V4—阀门；A—待处理污水；B—氧化剂；C—除盐用清水

这种耦合工艺由于充分利用反应器 4 出水的热量对污水进行了预热，可有效减小加热器 3 所需的负荷；第二换热器 5 和第三换热器 8 在完成冷却任务的同时又能产生热水或蒸汽，可满足其他的工艺需求。因此过程的经济性有了明显的提高。从反应器 4 出来的分别流经第一换热器 2 和第二换热器 5 的流量可根据工艺过程的需要进行优化调整，以取得最大的经济效益。

在此基础上，张阔等提出了一种 SCWO 污水处理系统以及蒸汽联产工艺，将反应器出口直接与蒸汽联产工艺相连，通过联产蒸汽而实现热量回收，大大提高了过程的经济性；将蒸汽发生器的流出水（其温度控制在 200℃ 左右）用于预热待处理污水，可以取代传统工艺中的污水预热和换热部分，同时通过优化管路设计，使得需要强化的管路减少，减轻设备对特殊材料的依赖性，降低了装置制造成本。

对于高浓度的有机污水，由于 SCWO 反应过程中放出的热量巨大，从经济性角度考虑，可以直接利用离开反应器的高温高压超临界流体生产电能而实现能量转化。廖传华等提出一种超临界水发电系统，将 SCWO 装置与超临界发电机组相连，利用发电装置直接利用离开反应器的高温高压超临界流体所蕴含的高能级能量，再将发电后的背压蒸汽作为热源对待处理污水进行预热，实现了能量的梯级利用。

6.3.3.2　低浓度有机污水能量耦合

高浓度有机污水可采用蒸汽联产方式实现能量生产与回收利用，对于 COD 浓度较低的有机污水，由于反应过程放出的热量相对较少，不符合蒸汽联产的条件，对此可采用能量耦合的方式回收能量来降低装置运行成本。

廖传华等针对不同的工艺需求，将热量回收系统、透平系统以及多效蒸发系统选择性地结合起来，开发了 SCWO 系统与热量回收和透平系统耦合的工艺流程，如图 6-24 所示，以期实现对反应器 4 出来的高温高压水所含的热量及压力能的综合利用。

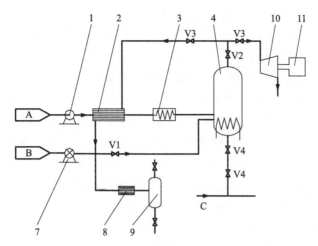

图 6-24　超临界水氧化与热量回收系统和透平系统耦合的工艺流程
1—高压柱塞泵；2—第一换热器；3—加热器；4—反应器；7—高压柱塞泵或压缩机；
8—第二换热器；9—气液分离器；10—透平机；11—发电机；
V1，V2，V3，V4—阀门；A—待处理污水；B—氧化剂；C—除盐用清水

　　将待处理污水经高压柱塞泵 1 加压至设定压力，用加热器 3 加热至设定的温度，达到超临界状态后，进入反应器 4。氧化剂经高压柱塞泵（对于液态氧化剂）或压缩机（对于气态氧化剂）7 加压至指定的压力后，进入反应器 4，与待处理污水混合并发生超临界水氧化反应，污水中的有机物、氨氮及总磷等经过反应后被降解成二氧化碳、氮氧化物及无机盐，达到排放标准或回用要求。如果反应器 4 内的温度达不到工艺要求，即可启动反应器 4 附设的加热器对混合液进行加热。在超临界状态下，反应过程中产生的无机盐等在水中的溶解度非常小，因此沉积在反应器 4 的底部，可通过间歇启闭反应器 4 下部的两个阀门而排出。反应过程产生的 CO_2 等气体在超临界状态下与水互溶。

　　在图 6-24 所示的工艺流程中，为了充分利用从反应器 4 出来的高温高压水的热量和压力能，将从反应器 4 出来的高温高压水分成两股，其中一股（绝大部分）经第一换热器 2 与由高压柱塞泵 1 加压后的污水进行热交换，利用反应器 4 出来的高温水的热量对冷污水进行预热，以减小后续加热器 3 的负荷；经第一换热器 2 换热后的水仍具有较高的温度，因此经第二换热器 8 进行冷却，并由气液分离器 9 进行气液分离后即可达标排放或直接回用。

　　采用透平机 10，让由反应器 4 来的高温高压水在透平机 10 中减压膨胀，具有较高压力的水因减压膨胀，压力变小，体积变大，因此产生可驱动其他装置的有用功。如前所述，采用超临界水氧化技术对高浓度难降解有机污水进行治理，首先需将待处理污水经高压柱塞泵 1 加压至临界压力以上，这需要消耗大量的能量。采用透平机 10 后，则可利用回用的有用功驱动发电机 11 以补充对污水进行加压用的高压柱塞泵 1 和对氧化剂进行加压用的高压柱塞泵（对于液态氧化剂）或压缩机（对于气态氧化剂）7 所消耗的能量，从而降低整个系统的有用功耗，提高过程的经济效益。

　　由于换热器的效率往往与反应器出口温度有关，为使污水的预热效果更为显著，针对低浓度污水的处理，通常希望反应器的出口温度越高越好，以减少后续加热器的能耗。为此，廖传华等针对低浓度有机污水，在图 6-24 所示的耦合工艺流程的基础上，进一步开

发了如图 6-25 所示的超临界水氧化与热量回收系统与蒸发过程耦合的工艺流程，在高压柱塞泵 1 之前设置了一多效蒸发器 14，待处理污水在经高压柱塞泵 1 加压之前，先用离心泵将其泵入多效蒸发器 14 中。运行过程中，将待处理污水经高压柱塞泵 1 加压至设定压力，用加热器 3 加热至设定的温度，达到超临界状态后，进入反应器 4。氧化剂经高压柱塞泵（对于液态氧化剂）或压缩机（对于气态氧化剂）7 加压至指定的压力后，进入反应器 4，与待处理污水混合并发生超临界水氧化反应，污水中的有机物、氨氮及总磷等经过反应后被降解成二氧化碳、氮氧化物及无机盐，达到排放标准或回用要求。如果反应器 4 内的温度达不到工艺要求，即可启动反应器 4 附设的加热器对混合液进行加热。在超临界状态下，反应过程中产生的无机盐等在水中的溶解度非常小，因此沉积在反应器 4 的底部，可通过间歇启闭反应器 4 下部的两个阀门而排出。反应过程产生的 CO_2 等气体在超临界状态下与水互溶。

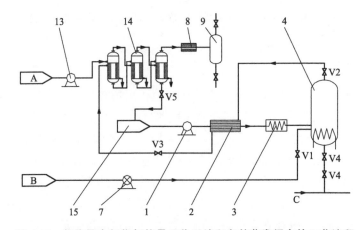

图 6-25　超临界水氧化与热量回收系统和多效蒸发耦合的工艺流程
1—高压柱塞泵；2—第一换热器；3—加热器；4—反应器；7—高压柱塞泵或压缩机；8—第二换热器；
9—气液分离器；13—离心泵；14—多效蒸发器；15—缓冲罐；V1，V2，V3，V4，V5—阀门；
A—待处理污水；B—氧化剂；C—除盐用清水

待处理污水中所含的化学需氧量（COD）物质在反应器 4 中与氧化剂反应放出大量的反应热，使由反应器 4 出来的水的温度进一步升高。由反应器 4 出来的高温水经第一换热器 2 对待处理污水进行预热后，出来的水仍具有较高的温度（一般不低于 200℃），如果任其排放，不仅造成巨大的浪费，还会导致热污染的形成，因此将其引入蒸发装置，充分利用其热量对冷污水进行预热并增浓。

随着蒸发过程的进行，高温水将自身的热量传递给冷污水，使污水不断蒸发而产生蒸汽。产生的蒸汽与作为蒸发热源的热水混合经第二换热器 8 冷凝并经气液分离器 9 分离出其中含有的气体成分，即可达标排放或回用。由于部分水分的蒸发，污水中化学耗氧量物质的浓度也就逐步升高，从蒸发器底部出来后，再经高压柱塞泵 1 加压和加热器 3 加热后进入反应器 4 与氧化剂发生反应。因为在蒸发装置中部分水蒸发成为蒸汽，整个超临界水氧化处理系统的处理负荷变小了，相应反应器等设备的体积也减小了；由于反应器 4 所处理污水的化学需氧量（COD）物质的浓度提高了，反应过程放出的热量增多，通过第一换热器 2 回收的热量也多，后续加热器 3 的负荷也小。可见，采用这种耦合工艺流程，既可减少设备的投资费用，又能降低过程的运行成本，能显著提高过程的经济效益。

参考文献

[1] 廖传华，王银峰，高豪杰，等.环境能源工程 [M].北京：化学工业出版社，2021.

[2] 廖玮，朱廷风，廖传华，等.超临界水氧化技术在能量转化中的应用 [J].水处理技术，2019，45（3）：14-17.

[3] 张光伟，董振海.超临界水氧化处理工业废水的技术问题及解决思路 [J].现代化工，2019，39（1）：18-22，24.

[4] 廖传华，朱廷风，代国俊，等.化学法水处理过程与设备 [M].北京：化学工业出版社，2016.

[5] 殷逢俊，陈忠，王光伟，等.基于动态气封壁反应器的湿式氧化工艺 [J].环境工程学报，2016，10（12）：6988-6994.

[6] 马承愚，彭英利.高浓度难降解有机废水的治理与控制 [M].北京：化学工业出版社，2007.

[7] 苏晓娟，陆雍森，Bromet L.湿式氧化技术的应用现状与发展 [J].能源环境保护，2005，19（6）：1-4.

[8] 杨爽，江洁，张雁秋.湿式氧化技术的应用研究进展 [J].环境科学与管理，2005，30（4）：88-90，98.

[9] 熊飞，陈玲，王华，等.湿式氧化技术及其应用比较 [J].环境污染治理技术与设备，2003，4（5）：66-70.

[10] 孙德智，于秀娟，冯玉杰.环境工程中的高级氧化技术 [M].北京：化学工业出版社，2002.

[11] 薛超，毛岩鹏，王文龙，等.高压下微波催化湿式氧化技术降解苯酚类废水 [J].化工学报，2018，69（增刊2）：210-217.

[12] 周海云，刘树洋，徐宁，等.双甘膦废水的湿式氧化处理 [J].农药，2017，56（1）：23-26.

[13] 公彦猛，姜伟立，李爱民，等.高浓度有机废水湿式氧化处理的研究现状 [J].工业水处理，2017，37（5）：20-25，49.

[14] 孙文静，卫皇曌，李先如，等.催化湿式氧化处理助剂废水工程及过程模拟 [J].环境工程学报，2018，12（8）：2421-2428.

[15] 种盼盼.低压湿式氧化降解模拟石油废水的研究 [D].舟山：浙江海洋大学，2017.

[16] 廉东英.复合铁氧化物中空膜湿式氧化染料废水性能研究 [D].天津：天津工业大学，2018.

[17] 刘赛.臭氧氧化/湿式氧化联用工艺降解 PVA 纺织材料的研究 [D].无锡：江南大学，2018.

[18] 邵云海，黄思远，邓佳，等.湿式氧化处理制药废水的实验研究 [J].环境工程，2016，34（增刊1）：9-12.

[19] 曾旭，刘俊，赵建夫.湿式氧化法预处理高浓度合成制药废水的研究 [J].工业水处理，2017，37（8）：78-80.

[20] 李艳辉，王树众，孙盼盼，等.湿式氧化降解高氯化工废水实验研究及经济性分析 [J].化工进展，2017，36（5）：1906-1913.

[21] 李先如，王维，陈静怡，等.催化湿式氧化处理头孢氨苄废水 [J].工业催化，2018，26（1）：74-80.

[22] 黄瑞琦.湿式氧化双甘膦母液及氮磷的回收研究 [D].南京：南京工业大学，2016.

[23] 王立越.湿式氧化耦合生化法处理含聚乙二醇制药废水的研究 [D].苏州：苏州科技大学，2017.

[24] 吴军亮.高浓度难降解有机废水湿式氧化的分析 [J].绿色环保建材，2018，（4）：51.

[25] 赵凯，杨锦林，汤成.新型湿式氧化还原法脱硫药剂试验研究 [J].石油化工应用，2018，37（4）：143-145，152.

［26］叶安道，刘金龙，何庆生.催化湿式氧化处理氨氮废水的中试研究［J］.炼油技术与工程，2018，48（7）：62-64.

［27］张伟民，陈晔.催化湿式氧化对高浓度染料废水试验研究［J］.当代化工，2018，47（10）：2026-2029，2033.

［28］路琼琼.水合肼与氧气湿式氧化技术处理纸浆漂白废水及药物废水的研究［D］.上海：华东理工大学，2016.

［29］李倩，崔景东，路丹丹，等.超临界水氧化处理模拟染料废水［J］.印染，2018，44（3）：10-14.

［30］闫正文，廖传华，廖玮，等.高盐废水超临界水氧化处理过程的响应面优化［J］.印染助剂，2019，36（2）：16-19.

［31］闫正文，廖传华，廖玮，等.无机盐在超临界水中的溶解度研究［J］.应用化工，2018，47（3）：514-516.

［32］王璠，张全胜.高浓度有机废水超临界水氧化技术应用［J］.水运工程，2017（8）：82-85.

［33］公彦猛，姜伟立，李爱民.垃圾渗滤液膜滤浓缩液的超临界水氧化处理［J］.工业水处理，2018，38（1）：74-78.

［34］陈久林，张凤鸣，苏闽建，等.基于氧气回收的超临界水氧化工艺优化［J］.集成技术，2018，7（3）：62-71.

［35］陈海峰，陈久林.蒸发壁式超临界水氧化能量回收的模拟研究［J］.陕西科技大学学报，2018，36（6）：154-162.

［36］鞠鸿鹏，李长华，刘淑梅.超临界水氧化（SCWO）技术总有机碳的分析［J］.化工管理，2018（23）：126.

［37］张言言.超临界水氧化处理工业废物的现状分析［J］.中国化工贸易，2018，10（15）：81.

［38］杨保亚.超临界水氧化技术在废水处理中的研究［J］.建筑工程技术与设计，2018，（16）：240.

［39］欧阳创，张美兰，申哲民.超临界水氧化设备的能量平衡［J］.净水技术，2017，36（2）：104-108.

［40］王俊飒.超临界水氧化技术在工业生产中的应用现状［J］.山西科技，2017，3（3）：146-148，152.

［41］廖传华.超临界水氧化技术在生产废水处理中的应用［J］.塑料助剂，2016（6）：51-53.

［42］杨林月，张振涛.超临界水氧化技术处理磷酸三丁酯的实验研究［J］.原子能科学技术，2016，50（12）：2138-2144.

［43］李智超，廖传华，吴祖明.PTA残渣的超临界水氧化处理试验研究［J］.工业用水与废水，2016，47（1）：21-24，42.

［44］侯霙，刘晗，石岩，等.超临界水氧化处理橡胶废水的实验研究［J］.天津化工，2016，30（5）：44-48.

［45］王慧斌，廖传华，陈海军，等.超临界水氧化技术处理煤化工废水的试验研究［J］.现代化工，2016，36（11）：154-158.

［46］王玉珍，高芬，王来升，等.超临界水氧化系统中氧回用工艺经济性评估［J］.工业水处理，2016，36（3）：39-42.

［47］李智超，廖传华，郭丹丹，等.PTA残渣的超临界水氧化处理与资源化利用［J］.工业用水与废水，2014，45（4）：1-4.

［48］郭丹丹，廖传华，陈海军，等.制浆黑液资源化处理技术研究进展［J］.环境工程，2014，32（4）：36-40.

[49] 陈忠，王光伟，陈鸿珍，等.气封壁高浓度有机污染物超临界水氧化处理系统 [J].环境工程学报，2014，8 (9)：3825-3831.

[50] 张鹤楠，韩萍芳，徐宁.超临界水氧化技术研究进展 [J].环境工程，2014，32 (增刊 1)：9-11.

[51] 徐东海，王树众，张峰，等.超临界水氧化技术中盐沉积问题的研究进展 [J].化工进展，2014，33 (4)：1015-1021.

[52] 夏前勇，郭卫民，申哲民.化工废水的超临界水氧化研究 [J].安全与环境工程，2014，21 (5)：78-83.

[53] 王红涛.催化超临界水氧化处理焦化废水试验研究 [J].现代化工，2014，34 (4)：134-137.

[54] 高志远，程乐明，曹雅琴，等.超临界水氧化处理鲁奇炉气化废水的研究 [J].化学工程，2014，1：6-9，14.

[55] 于广欣，于航，王建伟，等.煤气化废水的超临界水氧化处理实验 [J].工业水处理，2013，33 (4)：65-68.

[56] 王齐.超临界水氧化处理印染废水实验研究 [D].太原：太原理工大学，2013.

[57] 廖传华，王重庆.制浆黑液超临界水氧化资源化治理 [J].中华纸业，2011，32 (3)：31-34.

[58] 田震，关杰，陈钦.超临界流体及其在环保领域中的应用 [J].上海第二工业大学学报，2011，28 (1)：265-274.

[59] 王丽君，郭翠.超临界水氧化技术应用研究进展 [J].中国石油和化工标准与质量，2011，31 (11)：64-66.

[60] 廖传华，李永生，朱跃钊.制浆黑液超临界水氧化过程的动力学研究 [J].中华纸业，2010，31 (5)：63-66.

[61] 廖传华，李永生，朱跃钊.造纸黑液超临界水氧化过程的能流分析与经济评价 [J].中国造纸学报，2010，25 (3)：58-63.

[62] 廖传华，李永生.基于超临界水氧化过程的能源环境系统设计 [J].环境工程学报，2009，3 (12)：2232-2236.

水热气化产可燃气

有机污水的水热气化是在一定温度和压力条件下，经过一系列的水热处理过程，将污水中的有机组分转化为小分子可燃气体，进而实现有机污水的能源化利用。根据工艺条件的不同，有机污水的水热气化可分为亚临界水气化和超临界水气化，目前研究较多的是超临界水气化技术。

▶ 7.1 水热气化技术

水热处理技术是目前研究较多的有机废弃物处理技术，与其他热化学处理技术相比，水热处理技术的反应温度较低，且无需对原料进行干燥预处理，在一定程度上起到了节能的作用。但有机废弃物的水热处理过程十分复杂，伴随着一系列复杂的物理和化学反应，如物质传递、热量传递和水解、聚合等化学反应，其产物种类复杂丰富。

7.1.1 水热处理过程

有机废弃物水热处理过程的一般工艺流程如图 7-1 所示，各类有机废弃物原料先经过预处理，包括研磨、压榨、浸渍等过程后，用泵加压后进入反应器中，经过高温高压反应后进入减压分离装置，形成了最终产物生物油、水相、生物炭和气体等。

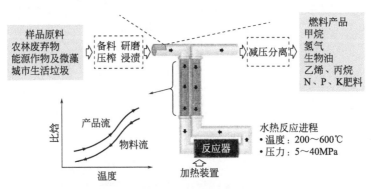

图 7-1　水热处理过程的一般工艺流程

水作为一种良好的环境友好型溶剂，基于其在临界点附近的诸多特性，利用水热技术处理有机废弃物具有以下优点：

① 由于水热反应是在水中进行，因此无需进行干燥预处理，不必考虑样品水分含量

的高低，可直接进行转化反应，节约了能量，尤其适用于含水率较高的有机废弃物，如餐厨垃圾等。

② 水作为反应介质可以运输、处理有机废弃物中的不同生物质组分。高温高压水可以溶解有机废弃物中的大分子水解产物及中间产物。此外，高压环境也避免了水分蒸发而带来的潜热损失，大大提高了过程的能量效率。

③ 有机废弃物的转化速率快且反应较为完全。亚临界状态和超临界状态下水的密度、扩散系数、离子积常数和溶解性能等特性发生了极大的改变，有利于大分子水解以及中间产物与气体和催化剂的接触，减小了相间的传质阻力。

④ 产物分离方便。由于常态水对有机废弃物转化所得产物的溶解度很低，大大降低了产物分离的难度，节约能耗和成本。

⑤ 产物清洁，不会造成二次污染。较高的反应温度可使有机废弃物中任何有毒有害组分在较短的时间内发生水解，因此产物基本不含有毒有害物质。

总体来说，有机废弃物水热反应过程大致可分为以下几个步骤：有机物在溶剂中溶解；主要化学组分（纤维素、半纤维素和木质素）解聚为单体或寡聚物；单体或寡聚物经脱羟基、脱羧基、脱水等过程形成小分子化合物，小分子化合物再通过缩合、环化而形成新的化合物。其中，目前研究较多的是生物质主要组分的解聚过程以及单体或寡聚物的脱氧机理。基于不同操作参数及目标产物，可将水热处理技术分为水热气化技术、水热液化技术和水热炭化技术，如图 7-2 所示。水热气化以追求气体产物的产率最大化为目标，水热液化以追求液体产物的产率最大化为目标，而水热炭化则以追求固体产物的产率最大化为目标。

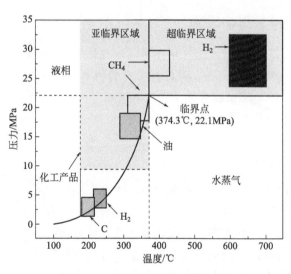

图 7-2　水热转化技术产物分布

7.1.2　水热气化过程

有机废弃物的水热气化技术是一种高效制气技术，通常反应温度为 $400\sim700\,^\circ\!C$，压力为 $16\sim35MPa$。与传统的热化学转化方法相比，利用水热气化技术能大大简化反应流程，降低反应成本。气化产物中氢气的体积分数可以超过 50%，并且不会产生焦炭、焦油等二次污染物。另外，对于含水量较高的有机废弃物，如餐厨垃圾、有机污泥等，水热气化反应也省去了能耗较高的干燥过程。一般来说，经水热转化后所得气体产物的成分主要包括 H_2、CH_4、CO_2 以及少量的 C_2H_4 和 C_2H_6。对于含有大量蛋白质类物质的有机废弃物，产生的气体中还会含有少量的氮氧化物。

根据工艺形式的不同，有机废弃物的水热气化可分为连续式、间歇式和流化床三种主要工艺。其中，间歇式最简单，易于操作，适用于几乎所有的反应物料，但内部反应机理复杂，升温速率慢，适合于产量低的小规模生产。连续式工艺对物料混合均匀，反应时间短，适合产业化发展，但易堵塞和结渣。流化床工艺得到的气体转化率相对较高，焦油含量低，但是工艺成本较高，设备复杂不易操作。

根据工艺条件的不同，有机废弃物的水热气化可分为亚临界水气化和超临界水气化。亚临界水气化是在水的亚临界状态下进行，而超临界水气化则是在水的超临界状态下进行。目前研究较多的是超临界水气化技术。日本东京科技大学、东京大学、广岛大学等高校的多位教授经全面分析比较后表明，有机废弃物超临界水气化技术在经济上比传统的生物质厌氧发酵、裂解、热解等气化技术有显著优势。在超临界水气化过程中，由于 CO_2 能被高压水所吸附，可实现与 H_2 的初步分离，得到的高压富氢气体可在高压下与膜分离及变压吸附技术进行集成，实现 CO_2 的富集分离、H_2 的提纯与资源化利用。此气体作为燃料电池的原料时，能够大幅提高系统能量的综合利用率。美国夏威夷大学、日本东北大学、美国太平洋国家实验室、德国卡尔斯鲁厄研究中心等，在超临界水气化的操作参数的影响、反应机理、催化剂、反应装置等方面进行了大量的实验研究与理论分析，并取得显著进展。

7.1.3 水热气化过程的影响因素

以有机废弃物为原料，采用水热气化技术制取气体燃料和高附加值化学品，具有产率高、适应性强和无污染等优点，是一项具有应用价值和开发前景的新能源转化及利用技术。20 世纪 80 年代开始，越来越多的学者投入有机废弃物水热处理技术的研究中，他们考察了多种因素（如反应温度、催化剂、停留时间、升温和冷却速率、压强、溶剂等）对水热处理产物的影响。

(1) 反应温度

反应温度是有机废弃物能源转化过程中的一个重要影响因素。由于有机废弃物来源广泛，组分复杂，各组分在高温高压水中的热稳定性存在明显差异。随着反应温度的变化，反应路径也会随之变化。一般而言，反应温度越高，聚合物降解形成液相产物越容易，生物油的产率也会随之提高。进一步提高温度将促进有机废弃物碎片降解形成气相产物，导致气体和挥发性有机物的增加，不利于生物油的产生。在某一临界温度之下，形成液相产物的反应过程将优于形成气相产物的反应过程，而在某一临界温度之上，趋势则刚好相反。Karagöz 等研究发现，高温下（250～280℃）的产油率随反应时间延长而减少，而低温（180℃）时则随反应时间延长而增加，这可能是由于在较长的反应时间下，生物油会发生二次反应，生成焦和气体。Akhtar 提出了类似的观点，在较高的反应温度条件下，二次分解和气化反应（形成气相产物）将变得活跃。总的来说，较高的反应温度更有利于液化中间产物/液相产物/固相产物发生脱羧基、分解、气化和脱水反应，从而生成更多的气相产物和水。

（2）催化剂

添加催化剂能提高产物的产率并提高过程的效率。按催化剂的类型可分为均相催化剂和非均相催化剂。近年来，非均相催化剂（如金属催化剂、活性炭、氧化物等）多应用于超临界水气化过程中，目的是在较低温度下水热处理有机废弃物，增加气体的生成速率。同时，催化剂可以改变反应方向，使得反应向目标产物的生成方向发生，增加气体产物的产率。Azadi 和 Farnood 综述了生物质亚临界及超临界水气化过程中不同种类的非均相催化剂在气化过程中的作用，结果表明，负载 Ni 和 Ru 的金属催化剂更有利于生物质气化。

（3）停留时间

停留时间是影响水热转化过程的又一重要因素。近年来，对各类有机废弃物水热转化过程的研究集中在使用间歇式反应器。在利用此反应器进行水热转化的研究中，至少有 3 种不同的方法来计算反应时间。第 1 种方法是先将反应器放入流沙浴中或加热炉中升温，在达到设定温度时开始计算时间。在这种情况下，在达到计算反应时间开始之前，垃圾中的部分组分已经发生了反应，如水解。第 2 种方法是考虑了加热和冷却过程所需要的时间，与第 1 种方法相比，此种情况下的反应时间被过度延长。第 3 种方法是同时考虑到了时间和温度，通过定义强度系数来应用此方法，比前两者更精确。

▶ 7.2 有机污水超临界水气化制氢

有机污水超临界水气化技术是将有机污水和催化剂放在一个高压的反应器内，利用超临界水独特的性质，将污水中的有机组分完全溶解形成均一相，在均相反应条件下经过一系列复杂的热解、氧化、还原等反应过程，最终将有机组分催化裂解为富氢气体的一种新型气化技术。

7.2.1 有机污水超临界水气化制氢的机理

理论上讲，富含碳氢化合物的有机污水在超临界条件下的气化过程是依靠外部提供的能量使化合物原有的 C—H 键全部断裂（即高温分解与水解过程）后，再经蒸汽重整而生成氢气。其化学方程式可表示如下：

$$CH_xO_y + (1-y)H_2O \longrightarrow CO + (1-y+x/2)H_2 \qquad (7-1)$$

在产生氢气的同时，也伴随着水汽变换反应 [式 (7-2)] 与甲烷化反应 [式 (7-3)] 的发生：

$$CO + H_2O \longrightarrow CO_2 + H_2 \qquad (7-2)$$

$$CO + 3H_2 \longrightarrow CH_4 + H_2O \qquad (7-3)$$

可以看出，在超临界水气化过程中，水既是反应介质又是反应物，在特定的条件下能够起到催化剂的作用。有机污水在超临界水条件下气化制氢的关键问题是如何抑制可能发生的小分子化合物聚合以及甲烷化反应，促进水汽转化反应，以提高气化效率和氢气的产量。

与常压下的高温气化过程相比，超临界水气化的主要优点是：①超临界水是均相介质，异构化反应中的传质阻力大大减小；②固体转化率高，气化率可达 100%，有机化合物和固体残留物均很少，这对气化过程中考虑焦炭和焦油等的作用时是至关重要的；③气体中氢气含量高（甚至可超过50%）；④由于直接在高压下获得气体，因此所需的反应器体积较小，存储时耗能少，所得气体可以直接输送。因此超临界水气化技术作为一种全新的有机物处理和资源化利用技术，是美国能源部（DOE）氢能计划的一部分，已成为当前国际上的研究热点之一，有着很好的应用前景。

7.2.2 有机污水超临界水气化制氢的工艺

有机污水超临界水气化的工艺流程与前章所述的有机污水超临界水氧化的基本相同，因此可完全借鉴甚至借用超临界水氧化的工艺流程与设备，只需在操作过程中不供给氧气就可以。前章所述的各类超临界水氧化反应器也适用于有机污水超临界水气化过程。管式反应器因制造简单、操作方便，因此得到了广泛应用。但普通管式反应器存在的最大问题是物料在反应器中的堵塞，从而影响反应的连续进行，也给商业化应用带来了困难。

日本广岛大学的 Matsumura 提出了将流化床用于超临界水气化制氢的设想，并对此展开了一些基础研究。流化床中的固体颗粒可以阻止有机物结焦和在反应器壁上形成灰层，而且可以使整个反应器中的温度场分布更均匀，从而使反应更彻底。固体颗粒可以是生物质，也可以是催化剂颗粒，或者由二者混合组成。流化床反应器克服了传统管式反应器中催化剂难以固定或者随反应物流逝的缺点。Matsumura 在反应温度为 350~600℃、压力为 20~35MPa 条件下，提出了 2 种流化床方式——鼓泡流化床和循环流化床，并分析了温度、固体颗粒大小对流化速度、最终速度的影响，为超临界水流化床式反应器的设计提供了理论依据。

日本东京大学的 Yoshida 设计了一种由热解反应器、氧化反应器和接触反应器组成的三段式连续超临界水气化制氢工艺，实验分析了各反应器中进行的化学反应，获得了最佳反应参数：在温度为 673K、压力为 25.7MPa、停留时间为 60s 的条件下，碳的气化效率为 96%，气体的主要组成为氢气和二氧化碳，其中氢气的体积分数约为 57%。

辽宁省某公司与西安交通大学联合研发设计了用于处理有机污水的超临界水气化装置，其工艺流程如图 7-3 所示。

7.2.3 有机污水超临界水气化制氢过程的影响因素

影响有机污水超临界水气化过程的主要因素包括温度、物料、催化剂等。

(1) 温度

温度是有机污染物转化率的主要影响因素，压力和停留时间对有机污染物转化率的影响不大。王志锋等以城市污泥转化为富氢气体为目的，在反应温度为 500~650℃、压力为 22.8~37MPa、水料比为 2.6~6、停留时间为 1~36min 的条件下，使用超临界水（SCW）间歇反应器，考察了污泥在超临界水气化过程中的气体组分及产率。当温度由 500℃升高 650℃时，氢气产率由 16.54mL/g 上升到 62.4mL/g；当水料比由 2.6 提高到 6 时，氢气产率提高了 1 倍多。马红和等在研究城市污泥的超临界水处理效果时发现，反应温度每升高 20℃，H_2 物质的量分数约提高 2.0%，CH_4 物质的量分数约提高 0.2%~0.9%。这是因为温度升高，可促使 CO 和 H_2O 发生水汽变换反应，CO 和 H_2 发生甲烷化反应，而且温度越高促进效果越明显。

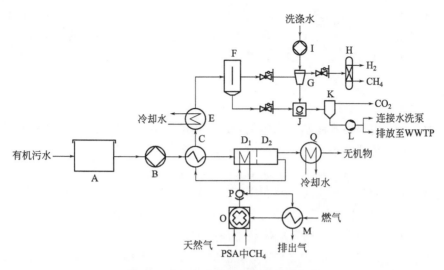

图 7-3　有机污水超临界水气化装置图

A—准备室；B—高压泵；C—热交换器（预热）；D_1—热交换器；D_2—反应器；E—热交换器（产物冷却）；
F—气液分离装置；G—洗涤器；H—变压吸附装置；I—高压泵；J—混合室；K—膨胀室；
L—污水泵；M—气体预热装置；O—燃烧室；P—气体混合装置；Q—无机物冷却器

对于在超临界条件下有机物分解反应中的气化反应，主要考虑与 C、H、O 有关的蒸汽重整反应（吸热反应）、甲烷化反应（放热反应）、氢生成反应及水汽变换反应。后两种反应的反应热几乎为零。高温、高压可促进气化反应的进行，但会抑制甲烷的产率；相反，低温、高压有利于甲烷的生成。因此，为了使有机物有效生成甲烷等燃料，需开发适用于低温、高压条件的有效催化剂，或先在高温、低压下进行蒸汽重整反应，生成 CO 和 H_2 后，再由其他方法生成燃气。

（2）物料

采用超临界水气化技术处理有机污水，可制得富氢燃气。日本三菱水泥公司向 20g 有机废弃物（如重油残渣、废塑料、污泥等）中添加 50mL 水，然后将其放入超临界水反应器中，在 650℃、25MPa 的条件下反应，生成以氢气和二氧化碳为主的气体。然后使用氢分离管将生成的氢气与其他气体分离，并加以收集。其他产物经过气、液分离后，得到以二氧化碳为主的气体（含有少量甲烷）。使用该方法可以得到纯度为 99.6％的氢气，且氢气占总产生气体体积的 60％。

超临界水气化不仅能针对单一物料，也可采用两种或两种以上物料共同气化。王奕雪等发现，超临界水共气化过程中碳气化率和产氢率存在明显的协同作用，并且可将底泥和褐煤中的碳、氢等元素转为燃料气，将重金属和富营养元素有效分离。以最优比例进行共气化，既可达到处置底泥的目的，又可保持相对较高的 H_2 产率（350mL/g）和 CH_4 产率（113mL/g）。左洪芳等在研究褐煤-焦化污水超临界水气化制氢过程中证实了两种物料间的协同作用，且存在最优气化比例。

（3）催化剂

催化剂的加入能提高有机污水超临界水气化后富氢气体的产量。镍基催化剂是公认的对超临界水气化过程催化效率最高的催化剂。此外，马红和等加入活性炭催化剂，H_2 物质的量分数提高了 14.5%～16.1%。Yanamura 等在 375～500℃下探讨了 RuO_2 催化剂对污泥在超临界条件下的降解情况，发现随催化剂加入量的增加，污泥的气化效率也呈现增加的趋势，并可在 450℃、47.1MPa 和停留时间 120min 下得到大量的气体，氢气质量分数达 57%。

（4）其他

停留时间对于有机污水超临界水气化处理过程虽然不是主要的影响因素，但也有一定的积极作用。Afif 等研究表明，在温度为 380℃、催化剂的载入量为 0.75g/g 时，随停留时间延长，总的产气量也不断增加，但在 30min 时达到最大值，氢气质量分数可达 50%以上，同时含有一定量的甲烷、一氧化碳等。

超临界条件下有机物发生水煤气反应（$C+H_2O = CO+H_2$）和水汽变换反应（$CO+H_2O = CO_2+H_2$），向反应体系中添加 $Ca(OH)_2$ 可吸收并回收副产物 CO_2，从而促进氢生成反应的发生。一般在 650℃、25MPa 以上的高温、高压下，几乎 100%的碳被气化，氢回收率很高。

参考文献

[1] 廖传华，王银峰，高豪杰，等.环境能源工程 [M].北京：化学工业出版社，2021.

[2] 廖传华，王小军，高豪杰，等.污泥无害化与资源化的化学处理技术 [M].北京：中国石化出版社，2019.

[3] 廖传华，朱廷风，代国俊，等.化学法水处理过程与设备 [M].北京：化学工业出版社，2016.

[4] 廖传华，王重庆，梁荣.反应过程、设备与工业应用 [M].北京：化学工业出版社，2018.

[5] 尹军，张居奎，刘志生.城镇污水资源综合利用 [M].北京：化学工业出版社，2018.

[6] 解强，罗克浩，赵由才.城市固体废弃物能源化利用技术 [M].北京：化学工业出版社，2019.

[7] 李为民，陈乐，缪春宝，等.废弃物的循环利用 [M].北京：化学工业出版社，2011.

[8] 杨剑，张成，张小培，等.纤维素的催化水热气化特性实验研究 [J].广东电力，2018，31（5）：15-20.

[9] 陈善帅，孙向前，高娜，等.超临界水体系中纤维素模型物的高效气化 [J].造纸科学与技术，2018，37（3）：37-41.

[10] 李九如，李想，陈巨辉，等.生物质气化技术进展 [J].哈尔滨理工大学学报，2017，22（3）：137-140.

[11] 乔清芳，申春苗，杨明沁，等.污水污泥气化技术的研究进展 [J].广州化工，2014，42（6）：31-33.

[12] 何选明，王春霞，付鹏睿，等.水热技术在生物质转换中的研究进展 [J].现代化工，2014，34（1）：26-29.

[13] 张辉，胡勤海，吴祖成，等.城市污泥能源化利用研究进展 [J].化工进展，2013，32（5）：1145-1151.

[14] 曾其林.废水超临界水热气化过程建模及优化 [J].电力科学与工程，2012，28（12）：29-33.

[15] 徐志荣.污水厂脱水污泥直接超临界水气化研究 [D].南京：河海大学，2012.

[16] 熊思江.污水污泥热解制取富氢燃气实验及机理研究 [D].武汉：华中科技大学，2010.

[17] 徐东海，王树众，张钦明，等.超临界水中氨基乙酸的气化产氢特性 [J].化工学报，2008，59（3）：735-742.

［18］索扎伊.基于 Aspen Plus 的水热液化——气化系统过程模型与能量平衡分析［D］.北京：中国农业大学，2017.

［19］陈善帅，孙向前，高娜，等.超临界水体系中纤维素模型物的高效气化［J］.造纸科学与技术，2018，37（3）：37-41.

［20］高英，石韬，汪君，等.生物质水热技术研究现状及发展［J］.可再生能源，2011（4）：77-83.

第8章

生物气化产沼气

　　有机污水生物气化是以有机污水为原料，在微生物的作用下，通过厌氧消化而制得气态燃料。最典型的有机污水生物气化技术是厌氧消化产沼气和厌氧消化制氢，其中厌氧消化产沼气是应用最为普遍的有机污水治理与能源化利用技术。

　　有机污水厌氧消化产沼气是采用厌氧发酵技术，利用微生物将污水中的有机质进行生物转化，生产气体燃料沼气，从而实现能源化利用。有机污水生物气化产沼气不仅可有效降解有机废弃物，减轻环保压力，而且能缓解能源短缺，具有重大的社会意义和经济意义。

▶ 8.1　有机污水厌氧消化的机理

　　有机污水厌氧消化产沼气是将污水中的有机组分在适宜的温度、浓度、酸碱度和厌氧的条件下，经过微生物发酵分解作用产生甲烷。厌氧消化过程可分为若干阶段，国际上比较流行的厌氧消化阶段学说可分为两阶段、三阶段和四菌群学说。

（1）两阶段学说

　　"两阶段学说"认为沼气发酵可分为两个阶段，即产酸阶段和产甲烷阶段，各个阶段的命名主要是根据其主要产物而定的。图 8-1 所示为厌氧反应的两阶段学说。

　　第一阶段：发酵阶段，又称产酸阶段、酸性发酵阶段或水解酸化阶段，主要功能是大分子有机物和不溶性有机物的水解和酸化，主要产物是脂肪酸、醇类、CO_2 和 H_2 等。第一阶段主要参与反应的微生物统称为发酵细菌或产酸细菌，这些微生物的特点是：①生长速率快；②对环境条件（温度、pH值等）的适应性强。

　　第二阶段：产甲烷阶段，又称碱性发酵阶段，因为此阶段产生的有机酸被产甲烷细菌利用，生成 CH_4 和 CO_2，使体系的pH值上升至 7.0～7.5。主要参与反应的微生物为产甲烷细菌，产甲烷细菌的主要特点是：①生长速率慢，世代时间长；②对环境条件（绝对厌氧、温度、pH值、抑制物等）非常敏感，要求苛刻。由于产甲烷

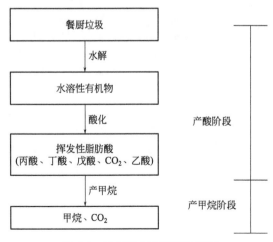

图 8-1　厌氧反应的两阶段学说

细菌没有消除氧化物的过氧化氢酶，因此在接触氧气后会在很短时间内死亡。

(2) 三阶段学说

对厌氧微生物进行深入研究后，发现将厌氧消化过程简单地划分为上述两个过程，不能真实反映厌氧反应过程的本质。因此，Bryant 提出了厌氧消化过程的"三阶段学说"。

第一阶段是水解发酵阶段，复杂的大分子、不溶性的有机物在水解发酵细菌的作用下，首先分解成小分子、溶解性的简单有机物，如碳水化合物经水解后转化为较简单的单糖物质：

$$\begin{matrix} \text{多糖（如纤维素）} \\ \text{低聚糖} \end{matrix} \xrightarrow[\text{细胞外酶}]{\text{水解}} \text{单糖} \xrightarrow[\text{产酸细菌}]{\text{酸化}} \text{脂肪酸} + \text{醇类} + CO_2 + H_2 \tag{8-1}$$

蛋白质被转化为氨基酸：

$$\text{蛋白质} \xrightarrow[\text{细胞外酶}]{\text{水解}} \text{氨基酸} \xrightarrow[\text{产酸细菌}]{\text{酸化}} \text{脂肪酸} + NH_3 + CH_4 + CO_2 + H_2S \tag{8-2}$$

$$\downarrow \qquad\qquad\qquad \uparrow$$

$$\text{肽链} \rightarrow \text{多肽} \rightarrow \text{二肽}$$

脂肪等物质被转化为脂肪酸和甘油等：

$$\text{脂肪} \xrightarrow[\text{细胞外酶}]{\text{水解}} \text{长链脂肪酸} + \text{甘油} \xrightarrow[\text{产酸细菌}]{\text{酸化}} \text{短链脂肪酸} + \text{丙酮酸} + CH_4 + CO_2 \tag{8-3}$$

这些简单的有机物继续在产酸细菌的作用下转化为乙酸、丙酸、丁酸等脂肪酸以及某些醇类物质。由于简单碳水化合物的分解产酸作用要比含氮有机物的分解产氨作用迅速，因此蛋白质的分解在碳水化合物分解后产生。

含氮有机物分解产生的 NH_3 除了提供合成细胞物质的氮源外，在水中部分电离，形成的 NH_4HCO_3 具有缓冲消化液 pH 值的作用，因此有时也有把继碳水化合物分解后的蛋白质分解产氨过程称为酸性减退期，反应为：

$$NH_3 \xrightleftharpoons{+H_2O} NH_4^+ + OH^- \xrightarrow{+CO_2} NH_4HCO_3 \tag{8-4}$$

$$NH_4HCO_3 + CH_3COH \longrightarrow CH_3COONH_4 + H_2O + CO_2 \tag{8-5}$$

第二阶段是产氢产乙酸阶段，在产氢产乙酸细菌的作用下，第一阶段产生的各种有机酸被分解转化成 H_2 和乙酸。在降解含奇数碳原子有机酸时还形成 CO_2，如：

$$\underset{\text{（戊酸）}}{CH_3CH_2CH_2CH_2COOH} + 2H_2O \longrightarrow \underset{\text{（丙酸）}}{CH_3CH_2COOH} + \underset{\text{（乙酸）}}{CH_3COOH} + 2H_2 \tag{8-6}$$

$$\underset{\text{（丙酸）}}{CH_3CH_2COOH} + 2H_2O \longrightarrow \underset{\text{（乙酸）}}{CH_3COOH} + 3H_2 + CO_2 \tag{8-7}$$

第三阶段是产甲烷阶段，产甲烷细菌将前两阶段中所产生的乙酸、乙酸盐和 H_2、CO_2 等转化为 CH_4，同时还会有少量的 CO_2 生成。此过程由两组生理上不同的产甲烷细菌完成，一组把氢和二氧化碳转化成甲烷，另一组从乙酸或乙酸盐脱羧产生甲烷，前者约占总量的 1/3，后者约占 2/3，反应为：

$$4H_2 + CO_2 \xrightarrow{\text{产甲烷细菌}} CH_4 + 2H_2O \quad \text{（约占 1/3）} \tag{8-8}$$

$$\left.\begin{matrix} CH_3COOH \xrightarrow{\text{产甲烷细菌}} CH_4 + 2CO_2 \\ \\ CH_3COONH_4 + H_2O \xrightarrow{\text{产甲烷细菌}} CH_4 + NH_4HCO_3 \end{matrix}\right\} \text{（约占 2/3）} \tag{8-9}$$

上述三个阶段的反应速率依有机物的性质而异，在以含纤维素、半纤维素、果胶和脂类等有机物为主时，水解易成为速率限制步骤；简单的糖类、淀粉、氨基酸和一般的蛋白质均能被微生物迅速分解，以含这类有机物为主时，产甲烷易成为速率限制步骤。

虽然厌氧消化过程可分为上述三个阶段，但三个阶段在厌氧反应器中是同时进行的，并保持某种程度的动态平衡，这种动态平衡一旦被 pH 值、温度、有机负荷等外加因素所破坏，则首先将使产甲烷阶段受到抑制，其结果会导致低级脂肪酸的积存和厌氧进程的异常变化，甚至会导致整个厌氧消化过程停滞。

（3）四菌群学说

"四菌群学说"认为复杂有机物的厌氧消化过程有四大类群不同的厌氧微生物共同参与，分别是水解发酵细菌、产氢产乙酸细菌、同型产乙酸细菌、产甲烷细菌，其中的同型产乙酸细菌是四菌群学说与三阶段理论最大的不同之处，其功能是将部分 H_2 和 CO_2 转化为乙酸，因此，同型产乙酸细菌又被称为"耗氢产乙酸细菌"。但进一步的研究表明，由 H_2 和 CO_2 通过同型产乙酸细菌合成的乙酸的量很少，一般认为仅占厌氧消化系统中总乙酸量的 5% 左右。

实际上，四菌群学说与三阶段理论在很大程度上对厌氧消化过程的认识是相同的，现在一般将两者合称为"三阶段四菌群"理论。有机物厌氧消化的"三阶段四菌群"过程如图 8-2 所示。

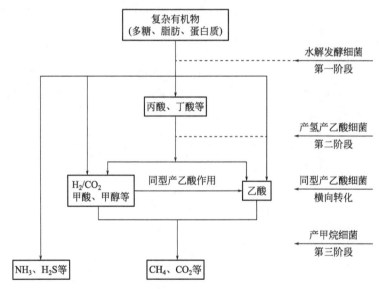

图 8-2　有机物厌氧消化的"三阶段四菌群"过程

由图 8-2 可以看出，有机物的厌氧消化过程包括水解、酸化和产甲烷过程三个阶段。第一阶段是在水解发酵细菌的作用下，把多糖、蛋白质与脂肪等复杂有机物通过水解与发酵转化成脂肪酸、H_2、CO_2 等产物；第二阶段是在产氢产乙酸细菌的作用下，把第一阶段的产物转化成 H_2、CO_2 和乙酸；第三阶段是通过两组生理上不同的产甲烷细菌的作用，把第二阶段的产物转化为 CH_4 和 CO_2 等产物。一组把 H_2 和 CO_2 转化成甲烷，即：

$$4H_2 + CO_2 \longrightarrow CH_4 + 2H_2O \tag{8-10}$$

另一组是把乙酸脱羧转化为甲烷，即：

$$CH_3COOH \longrightarrow CH_4 + CO_2 \tag{8-11}$$

厌氧发酵过程中还存在一个横向转化过程，即在产氢产乙酸细菌的作用下，把 H_2、CO_2 和有机基质转化为乙酸。

实际上，利用厌氧生物处理含有多种复杂组分的有机物时，在厌氧反应器中发生的反应远比上述过程复杂得多，参与厌氧消化反应的微生物种群也会更丰富，而且会涉及许多物化反应过程。

▶ 8.2 有机污水厌氧消化过程的影响因素

一般认为影响厌氧发酵过程的主要因素有两类：一类是工艺条件，包括有机污水的组分、负荷率（水力停留时间与有机负荷）、厌氧活性污泥浓度、混合搅拌等；另一类是环境因素，如温度、pH 值、碱度、丙酸、挥发性脂肪酸、氧化还原电位等。这些因素都应是工艺可控条件，它们相互之间是紧密相关的。

8.2.1 工艺条件的影响

（1）有机污水的组分

有机污水的组分对厌氧处理的效果有着直接的影响。有机污水的可生化性是厌氧生物处理的基本条件，通常采用 BOD_5/COD 值来判断，一般认为 $BOD_5/COD \geqslant 0.3$，即可进行生物处理；$BOD_5/COD = 0.3 \sim 0.6$，生化性较好，宜于生物处理；$BOD_5/COD \geqslant 0.6$，生化性良好，最适于生物处理。按照这一判断依据可知，由于城市污水、农村生活污水、养殖污水和农产品加工污水中的有机成分较多，非常适于厌氧消化；而对于工业污水、受农药污染的农业污水等，则必须视其组成特性进行调配，才适宜于厌氧消化。

① 营养比例。不同微生物在不同环境条件下所需碳、氮、磷的比例不完全一致。大量试验表明，在厌氧系统中，以 $C:N:P = (200 \sim 300):5:1$ 为宜，其中 C 以 COD 计算，N、P 以元素含量计算。在碳、氮、磷比例中，碳氮比 C/N 对厌氧消化的影响更为重要。研究表明，合适的 C/N 应为 $(10 \sim 18):1$，如图 8-3 和图 8-4 所示。

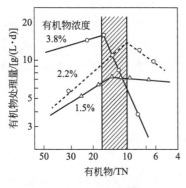

图 8-3　氮浓度与处理量的关系

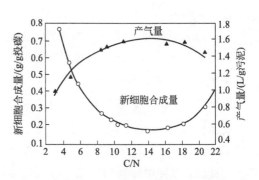

图 8-4　碳氮比与新细胞合成量及产气量的关系

厌氧处理时提供的氮源，除满足合成菌体所需之外，还有利于提高反应器的缓冲能力。若氮源不足，即碳氮比太高，不仅厌氧细菌增殖缓慢，而且消化液的缓冲能力降低，pH 值容易下降。反之，将导致系统中氨的过分积累，pH 值上升至 8.0 以上，而抑制产甲烷细菌的生长繁殖，使消化效率降低。添加 NH_3-N 因提高了消化液的氧化还原电位而使甲烷产率降低，所以氮素以加入有机氮和 NH_4^+-N 营养物为宜。

② 有毒物质浓度。当污水中某些物质的浓度超过一定范围时，会对产甲烷消化过程产生毒性抑制，常见的有毒物质主要有重金属及阴离子 S^{2-}。某些物质对产甲烷消化过程的毒阈浓度如表 8-1 所示。

表 8-1　某些物质对产甲烷消化过程的毒阈浓度

物质名称	毒阈浓度界限/(mol/L)	物质名称	毒阈浓度界限/(mol/L)
碱金属和碱土金属 Ca^{2+}、Mg^{2+}、Na^+、K^+	$10^{-1}\sim10^6$	胺类	$10^{-5}\sim10^0$
重金属 Cu^{2+}、Zn^{2+}、Ni^{2+}、Hg^{2+}、Fe^{2+}	$10^{-5}\sim10^{-3}$	有机物质	$10^{-6}\sim10^0$
H^+ 和 OH^-	$10^{-6}\sim10^{-4}$		

多种金属离子共存时，毒性有相互拮抗作用，允许浓度可提高。如 Na^+ 单独存在时的毒阈界限浓度为 7000mg/L，而与 K^+ 共存时，若 K^+ 的浓度为 3000mg/L，则 Na^+ 的毒阈界限浓度还可提高 80%，即达到 12600mg/L。S^{2-} 的来源有硫酸盐还原和蛋白质分解过程。当硫酸盐浓度超过 5000mg/L 时，即可对产甲烷消化产生抑制作用，而且硫酸盐还原与产甲烷过程竞争 H^+；在蛋白质分解过程中，NH_4^+ 浓度超过 150mg/L 时，消化即受到抑制。

此外，为了保证产甲烷细菌的活性，促进产甲烷消化过程的顺利进行，要保持消化液的缓冲作用平衡，以维护消化池中 pH 值稳定，必须保持碱度在 2000mg/L 以上。由于脂肪酸是甲烷发酵的底物，为了维持产甲烷过程，其浓度也应维持在 2000mg/L 左右。

③ 重金属。微量重金属对厌氧细菌的生长可能会起到刺激作用，过量时却有抑制微生物生长的可能性。一般认为重金属离子可与菌体细胞结合，引起细胞蛋白质变性并产生沉淀。在重金属的毒性大小排列次序上，研究表明：Ni>Cu>Pb>Cr>Cd>Zn。

毒物的浓度并不等于毒物负荷，在毒物浓度相同的情况下，如果反应器中微生物量多，则相应单位微生物量所忍受的毒物负荷就小。这种现象也可以从重金属离子对微生物毒性的毒理中得到解释。如厌氧生物反应器中微生物浓度高，引起细菌细胞蛋白质变性而产生沉淀的菌体数占总活菌数的比例就小，相对来说在反应器中剩余的活性微生物就越多，在引起细菌细胞蛋白质变性的同时，重金属离子也相对去除，而剩余的活性微生物可立即得到生长与繁殖，很快就可使反应器复苏。所以在生物量保持较高浓度的新型厌氧生物反应器中，有可能忍受更高的重金属离子浓度。

(2) 负荷率 (水力停留时间与有机负荷)

厌氧消化的好坏与固体停留时间 (solid retention time，SRT) 有直接关系，对于无回流的完全混合厌氧消化系统，SRT 等于水力停留时间 (hydraulic retention time，HRT)。随着水力停留时间的延长，有机物降解率和甲烷产率可以得到提高，但提高的幅度与污水的性质、温度条件、有无毒物等因素相关。

另外，厌氧消化的效果还取决于有机负荷的大小。污水厌氧消化的有机负荷可用容积负荷率或污泥负荷率表示。容积负荷率 N_v 指反应器单位有效容积在单位时间内接纳的有机物量，单位为 kg COD/($m^3 \cdot$ d) 或 kg BOD_5/($m^3 \cdot$ d)；污泥负荷率 N_s 指反应器内单位质量的污泥在单位时间内接纳的有机物量,单位为 kg BOD$_5$/(kg MLSS·d) 或者 kg COD/(kg MLSS·d)。

有机负荷是影响厌氧消化效率的一个重要因素,直接影响产气量和处理效率。在一定范围内,随着有机负荷的提高,产气率即单位质量物料的产气量趋向下降,而消化反应器的容积产气量则增多,反之亦然。对于具体应用场合,进料的有机物浓度是一定的,有机负荷或投配率的提高意味着停留时间缩短,则有机物分解率将下降,势必使单位质量物料的产气量减少。但因反应器相对的处理量增多了,单位容积的产气量将提高。

厌氧处理系统的正常运行取决于产酸与产甲烷反应速率的相对平衡。一般产酸速率大于产甲烷速率,若有机负荷过高,则产酸率将大于用酸(产甲烷)率,挥发酸将累积而使 pH 下降,破坏产甲烷阶段的正常运行,严重时产甲烷作用停顿,系统失败,并难以调整复苏。此外,有机负荷过高,则过高的水力负荷还会使消化系统中污泥的流失速率大于增长速率而降低消化效率。这种影响在常规厌氧消化工艺中更加突出。相反,若有机负荷过低,物料产气率或有机物去除率虽可提高,但容积产气率降低,反应器容积将增大,使消化设备的利用效率降低,投资和运行费用提高。

(3) 厌氧活性污泥浓度

厌氧活性污泥主要由厌氧微生物及其代谢和吸附的有机物、无机物组成。厌氧活性污泥的浓度和性状与消化的效能有密切关系。性状良好的厌氧活性污泥是消化效率的基本保证。

厌氧活性污泥的性状主要表现为作用效能与沉淀性能,作用效能主要取决于活微生物的比例及其对底物的适应性和活微生物中生长速率低的产甲烷细菌的数量是否达到与不产甲烷细菌数量相适应的水平。厌氧活性污泥的沉淀性能是指污泥混合液在静止状态下的沉降速率,它与污泥的凝聚性有关。

厌氧生物处理时,有机物主要靠活性污泥中的微生物分解去除,因此在一定范围内,活性污泥浓度越高,厌氧消化的效率也越高。但达到一定程度后,效率的提高不再明显,这主要是因为:①厌氧污泥的生长率低、增长速率慢,积累时间过长后,污泥中无机成分比例增高,活性降低;②污泥浓度过高有时易引起堵塞而影响正常运行。

(4) 混合搅拌

混合搅拌是提高消化效率的工艺条件之一。在厌氧消化反应器中,生物化学反应是依靠传质进行的,而传质的产生必须通过基质与微生物之间的实际接触。在厌氧消化系统中,只有实现基质与微生物之间的充分而有效的接触,才能发生生化反应,才能最大限度地发挥反应器的处理效能。在没有搅动的厌氧消化反应器中,料液常有分层现象。通过搅动可消除反应器内的物料浓度梯度,增加物料与微生物之间的接触,避免产生分层,促进沼气分离。在连续投料的消化池中,还使进料迅速与池中原料液相混合,如图 8-5 所示。

反应器的构造不同,实现搅动的方式也不一样,归纳起来大致有 3 种方式,即

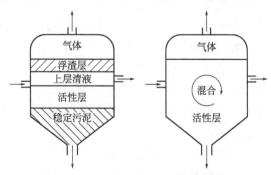

图 8-5 厌氧反应器的静止与混合状态

人工搅拌、水力搅动和沼气搅动。

① 人工搅拌。人工搅拌是利用外加的机械力对反应器中的反应液进行人工搅拌混合，完全混合厌氧消化池、厌氧接触工艺系统中的生物反应池均采用这种接触方式。

② 水力搅动。水力搅动是进料以某种方式流过厌氧活性污泥层，实现基质与微生物的接触传质。如果进料速度小，搅动效果不明显，难以均匀分配时，可采用脉冲方式进泥，在进泥点形成了强度较大的股流，并在其周围产生小范围的涡流和环流，增强搅动效能。

③ 沼气搅动。所有厌氧生物反应器内都有沼气产生，厌氧生化反应中产生的气体以分子状态排出细胞并溶于水中，当溶解达到过饱和时，便以气泡形式析出，并就近附着于疏水性的污泥固体表面。最初析出的气泡十分微小，随后许多小气泡在水的表面张力作用下合并成大气泡。沼气泡的搅动接触有两种形式：a.在气泡的浮力作用下，污泥颗粒上下移动，与反应液接触；b.大气泡脱离污泥固体颗粒而上升时，起到搅动反应液的效果。当反应器的负荷率较大时，单位面积上的产气量就大，气泡的搅动接触作用十分明显。

对于大多数厌氧生物反应器，以上 3 种搅动方式可能有其中 2 种方式同时存在，如升流式厌氧污泥床反应器内既有水力搅动又有沼气搅动。

采取搅动措施能显著提高厌氧消化的效率，但是对于混合搅动的程度与强度尚有不同的观点，如对于混合搅动与产气量的关系，有资料说明，适当搅动优于频频搅动，也有资料说明，频频搅动的效果较好。一般认为，产甲烷细菌的生长需要相对较平稳的环境，消化池的每次搅动时间不应超过 1h。也有人认为消化反应器内的物质移动速度不宜超过 0.5m/s，因为这是微生物生命活动的临界速度。搅动的作用还与污水的性状有关。当含不溶性物质较多时，因易于生成浮渣，搅动的功效更加显著；对含可溶性组分或易消化悬浮固体的污水，搅动的功效相对小一些。

8.2.2　环境因素的影响

(1) 温度

温度是影响微生物生命活动过程的重要因素之一，对厌氧微生物及厌氧消化过程的影响尤为显著。

根据厌氧消化温度的不同，可把消化过程分为常温消化、中温消化（28～38℃）和高温消化（48～60℃）。常温消化也称自然消化、变温消化，消化温度随着自然气温的四季变化而变化，但甲烷产量不稳定，转化效率低。一般认为 15℃ 是厌氧消化在工程应用中的最低温度。在中温消化条件下，温度控制在 28～38℃，此时甲烷产量稳定，转化效率高。但中温消化的温度与人体温度接近，对寄生虫卵及大肠埃希菌的杀灭率较低。高温消化的温度控制在 48～60℃，因而分解速率快，处理时间短，产气量大，对寄生虫卵的杀灭率可达 99% 以上，能满足卫生要求（蛔虫卵的杀灭率应达到 95% 以上，大肠埃希菌指数为 10～100）。但需要加热和保温设备，导致设备投资和运行费用提高。消化时间是指达到产气总量的 90% 时所需时间，中温消化的消化时间约为 20 天，高温消化所用的时间要少得多，约为 10 天。

产甲烷细菌对温度的剧烈变化比较敏感，尤其是高温发酵对温度变化更为敏感，温度的急剧变化和上下波动不利于厌氧消化。研究表明，厌氧消化过程中，在 10～35℃ 范围内，甲烷的产率随温度升高而提高；在 35～40℃ 范围内，甲烷的产率最大；高于 40℃ 时，甲烷产率呈下降趋势。温度低于最优范围时，每下降 1℃，消化速率下降 11％。短时间下降 5℃，沼气产量将明显下降，同时会影响沼气中的甲烷含量。因此，厌氧消化过程要求温度相对稳定，一天内的温度变化不超过 2～3℃。

（2）pH 值

pH 值也是影响厌氧消化微生物生命活动过程的重要因素之一。一般认为 pH 值对微生物的影响主要表现在以下几个方面：①各种酶的稳定性均与 pH 值有关；②pH 值直接影响底物的存在状态及其对细菌细胞膜的透过性，如当 pH<7 时，各种脂肪酸多以分子状态存在，易于透过带负电的细胞膜，而当 pH>7 时，一部分脂肪酸电离成带负电的离子，就难以透过细胞膜；③透过细胞膜的游离有机酸在细胞内重新电离，改变胞内 pH 值，影响许多生化反应的进行及腺嘌呤核苷三磷酸（ATP）的合成。

参与厌氧消化的产酸细菌和产甲烷细菌所适应的 pH 值范围并不一致。产酸细菌能适应的 pH 值范围较宽，在最适宜的 pH 值范围（6.5～7.0）时，生化反应能力最强，pH 值略低于 6.5 或略高于 7.5 时也有较强的生化反应能力。产甲烷细菌能适应的 pH 值范围较窄，各种产甲烷细菌要求的最适宜 pH 值各不相同，如消化反应器中几种常见中温菌的最适宜 pH 值分别为：甲酸甲烷杆菌为 6.7～7.2，布氏甲烷杆菌为 6.9～7.2，巴氏甲烷八叠球菌为 7.0。可见产甲烷细菌的最适宜 pH 值为 6.7～7.2。

厌氧消化反应液的实际 pH 值主要由溶液中酸性物质及碱性物质的相对含量决定，而其稳定性则取决于溶液的缓冲能力。厌氧消化反应液中的酸碱物质有两方面的来源：原料中存在的酸碱物质和消化反应产生的酸碱物质。一般来说，用于厌氧生物处理的绝大多数有机污水，如城市污水、农村生活污水等基本属于中性，对厌氧过程没有任何不良影响；而对于某些工业污水，其中所含酸碱物质主要是一些弱酸和弱碱，由其形成的 pH 值大多在 6.0～7.5 之间，有些污水的 pH 值可能低至 4.0～5.0，但因酸性物质多是有机酸，随着厌氧消化反应的不断进行，它们会不断减少，pH 值会自然回升，最终维持在中性附近。消化过程中产生的各种酸性和碱性物质对消化反应液的 pH 值往往起支配作用。

传统厌氧消化系统通常要维持一定的 pH 值，使其不限制产甲烷细菌的生长，并阻止产酸细菌（可引起挥发性脂肪酸累积）占优势，因此，必须使反应器内的反应物能够提供足够的缓冲能力来中和任何可能的挥发性脂肪酸积累，这样就阻止了在传统厌氧消化过程中局部酸化区域的形成。而在两相厌氧消化系统中，各相可以调控不同的 pH 值，以使产酸过程和产甲烷过程分别在最佳的条件下进行。

（3）碱度

消化液中形成的碱性物质主要是蛋白质、氨基酸等含氮物质在发酵细菌脱氨基作用下形成的氨氮（NH_3-N 和 NH_4^+-N），因此消化系统应保持一定的碱度，使产生的氨氮和 CO_2 反应生成 NH_4HCO_3，在一定范围内避免 pH 值的突然降低。

碱度一般以碳酸盐的总碱度计，应保持碱度在 200mg/L 以上。管理过程中应经常测定。

沼气产量及组分直接反映厌氧消化的状态。在沼气中一般测不出氢气，含有氢气意味着反应器运行不正常。在反应器稳定运行时，沼气中的甲烷、二氧化碳含量基本是稳定的，此时甲烷含量最高、CO_2 含量最低，产气率也是稳定的。当反应器受到某种冲击时，其沼气组分就会变化，甲烷含量降低、CO_2 含量增加，产气量减少。在工程中沼气计量可以直接读出，沼气中的甲烷、CO_2 分析也较容易，因此监测反应器的沼气产量与组分是控制反应器运行的一种简便易行的方法，其敏感程度常优于 pH 值的变化。

（4）丙酸

丙酸是厌氧消化处理过程中一个重要中间产物，有研究指出，在某些有机工业污水的厌氧消化系统中，甲烷产量的 35％ 是由丙酸转化而来的。同其他的中间产物（如丁酸、乙酸等）相比，丙酸向甲烷的转化速率是最慢的，有时丙酸向甲烷的转化过程限制了整个系统的产甲烷速率。丙酸的积累会导致系统产气量的下降，这通常是系统失衡的标志。

丙酸浓度的增加对产甲烷细菌有抑制作用，因此丙酸积累会造成系统失衡。控制厌氧消化系统中的丙酸积累，应控制合适的条件以减少丙酸的产生，同时创造有利条件促进丙酸转化。首先，可以采用两相厌氧消化工艺。水解产酸细菌和产甲烷细菌的最佳生长环境条件不同，通过相分离可以有效地为两类微生物提供优化的环境条件。适当控制产酸相的 pH 值从而抑制丙酸的产生，在产甲烷相中，由于较低的氢分压以及利用氢的产甲烷细菌的存在，促进丙酸被有效转化，从而提高反应器效率和系统稳定性。在高温厌氧处理中，当丙酸是主要的有机污染物而氢气的产生不可避免时，应采用两相厌氧反应器，在第二相中，丙酸可以被去除。两相系统处理能力提高的原因主要是在第二个反应器中，氢分压的降低促进了丙酸的氧化。

由于有机负荷的提高往往造成丙酸的产生，从而导致丙酸的积累和系统的失衡，所以，抑制厌氧消化系统中的丙酸积累，还可以选择抗冲击负荷的反应器形式。

（5）挥发性脂肪酸

挥发性脂肪酸是厌氧消化过程中重要的中间产物。厌氧消化过程中，常常由于负荷的急剧变化、温度的波动、营养物质的缺乏等原因造成挥发性酸的积累，从而抑制产甲烷细菌的生长。在正常运行的中温消化池中，挥发性脂肪酸的质量浓度一般在 $200 \sim 300 mg/L$ 之间。对于挥发性脂肪酸是否是毒性物质，一直存在争议。部分研究人员认为，有机酸浓度超过 $2000 mg/L$ 时就会对厌氧消化不利。而麦卡蒂等则认为，只要 pH 值正常，产甲烷细菌能够忍受高达 $6000 mg/L$ 的有机酸浓度。

（6）氧化还原电位

厌氧环境是严格厌氧的产甲烷细菌繁殖的最基本条件之一，主要标志是发酵液具有低的氧化还原电位，其值应为负值。某一化学物质的氧化还原电位是该物质由其还原态向其氧化态转化时的电位差。一个体系的氧化还原电位是由该体系中所有形成氧化还原电对的化学物质的存在状态决定的。体系中氧化态物质所占比例越大，其氧化还原电位就越高，形成的环境就越不适于厌氧微生物的生长；反之，如果体系中还原态物质所占比例越大，其氧化还原电位就越低，形成的厌氧环境就越适于厌氧微生物的生长。

不同的厌氧消化系统要求的氧化还原电位值不尽相同，同一系统中不同细菌群要求的氧化还原电位也不尽相同。高温厌氧消化系统要求适宜的氧化还原电位为 $-500 \sim -600 mV$，中温厌氧消化系统要求适宜的氧化还原电位应低于 $-300 \sim -380 mV$。产酸细菌对氧化还原电位的要求不甚严格，甚至可在 $+100 \sim -100 mV$ 的兼性条件下生长繁殖，而产甲烷细菌最适宜的氧化还原电位为 $-350 mV$ 或更低。

厌氧细菌对氧化还原电位敏感的原因主要是菌体内存在易被氧化剂破坏的化学物质以及菌体缺乏抗氧化的酶系，如产甲烷细菌细胞中的 F_{420} 因子就对氧极其敏感，受到氧化作用时即与酶分离而使酶失去活性；严格的厌氧细菌都不具有超氧化物歧化酶和过氧化物酶，无法保护各种强氧化状态物质对菌体的破坏作用。

一般情况下氧在发酵液中的溶入是引起发酵系统氧化还原电位升高的最主要和最直接的原因。但除氧以外，其他一些氧化剂或氧化态物质的存在同样能使体系的氧化还原电位升高，当其浓度达到一定程度时，同样会危害厌氧消化过程的进行。由此可见，体系的氧化还原电位比溶解氧浓度更能全面反映发酵液所处的厌氧状态。

控制低的氧化还原电位主要依靠以下措施：①保持严格的封闭系统，杜绝空气的渗入，这也是保证沼气纯净及预防爆炸的必要条件；②通过生化反应消耗进料中带入的溶解氧，使氧化还原电位尽快降低到要求值。有资料表明，污水进入厌氧反应器后，通过剧烈的生化反应，可使系统的氧化还原电位降到 $-100 \sim -200 \mathrm{mV}$，继而降至 $-340 \mathrm{mV}$，因此在工程上没有必要对进水施加特别的耗资昂贵的除氧措施，但应防止污水在厌氧处理前的湍流曝气和充氧。

▶ 8.3 有机污水产甲烷的潜能及消化工艺

有机污水当前最主要的处理措施是采用规模化厌氧消化技术，该技术是集污水处理、沼气生产和资源化利用于一体的沼气工程。根据沼气工程的发酵容积和日产沼气量可将其分为大型、中型和小型，如表 8-2 所示。大中型沼气工程与农村户用沼气池的比较见表 8-3。

表 8-2　沼气工程分类

工程规模	单体装置容积 V/m^3	总体装置容积 V/m^3	沼气产量/(m^3/d)
大型	≥300	≥1000	≥300
中型	50≤V<300	100≤V<1000	≥50
小型	20≤V<50	50≤V<100	≥20

表 8-3　大中型沼气工程与农村户用沼气池的比较

规模	农村户用沼气池	大中型沼气工程
用途	能源、卫生	能源、环保
沼液	作肥料	作肥料或进行好氧后处理
动力	无	需要
配套设施	简单	沼气净化、储存、配输、电气、仪表与自动控制
建设形式	地下	大多半地下或地上
设计施工	简单	需工艺、结构、设备、电气与自动控制仪表配合
运行管理	不需专人管理	需专人管理

8.3.1　有机污水厌氧消化产甲烷的潜能

利用污水中的有机质含量可以预测厌氧消化产甲烷的潜能。表征污水中有机质含量的特征指标包括：挥发性固体（VS）、化学需氧量（COD）、总有机碳（TOC）以及溶解性有机碳（DOC）等。Schievano 利用统计分析方法，首先对污水的有机质特征和 BMP 指标进行简单线性回归分析，获得正相关性较强的主要指标 VS、TOC、OD$_{20}$（20h respirometric test）以及 CS（cell solubles），再利用多元线性逐步回归分析方法，通过一系列回归关系式比较筛选，最终得到典型的线性预测模型，如式（8-12）所示。

$$BMP = 8.455VS + 19.176OD_{20}^{1/2} + 10.942TOC + 2.913CS - 1067.198 \qquad (8-12)$$

式中　BMP——生化产甲烷潜能，mL/g TS；

　　　VS——挥发性固体，%TS；

　　TOC——总有机碳，%TS；

　　　CS——细胞内容物，%TS；

　　OD$_{20}$——20h 细胞呼吸需氧量，mg O$_2$/g TS。TS 表示污水中的总固体。

该模型显示了生化产甲烷潜能指标 BMP 与污水有机质特征指标（如 COD、TOC、VS 等）的关系。利用该模型预测污水厌氧消化效能的标准误差为 15.8%。

Mottet 应用偏最小二乘法，对包括总固体（TS）、挥发性固体（VS）、蛋白质（PRO）、多糖、脂质以及挥发性脂肪酸（VFA）等在内的 12 项指标进行回归分析，建立并比较了 4 个不同维度的模型，通过交叉验证得到预测误差最小为 11% 的模型［如式（8-13）所示］，提高了预测的精确度。

$$BD = 0.043 - 0.106PRO + 0.661CHD + 0.836LIP + 0.074(COD/TOC) - 0.349DOC$$

$$(8-13)$$

式中　BD——厌氧消化生物可利用程度，BD = BMP/350；

　　BMP——生化产甲烷潜能，mg/L TS；

　　PRO——蛋白质，g/g VS；

　　CHD——碳水化合物，g/g VS；

　　LIP——脂类物质，g/g VS；

　　COD——化学需氧量，mg/L；

　　TOC——总有机碳，mg/L；

　　DOC——溶解性有机碳，g/g DVS；

　　DVS——溶解性挥发性固体，mg/L。

与 Schievano 的预测模型［式（8-12）］相比，Mottet 的计算模型［式（8-13）］提高了对污水厌氧消化性能的预测精度，但需要对污水中的蛋白质、多糖、脂质、挥发性脂肪酸等物质一一进行含量测定，分析过程较烦琐且工作量大，耗费人力物力，很难应用于实际。

预测模型［式（8-12）和式（8-13）］是由一系列有机质特征指标组成的，不同的有机质特征指标存在一定的相关性和重叠性，造成重复计算，导致部分计算得到的有机质特征指标的贡献与实际转化过程中的贡献不一致。例如，在实际厌氧消化过程中，溶解性有机碳（DOC）更容易被微生物利用，有助于污水产甲烷，但是在 Mottet 的预测模型中，DOC 的系数为 -0.349，即溶解性有机物对产甲烷有负作用，有悖于实际情况。此外，这两类预测模型仅仅考虑了有机成分的贡献，没有考虑在厌氧消化过程中可能产生抑制作用的因子如重金属、NH$_3$ 等。

8.3.2　有机污水厌氧消化工艺

有机污水厌氧消化产甲烷工艺分为传统厌氧消化工艺和高级厌氧消化工艺。

8.3.2.1　传统厌氧消化工艺

传统厌氧消化工艺也称一段式厌氧消化工艺或中温消化工艺。在厌氧消化过程中只设有一个沼气池或发酵系统，采用中温消化条件，沼气发酵过程只在一个发酵池内进行。一段式厌氧消化工艺的最大优点是操作简单，造价较低。目前，大部分用于实际工业生产的厌氧消化处理工程都采用一段式工艺。

厌氧消化是一个复杂的生物学过程，有机物在多种厌氧微生物的作用下最终转化为CH_4、CO_2和H_2O。在传统的一段式厌氧反应器中，厌氧消化的各个阶段是同时进行的，并保持一定程度的动态平衡，这种动态平衡很容易受到pH值、温度、有机负荷等外界因素的影响而遭受破坏。平衡一旦破坏，首先使产甲烷阶段受到抑制，导致低脂肪酸积存和厌氧进程异常变化，甚至引起整个厌氧消化过程停滞。同时，在厌氧消化过程中，各菌群的形态特性和最适宜生存条件并不一致，特别是产酸细菌和产甲烷细菌。产酸细菌种类多，生长快，对环境条件变化不太敏感；而产甲烷细菌的专一性很强，对环境条件要求苛刻，繁殖缓慢。因此，在一段式厌氧反应器中，不可能满足以及协调各菌群之间的生存条件，这样不可避免地使一些菌种的生存与繁殖受到抑制或破坏，使产甲烷效率降低，同时使有机废弃物得不到很好的处理。

例如，厌氧过程中酸化细菌对酸的耐受能力很强，酸化过程在pH值下降到4时仍可进行，但是产甲烷过程的最佳pH值在6.5～7.5之间。因此，pH值的降低会减少甲烷的生成和氢的消耗，并进一步引起酸化末端产物组成的改变，使乙酸、丙酸、丁酸等产物大量生成，产甲烷细菌活力下降，进一步加剧酸的积累，使pH值进一步下降，厌氧消化过程随之减缓，严重时甲烷的形成完全中止。因此，传统的一段式厌氧消化工艺，由于整个降解过程在一个反应器中进行，各大类群微生物需协调生长和代谢，所以无法通过提高负荷的方法提高酸化速率和效率，无法满足高固体负荷降解率的要求。

8.3.2.2　高级厌氧消化工艺

高级厌氧消化是指相对于传统中温厌氧消化能够显著提高挥发性固体负荷降解率、可再生能源产率及经济效益的厌氧消化技术。目前，高级厌氧消化技术主要有高温厌氧消化、两相厌氧消化、三段厌氧消化、延时厌氧消化、协同厌氧消化等工艺形式。

（1）高温厌氧消化工艺

高温消化工艺与传统的中温消化工艺很类似，不同的是运行温度为50～57℃。高温消化的一个显著特点是能更高效地灭活病原菌并使反应速率加快。研究结果显示，病原菌的灭活时间随着温度的升高而缩短。高温消化在设计参数上与传统的中温消化有所不同，例如，悬浮固体的负荷要高很多，固体停留时间（SRT）也会更短，约为11～15d。

高温消化有几种不同的形式，包括几个高温消化池串联、高温消化＋中温消化、中温消化＋高温消化＋中温消化等形式，最常见的是高温消化＋中温消化，这种形式的消化往往又被称为异温分段厌氧消化（TPAD），其显著特点是在利用高温消化的同时又可避免挥发性有机酸释放的恶臭。图8-6所示为TPAD工艺流程。

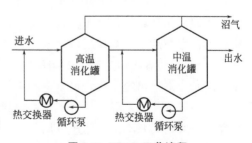

图 8-6　TPAD 工艺流程

高温厌氧消化有诸多优点，如提高 VSS 分解率、池容更小、病原菌灭活效果更好、消化污泥脱水效果更好。但也存在一些不足，如单级高温消化会有较重的恶臭、原料加热所需的能量较高、高温对混凝土池体是个考验、温度较高可能会导致热交换器堵塞等。为了达到较高的病原菌灭活效果，需要避免消化池在搅拌时由完全混合池型所导致的短流问题，因此高温消化池有时会采取间歇的运行方式，或将几个高温消化池串联运行。

（2）两相厌氧消化工艺

传统的厌氧消化包括水解、产酸和甲烷化这三个阶段，通常都是在一个池内完成上述反应过程，水解与酸化过程是相互作用且由相同的微生物种群完成的。为了保持较低的氢分压，产乙酸过程需要嗜氢甲烷细菌的活性，因此产乙酸和产甲烷过程也是不能分开进行的。这意味着厌氧消化过程的相分离只有一种情况，即发酵产酸和产乙酸阶段的分离。把进行水解和发酵产酸的酸化相与产乙酸和产甲烷的产气相分别在不同反应器或同一反应器的不同空间完成，如果不分开，则会相互抑制，效果差。通过相的分离，可大大削弱传统工艺中酸积累导致的反应器"酸化"问题，使产酸细菌和产甲烷细菌各自在最佳环境条件下生长，以避免不同种群生物间的相互干扰和代谢产物转化不均衡而造成的抑制作用，产酸相对进水水质和负荷的变化有较强的适应能力和缓冲作用，可大大削减运行条件的变化对产甲烷细菌的影响，处理系统中原料的酸化活性和产甲烷活性均高于一段式工艺，从而系统的处理效率和运行稳定性得到有效的提高。

两相厌氧消化工艺就是按照厌氧消化过程的不同阶段，通过设置酸化罐，将有机污水的酸化与甲烷化两个阶段分离在两个串联反应器中，使产酸细菌和产甲烷细菌各自在最佳的环境条件下生长，不仅有利于充分发挥其各自的活性，而且提高了处理效果，达到了提高容积负荷率、减小反应器容积、增强系统运行稳定性的目的。

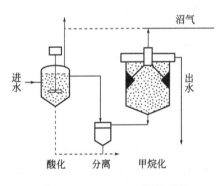

沼气

进水

出水

酸化　分离　甲烷化

图 8-7　CSTR-UASB 两相厌氧消化工艺流程

两相厌氧消化工艺主要用于处理容易酸化的高浓有机污水，其工艺流程如图 8-7 所示。由于水解酸化细菌繁殖较快，所以酸化反应器体积较小，由于强烈的产酸作用将发酵液 pH 值降低到 5.5 以下，此时完全抑制了产甲烷细菌的活动。产甲烷细菌的繁殖速率较慢，常成为厌氧发酵过程的限速步骤，为了避免有机酸抑制，产甲烷反应器比产酸反应器大。因其进料是经酸化和分离的有机酸溶液，悬浮固体含量较低，可采用升流式厌氧污泥床（UASB）反应器，而产酸反应器由于悬浮固体含量较高，可采用完全混合式反应器（CSTR）。

实现两相分离对整个工艺过程有很大的影响。由于实现了相的分离，进入产甲烷相反应器的污水是经过产酸相反应器预处理的出水，其中的有机物主要是有机酸（以乙酸和丁酸为主），这些有机物为产甲烷相反应器的产氢、产乙酸细菌和产甲烷细菌提供良好的基质。同时，由于相的分离，可以将产甲烷相反应器的运行条件控制在更适合于产甲烷细菌生长的环境条件下，因此，可使产甲烷相反应器中产甲烷细菌的活性得到明显提高。有研究表明，两相厌氧消化工艺产甲烷相反应器中产甲烷细菌的数量比单相反应器中的高 20 倍，污泥活性得到一定程度的强化。

（3）三阶段厌氧消化工艺

有机污水的厌氧消化可分为三个阶段：水解发酵、酸性发酵和甲烷发酵。为了提高有机污水的消化率和去除率，在两相厌氧消化的基础上开发了三阶段厌氧消化工艺。其特点是消化在三个互相连通的消化池内进行。原料先在第一个消化池滞留一定时间进行分解和产气，然后进入第二个消化池，再进入第三个消化池继续发酵产气。该消化工艺滞留期长，有机物分解彻底，但投资较高。

（4）延时厌氧消化工艺

延时厌氧消化是将有机污水厌氧消化的水力停留时间（HRT）与固体停留时间（SRT）分离，通常是消化池的出泥进行固液分离后再回流到消化池，其工艺流程如图 8-8 所示。

延时厌氧消化的关键是用浓缩设备分离污泥，分离后的污泥再与原污水混合进入消化池，避免了传统厌氧消化池完全混合式的短流、固体停留时间更长等弊端，可将更多的细菌回流到消化池内进一

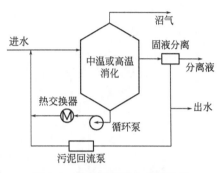

图 8-8　延时厌氧消化工艺流程

步分解有机物，提高产气率。实际上，将 SRT 与 HRT 分离的做法最早在 20 世纪 60 年代的纽约就开始尝试，当时纽约卫生局的工程师 Torpey 最先提出这一想法，所以在美国有时这种做法又称 Torpey 工艺，当时主要是通过重力沉降的方法来分离固液，后来采用离心和气浮的方法进行固液分离。

延时厌氧消化的主要优点包括池容减小、VSS 分解率更高、脱水所需的絮凝剂量降低、消化池固体含量提高等。当然，这项技术也存在一些缺点，如增加的固液分离设备可能会抵消因消化池减小所致的占地面积减小。另外，人们对延时消化的一个担忧是在固液分离阶段厌氧细菌是否会受到明显的影响，澳大利亚和美国的几个生产性厌氧消化工程的运行结果显示，固液分离的短暂好氧阶段不会对厌氧细菌造成明显的影响。但一些报告显示，在某些污水处理厂应用这种技术后存在热交换器堵塞严重的问题。

（5）协同厌氧消化工艺

协同厌氧消化是将污水与其他有机废物共同进入消化池进行消化，这些有机废物包括油脂、餐厨废物等。协同厌氧消化在欧美发展迅速，很多污水处理厂都在应用这一技术，美国加利福尼亚州的 EBMUD 污水处理厂由于采用协同厌氧消化而成为美国能量自给污水处理厂的典范。

采用协同厌氧消化的主要动力来自对提高污水处理厂沼气产量的需求，满足污水处理厂能耗的要求，同时使一定地区内的碳足迹最小化。采用协同消化需要注意一些问题，比如外部有机物如果碳含量太高，可能会导致氮的缺乏，从而引起丙酸的积累；但如果碳含量太低，则可能会引起氨中毒。因此需要在营养物的平衡上格外注意。

▶ 8.4　有机污水厌氧消化反应器

大中型沼气工程所使用的反应器种类很多，根据水力停留时间（HRT）、固体停留时

间（SRT）和生物停留时间（MRT）的不同，可将反应器分为 3 种类型，见表 8-4。

表 8-4　厌氧反应器（工艺）分类

反应器（工艺）类型	厌氧消化特征	反应器举例
常规型	MRT＝SRT＝HRT	完全混合式反应器（CSTR）
		推流式反应器（PFR）
污泥滞留型	（MRT 和 SRT）＞HRT	厌氧接触反应器（ACR）
		升流式厌氧污泥床（UASB）反应器
		升流式固体反应器（USR）
		膨胀颗粒污泥床（EGSB）反应器
		内循环（IC）反应器
		厌氧折流板反应器（ABR）
		复合型厌氧折流板反应器（HABR）
附着膜型	MRT＞（SRT 和 HRT）	厌氧滤器（AF）
		纤维填料床（PFB）
		复合厌氧反应器（UBF）
		厌氧流化床反应器（FBR）

第一类反应器为常规型反应器，其特征为 MRT、SRT 和 HRT 相等，即液体、固体和微生物混合在一起，出料时同时被冲出，反应器内没有足够的生物，并且固体物质由于停留时间较短得不到充分的消化，因此效率较低；第二类反应器为污泥滞留型反应器，其特征是通过各种固液分离方法，将 HRT、SRT 和 HRT 加以分离，从而在较短 HRT 的情况下获得较长的 MRT 和 SRT，在出料时，微生物和固体物质所构成的污泥得以保留，提高反应器内微生物浓度的同时，延长固体有机物的停留时间使其充分消化；第三类反应器即附着膜型反应器，在反应器内填充有惰性支持物供微生物附着，在进料中的液体和固体穿流而过时，将微生物滞留于反应器内，从而提高微生物浓度以有效提高反应器效率。

在选择反应器型式时，一定要根据具体的工程情况选用合适的反应器。

8.4.1　常规型反应器

常规型反应器就是一段式反应器，产酸过程和产甲烷过程都在一个反应器内进行。根据反应器内物料的流动形式，常规型反应器可分为完全混合式反应器和推流式反应器。

（1）完全混合式反应器

完全混合式反应器（complete stirred tank reactor，CSTR）由池顶、池底和池体三部分组成，常用钢筋混凝土筑造。池体可分圆柱形、椭圆形和龟甲形，常用的形状为圆柱形。消化池顶的构造有固定盖和浮动盖两种，国内常用固定盖池顶。固定盖为一弧形穹顶，或截头圆锥形，池顶中央装集气罩。浮动盖池顶为钢结构，盖体可随池内液面变化或沼气储量变化而自由升降，保持池内压力稳定，防止池内形成负压或过高的正压。图 8-9

所示为固定盖式消化池，图 8-10 所示为浮动盖式消化池。消化池池底为一个倒截圆锥形，有利于排泥。

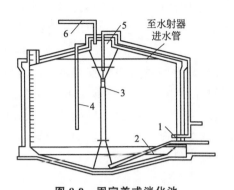

图 8-9　固定盖式消化池
1—进水管；2—排泥管；3—水射器；
4—蒸气罩；5—集气罩；6—污泥气管

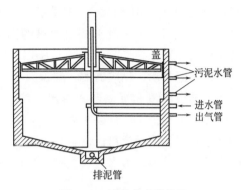

图 8-10　浮动盖式消化池

消化池中消化液的均匀混合对正常运行影响很大，因此搅拌设备也是消化池的重要组成部分。搅拌设备一般置于池中心。当池子直径很大时，可设若干个均布于池中的搅拌设备。机械搅拌方法有泵搅拌、螺旋桨搅拌和喷射泵搅拌。

温度是影响微生物生命活动的重要因素之一。为了保证最佳消化速率，消化池一般均设有加热装置。常用加热方式有三种：①污水在消化池外先经热交换器预热到设定温度后再进入消化池；②热蒸汽直接在消化器内加热；③在消化池内部安装热交换器。①和③两种方式可利用热水、蒸汽或热烟气等废热源加热。

完全混合式反应器的负荷，中温条件下一般为 $2 \sim 3 kg \ COD/(m^3 \cdot d)$，高温条件下为 $5 \sim 6 kg \ COD/(m^3 \cdot d)$。

完全混合式反应器的特点是：可以直接处理悬浮固体含量较高或颗粒较大的污水；在同一个池内实现厌氧发酵反应和液体与污泥的分离，在消化池的上部留出一定的体积以收集所产生的沼气，结构比较简单；进料大多是间歇进行的，也可采用连续进料。但同时也存在缺乏持留或补充厌氧活性污泥的特殊装置，消化器中难以保持大量的微生物和细菌。对无搅拌的消化器，还存在料液分层现象严重、微生物不能与料液均匀接触、温度不均匀、消化效率低等缺点。

（2）推流式反应器

推流式反应器（pluf flow reactor，PFR）也称塞流式反应器，是一种长方形非完全混合式反应器。高浓度有机污水从一端进入，呈活塞式推移状态从另一端排出。反应器内无搅拌装置，产生的沼气移动可为污水提供垂直的搅拌作用。污水在反应器内呈自然沉淀状态，一般分为四层，从上到下依次为浮渣层、上清液、活性层和沉渣层，其中厌氧微生物活动较为旺盛的场所局限在活性层内，因而效率较低，多于常温下运行。污水在沼气池内无纵向混合，发酵后的料液借助新进污水的推动而排走。进料端呈现较强的水解酸化作用，甲烷的产生随着出料方向的流动而增强。由于该体系进料端缺乏接种物，所以要进行固体的回流。为减少微生物的冲出，在消化器内应设置挡板以利于运行的稳定。

推流式反应器的优点是：①不需要搅拌，池形结构简单，能耗低；②适用于高 SS 污水的厌氧消化；③运行方便，故障少，稳定性高。其缺点是：①固体物容易沉淀于池底，影响反应器的有效体积，使 HRT 和 SRT 降低，效率低；②需要污泥回流作为接种物；③因反应器面积/体积比较大，反应器内难以保持一定的温度；④易产生厚的结壳。

推流式反应器的另一种形式是改进的高浓度推流（HCF）工艺。HCF 是一种推流、混合及高浓度相结合的发酵装置，其原理如图 8-11 所示。厌氧罐内设机械搅拌，以推流方式向池后不断推动，反应器的一端顶部有一个带格栅并与消化池气室相隔离的进料口，污水在另一端以溢流和沉渣形式排出。该工艺进料浓度高，干物质含量可达 8%；能耗低，不仅加热能耗少，而且装机容量小，耗电量低；与 PFR 相比，原料利用率高；解决了浮渣问题；工艺流程简单；设施少，工程投资省；操作管理简便，运行费用低；原料适应性强；没有预处理，污水可以直接入池；卧式单池容积小，便于组合。

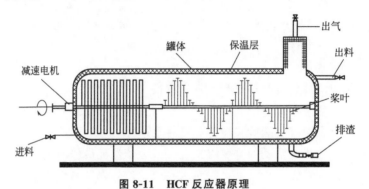

图 8-11　HCF 反应器原理

8.4.2　污泥滞留型反应器

污泥滞留型反应器是在消化过程中将污泥分离，增加其在反应器内的停留时间，从而进一步促进厌氧消化过程。厌氧接触反应器、升流式厌氧污泥床反应器、升流式固体反应器、膨胀颗粒污泥床反应器、内循环厌氧反应器、折流式反应器等都属于污泥滞留型反应器。

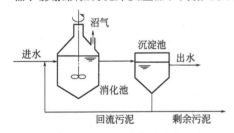

图 8-12　厌氧接触反应器

(1) 厌氧接触反应器

厌氧接触反应器（anaerobic contact reactor, ACR）是在普通厌氧消化池之后增设二沉池和污泥回流系统，将沉淀污泥回流至消化池，如图 8-12 所示。

厌氧接触反应器的主要构筑物有普通厌氧消化池、沉淀分离装置等。有机污水进入厌氧消化池后，依靠池内大量的微生物絮体降解其中所含的有机物，池内设有搅拌设备以保证污水与厌氧生物的充分接触，并促使降解过程中产生的沼气从污水中分离出来，厌氧生物接触池流出的泥水混合液进入沉淀分离装置进行泥水分离。沉淀污泥按一定的比例返回厌氧消化池，以保证池内拥有大量的厌氧微生物。由于在厌氧消化池内存在大量的悬浮态厌氧活性污泥，保证了厌氧接触工艺高效稳定的运行。

然而，从厌氧消化池排出的混合液在沉淀池中进行固液分离有一定的困难，其原因一方面是由于混合液中污泥上附着大量的微小沼气泡，易于引起污泥上浮，另一方面，由于混合液中的污泥仍具有产甲烷活性，在沉淀过程中仍能继续产气，从而妨碍污泥颗粒的沉降和压缩。为了提高沉淀池中混合液的固液分离效果，目前常采用以下几种方法进行脱气：①真空脱气，由消化池排出的混合液经真空脱气器（真空度为5kPa），将污泥絮体上的气泡除去，改善污泥的沉淀性能；②热交换器急冷法，将从消化池排出的混合液进行急速冷却，如将中温消化液从35℃冷却到15～25℃，可以控制污泥继续产气，使厌氧污泥有效沉淀，图8-13是设真空脱气器和热交换器的厌氧接触法工艺流程；③絮凝沉淀，向混合液中投加絮凝剂，使厌氧污泥凝聚成大颗粒，加速沉降；④用超滤器代替沉淀池，以改善固液分离效果。此外，为保证沉淀池的分离效果，在设计时，沉淀池内表面负荷应比一般污水沉淀池的表面负荷小，一般不大于1m/h。混合液在沉淀池内的停留时间比一般污水沉淀时间要长，可采用4h。

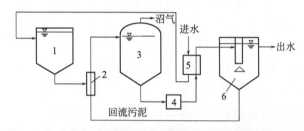

图 8-13　设真空脱气器和热交换器的厌氧接触法工艺流程
1—调节池；2—水射器；3—消化池；4—真空脱气器；5—热交换器；6—沉淀池

厌氧接触工艺的特点是：

① 增加了污泥沉淀池和污泥回流系统，通过污泥回流，保持消化池内污泥浓度较高，一般为10～15g/L，耐冲击能力强。

② 设有真空脱气装置。由于消化池内的厌氧活性污泥具有较高活性，进入沉淀池后可能继续产生沼气，影响污泥的沉淀，因此在混合液进入沉淀池之前，一般要先通过一个真空脱气器，将附着在污泥表面的微小气泡脱除。

③ 由于增设了污泥沉淀与污泥回流，消化池的容积负荷比普通厌氧消化池高，中温消化时，一般为2～10kg COD/($m^3 \cdot d$)；水力停留时间比普通消化池大大缩短，如常温条件下，普通消化池的水力停留时间一般为15～30d，而厌氧接触法的水力停留时间一般小于10d。

④ 可以直接处理悬浮固体含量较高或颗粒较大的污水，不存在堵塞问题。

虽然混合液经沉淀后出水水质好，但厌氧接触法存在混合液难以进行固液分离的缺点。

(2) 升流式厌氧污泥床反应器

升流式厌氧污泥床（upflow anaerobic sludge bed，UASB）反应器是一种悬浮生长型的消化器，主要包括污泥床、污泥悬浮层、布水器、三相分离器。其工作原理如图8-14所示。

在运行过程中，污水通过进水配水系统以一定的流速自反应器的底部进入反应器，水流在反应器中的上升流速一般为0.5～1.5m/h，多宜在0.6～0.9m/h之间。水流依次流经污泥床、污泥悬浮层至三相分离器。升流式厌氧污泥床反应器中的水流呈推流形式，进水与污泥床及污泥悬浮层中的微生物充分混合接触并进行厌氧分解，厌氧分解过程中产生

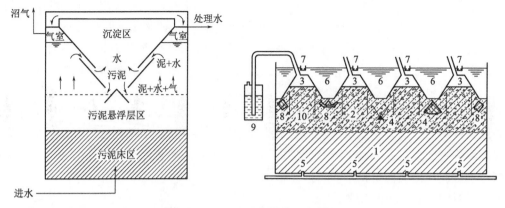

图 8-14　UASB 反应器的工作原理

1—污泥床；2—悬浮污泥床；3—气室；4—气体挡板；5—配水系统；
6—沉降区；7—出水槽；8—集气罩；9—水封；10—垂直挡板

的沼气在上升过程中将污泥颗粒托起，由于大量气泡的产生，引起污泥床的膨胀。反应中产生的微小沼气泡在上升过程中相互结合而逐渐变成较大的气泡，将污泥颗粒向反应器的上部携带，最后由于气泡的破裂，绝大部分污泥颗粒又返回到污泥床区。随着反应器产气量的不断增加，由气泡上升所产生的搅拌作用变得逐渐剧烈，气体便从污泥床内突发性地逸出，引起污泥床表面呈沸腾和流化状态。反应器中沉淀性能较差的絮体状污泥则在气体的搅拌作用下，在反应器上部形成污泥悬浮层；沉淀性能良好的颗粒状污泥则处于反应器的下部形成高浓度的污泥床。随着水流的上升流动，气、水、泥三相混合液上升至三相分离器中，气体遇到挡板折向集气室而被有效分离排出；污泥和水进入上部的沉淀区，在重力作用下泥水发生分离。三相分离器的作用，使得混合液中的污泥有一个良好的沉淀、分离和再絮凝的环境，有利于提高污泥的沉降性能。在一定的水力负荷条件下，绝大部分污泥能在反应器中保持很长的停留时间，使反应器中具有足够的污泥量。

UASB 的优点是：①反应器中设有气、液、固三相分离器，具有产气和均匀布水作用，实现良好的自然搅拌，并在反应器内形成沉降性能良好的污泥，增加了工艺稳定性；②UASB 内污泥浓度高达 $20\sim40g$ VSS/L，COD 去除效率可达 $80\%\sim95\%$；③SRT 和 MRT 长，提高了有机负荷，缩短了 HRT；④一般不设沉淀池，不需要污泥回流设备；⑤消化器结构简单，无搅拌装置及填料，节约造价，并避免因填料发生堵塞的问题；⑥出水的悬浮物固体含量和有机质浓度低；⑦初次启动过程形成的颗粒污泥可在常温下保存很长时间而不影响其活性，缩短了二次启动时间，可间断或季节性运行，管理简单。

UASB 的缺点是：①若进水中悬浮固体含量较高，会造成无生物活性的固体物在污泥床的积累，大幅度降低污泥活性，并使床层受到破坏；②需要有效的布水器，使进料能均匀分布于消化器的底部；③对水质和负荷的突然变化比较敏感，耐冲击能力稍差；④污泥床内有短流现象，影响处理能力；⑤当冲击负荷或进料中悬浮固体含量升高时，易引起污泥流失。

(3) 升流式固体反应器

升流式固体反应器（upflow solids reactor，USR）是一种结构简单、适用于高悬浮固体含量污水的反应器，结构如图 8-15 所示。

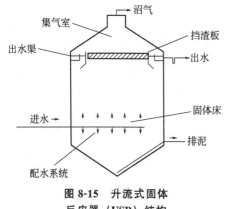

图 8-15　升流式固体
反应器（USR）结构

污水从反应器底部的配水系统进入，均匀分布在反应器底部，然后向上流通过含有高浓度厌氧微生物的固体床，使污水中的有机固体与厌氧微生物充分接触反应，有机固体被水解酸化和厌氧分解，产生沼气。沼气随水流上升起到搅拌混合作用，促进了固体与微生物接触。密度较大的微生物及未降解固体等物质依靠被动沉降作用滞留在反应器中，使反应器内保持较高的固体量和生物量，延长了微生物滞留时间，上清液从反应器上部排出，可获得比 HRT 高得多的 SRT 和 MRT。反应器内不设三相反应器和搅拌装置，也不需要污泥回流，在出水渠前设置挡渣板，减少 SS 的流失。在反应器液面会形成一层浮渣层，浮渣层达到一定厚度后趋于动态平衡。沼气透过浮渣层进入反应器顶部，对浮渣层产生一定的"破碎"作用。对于生产性反应器，由于浮渣层面积较大，不会引起堵塞。反应器底部设排泥管，可把多余的污泥和惰性物质定期排出。

升流式固体反应器的优点是：①反应器内始终保持较高的固体量和生物质，即有较长的 SRT 和 MRT，这是 USR 在较高负荷条件下能稳定运行的根本原因；②长 SRT，出水后污泥不需要回流，悬浮固体去除率高，可达 60%～70%；③当超负荷运行时，污泥沉降性能变差，出水 COD 浓度升高，但不易出现酸化；④产气效率高。

升流式固体反应器的缺点是：①进水中固体悬浮物含量大于 6% 时，易出现堵塞布水管等问题，单管布水易断流；②对纤维素含量较高的污水，应在发酵罐液面增加破浮渣设施，以防表面结壳；③沼渣沼液 COD 浓度很高，不适宜达标排放，一般用于农田施肥。

（4）膨胀颗粒污泥床反应器

膨胀颗粒污泥床（expanded granular sludge bed，EGSB）反应器是在 UASB 反应器的基础上改进发展起来的第三代厌氧生物反应器，与 UASB 反应器相比，它们最大的区别在于反应器内液体上升流速的不同，在 UASB 反应器中，水力上升流速一般小于 1m/h，污泥床更像一个静止床，而 EGSB 反应器通过采用出水循环，水力上升流速一般可超过 5～10m/h，所以整个颗粒污泥床是膨胀的，从而保证了进水与污泥颗粒的充分接触，使得它可以用于多种有机污水的处理，并获得了较高的处理效率。EGSB 反应器这种独有的特征使它可以进一步向着空间化方向发展，反应器的高径比可高达 20 或更高。因此对于相同容积的反应器而言，EGSB 反应器的占地面积大为减小，同时出水循环的采用也使反应器所能承受的容积负荷大大增加，最终可减少反应器的体积。

EGSB 反应器结构如图 8-16 所示，主要组成可分为进水分配系统、气-液-固分离器以及出水循环部分。进水分配系统的主要作用是将进水均匀地分配到整个反应器的底部，并产生一个均匀的上升流速。与 UASB 反应器相比，EGSB 反应器由于高径比更大，所需要的配水面积会较小，同时采用了出水循环，其配水孔口中的流速会更大，因此系统更容易保证配水均匀。三相分离器仍然是 EGSB 反应器最关键的构

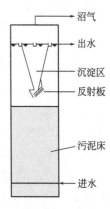

图 8-16　EGSB
反应器结构

造，其主要作用是将出水、沼气、污泥三相进行有效的分离，使污泥保留在反应器内。

与UASB反应器相比，EGSB反应器内的液体上升流速要大得多，因此必须对三相分离器进行特殊的改进。改进可采用以下几种方法：①增加一个可以旋转的叶片，在三相分离器底部产生一股向下的水流，有利于污泥的回流；②采用筛鼓或细格栅，可以截留细小颗粒污泥；③在反应器内设置搅拌器，使气泡与颗粒污泥分离；④在出水堰处设置挡板以截留颗粒污泥。

出水循环部分是EGSB反应器与UASB反应器的不同之处，主要作用是提高反应器内的液体上升流速，使颗粒污泥床层充分膨胀，有机物与微生物之间充分接触，加强传质效果，避免反应器内死角和短流发生。

(5) 内循环反应器

内循环（internal circulation，IC）反应器是目前处理效能最高的厌氧反应器。反应器被两层三相分离器分隔成第一反应室、第二反应室、沉淀区以及气液分离器，每个反应室的顶部各设一个气-液-固三相分离器，如同两个UASB反应器上下重叠串联组成。在第一反应室的集气罩顶部设有沼气升流管直通反应器顶部的气-液分离器，气-液分离器的底部设一回流管直通反应器的底部。其结构如图8-17所示。

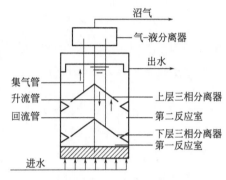

图8-17　IC反应器结构

内循环反应器的特点是在一个反应器内将有机污水的生物降解分为两个阶段，底部一个阶段（第一反应室）处于高负荷，上部一个阶段（第二反应室）处于低负荷。进水由反应器底部进入第一反应室与厌氧颗粒污泥均匀混合，大部分有机物在这里被降解而转化为沼气，所产生的沼气被第一反应室的集气罩收集，沿着升流管上升。沼气上升的同时把第一反应室的混合液提升至顶部的气-液分离器，被分离出的沼气从气-液分离器顶部的导管排走，分离出的泥水混合液沿着回流管返回到第一反应室的底部，并与底部的颗粒污泥和进水充分混合，实现混合液的内部循环。内循环的结果使第一反应室不仅有很高的生物量和很长的污泥龄，并具有很大的升流速度，一般为10～20m/h，使该室内的颗粒污泥完全达到流化状态，从而大大提高第一反应室去除有机物的能力。

经第一反应室处理过的污水会自动进入第二反应室，被继续进行处理。第二反应室内的液体上升流速小于第一反应室，一般为2～10m/h。该室除了继续进行生物反应之外，还充当第一反应室和沉淀区之间的缓冲阶段，对防止污泥流失及确保沉淀后的出水水质起着重要作用。污水中的剩余有机物可被第二反应室内的厌氧颗粒污泥进一步降解，使污水得到更好的净化，提高出水水质。产生的沼气由第二反应室的集气罩收集，通过集气管进入气-液分离器。第二反应室的混合液在沉淀区进行固液分离，处理过的上清液由出水管排走，沉淀的污泥可自动返回到第二反应室。

实际上，内循环反应器是由两个上下重叠的UASB反应器串联组成，用下面UASB反应器产生的沼气作为提升的内动力，使升流管与回流管的混合液产生一个密度差，实现了下部混合液的内循环，使污水获得强化的预处理。上面的UASB反应器对污水继续进行后处理，使出水可达到预期的处理效果。

(6) 厌氧折流板反应器

厌氧折流板反应器（anaerobic baffled reactor，ABR）的结构如图 8-18 所示，主要由反应器主体和挡板组成。反应器内垂直设置的竖向导流板将反应器分隔成串联的几个反应室，每个反应室都是一个相对独立的 UASB 系统，其中的污泥可以以颗粒形式或絮状形式存在，污水进入反应器后沿导流板上下折流前进，依次通过每个反应室的污泥床，污水中的有机物通过与微生物充分接触而得到去除。借助于污水流动和沼气上升的作用，反应室中产生的厌氧污泥在各个隔室内做上下膨胀和沉降运动，但由于导流板的阻挡和污泥自身的沉降性能，污泥在水平方向的流速极其缓慢，大量厌氧污泥被截留在反应室中。

从整个 ABR 来看，反应器内的折流板阻挡了各隔室间的返混作用，强化了各隔室内的混合作用，因而 ABR 是局部为完全混合式流态、整体为推流式流态的一种复杂水力流态型反应器。随着反应器内分隔数的增加，整个反应器的流态则更趋于推流式。

正是由于厌氧折流板反应器良好的水力条件，使得反应器具有较高的抗冲击负荷能力和稳定的污泥截留能力。同时，由于厌氧折流板反应器各隔室内底物浓度和组成不同，逐步形成了各隔室内不同的微生物组成，使反应器内具有良好的颗粒污泥形成及微生物种群分布，因此运行效果良好且稳定。

(7) 复合型厌氧折流板反应器

复合型厌氧折流板反应器（hybrid anaerobic baffled reactor，HABR）是在反应器池体中设置至少两个用分隔板分隔、串联连接的、带两级反应区和相应气升管、集气管、回流管、气液分离器、三相分离器、气封的内循环厌氧反应室，其结构如图 8-19 所示。该反应器兼有 IC 反应器和 ABR 的优点，既利用了 IC 反应器内循环作用加强污泥与污水之间的充分混合，又能够提高细菌的平均停留时间，从而可以有效处理高浓度有机污水。

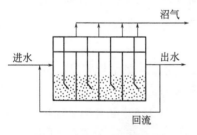

图 8-18　ABR 反应器结构

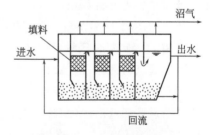

图 8-19　HABR 反应器结构

与厌氧折流板反应器相比，复合型厌氧折流板反应器的改进主要体现在：①在最后一格反应室后增加了一个沉降室，流出反应器的污泥可以沉积下来，再被循环利用；②在每格反应室的顶部设置填料，防止污泥的流失，而且可以形成生物膜，增加生物量，对有机物具有降解作用；③气体被分格单独收集，便于分别研究每格反应室的工作情况，同时也保证产酸阶段所产生的 H_2 不会影响产甲烷细菌的活性。

8.4.3　附着膜型反应器

附着膜型反应器是通过在反应器内设置填料，使生物附着在填料层上形成生物膜，从而实现对污水中有机物的处理。常用的附着膜型反应器有厌氧滤器、复合厌氧反应器和厌氧流化床等。

（1）厌氧滤器

厌氧滤器（anaerobic filter，AF）是在反应器内部安置有惰性介质（又称填料，包括焦炭及合成纤维填料等）。沼气发酵细菌，尤其是产甲烷细菌具有在固体表面附着的习性，它们呈膜状附着于介质上并在介质之间的空隙里相互黏附成颗粒状或絮状存留下来，当污水通过生物膜时，有机物被细菌利用而生成沼气。

填料的主要功能是为厌氧微生物提供附着生长的表面积，一般来说，单位体积反应器内载体的表面积越大，可承受的有机负荷越高。此外，填料还要有相当的空隙率，空隙率越高，在同样的负荷条件下 HRT 越长，有机物去除率越高。另外，高空隙率对防止滤池堵塞和产生短流均有好处。

厌氧滤器内的惰性介质大多采用软纤维填料，但软纤维填料运行时间稍长后往往纤维之间造成粘连并结球，因而缩小了表面积和空隙体积。弹性纤维填料具有实用比表面积大、不易结球和堵塞滤器、生物膜生成较快、易脱膜等优点，使生物膜更新迅速，有机负荷较高。

厌氧滤器的优点是：①不需要搅拌操作；②具有较高的负荷率，使反应器体积缩小；③微生物呈膜状固着在惰性填料上，能够承受负荷变化；④长期停运后可更快地重新启动。其缺点是：①填料费用较高，安装施工较复杂，填料寿命一般 1~5 年，要定时更换；②易产生堵塞和短路；③只能处理低 SS 含量的污水，对高 SS 含量污水的处理效果不佳并易堵塞。

（2）复合厌氧反应器

厌氧处理工艺分为污泥滞留型和附着膜型，二者各有其优缺点。为了提高厌氧处理程度，或为了处理成分复杂的污水，可采用上述两种类型的结合，称为复合厌氧法。

复合厌氧法的主要特点是：①适合于处理复杂成分的污水；②水力停留时间缩短，污泥龄延长；③抑制厌氧污泥或厌氧生物膜的流失；④沼气产率提高。

1）UASB/UAF 复合厌氧反应器

是升流式厌氧污泥床（UASB）反应器与升流式固定床厌氧生物膜反应器（UAF）的复合，其优点是可以防止污泥床的膨胀，保持污泥床内的污泥浓度，减轻三相分离器沉淀区的固体负荷以及降低出水中 SS 浓度。图 8-20 是 UASB/UAF 复合厌氧反应器。

图中"1"为 UASB，直径 250mm，总高度 1670mm，其反应区高 1180mm，容积 50L，三相分离器高 490mm，容积 11L，总容积 61L；"2"为 UAF，高度 1000mm，直径 100mm，容积 9.4L，内充填波纹型塑料短管 ϕ15mm×30mm，孔隙率为 85.6%，回流比为 （10~15）:1，消化温度 35~37℃。研究结果表明，容积负荷低于 8kg COD/(m³·d) 时，COD 去除率稳定在 90% 以上，容积负荷提高到 10~20kg COD/(m³·d) 时，COD 去除率仍可达到 82% 以上，此时水力停留时间为 10h。出水 pH 值 7.2~7.5，脂肪酸（VFA）含量在 33~643.5mg/L 之间，沼气产率 0.45~0.54m³/kg COD，其中甲烷含量约占 60%~65%。

2）UASB/UAF（软填料）复合厌氧反应器

上述 UASB/UAF 为块状填料，也有采用软填料的，如图 8-21 所示。软填料高 1500mm，纤维束直径 70mm，束间距 65mm。

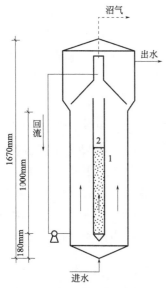

图 8-20　UASB/UAF 复合厌氧反应器

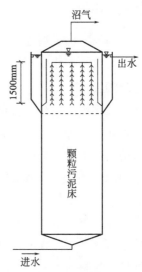

图 8-21　UASB/UAF（软填料）复合厌氧反应器

(3) 厌氧流化床

厌氧流化床工艺流程如图 8-22 所示。床内充填细小的固体颗粒填料（如石英砂、无烟煤、活性炭、陶粒和沸石等），填料粒径一般为 0.2～3mm。污水从床底流入，沿反应器横断面均匀分布，为使床层膨胀，要采用出水回流，在较大上升流速下，颗粒被水流提升，产生膨胀现象。一般认为，膨胀率为 20%～70% 时称为厌氧流化床。

厌氧流化床中的微生物浓度与载体粒径与密度、上升流速、生物膜厚度和孔隙率等有关，载体的物理性质对流化床的特性也有影响：载体的颗粒粒径过大时，颗粒自由沉降速度大，为保证一定的接触时间，必须增加流化床的高度，水流剪切力大，生物膜易于脱落，比表面积较小，容积负荷低；但载体颗粒过小时，则操作运行较困难。

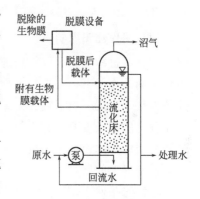

图 8-22　厌氧流化床
工艺流程

厌氧流化床的主要特点是：①细颗粒的载体为微生物的附着生长提供了较大的比表面积，使床内的微生物浓度很高（一般 VSS 可达 30g/L）；②具有较高的有机容积负荷，COD 达到 10～40kg/(m³·d)，水力停留时间较短；③具有较好的耐冲击负荷能力，运行稳定；④载体处于流化状态，可防止载体堵塞；⑤床内生物固体停留时间较长，运行稳定，剩余污泥量较少；⑥既可应用于高浓度工业有机污水的处理，也应用于低浓度城市污水的处理。主要缺点是：载体的流化耗能较大，系统设计运行的要求也较高。

▶ 8.5　有机污水厌氧消化产物的利用

有机污水厌氧消化的产物有沼气、沼液和沼渣。对这三种产物，均可针对其特性实现资源化利用。

8.5.1 沼气的利用

对于以污水为原料的大型沼气工程而言，其沼气产量相当可观，主要用于燃烧发电或用作动力燃料等，也可用作化工原料。

(1) 用于燃烧发电

大型沼气工程产生的沼气经过预处理或提纯，去除其中的水分和硫化氢等杂质之后可作为高热值燃料用于各种内燃机（如汽油机、柴油机和煤气机等）带动电动机进行发电，解决某些区域的电力供应不足问题。沼气发电有两种形式：一是单独用沼气燃烧；二是沼气与汽油或柴油混合燃烧。前者稳定性差但较经济，后者则相反。目前沼气发电机大多是由柴油发电机或汽油发电机改装而成。沼气发电比油料发电便宜，如果考虑到环境因素，它将是一种很好的能源利用方式。利用沼气发电一方面可以缓解当前能源紧缺的局面，另一方面可以消耗自行发酵产生的甲烷，减轻温室效应。

(2) 用作动力燃料

$1m^3$ 沼气的热值相当于 0.5kg 汽油或 0.6kg 柴油。沼气经深度处理，将二氧化碳含量降至 3% 以下并除去有害成分后，可以像天然气一样作为汽车燃料。沼气作为汽车燃料时，通常将高压沼气装入气瓶，一车数瓶备用。采用沼气与柴油混合燃烧，可节省 17% 的柴油。

(3) 用作化工原料

沼气经过净化，可以得到纯净的甲烷。甲烷是一种重要的化工原料，在高温、高压或有催化剂的作用下，可进行多种反应。甲烷在光照条件下，分子中的氢原子能逐步被卤素原子取代，生成一氯甲烷、二氯甲烷、三氯甲烷和四氯甲烷（也称四氯化碳）的混合物，这 4 种物质都是重要的有机化工原料，其中一氯甲烷是制取有机硅的原料，二氯甲烷是塑料和醋酸纤维的溶剂，三氯甲烷是合成氟化物的原料，四氯甲烷既是溶剂又是灭火剂，而且是制造尼龙的原料。

在特殊条件下，甲烷还可以转变为甲醇、甲醛和甲酸等。甲烷在隔绝空气加强热（1000～2000℃）的条件下，可裂解生成炭黑和氢气。甲烷在 1600℃ 高温下（电燃处理）能裂解成乙炔和氢气，乙炔可以用来制取醋酸、化学纤维和合成橡胶。甲烷在 800～850℃ 高温并有催化剂存在的条件下，能跟水蒸气反应生成氢气和一氧化碳，是制取氨、尿素、甲醇的原料。沼气中的二氧化碳也是重要的化工原料，沼气在利用之前，如将二氧化碳分离出来，可以提高沼气的燃烧性能，还能用二氧化碳制造冷凝剂干冰和碳酸氢铵肥料。

8.5.2 沼液和沼渣的利用

污水厌氧发酵生产沼气后的残留物包括沼液和沼渣。经过发酵作用后，污水原本含有的各种有害物质会转移至沼液或沼渣中，因此应根据沼液和沼渣的具体组成，区别性地实现综合利用。绝大部分是将沼液和沼渣制成有机肥料。

参考文献

[1] 廖传华，王银峰，高豪杰，等.环境能源工程 [M].北京：化学工业出版社，2021.

［2］廖传华，韦策，赵清万，等.生物法水处理过程与设备［M］.北京：化学工业出版社，2016.

［3］尹军，张居奎，刘志生.城镇污水资源综合利用［M］.北京：化学工业出版社，2018.

［4］朱玲，周翠红.能源环境与可持续发展［M］.北京：中国石化出版社，2013.

［5］杨天华，李延吉，刘辉.新能源概论［M］.北京：化学工业出版社，2013.

［6］卢平.能源与环境概论［M］.北京：中国水利水电出版社，2011.

［7］李秋园，代淑梅，申明华.连续全混反应处理木薯酒精废水产沼气能力研究［J］.基因组学与应用生物学，2018，37（5）：2074-2079.

［8］易敏，蒋亚蕾，王双飞，等.两种造纸废水的厌氧内循环反应器内颗粒污泥菌群及结构特性的对照分析［J］.造纸科学与技术，2017，36（3）：72-78.

［9］韦科陆.规模化糖蜜酒精废液厌氧产沼气启动运行研究与实践［J］.轻工科技，2016，32（7）：106-107，109.

［10］冯玉杰，张照韩，于艳玲，等.基于资源和能源回收的城市污水可持续处理技术研究进展［J］.化学工业与工程，2015，32（5）：20-28.

［11］陈思思，戴晓虎，薛勇刚，等.影响高含固厌氧消化性能的重要因素研究进展［J］.化工进展，2015，34（3）：831-839，856.

［12］王平.热水解厌氧消化工艺的分析和应用探讨［J］.给水排水，2015，41（1）：33-38.

［13］张万钦，吴树彪，胡乾乾，等.微量元素对沼气厌氧发酵的影响［J］.农业工程学报，2013，29（10）：1-11.

［14］杜连柱，张克强，梁军锋，等.厌氧消化数学模型 ADM1 的研究及应用进展［J］.环境工程，2012，30（4）：48-52.

［15］刘玮.2级厌氧反应器处理发酵类抗生素废水［J］.水处理技术，2018，44（7）：78-82.

［16］王震林.外挂式厌氧反应器在工厂化循环水养殖中的应用效果研究［D］.上海：上海海洋大学，2018.

［17］吴楚明.内环流厌氧反应器中颗粒污泥的形成及其流变特性的研究［D］.广州：广东工业大学，2018.

［18］卢瑶.IC 厌氧反应器运行过程微生物群落演替及功能的研究［D］.南昌：南昌大学，2018.

［19］刘结友，曲亮.基于全混合厌氧反应器厌氧发酵猪粪产生沼液的环境影响分析［J］.中国农业科技导报，2018，20（11）：127-134.

［20］李广胜，雷利荣.厌氧反应器处理造纸废水工程实践［J］.中国造纸，2018，37（7）：53-58.

［21］贾超，高志清，王恒海，等.IC 厌氧反应器新型布水系统［J］.环境工程学报，2017，11（3）：1329-1334.

［22］胡超，邵希豪，晏波，等.内循环厌氧反应器设计问题的探讨［J］.工业水处理，2017，37（9）：5-9.

［23］李江条.厌氧反应器流态模拟及其优化设计［D］.兰州：兰州理工大学，2017.

［24］杨闪.新型厌氧反应器的流体力学及发酵试验研究［D］.郑州：郑州大学，2017.

［25］刘健峰，王强，田光亮，等.膨胀颗粒污泥床厌氧反应器原废水循环启动的实验研究［J］.环境污染与防治，2017，39（1）：77-81.

［26］郑心愿，董黎明，汪苹，等.多相内循环厌氧反应器内颗粒污泥特性分析［J］.环境科学与技术，2017，40（6）：73-77.

［27］成昌艮，吕锡武，代洪亮.农村生活污水高效厌氧反应器性能优化［J］.水处理技术，2016，42（6）：118-123

生物气化产氢气

氢是一种理想的清洁能源，具有资源丰富、燃烧热值高、清洁无污染、适用范围广等特点，可以替代多种化石能源，如煤、石油、天然气等，并能有效应用于内燃机、涡轮机和喷射发动机等。从未来能源的角度来看，氢是高能值、零排放的洁净燃料，特别是以氢为燃料的燃料电池，具有高效性和环境友好性，将成为未来理想的能源利用形式。

利用有机污水作为制氢原料，既可实现有机污水的无害化治理，减轻对环境的污染，又可缓解能源紧缺局面，是一种发展前景广阔、环境友好的制氢方法。

▶ 9.1 有机污水生物制氢的方法

生物制氢是微生物自身新陈代谢的结果，生成氢气反应是在常温、常压和接近中性的温和条件下进行的碳中立反应，比热化学方法和电化学方法耗能少。生物法制氢可分为光反应和暗发酵反应两种途径，如直接生物（绿藻）光解制氢、间接生物（蓝细菌）光解制氢、光发酵（光合细菌）制氢和暗发酵（发酵细菌）产氢，国内外已针对生物法制氢开展了大量研究，以提高产氢量和产氢速率，各途径各有其优缺点及产氢特性。

9.1.1 直接生物光解制氢

直接生物光解制氢与植物的光合作用过程相关，是在厌氧条件下，微藻合成氢酶并利用这些酶催化水分解生成氢气。该方法是从可再生资源中制取清洁能源，产能过程清洁无污染且原料水资源丰富可持续，反应方程式：

$$2H_2O \xrightarrow{\text{太阳能}} 2H_2 + O_2 \tag{9-1}$$

在微藻直接生物光解反应中，光合反应器捕获光子，产生的激活能分解水产生低氧化还原电位的还原剂，该还原剂进一步还原氢酶中的质子（H^+）并与环境中释放的电子结合形成氢气。

微藻直接生物光解制氢工艺有一个优点，即使光照强度较低，厌氧条件下利用氢气作为电子供体固定 CO_2 的过程中，太阳能利用效率仍能达到 22%。但是氢化酶对氧气极为敏感，因此需要更多研究来克服直接生物光解水过程中的氧气抑制效应。

9.1.2 间接生物光解制氢

间接生物光解制氢是微藻通过光合作用中心，先使 CO_2 与水结合生成碳水化合物，再进一步与水反应生成氢气的生物过程。蓝细菌是一种好氧的光养细菌，存在两种不同的蓝细菌菌群，是较好的生物光解制氢微藻品种。绝大多数蓝细菌由固氮酶催化放氢；另一类是由氢化酶催化放氢。

间接生物光解制氢途径由以下几个阶段组成：①通过光合作用，培养生物质资源（蓝细菌等）；②所获得的碳水化合物的浓缩；③蓝细菌等进行黑暗厌氧发酵，产生少量 H_2 和小分子有机酸，该阶段与发酵细菌作用原理和效果相似，理论上，1mol 葡萄糖生成 4mol 氢气和 2mol 乙酸；④暗发酵产物转入光合反应器，蓝细菌进行光照厌氧发酵（类似光合细菌），乙酸彻底分解产生 H_2。以上阶段反应式大致表示如下：

$$6H_2O + 6CO_2 \xrightarrow{\text{光}} C_6H_{12}O_6 + 6O_2 \tag{9-2}$$

$$C_6H_{12}O_6 + 2H_2O \longrightarrow 4H_2 + 2CH_3COOH + 2CO_2 \tag{9-3}$$

$$CH_3COOH + 2H_2O \xrightarrow{\text{光}} 4H_2 + 2CO_2 \tag{9-4}$$

总反应式为：

$$2H_2O \xrightarrow{\text{光}} 2H_2 + O_2 \tag{9-5}$$

间接生物光解制氢过程中，碳水化合物被氧化放出氢气，为了克服氧气对氢化酶的抑制效应并实现连续运行，可在不同阶段和空间进行氧气和氢气的分离。

9.1.3 光发酵制氢

光发酵制氢是不同类型的光合细菌（PSB）以光为能量来源，通过发酵作用将有机基质转化为 H_2 和 CO_2 的反应。光合细菌在光照条件下利用有机物作氢供体兼碳源进行光合作用，而且具有随环境条件变化而改变代谢类型的特性，光合细菌还可以在厌氧条件下，以光为能源，利用小分子有机酸（如乙酸、丁酸、乳酸等）作为碳源，进行转化制氢。

利用光合细菌进行生物法制氢有如下优点：①可以利用多种基质进行细菌生长和氢气生产；②基质利用率高；③在不同环境条件下仍具有较强代谢能力；④能够吸收利用较大波谱范围的光，能承受较强的光强；⑤由于副产物中没有氧气产生，因此不存在氧气的抑制问题。总的来说，光发酵制氢能使有机组分彻底转化为氢气，氢气生产需由 ATP 固氮酶驱动，ATP 通过光合作用过程中对光的捕捉得到。

光合细菌生物制氢过程同藻类制氢过程一样，是太阳能驱动下的光合作用的结果，但是光合细菌只有一个光合作用中心，利用捕获的太阳能进行 ATP 生产，高能电子通过能量流还原铁氧化还原蛋白，还原后的铁氧化还原蛋白及 ATP 在固氮酶的作用下驱动质子氢。有机物不能直接从水中接收电子，因此有机酸等常被用来作为基质。

多个独立环节构成了整个光发酵生物发酵制氢系统，它们被分为以下几组：①酶系统；②碳流——特指三羧酸循环；③光合作用膜元件。光合制氢过程中，这些组通过电子、质子和 ATP 的交换联系在一起，光合细菌产氢过程如图 9-1 所示。

在光合细菌光发酵生物制氢过程中，氢气生产和消耗由固氮酶和氢化酶协调。固氮酶的基本功能是将分子氮固定，生成能被用作有机物氮源的氨。固氮酶能还原氮中的质子，副产物便是氢气。氢化酶是生物制氢代谢过程中的另一个起关键作用的酶，在不同条件下，氢化酶作用不同，有氢气存在时，氢化酶是电子受体，是吸氢酶，但有低电位电子供体存在，利用水中的质子作为电子受体时，氢化酶就转变为放氢酶。

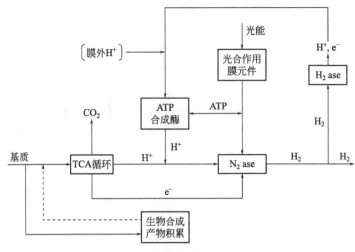

图 9-1 光合细菌产氢过程

H_2 ase—氢化酶；N_2 ase—固氮酶；e^-—电子；H^+—质子；

ATP—三磷酸腺苷；TCA 循环—三羧酸循环

光合细菌能够利用多种基质作为生长和代谢产氢的碳源和氮源，产氢速率和基质转化率经常被用来衡量产氢特性。当利用特殊基质进行产氢时，其理论产量可以通过如下假设反应式中特定基质的化学计量数进行转换估算。

$$C_x H_y O_z + 2(x-z)H_2O \longrightarrow (y/2+2x-z)H_2 + xCO_2 + [(2x-z)/2]O_2 \quad (9\text{-}6)$$

当产氢速率和基质转化率共同被考虑时，有机酸的基质转化率要高于糖类物质。pH值、温度、培养基成分和光照强度也会影响光合细菌的生长和代谢产氢。因此，为了得到稳定运行的光发酵、较高的产氢量和产氢速率，需要对最适宜的工艺参数进行优化。

9.1.4 暗发酵制氢

暗发酵制氢又称厌氧发酵法生物制氢，在厌氧条件下，利用厌氧化能异养菌将有机物转化为有机酸进行甲烷发酵，氢作为副产品获得。相比光发酵制氢，暗发酵制氢具有许多优点：①厌氧发酵法生物制氢主要利用有机底物的降解获取能量，无需光源，产氢过程不依赖于光照条件，工艺控制条件温和、易于实现；②发酵产氢微生物的产氢能力普遍高于光合产氢细菌；③发酵产氢细菌的生长速率较快，可快速为发酵设备提供丰富的产氢微生物，且兼性发酵产氢细菌更易于保存和运输，使得厌氧发酵法生物制氢技术更易于实现规模化生产；④厌氧发酵法生物制氢可利用的底物范围广，包括葡萄糖、蔗糖、木糖、淀粉、纤维素、半纤维素等，且底物产氢效率明显高于光合法制氢，因而制氢的综合成本较低；⑤由于不受光源限制，在不影响过程传质及传热的情况下，制氢反应器的容积可达到足够大，从而从规模上提高单套装置的产氢量。

微生物种类是影响发酵产氢能力的重要因素，不同种类的微生物对同一有机底物的产氢能力不同，即使同一种微生物不同菌株的产氢能力也存在差异。目前用于厌氧发酵产氢研究的微生物可分为纯菌株和混合菌种两个方面。

纯菌株产氢研究中，厌氧产氢菌发酵产氢具有较高氢气产率，但对环境要求严格而不易操作；兼性菌同样具有较高产氢能力，并且对环境有良好的适应性，操作运行方便而易推广。就目前来看，纯菌株培养主要是进行发酵产氢的理论研究，包括产氢菌的分类、适应的环境、代谢功能以及产氢能力等，在实际应用中难以实现。

在发酵产氢中，将同属或异属的菌种进行共同培养，建立合理的菌群组成结构，利用多种菌种的协同作用弥补单一菌种环境对其造成的影响，创造互为有利的生态条件，实现协同产氢，可最大程度上提高产氢效率。利用混合菌种制氢具有许多优点：①混合菌群发酵产氢的能力较强，尤其是高效产氢菌的混合较单一纯菌株产氢量有较大提高；②混合菌群不存在纯菌株系统存在的杂菌污染问题，无需对混合发酵菌预先灭菌处理，若利用的混合菌种为厌氧活性污泥，则可以通过它的培养形成沉降性能良好的絮体，避免菌体在连续流状态下流失；③运行操作简单，便于管理，提高了生物制氢工业化生产的可行性。

▶ 9.2 有机污水厌氧发酵产氢的途径

许多专性厌氧细菌和兼性厌氧细菌能厌氧降解有机物产生氢气，主要物质包括甲酸、丙酮酸、各种脂肪酸等有机酸及淀粉纤维等糖类。主要反应类型有：各种羧酸脱氢为 CO_2；长链脂肪酸脱氢为短链脂肪酸；β-酮酸脱氢为 CO_2 或短链脂肪酸；α,β-不饱和脂肪酸脱氢为短链饱和脂肪酸；羧基脂肪酸脱氢为短链脂肪酸；醛、醛糖、酮糖脱氢为短链脂肪酸或 CO_2；醇脱氢为酸或 CO_2；磺酸化合物脱氢为有机酸、CO_2 和巯基硫化物；无机物脱氢为相应的氧化物等。

它们发酵有机物产生氢气的形式主要有两种：一种是丙酮酸脱氢系统，在丙酮酸脱羧脱氢生成乙酰的过程中，脱下的氢经铁氧化还原蛋白的传递作用而释放出分子氢；二是 $NADH/NAD^+$ 平衡调节产氢气。还有产氢产乙酸菌的产氢作用以及 NADPH 作用生物产氢。

9.2.1 EMP 途径中的丙酮酸脱羧产氢

发酵细菌体内缺乏完整的呼吸链电子传递体系，发酵过程中通过脱氢作用所产生的"过剩"电子，必须有适当的途径得到"释放"，使物质的氧化与还原过程保持平衡，以保证代谢过程的顺利进行。通过发酵途径直接产生分子氢，是某些微生物为解决氧化还原过程中产生的"过剩"电子所采用的一种调节机制。

复杂碳水化合物经水解后生成单糖，单糖通过丙酮酸途径实现分解，产生氢气的同时伴随挥发酸或醇类物质的生成。微生物的糖酵解经过丙酮酸的途径主要有 EMP（Embden-Meyerhof-Parnas）途径、HMP（hexose monophosphate）途径、ED（Entner-Doudoroff）途径和 PK（phosphoketolase）途径。丙酮酸是物质代谢中重要的中间产物，在能量代谢中发挥着关键作用，其经发酵后转化为乙酸、丙酸、丁酸、乙醇或乳酸等。丙酮酸在不同微生物种群的作用下分解的产物不同，因此导致产氢能力不同。许多微生物在代谢过程中可产生分子氢，仅细菌就有二十多个属的种类。在丙酮酸各种不同去路的代谢途径中，实验发现丁酸发酵、混合酸发酵和细菌乙醇发酵可以产生氢气，其中丁酸发酵和混合酸发酵报道较多，例如梭菌属为丁酸发酵中的主要产氢细菌，肠杆菌为混合酸发酵中的主要产氢细菌；细菌乙醇发酵也有产氢和不产氢两种情况，已发现的产氢细菌较少，主要为梭菌属（*Clostridium*）、瘤胃球菌属（*Ruminococcus*）、拟杆菌属（*Bacteroides*）等。

发酵产氢细菌（包括螺旋菌属）直接产氢过程发生于丙酮酸脱羧作用中，可分为以下两种方式。

(1) 梭状芽孢杆菌型

如图 9-2 (a) 所示，丙酮酸首先在丙酮酸脱氢酶的作用下脱酸，形成硫胺素磷酸-酶的复合物（TPP-E），将电子转移给还原态的铁氧化还原蛋白（FeFd），然后在氢酶的作用下被重新氧化成氧化态的铁氧化还原蛋白，产生分子氢。

(2) 肠杆菌型

肠杆菌型也称甲酸裂解型，如图 9-2 (b) 所示，是通过甲酸裂解的途径产氢，丙酮酸脱羧后形成的甲酸以及厌氧环境中 CO_2 和 H^+ 生成的甲酸，通过铁氧化还原蛋白和氢酶作用分解为 CO_2 和 H_2。

由图 9-2 可见，通过 EMP 途径的发酵产氢过程，虽然形式有所不同，但均与丙酮酸脱羧过程有关。

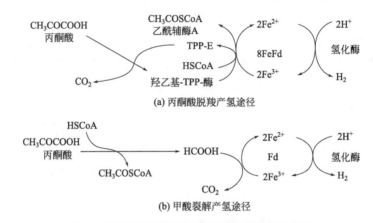

(a) 丙酮酸脱羧产氢途径

(b) 甲酸裂解产氢途径

图 9-2 丙酮酸脱羧产氢途径和甲酸裂解产氢途径

9.2.2 辅酶 I 的氧化还原平衡调节产氢

在碳水化合物发酵过程中，经 EMP 途径产生的还原型辅酶 I（$NADH+H^+$）须通过与末端酸性产物（乙酸、丙酸、丁酸、丙酮和乳酸等）相耦联而得以氧化为氧化型辅酶 I（NAD^+），从而保证代谢过程中（$NADH+H^+$）/NAD^+ 的平衡。这也是产生各种发酵类型（丙酸型、丁酸型及乙醇型等）的重要原因。

生物体内的 NAD^+ 与 $NADH+H^+$ 的比例是一定的，当 $NADH+H^+$ 的氧化过程相对于其形成过程较慢，即消耗量少于其形成量时，必然会造成 $NADH+H^+$ 的积累。为了保证生理代谢过程的正常进行，生物体就会采取一定的调节机制，减少末端酸性产物的产率以减少 $NADH+H^+$ 的再生。在厌氧氢化酶的作用下，过多的 $NADH+H^+$ 可通过释放分子氢以使 $NADH+H^+$ 氧化再生，即：

$$NADH+H^+ \longrightarrow NAD^+ + H_2 \quad \Delta G = -21.84kJ/mol$$

上述过程为耗能反应，并随着 pH 值的降低，能耗减少。虽然在标准状况下，$NADH+H^+$ 转化为 H_2 的过程不能自发进行，但有研究表明，在 NADH-铁氧化还原蛋白氢化还原酶和铁氧化还原蛋白氧化酶的作用下，该反应还是能够进行的。

9.2.3 产氢产乙酸菌的产氢作用

有机污水厌氧发酵产氢工艺主要由四个阶段组成，即水解、酸化、产氢产乙酸、甲烷化。

第一阶段为水解阶段，大分子有机物在细菌胞外酶的作用下分解为小分子水解产物，其能够溶解于水并透过细胞膜被细菌所利用，其中包括碳水化合物的水解、蛋白质的水解以及脂类和纤维素的水解等。例如淀粉被淀粉酶水解为麦芽糖和葡萄糖，蛋白质被蛋白酶水解为短肽与氨基酸，纤维素被纤维素酶水解为纤维二糖与葡萄糖等。水解过程属于酶促反应，通常较为缓慢，因此被认为是含高分子有机物或悬浮物污水厌氧降解的速率限制步骤。

第二阶段为酸化阶段。水解产生的小分子化合物在发酵细菌细胞内转化为更为简单的化合物并分泌到细胞外，包括氨基酸和糖类的厌氧氧化以及较高级脂肪酸与醇类的厌氧氧化。这一阶段的主要产物包括 VFA、醇、醛和 CO_2、H_2 等。

第三阶段为产氢产乙酸阶段。这一阶段主要由产氢和产乙酸细菌群把水解酸化阶段形成的产物进一步分解为乙酸、氢气、二氧化碳以及新的细胞物质。其中包括从中间产物中形成乙酸和氢气（产氢产乙酸）以及由氢气和二氧化碳形成乙酸（同型产乙酸）。主要的产氢产乙酸反应有：

S' 菌株将乙醇转化为乙酸和分子氢的反应：

$$CH_3CH_2OH + H_2O \longrightarrow CH_3COOH + 2H_2 \quad \Delta G = +192kJ/mol \qquad (9-7)$$

沃尔夫互营杆单胞菌通过 β-氧化分解丁酸为乙酸和氢的反应：

$$CH_3CH_2COOH + 2H_2O \longrightarrow CH_3COOH + 3H_2 + CO_2 \quad \Delta G = +48.1kJ/mol \quad (9-8)$$

专性厌氧的沃林互营杆菌在氧化分解丙酸盐时，形成乙酸盐、H_2 和 CO_2，其反应为：

$$CH_3CH_2CH_2COOH + 2H_2O \longrightarrow 2CH_3COOH + 2H_2 \quad \Delta G = +76.1kJ/mol \quad (9-9)$$

从反应的吉布斯自由能变化可知，在相同条件下，以上各反应进行的难易程度是不同的。当氢分压小于15kPa时，乙醇即能自动进行产氢产乙酸反应，而丁酸必须在氢分压为 0.2kPa 以下时才能进行产氢产乙酸反应，丙酸则要求更低的氢分压（9Pa）。在厌氧消化系统中，降低氢分压的工作必须依靠产甲烷细菌来完成。由此可见，通过产甲烷细菌利用分子态氢以降低氢分压，对产氢产乙酸细菌的生化反应起着非常重要的调控作用。在产酸相反应器中，产氢产乙酸细菌的存在数量会受到水力停留时间（HRT）的影响，在HRT 较小（如 HRT＜5h）时，大分子的水解酸化可能有足够的反应时间，而对于后续的产氢产乙酸过程则是一个限制因素。

第四阶段为甲烷化阶段。这一阶段包括两组生理性质不同的专性厌氧产甲烷细菌群。一组可利用氢气和二氧化碳合成甲烷或利用一氧化碳和氢气合成甲烷；另一组可利用乙醇脱羧生成甲烷和二氧化碳或利用甲酸、甲醇等裂解为甲烷。

可以看出，氢气只是有机物质在厌氧消化过程中产氢产乙酸阶段的中间产物，产氢产乙酸菌的存在状态是厌氧发酵产氢过程的最主要影响因素。

9.2.4 NADPH 在生物产氢过程中的作用

有机物被氧化还原时，受氢体辅酶 NAD^+ 或 $NADP^+$ 接受被脱氢酶作用脱去的氢质子，从而生成 NADH 或 NADPH。在无氧外源氢受体条件下，底物脱氢后产生的还原力 [H] 未经呼吸链传递而直接被内源性中间代谢产物接受，从而产生 NADH 或 NADPH，再通过厌氧脱氢酶脱去 NADH 或 NADPH 上的氢，其氧化后产生氢气。如果厌氧产酸细菌体内 NADH 或 NADPH 的平衡受到破坏，NADH 或 NADPH 循环停止，则生物代谢过程就会受到抑制。

氢气是万能的电子供体，产生后很容易被消耗，尤其当产甲烷细菌存在并且环境条件适宜的时候。因此，要想利用厌氧发酵获得氢气，就必须通过条件控制使厌氧发酵第三阶段和第四阶段断开，让上述反应不连续。可以采用的途径一般为改变环境条件（如强酸、强碱、极端热或者极端冷）使能够形成芽孢，一旦条件适宜，芽孢即复苏恢复活性。而产甲烷细菌等由于不能形成芽孢，在极差条件下会被杀死而失去活性。因此，可通过极端环境处理达到筛选菌种的目的。

9.2.5 氢酶的催化作用

氢酶（hydrogenase）是催化产氢反应的关键性酶，但这种酶不是专一性的产氢酶。氢酶除了在有足够还原力时催化产氢外，还可以催化吸氢反应。

氢酶是催化伴有氢分子吸收与释放的氧化还原反应酶，它们存在于肠道细菌群、硫酸还原细菌、梭菌、固氮菌属、氢单胞菌属等细菌和某些藻类中。根据氢酶种类的不同，由氢所还原的电子受体（或放出 H_2 的电子供体）有 NAD^+、铁氧化还原蛋白和细胞色素 C3（硫酸还原菌）三种，它们直接或间接通过氢酶参与色素、NAD^+ 及有机基质进行氧化还原反应，并且还能进行氢分子和水之间的氢交换反应，以及仲氢和正氢之间的转换反应。氢酶是产氢代谢中的关键酶，能够产氢的微生物都含有氢酶，它催化氢气与质子相互转化的反应如下：

$$H_2 \longrightarrow 2H^+ + 2e^- \tag{9-10}$$

目前发现的氢酶按照所含金属原子的种类可以分成 [NiFe] 氢酶、[NiFeSe] 氢酶、[Fe] 氢酶和不含任何金属原子的氢酶四种。[NiFe] 氢酶广泛存在于各种微生物中，分为吸氢酶和放氢酶。[Fe] 氢酶催化产氢的活性比 [NiFe] 氢酶高 100 倍，对氧非常敏感，例如梭菌和绿藻的 [Fe] 氢酶。虽然对二者有较多的研究，并且都已经确定其晶体结构，但核苷酸序列分析表明 [Fe] 氢酶和 [NiFe] 氢酶在结构上有很大差异。

虽然 [NiFe] 氢酶和 [Fe] 氢酶的结构起源有很大的不同，但从结构上看都是由电子传递通道、质子传递通道、氢气分子传递通道和活性中心四部分组成，在催化机制上基本是一致的。质子和电子分别通过质子传递通道和电子传递通道传递到包藏于酶内部的活性中心，形成的氢气分子再由其传递通道释放到酶的表面。[NiFe] 氢酶活性中心是由 Ni 和 Fe 组成的，异双金属原子中心以四个硫代半胱氨酸残基通过硫链连接在酶分子上。[Fe] 氢酶的活性中心是两个 Fe 原子（Fe_1 和 Fe_2）组成的双金属中心，该活性中心通过 Fe_1 上的一个硫代半胱氨酸与近端 [4Fe～4S] 簇相连而连接在酶分子上。[NiFe] 氢酶和 [Fe] 氢酶活性均含有一个空的或是电位上空的位点，该位点可能同结合 H_2 有关。

分子氢的进入是由狭窄的隧道连接成的疏水性内部空腔介导的，网络状隧道的一端连接着活性中心的空位点，而其他几个端口则通向外部介质，孔道上的疏水性残基延伸到分子表面形成几个疏水性斑点作为气体的入口；这是通过氢酶结构的拓扑分析，氙气扩散的

X 衍射研究，结合分子动力学计算得出的结论。对氢酶内部分子氢逸散的动力学研究表明，气体从蛋白分子内逸出主要利用的就是这条通道，推测氧气分子作为大多数氢酶的抑制物，很可能也是利用相同的通道进入了活性中心。

▶ 9.3　厌氧消化制氢过程的影响因素

在有机污水厌氧消化产氢过程中，环境条件是很重要的控制因素。物料性质、工艺条件（温度、pH 值、氢气分压）、各种产物（主要为 VFA）、微量元素（主要是铁离子）、氮源和严格的厌氧环境等对反应过程中氢气的产量、浓度和延迟时间等都有很重要的影响。

9.3.1　物料性质的影响

影响厌氧消化制氢过程的物料性质包括原料的性质、铁的存在与否及物料的 pH 值。

（1）原料的影响

① 有机物浓度的影响　有机污水的来源和性质对发酵产氢效果具有较大的影响。当污水中有机物浓度过高时，微生物会大量聚集且迅速产氢，致使反应瓶中氢气量迅速累积，造成系统氢分压过高，进而影响氢气的进一步生成；当有机物浓度过低时，可溶解性有机物较少，微生物数量减少，产氢量不足。

② 氨氮浓度的影响　氨氮是高氮污水厌氧消化系统稳定性的重要影响因素之一。虽然氨氮是微生物重要的氮源，但在污水厌氧消化过程中，厌氧微生物细胞很少繁殖，只有很少量的氮被转化为细胞物质，大部分可发生降解的有机氮都被还原为消化液中的氨氮。氨氮在反应过程中能够中和厌氧消化产生的挥发性有机酸，对系统的 pH 值具有缓冲作用。

随着体系氨氮浓度的增大，pH 值下降，挥发性有机酸的浓度升高。但如果氨氮浓度过高，又将会影响微生物的活性，因为游离氨能很容易通过细胞膜，从而对微生物产生毒害作用，所以，多数研究者认为非离子化的氨是氨氮产生抑制作用的主要原因。氨氮浓度和 pH 值都是非离子化的氨浓度的主要影响因素，当 pH=7 时，游离氨占氨氮的 1%，当 pH 值上升到 8 时，游离氨可占氨氮的 10%。氨氮的具体抑制浓度根据反应器类型、微生物种群和反应条件等的变化而不同，经过驯化的微生物对氨氮的浓度也有更高的抵抗力，而两相厌氧消化系统对氨氮的抑制会有更大的抵抗能力。

对于高含氮污水的厌氧消化产氢，尤其是高固体浓度的系统，由于微生物合成所需要的氮素有限，随着反应的进行，蛋白质在代谢过程中生成的氨氮在反应器内会逐渐积累，从而对反应造成影响。郝小龙等采用人工有机蔗糖污水通过厌氧发酵产氢气，分析污水中糖降解速率、比产氢率和产氢率，以考察污水中 NH_4^+ 浓度（0～8000mg/L）对厌氧发酵产氢的影响。结果表明，当 NH_4^+ 浓度在 1200～2400mg/L 时，对微生物的厌氧发酵产氢有促进作用，但当 NH_4^+ 浓度大于 4800mg/L 时，对厌氧发酵产氢产生显著的抑制作用，并且对其发酵液相产物也有明显的影响。因此，在厌氧发酵有机污水产氢的过程中，需检测与调控水体中的总 NH_4^+ 浓度，从而达到较高的产氢效率。在高含氮污水的厌氧消化产氢过程中，通过调节进料的有机负荷来控制氨氮的浓度是最直接最有效的方法。

③ 碳氮比的影响　在有机污水的发酵产氢过程中，微生物是产氢的主体，系统中产氢细菌的数量直接影响着产氢效率，但是产氢细菌的生长状况和代谢水平也会决定系统的处理效果和能力。碳氮比（C/N）直接影响微生物的生长、代谢途径、代谢产物的积累、基因表达以及酶活性水平等。以污水为底物时，C/N 是不定的，这就需要在发酵前对污水的 C/N 进行合理的调理，以达到最大的产氢量和最稳定的产氢效果。

刘和等研究了碳氮比对厌氧发酵类型的影响，结果表明，当碳氮比为 12 时，消化链球菌属为优势菌群，相对丰度占 34%，发酵类型为乙酸型发酵；当碳氮比为 56 时，优势菌群为丙酸杆菌属和梭菌属，发酵类型为丙酸型发酵；而当碳氮比为 156 时，梭菌属的相对丰度达到 41%，形成了丁酸型发酵。王勇等的研究结果表明，当碳氮比＞200 时，发酵类型呈乙酸型发酵，且此时产氢效率最佳。

④ ORP 的影响　发酵体系中氧化还原电位（ORP）的控制应根据目标优势菌群而定，若目标优势菌群为专性厌氧菌，应降低 ORP，兼性厌氧菌则可适当升高。降低发酵体系中的 ORP 可以采取加入还原剂如维生素 C、H_2S 等方法，如果要提高发酵体系的ORP，则可通入空气，提高氧的分压。

（2）pH 值的影响

厌氧消化过程是氧化与还原的统一过程，这个过程中有能量的产生和转移，所产生的能量中有一部分变成热量散发掉，有一部分供合成反应和其他活动所需，其余的能量被贮存在 ATP 中，以备生长、运动所用。在厌氧消化过程中，有机物仅发生部分氧化，以其中间代谢产物为最终电子受体，其产物是低分子有机物。在此过程中，pH 值和 ORP 是两个非常关键的控制条件，能够影响生化反应的进行方向和程度。

pH 值是厌氧生物处理过程中的一个重要控制参数，pH 值的高低影响了产氢微生物细胞内氢化酶的活性和代谢途径，另外还会影响细胞的 ORP、基质可利用性、代谢产物及其形态等。厌氧消化体系中的 pH 值是体系中 CO_2、H_2S 等在气液两相间的溶解平衡、液相内的酸碱平衡以及固液两相间离子溶解平衡等综合作用的结果，而这些又与反应器内发生的生化反应直接相关。

通过对产酸发酵细菌的演替规律的研究，发现 pH 值是影响发酵类型的重要因素，pH 值为 5 时，可以是产氢较多、可被产甲烷细菌细进一步利用的丁酸型发酵，也可以是产气少、使降解过程恶化的丙酸型发酵。在产氢能力最高时，pH 值为 5.5，产出液中乙醇、乙酸、丁酸的体积分数分别为 10.17%、19.01%、69.13%，此时产氢较多的丁酸型发酵占优势。而 pH 值降低到 4 时，部分产氢细菌失去活性，无法发挥产氢细菌的协同作用，因而产氢能力较低。

9.3.2　工艺条件的影响

影响有机污水厌氧消化制氢过程的工艺条件主要包括温度与氢分压。

（1）温度的影响

在消化菌群以及基质一定的条件下，反应温度对厌氧发酵产氢过程影响显著。

产氢微生物的种类有很多，不同种属的产氢细菌最适合的发酵产氢温度存在较大的差异。出于操作方便和节能等各方面考虑，目前大多数研究多采用 36℃ 中温进行发酵产氢，其实，部分产氢菌（如 *Thermotoga elfii*）的产氢温度达到 65℃，甚至某些微生物在 70℃ 下仍能发酵产氢。根据 Van't Hoff 定律，在一个严格的温度范围内，温度每升高 10℃，化学反应速率加快 1 倍。当温度在 15～36℃ 变化时，*Enterobacter cloacae* 的氢气产量随温度升高而增加，36℃ 时达到最大产氢率，但当超过 36℃ 时，其产氢量开始下降。但并不是所有产氢细菌的温度变化规律都如此，*Enterobacter aerogen* 以蔗糖为基质产氢时，其产氢率的增加可一直持续到 40℃。

在传统厌氧反应器中，温度是影响微生物生存及生物化学反应最重要的因素之一，随着各种新型高效厌氧反应器的发展，反应器内的固体停留时间增大，远大于水力停留时间，温度效应就不十分显著了。有研究发现，厌氧折流板反应器（ABR 反应器）稳定运行仅两周后，当温度从 35℃ 降低到 25℃ 时，总的 COD 去除率并没有明显的减少。产生这种情况的主要原因是新型高效厌氧反应器中生物浓度的提高，使得在一定范围内的温度对厌氧消化过程的影响不是很大。因为温度只是影响厌氧反应器效率的众多因素之一，当反应器通过提高厌氧污泥浓度或其他措施促进反应时，在很大程度上能够补偿或缓冲温度的影响。

（2）氢分压的影响

氢的产生是细菌将铁氧化还原蛋白和携带氢的辅酶再氧化的一种过程，根据气液平衡关系，气相中如果积累了较高浓度的氢，则必然使液相中氢浓度升高，不利于再氧化过程的进行，从而使产氢过程受到抑制。另外，氢分压还会影响发酵产物的组成及含量。因此，如何在微生物发酵产氢过程中减少其对产氢的抑制是发酵产氢技术的关键之一。

在有机污水厌氧发酵产氢过程中，发酵液中的氢分压会影响产氢过程的顺利进行。因为氢气体积分数的升高会改变产氢的代谢途径，转而生成一些更具还原性的物质，如乳酸、乙酸、丙酮和丁酸等。降低氢气分压的方法：一是采用连续释放氢气达到减小氢气分压的目的；二是采用惰性气体吹脱减小氢分压。

9.3.3　其他因素的影响

（1）营养物质

研究报道，向有机污水中添加磷酸盐等营养物质，可以提高系统的氢气产量。

（2）金属离子

根据生物制氢理论和微生物营养学，一定浓度下对产氢细菌产氢能力有促进作用的金属主要有铁、镍和镁等，而汞、铜等重金属对许多氢酶产生强烈的抑制作用。

铁在自然界中广泛存在，作为制氢反应中不可或缺的物质，影响厌氧发酵产氢的效能。这主要是因为铁是氢化酶和铁氧化还原蛋白的重要组成成分，氢化酶在体内的活性往往随着铁的消耗而下降。在产氢发酵细菌中一般含有 4Fe 或 8Fe 铁氧化还原蛋白，其中以 8Fe 铁氧化还原蛋白为主，其活性中心为 Fe_4S_4 $(C-Cys)_4$ 型。

（3）发酵产物

兼性厌氧条件下的发酵过程为丙酸型发酵，主要末端产物为丙酸和丁酸，H_2 的产量极低；厌氧条件下的发酵过程为丁酸型发酵，主要末端产物为丁酸，H_2 的产量有所提高；严格厌氧条件下的发酵过程为乙醇型发酵，主要末端产物为乙酸和乙醇，H_2 含量较高。发酵产物中有机酸的积累会毒害微生物，因此，发酵过程应尽量避免丙酸和丁酸的产生和积累，将发酵过程控制为乙醇型发酵是有利的。

（4）有机酸浓度

产氢微生物利用有机营养物进行厌氧发酵，其产物除了氢气外，还有挥发性脂肪酸、醇类物质等，这些产物一旦在微生物的体内或体外环境中积累过多，就会对微生物的活性及其生理过程产生影响。微生物发酵过程中产生的有机酸积累会降低系统的 pH 值，从而影响产氢过程。通常认为丙酸的积累会抑制厌氧过程，因此，厌氧过程中应尽量避免丙酸的产生和积累。

参考文献

[1] 廖传华，王银峰，高豪杰，等.环境能源工程 [M].北京：化学工业出版社，2021.

[2] 尹军，张居奎，刘志生.城镇污水资源综合利用 [M].北京：化学工业出版社，2018.

[3] 朱玲，周翠红.能源环境与可持续发展 [M].北京：中国石化出版社，2013.

[4] 杨天华，李延吉，刘辉.新能源概论 [M].北京：化学工业出版社，2013.

[5] 卢平.能源与环境概论 [M].北京：中国水利水电出版社，2011.

[6] 吴素芳.氢能与制氢技术 [M].杭州：浙江大学出版社，2014.

[7] 杨琦，苏伟，姚兰，等.生物质制氢技术研究进展 [J].化工新型材料，2018，46（10）：247-250，258.

[8] 王建涛，李柯，禹静.生物制氢和氢能发电 [J].节能技术，2010，28（1）：56-59.

[9] 张斌阁，孙彩玉，边喜龙，等.豆制品加工废水生物制氢系统启动与运行优化 [J].哈尔滨商业大学学报（自然科学版），2019，35（1）：40-43，59.

[10] 高斯 M K，孙义，刘晋，等.有机废弃物厌氧生物制氢处理 [J].沈阳化工大学学报，2015，29（3）：282-288.

[11] 孙立红，李金波，陶虎春.厌氧发酵过程中产氢菌源的预处理方法及其影响因素 [J].山东化工，2015，44（1）：22-29.

[12] 李瑞雪.碳氮比对厌氧发酵生物制氢影响规律的研究 [D].西安：西北大学，2014.

[13] 李涛.生物质发酵制氢过程基础研究 [D].郑州：郑州大学，2013.

[14] 李超.厌氧发酵生物制氢工艺优化及反应器设计 [D].天津：天津大学，2013.

[15] 纵岩.盐度和底物浓度对海水养殖场有机废弃物厌氧发酵产氢的影响研究 [D].青岛：中国海洋大学，2013.

[16] 任晓庆.氧与光合微生物联合制氢工艺实验研究 [D].郑州：河南农业大学，2012.

[17] 李永峰，韩伟，杨传平.厌氧发酵生物制氢 [M].哈尔滨：东北林业大学出版社，2012.

[18] 孙静娴.有机废弃物的资源化与厌氧发酵模型研究 [D].上海：上海交通大学，2011.

[19] 田京雷.养殖场鸡粪废水厌氧发酵产氢技术研究 [D].北京：北京科技大学，2011.

[20] 曹东福.果汁饮料废水厌氧发酵生物制氢技术基础研究 [D].昆明：昆明理工大学，2007.

[21] 陈雅静，李旭兵，佟振合，等.人工光合成制氢 [J].化学进展，2019，33（1）：38-49.

[22] 李旭.光合细菌（Rhodobacter sphaeroides）生物制氢及其光生物反应器研究 [D].上海：华东理工大学，2011.

物料利用篇

污水物料利用就是将污水中所含的有利用价值的物料通过合理的手段进行分离，进而实现物料的循环利用。通常，污水中所含的物料分为有机物和无机物，污水物料利用也分为有机物料的提取与利用及无机物料的分离与利用。

对于有机物，可分别采用萃取、精馏等方法将其进行提取，然后根据物料的性质针对性地进行利用。对于无机物，可分别采用蒸发浓缩、结晶、膜分离等方法将其进行提取，然后根据物料的性质针对性地进行利用。

第10章

有机物的分离与回收

根据污水的来源，含有机物料的污水可能是城镇污水、工业污水和农村污水。对于城镇污水和农村污水，由于其中有机物浓度低，基本没有回收价值，所以有机污水的物料回用主要是针对工业有机污水。对于污水中含有的高价值有机物，可根据其存在状态与性质，分别采用不同的方法进行分离与回收。

① 对于溶解态的有机物，可根据其与水的挥发度的不同而采用精馏的方法进行提取与回收，也可根据其在不同溶剂中溶解度的不同而采用萃取的方法进行提取与回收。采用这两种方法回收的有机物，基本不改变其性状。但对于某些有机物，这两种方法都不适用时，可通过添加其他物质与其发生化学反应生成不溶于水的物质，再采用过滤等方法而加以分离，这种方法称为化学沉淀法。

② 对于不溶的有机物，可采用过滤（包括机械过滤与膜过滤）的方法对其进行提取与回收，也可根据其与水的密度差而采用重力沉淀、离心沉淀、气浮等方法进行分离回收。采用这些方法回收的有机物，基本都保持了其原有的性状。

▶ 10.1 精馏法提取有机物

精馏提取污水中的有机组分，是将污水加热至一定温度，使水和有机组分形成气液两相体系，利用各组分挥发度的差异而实现组分分离与提纯的目的。采用精馏方法提取污水中的有机组分，可以直接获得所需要的产品，操作流程通常较为简单，而且适用范围非常广泛。但由于需采用加热建立气液两相体系，气相还需要再冷凝液化，因此能量消耗巨大。

10.1.1 精馏操作流程

精馏装置系统一般由精馏塔、塔顶冷凝器、塔底再沸器等相关设备组成，有时还要配原料预热器、产品冷却器、回流用泵等辅助设备。精馏分离过程的操作方式有多种。

10.1.1.1 连续精馏

图 10-1 所示为连续精馏操作流程。通常，将原料加入的那层塔板称为加料板。在加料板以上的塔段，上升气相中难挥发组分向液相中传递，易挥发组分的含量逐渐增高，最终达到了上升气相的精制，因而称为精馏段，塔顶产品称为馏出液。加料板以下的塔段（包括加料板）完成了下降液体中易挥发组分的提出，从而提高塔顶易挥发组分的产率，

同时获得高含量的难挥发组分塔底产品，因而称为提馏段。从塔釜排出的液体称为塔底产品或釜残液。

10.1.1.2　间歇精馏

间歇精馏又称分批精馏。操作时原料液一次加入蒸馏釜中，并受热汽化，产生的蒸汽自塔底逐板上升，与回流的液体在塔板上进行热、质传递。自塔顶引出的蒸汽经冷凝器冷凝后，一部分作为塔顶产品，另一部分作为回流液送回塔内。精馏过程一般进行到釜残液组成或馏出液的平均组成达到规定值为止，然后放出釜残液，重新加料进行下一批操作。图 10-2 所示为间歇精馏操作流程。

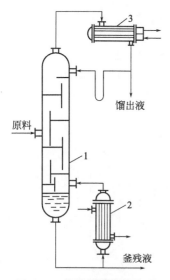

图 10-1　连续精馏操作流程
1—精馏塔；2—再沸器；3—冷凝器

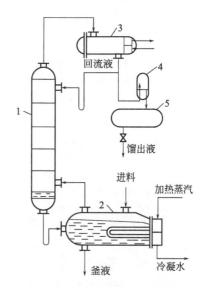

图 10-2　间歇精馏操作流程
1—精馏塔；2—再沸器；3—全凝器；4—观察罩；5—贮槽

间歇精馏通常有两种典型的操作方式。

（1）恒回流比操作

当采用这种操作方式时，随精馏过程的进行，塔顶馏出液组成和釜残液组成均随时间不断降低。

（2）恒馏出液组成操作

因在精馏过程中釜残液组成随时间不断下降，为了保持馏出液组成恒定，必须不断地增大回流比，精馏终了时，回流比达到最大值。

实际生产中，常将以上两种操作方式联合进行，即在精馏初期采用逐步加大回流比，以保持馏出液组成近于恒定；在精馏后期采用恒回流比的操作，将所得馏出液组成较低的产品作为次级产品，或将它加入下一批料液中再次精馏。

与连续精馏相比，间歇精馏有以下特点：①间歇精馏为非定态操作。在精馏过程中，塔内各处的组成和温度等均随时间而变，从而使过程计算变得更为复杂。②间歇精馏塔只有精馏段。若要得到与连续精馏时相同的塔顶及塔底组成，则需要更高的回流比和更多的理论板，需要消耗更多的能源。③塔内存液量对精馏过程及产品的组成和产量都有影响。为减少塔内的存液量，间歇精馏宜采用填料塔。④间歇操作装置简单，操作灵活。

10.1.1.3　简单蒸馏和平衡蒸馏

如果污水中有机组分与水的挥发度相差较大，而且分离要求也不高，则可采用简单蒸馏和平衡蒸馏进行有机组分的提取与回收。

简单蒸馏又称微分蒸馏，是一种间歇、单级蒸馏操作，其装置如图 10-3 所示。原料液分批加到蒸馏釜 1 中，通过间接加热使之部分汽化，产生的蒸汽进入冷凝器 2 中冷凝，冷凝液作为馏出液产品排入接收器 3 中。随着蒸馏过程的进行，釜液中易挥发组分的含量不断降低，与之平衡的气相组成（即馏出物组成）也随之下降，釜中液体的泡点则逐渐升高。当馏出液平均组成或釜液组成降低至规定值后，即停止蒸馏操作。通常，馏出液按组成分段收集，而釜残液一次排放。

平衡蒸馏又称闪蒸，是一种连续、稳态的单级蒸馏操作，其装置如图 10-4 所示。被分离的混合液先经加热器升温，使温度高于分离器压力下液料的泡点，然后通过节流阀降低压力至规定值，过热的液体混合物在分离器中部分汽化，平衡的气液两相及时被分离。通常分离器又称闪蒸塔（罐）。

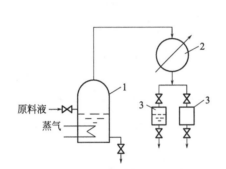

图 10-3　简单蒸馏装置
1—蒸馏釜；2—冷凝器；3—接收器

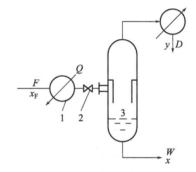

图 10-4　平衡蒸馏装置
1—加热器；2—节流阀；3—分离器

10.1.2　精馏装置的热量衡算

精馏装置主要包括精馏塔、再沸器和冷凝器。通过精馏装置的热量衡算，可求得冷凝器和再沸器的热负荷以及冷却介质和加热介质的消耗量，并为设计这些换热设备提供基本数据。

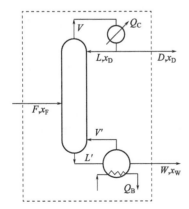

图 10-5　精馏塔的热量衡算

（1）精馏塔的热平衡

对图 10-5 所示的精馏塔进行热量衡算，以单位时间为基准，并忽略热损失。进出精馏塔的热量有：①原料带入的热量 Q_F，kJ/h；②塔底再沸器输入的热量 Q_B，kJ/h；③塔顶馏出液带出的热量 Q_D，kJ/h；④塔釜残液带出的热量 Q_W，kJ/h；⑤塔顶冷凝器冷却介质放出的热量 Q_C，kJ/h。故全塔热量衡算式为

$$Q_F + Q_B = Q_D + Q_W + Q_C \qquad (10\text{-}1)$$

（2）再沸器的热负荷

精馏的加热方式分为直接蒸汽加热与间接蒸汽加热两种方式。直接蒸汽加热时加热蒸汽的消耗量可通过精馏塔

的物料衡算求得，而间接蒸汽加热时加热蒸汽消耗量可通过全塔或再沸器的热量衡算求得。

对图 10-5 所示的再沸器做热量衡算，以单位时间为基准，则

$$Q_B = V'I_{VW} + WI_{LW} - L'I_{Lm} + Q_L \tag{10-2}$$

式中　Q_B——再沸器的热负荷，kJ/h；

Q_L——再沸器的热损失，kJ/h；

I_{VW}——再沸器中上升蒸汽的焓，kJ/kmol；

I_{LW}——釜残液的焓，kJ/kmol；

I_{Lm}——提馏段底层塔板下降液体的焓，kJ/kmol；

V'——提馏段上升蒸汽流量，kmol/h；

L'——提馏段下降液体流量，kmol/h；

W——塔底釜残液流量，kmol/h。

若取 $I_{LW} \approx I_{Lm}$，且因 $V' = L' - W$，则

$$Q_B = V'(I_{VW} - I_{LW}) + Q_L \tag{10-3}$$

加热介质消耗量可用下式计算，即

$$W_h = \frac{Q_B}{I_{B1} - I_{B2}} \tag{10-4}$$

式中　W_h——加热介质消耗量，kg/h；

I_{B1}、I_{B2}——分别为加热介质进出再沸器的焓，kJ/kg。

若用饱和蒸汽加热，且冷凝液在饱和温度下排出，则加热蒸汽消耗量可按下式计算，即

$$W_h = \frac{Q_B}{r} \tag{10-5}$$

式中　r——加热蒸汽的汽化热，kJ/kg。

（3）冷凝器的热负荷

精馏塔的冷凝方式有全凝器冷凝和分凝器-全凝器冷凝两种。工业上采用前者为多。

对图 10-5 所示的全凝器做热量衡算，以单位时间为基准，并忽略热损失，则

$$Q_C = VI_{VD} - (LI_{LD} + DI_{LD}) \tag{10-6}$$

因 $V = L + D = (R+1)D$，代入上式并整理，得

$$Q_C = (R+1)D(I_{VD} - I_{LD}) \tag{10-7}$$

式中　Q_C——全凝器的热负荷，kJ/h；

I_{VD}——塔顶上升蒸汽的焓，kJ/kmol；

I_{LD}——塔顶馏出液的焓，kJ/kmol；

V——精馏段上升蒸汽流量，kmol/h；

L——精馏段下降液体流量，kmol/h；

D——塔顶馏出液流量，kmol/h；

R——回流比。

冷却介质的消耗量可按下式计算，即

$$W_C = \frac{Q_C}{c_{pC}(t_2 - t_1)} \tag{10-8}$$

式中 W_C——冷却介质消耗量，kg/h；

　　c_{pC}——冷却介质的比热容，kJ/(kg·℃)；

　　t_1、t_2——冷却介质在冷凝器进、出口处的温度，℃。

10.1.3 多组分精馏

如果污水中含有多种有利用价值的有机组分，此时即可采用多组分精馏操作。

(1) 多组分精馏流程的方案类型

在化工生产中，多组分精馏流程方案的分类，主要是按照精馏塔中组分分离的顺序安排而区分的。第一种是按挥发度递减的顺序采出馏分的流程；第二种是按挥发度递增的顺序采出馏分的流程；第三种是按不同挥发度交错采出的流程。

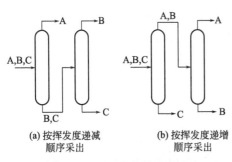

(a) 按挥发度递减　　(b) 按挥发度递增
　　顺序采出　　　　　　顺序采出

图 10-6　三组分精馏的两种方案

(2) 多组分精馏流程的方案数

首先以 A、B、C 三组分物系为例，即有两种分离方案，如图 10-6 所示。图 10-6 (a) 是按挥发度递减顺序采出，图 10-6 (b) 是按挥发度递增顺序采出。

对于四组分 A、B、C、D 组成的溶液，若要通过精馏分离采出 4 种纯组分，需要 3 个塔，分离的流程方案有 5 种，如图 10-7 所示。

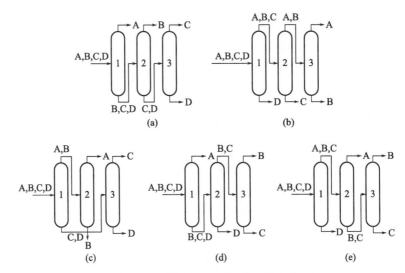

图 10-7　分离四组分溶液的五种方案

对五组分物系的分离，需要 4 个塔，流程方案就有 14 种。对于 n 个组分，分离流程的方案数可用计算公式表示为

$$Z = \frac{[2(n-1)]!}{n!\,(n-1)!}$$

式中 Z ——分离流程的方案数；

　　　n ——被分离的组分数。

由此看出，供选择的分离流程的方案数随组分数增加而急剧递增。

（3）多组分精馏方案的选择

如何确定最佳的分离方案是一个很关键的问题，分离方案的选择应尽量做到以下几点：

① 满足工艺要求。多组分精馏分离的目的主要是得到质量高和成本低的产品。但对于某些热敏性物料（即在加热时易发生分解和聚合的物料）在精馏过程中因加热而聚合，不但影响产品质量、降低产品的产率，而且还堵塞了管道和设备。对此，除了从操作条件和设备上加以改进外，还可以从分离顺序上进行改进。

为了避免成品塔之间的相互干扰，使操作稳定，保证产品质量，最好采用如图 10-7 (c) 所示的并联流程（A 和 C 为所需产品）。

为了保证安全生产，进料中含有易燃、易爆等影响操作的组分时，通常应尽早将它除去。

② 减少能量消耗。进料过程所消耗的能量，主要以再沸器加热釜液所需的热量和塔顶冷凝器所需的冷量为主。一般说来，按挥发度递减顺序从塔顶采出的流程，往往要比按挥发度递增顺序从塔底采出的流程，可节省更多的能量。若进料中有一组分的相对挥发度近似于 1 时，通常将这一组分的分离放在分离顺序的最后，这在能量消耗上也是合理的。因为此时为减少所需的理论板数，要采用较大的回流比进行操作，要消耗较多的蒸汽和冷却介质。

③ 节省设备投资。塔径的大小与塔内的气液相流量大小有关，因此按挥发度递减顺序分离，塔内组分的汽化和冷凝次数少，塔及再沸器、冷凝器的传热面积也相应减少，从而节省了设备投资。

若进料中有一个组分的含量占主要时，应先将它分离掉，以减少后续塔及再沸器的负荷；若进料中有一个组分具有强腐蚀性，应尽早将它除去，以便后续塔无需采用耐腐蚀材料制造，相应减少设备投资费用。

然而，在确定多组分精馏的最佳方案时，若要全部满足前述三项要求往往是不容易的。所以通常先以满足工艺要求、保证产品质量和产量为主，然后再考虑降低生产成本等问题。

10.1.4　复杂精馏

复杂精馏是在简单分离塔原有功能的基础上加上多段进料、侧线出料、预分馏、侧线提馏和热耦合等组合方式构成复杂塔及包括复杂塔在内的塔序，力求降低能耗。

（1）复杂精馏流程

① 多股进料。多股进料是指不同组成的物料进入不同的塔板位置。多股进料由于组成不同，表明它们已有一定程度的分离，因而会比单股进料分离容易，节省能量。

② 侧线采出。若精馏塔除了塔顶和塔底采出馏出液和塔釜液外，在塔的中部还有一股或一股以上物料采出，则称该塔具有侧线采出。图 10-8 是具有提馏段侧线采出的精馏

塔。图 10-9 是具有精馏段侧线采出的精馏塔。用普通精馏塔分离三组分体系时需要两个精馏塔，当采用侧线采出时可以少用一个精馏塔。当然，具有侧线采出的精馏塔要比普通精馏塔的操作困难些。

③ 中间再沸器。设有中间再沸器的精馏塔在提馏段某处抽出一股或多股液料，进入中间再沸器加热汽化后返回塔内，如图 10-10 所示。采用中间再沸器的流程会改善分离过程的不可逆性，可以利用比用于塔底再沸器的加热介质品位低的热源，从而节省能耗费用。

④ 中间冷凝器。图 10-11 是带有中间冷凝器的精馏塔。中间冷凝器没有提馏段，精馏段侧线采出气相物料，进入中间冷凝器被取走热量冷凝成液相，然后返回精馏塔。与中间再沸器一样，中间冷凝器可以改善分离的不可逆性，提高热力学效率，减少冷却介质的费用。

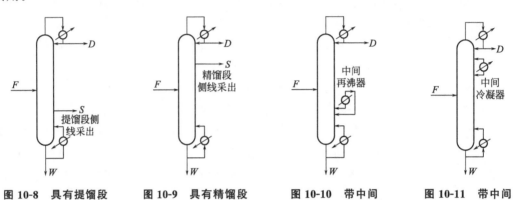

图 10-8　具有提馏段　　图 10-9　具有精馏段　　图 10-10　带中间　　图 10-11　带中间
侧线采出的精馏塔　　侧线采出的精馏塔　　再沸器的精馏塔　　冷凝器的精馏塔

（2）复杂精馏分离方案

图 10-12 表示用精馏法分离三元物系的各种方案。组分 A、B、C 不形成共沸物，其相对挥发度顺序为 $\alpha_A > \alpha_B > \alpha_C$。方案（a）和（b）为简单分离塔序，在第一塔中将一个组分（分别为 A 或 C）与其他两个组分分离，然后在后续塔中分离另外两个组分。图中收入这两个方案（a）、（b）的目的是便于与其他方案进行比较。方案（c）中第一塔的作用与方案（a）的相似，但再沸器被省掉了，釜液被送往后续塔作为进料，上升蒸汽由后续塔返回汽提塔，该耦合方式可降低设备费，但开工和控制比较困难。方案（d）为类似于方案（c）的耦合方式，是对方案（b）的修正。方案（e）是在主塔（即第一塔）的提馏段以侧线采出中间馏分（B+C）送入侧线精馏塔提纯，塔顶得到纯组分 B，塔釜液返回主塔。方案（f）与方案（e）的区别在于侧线采出口在精馏段，故中间馏分为 A 和 B 的混合物，侧线提馏塔的作用是从塔釜分离出纯组分 B。方案（g）为热耦合系统（亦称 Petyluk 塔），第一塔起预分馏作用。由于组分 A 和 C 的相对挥发度大，可实现完全分离。组分 B 在塔顶、塔釜均存在。该塔不设再沸器和冷凝器，而是以两端的蒸汽和液体物流与第二塔沟通起来。在第二塔的塔顶和塔釜分别得到纯组分 A 和 C。产品 B 可以按任何纯度要求从塔中侧线得到。如果 A-B 或 B-C 的分离较困难，则需要较多的塔板数。热耦合的能耗是最低的，但开工和控制比较困难。方案（h）与（g）的区别在于 A-C 组分间很容易分离，用闪蒸罐代替第一塔可简化单塔流程。方案（i）与其他流程不同，采用单

塔和提馏段侧线出料。采出口应开在组分 B 浓度分布最大处。该法虽能得到一定纯度的 B，却不能得到纯 B。方案（h）与（i）的区别为从精馏段侧线采出。

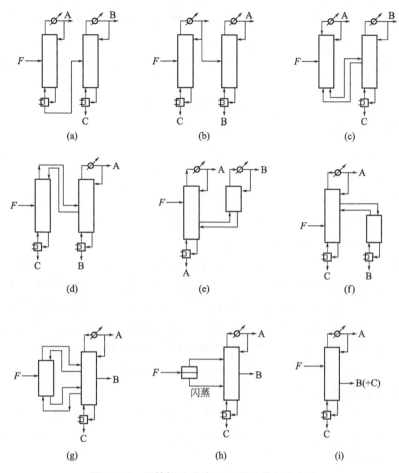

图 10-12　用精馏法分离三元物系的各种方案

根据研究和经验可推断，当 A 的含量最少，同时（或者）A 和 B 的纯度要求不是很严格时，方案（h）是有吸引力的。同理，当 C 的含量少，同时（或者）B 和 C 的纯度要求不是很严格时，则方案（i）是有吸引力的。当 B 的含量高，而 A 和 C 两者的含量相当时，则热耦合方案（g）是可取的。当 B 的含量少而 A 和 C 的含量较大时，侧线提馏和侧线精馏［方案（f）和（e）］可能是有利的。而当 A 的含量远低于 C 时，则方案（f）会更有吸引力；若是 A 的含量远大于 C，则方案（e）优先。这些方案还必须与方案（b）（C 的含量远大于 A 时）和方案（a）（C 的含量比 A 少或相仿时）加以比较。

10.1.5　影响精馏操作的主要因素

对于现有的精馏装置和特定的物系，精馏操作的基本要求是使设备具有尽可能大的生产能力（即更多的原料处理量），达到预期的分离效果（规定的 x_D、x_W 或组分回收率），操作费用最低（在允许范围内，采用较小的回流比）。影响精馏装置稳态、高效操作的主要因素包括操作压力、进料组成和热状况、塔顶回流、全塔的物料平衡和稳定、冷凝器和再沸器的传热性能、设备散热情况等。

（1）物料平衡的影响和制约

根据精馏塔的总物料衡算可知，对于一定的原料液流量 F 和组成 x_F，只要确定了分离程度 x_D 和 x_W，馏出液流量 D 和釜残液流量 W 也就确定了。而 x_D 和 x_W 决定了气液平衡关系、x_F、q、R 和理论板数 N_T（适宜的进料位置），因此 D 和 W 或采出率 D/F 与 W/F 只能根据 x_D 和 x_W 确定，而不能任意增减，否则进、出塔的两个组分的量不平衡，必然导致塔内组成变化，操作波动，使操作不能达到预期的分离要求。

保持精馏装置的物料平衡是精馏塔稳态操作的必要条件。

（2）塔顶回流的影响

回流比和回流液的热状态均影响塔的操作。

回流比是影响精馏塔分离效果的主要因素，生产中经常用回流比来调节、控制产品的质量。例如当回流比增大时，精馏段操作线斜率 L/V 变大，该段内传质推动力增加，因此在一定的精馏段理论板数下馏出液的轻组分浓度升高。同时回流比增大，提馏段操作线斜率 L'/V' 变小，该段的传质推动力增加，因此在一定的提馏段理论板数下，釜残液的轻组分浓度降低。反之，当回流比减小时，x_D 减小而 x_W 增大，使分离效果变差。

回流液的温度变化会引起塔内蒸汽实际循环量的变化。例如，从泡点回流改为低于泡点的冷回流时，上升到塔顶第一板的蒸汽有一部分被冷凝，其冷凝潜热将回流液加热到该板上的泡点。这部分冷凝液成为塔内回流液的一部分，称之为内回流，这样使塔内第一板以下的实际回流液量较 RD 要大一些。与此对应的，上升到塔顶第一层板的蒸汽量也要比按 $(R+1)D$ 计算的量要大一些。内回流增加了塔内实际的气液两相流量，使分离效果提高，同时，能量消耗加大。

回流比增加，使塔内上升蒸汽量及下降液体量均增加，若塔内汽液负荷超过允许值，则可能引起塔板效率下降，此时应减小原料液流量。回流比变化时再沸器和冷凝器的传热量也应相应发生变化。

必须注意，在馏出液流率 D/F 固定的条件下，借增加回流比 R 以提高 x_D 的方法并非是有效的。

① x_D 的提高受精馏段塔板数即精馏塔分离能力的限制。对一定板数，即使回流比增至无穷大（全回流）时，x_D 也有确定的最高极限值；在实际操作的回流比下不可能超过此极限值。

② x_D 的提高受全塔物料衡算的限制。加大回流比可提高 x_D，但其极限值为 $x_D = Fx_F/D$。对一定塔板数，即使采用全回流，x_D 也只能以某种程度趋近于此极限值。如 $x_D = Fx_F/D$ 的数值大于 1，则 x_D 的极限值为 1。

此外，加大操作回流比意味着加大蒸发量与冷凝量，这些数值还将受到塔釜及冷凝器的传热面的限制。

（3）进料组成和进料热状况的影响

进料组成的改变，直接影响到产品的质量。进料中难挥发组分增加，使精馏段负荷增加，在塔板数不变时，则分离效果不好，结果重组分被带到塔顶，造成塔顶产品质量不合格；若是从塔釜得到产品，则塔顶损失增加。如果进料组分中易挥发组分增加，使提馏段的负荷增加，可能因分离不好而造成塔釜产品质量不合格，其中夹带的易挥发组分增多。

由于进料组分的改变，直接影响着塔顶与塔釜产品的质量。加料中难挥发组分增加时，加料口应往下移，反之，则向上移。同时，操作温度、回流量和操作压力等都需相应地调整，才能保证精馏操作的稳定性。

另外，加料量的变化直接影响蒸汽速度的改变。后者的增大，会产生夹带，甚至液泛。当然，在允许负荷的范围内，提高加料量对提高产量是有益的。如果超出了允许负荷，只有提高操作压力，才可维持生产，但也有一定的局限性。

加料量过低，塔的平衡操作不好维持，特别是浮阀塔、筛板塔、斜孔塔等，由于负荷减低，蒸汽速度减小，塔板容易漏液，精馏效率降低。在低负荷操作时，可适当地增大回流比，使塔在负荷下限之上操作，以维持塔的操作正常稳定。

当进料状况（x_F 和 q）发生变化时，应适当改变进料位置，并及时调节回流比 R。一般精馏塔常设几个进料位置，以适应生产中进料状况的变化，保证在精馏塔的适宜位置进料。如进料状况改变而进料位置不变，必然引起馏出液和釜残液组成的变化。

进料热状况对精馏操作有着重要意义。常见的进料热状况有五种（前已述及），不同的进料热状况都显著地直接影响提馏段的回流量和塔内的气液平衡。如果是冷液进料，且进料温度低于加料板上的温度，那么，加入的物料全部进入提馏段，这样，提馏段负荷增加，塔釜消耗蒸汽量增加，塔顶难挥发组分含量降低。若塔顶为产品，则会提高产品质量；如果是饱和蒸汽进料，则进料温度高于加料板上的温度，所进物料全部进入精馏段，提馏段的负荷减小，精馏段的负荷增大，会使塔顶产品质量降低，甚至不合格。精馏塔较为理想的进料热状况是泡点进料，它较为经济和最为常用。对特定的精馏塔，若 x_F 减小，则将使 x_D 和 x_W 均减小，欲保持 x_D 不变，则应增大回流比。

（4）操作温度和压力的影响

① 精馏塔的温度分布和灵敏板。溶液的泡点与总压及组成有关。精馏塔内各块塔板上物料的组成及总压并不相同，因而从塔顶至塔底形成某种温度分布。在加压或常压精馏中，各板的总压差别不大，形成全塔温度分布的主要原因是各板组成不同。图 10-13（a）表示各板组成与温度的对应关系，于是可求出各板的温度并将它标绘在图 10-13（b）中，即得全塔温度分布曲线。

减压精馏中，蒸汽每经过一块塔板有一定的压降，如果塔板数较多，塔顶与塔底压力的差别与塔顶绝对压力相比，其数值相当可观，总压力可能是塔顶压力的几倍。因此，各板组成与总压的差别都是影响全塔温度分布的重要原因，且后一因素的影响往往更为显著。

一个正常操作的精馏塔当受到某一外界因素的干扰（如回流比、进料组成发生波动等），全塔各板的组成将发生变动，全塔的温度分布也将发生相应的变化。在一定总压下，塔顶温度是馏出液组成的直接反应。因此，有可能用测量温度的方法预示塔内组成尤其是塔顶馏出液组成的变化。但在高纯度分离时，在塔顶（或塔底）相当高的一个塔段中温度变化极小，典型的温度分布曲线如图 10-14 所示。这样，当塔顶温度有了可觉察的变化时，馏出液组成的波动早已超出允许的范围。以乙苯-苯乙烯在 8kPa 下减压精馏为例，当塔顶馏出液中含乙苯由 99.9% 降至 90% 时，泡点变化仅为 0.7℃。可见高纯度分离时一般不能用测量塔顶温度的方法来控制馏出液的质量。

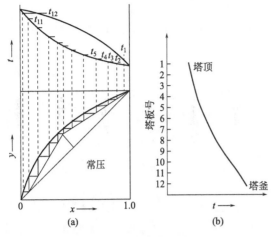
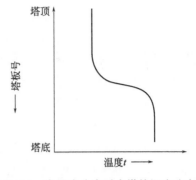

图 10-13　精馏塔的温度分布　　　　图 10-14　高纯度分离时全塔的温度分布曲线

　　仔细分析操作条件波动前后温度分布的变化，即可发现在精馏段或提馏段的某些塔板上，温度变化最为显著。也就是说，这些塔板的温度对外界干扰因素的反映最灵敏，故将这些塔板称之为灵敏板。将感温元件安置在灵敏板上可以较早觉察精馏操作所受的干扰；而且灵敏板比较靠近进料口，可在塔顶馏出液组成尚未产生变化之前先感受到进料参数的变动并及时采取调节手段，以稳定馏出液的组成。

　　② 塔釜温度。在操作压力不变的情况下，改变塔釜操作温度，对蒸汽流速、气液相组成的变化，都有一定的影响。

　　提高塔釜温度时，则使塔内液相易挥发组分减少，同时使上升蒸汽的流速增大，有利于提高传质效率。如果由塔顶得到产品，则塔釜排出的难挥发物中，易挥发组分减少，损失减少；如果塔釜排出物为产品，则可提高产品质量，但塔顶排出的易挥发组分中夹带的难挥发组分增多，从而增大损失。因此，在提高温度的时候，既要考虑到产品的质量，又要考虑到工艺损失。

　　在平稳操作中，釜温突然升高，来不及调节相应的压力和塔釜温度时，必然导致塔釜液被蒸空，压力升高。这时，塔顶气液相组成变化很大，重组分（难挥发组分）容易被蒸到塔顶，使塔顶产品不合格。

　　③ 操作压力的影响。在操作温度一定的情况下，改变操作压力，对产品质量、工艺损失都有影响。提高操作压力，可以相应地提高塔的生产能力，操作稳定。但在塔釜难挥发产品中，易挥发组分含量增加。如果从塔顶得到产品，则可提高产品的质量和易挥发组分的浓度。

　　操作压力的改变或调节，应考虑产品的质量和工艺损失，以及安全生产等问题。因此，在精馏操作时，常常规定了操作压力的调节范围。当受外界因素的影响而使操作压力受到破坏时，塔的正常操作就会完全破坏。例如真空精馏，当真空系统出了故障时，塔的操作压力（真空度）会发生变化而迫使操作完全停止。一般精馏也是如此，塔顶冷凝器的冷却介质突然停止时，塔的操作压力也就无法维持。

10.1.6　间歇精馏的新型操作方式

　　间歇精馏能单塔分离多组分混合物，允许进料组分浓度在很大的范围内变化，可适用于不同分离要求的物料，如相对挥发度及产品纯度要求不同的物料，因此得到了广泛应用。为了满足越来越高的要求，间歇精馏出现了一些效率更高、更具灵活性的新塔型（如反向间歇塔、中间罐间歇塔和多罐间歇塔等）和新操作方式。

(1) 塔顶累积全回流操作

这种操作也叫循环操作。塔顶设置一定容量的积累槽，在一次加料后进行全回流操作，使轻组分在塔顶累积罐内快速浓缩。当累积罐内轻组分达到指定的浓度后，将累积罐内的液体全部放出作为塔顶产品，此过程可明显缩短操作时间。这种循环操作包括进料、全回流、出料 3 个阶段。塔顶累积全回流操作同传统的部分回流操作方式相比，具有分离效率高、控制准确、对振动不敏感、易于操作等优点。

通过对循环操作进行实验研究，并对回流槽的持液量和全回流时间进行优化，结果表明：与传统方法相比，全回流操作可节省 30％的操作时间；若用于轻组分含量较高的一般分离任务，可比传统的恒回流比操作缩短操作时间 40％。

(2) 反向间歇精馏操作

在分批精馏时，当某些重组分是被提取的主要对象，且该组分还有一定的热敏性，经不起长时间的高温煮沸，此种情况下采用反向间歇精馏比较合适。这种塔与常规间歇精馏塔（图 10-15）的不同之处在于：被处理物料存在于塔顶，产品从塔底馏出，称为反向间歇精馏塔（图 10-16）。首先馏出的是重组分，相当于连续塔中的提馏段。开工过程所需时间短、操作周期短、能耗低。

通过对常规间歇精馏塔和反向精馏塔的动态特性及最优化操作进行比较，可以看出：当混合物料中轻组分含量较高时，常规间歇精馏塔优于反向精馏塔，且操作时间短；而当进料混合物中重组分含量较高时，使用反向间歇精馏塔，即显示出明显的优越性。主要原因是当低含量组分从塔内馏出时，为达到比较高的分离纯度，需要很大的回流比或再沸比，如进料组成 $x_F=0.1$、分离纯度 $x_D=0.98$ 时，为回收进料中的轻组分，就需要很高的回流比，而采用反向塔，由于大量重组分从塔底馏出，使得轻组分在塔中的冷凝器中不断累积而增浓，开始时再沸比很低，随着重组分的不断馏出而升高。而且当轻组分含量低时，使用反向塔比常规塔可节省一半的时间。处理量越大，相对挥发度越小，越节省时间。但当分离要求不高时，情况则相反。

虽然采用反向塔有利于轻组分含量低的情况，但是采用反向塔也存在两个难点：首先，再沸器的持液量会影响操作时间，故应尽量减少再沸器的持液量，但这很难实现；其次，无法直接控制再沸器中的持液量，只能通过冷凝器中回流液间接控制。

(3) 中间罐间歇精馏操作

中间罐间歇精馏塔也叫复合间歇精馏塔，这种塔同连续塔的相似之处是同时具有精馏段和提馏段，可以同时得到塔顶和塔底产品。中间罐相当于连续精馏塔中的进料板，见图 10-17。这种塔比较适合于中间组分的提纯，当重组分杂质更易除去时，这种塔即显示出明显的优越性。轻重组分分别从塔顶和塔底馏出，当贮罐中中间组分达到指定浓度后即停止操作。

对于反应间歇精馏，使用这种结构的塔，由于能将产品不断移走，因而可提高产品的转化率。

在中间罐精馏塔中，由于易挥发组分在精馏段随时间减少，难挥发组分在提馏段也随时间而减少，同时采出塔顶和塔底产品，能够有效地缩短操作时间。

（4）多罐间歇精馏操作

多罐间歇精馏塔如图10-18所示。这种塔在构型上可看作是多个塔上下相连而成，中间设置多个贮罐，也叫多效间歇精馏塔。这种塔进行全回流操作，可以使相对挥发度不同的各个组分分别在塔的不同位置的贮罐内浓缩，将浓缩后的产品放出，可获得纯度很高的产品。建立足够多的中间罐即能同时分离多组分混合物，但它的设计不如一般间歇塔自由。

多罐间歇精馏塔同传统的间歇精馏塔相比有两个优点：首先，由于能够同时采出多个产品，操作过程无产品切换，因而操作简单；其次，由于该塔本质上的多效性，因而所需能量很低，对于多组分混合物的分离，此塔所需的能量同连续精馏塔相似。

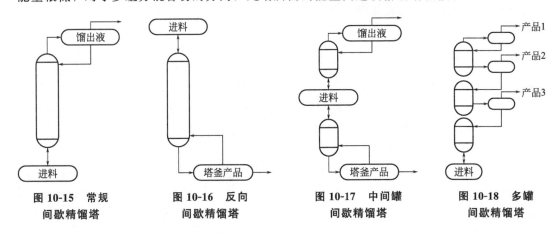

图 10-15　常规
间歇精馏塔　　　　图 10-16　反向
间歇精馏塔　　　　图 10-17　中间罐
间歇精馏塔　　　　图 10-18　多罐
间歇精馏塔

多罐间歇精馏塔的操作控制有以下几种：

① 多罐间歇塔全回流操作的控制。首先通过物料衡算预先计算出每个贮罐的持液量，然后将确定的原料量加入各个贮罐中，保持持液量恒定，直到所有组分达到指定纯度。

② 多罐间歇塔全回流反馈控制。即安装在塔内不同部位的多个温度传感器来调节回流量，由于所控制的温度为各纯组分的沸点，从而可使贮罐中累积的产品达到指定纯度。

③ 多罐间歇塔优化持液量控制。它将原料液一次性加入再沸器中，其余贮罐中的持液量逐渐增加达到最终持液量。优化结果表明，多罐间歇塔优化持液量控制比传统的间歇塔优化操作可节省47%的操作时间，比恒持液量操作节省17%的操作时间。

▶ 10.2　萃取法提取有机物

萃取是利用有机组分在不同溶剂中溶解度的不同，选择一种适宜的溶剂加入污水中，使欲提取的组分转移溶解至溶剂中，再将溶有欲提取组分的溶剂与水分离，从而获得欲提取组分的方法。

根据萃取操作过程所使用萃取剂及操作条件的不同，可将萃取分为溶剂萃取和超临界流体萃取。

溶剂萃取是指采用溶剂作为萃取剂对污水中的有机组分进行提取，如图 10-19 所示。超临界流体萃取是采用超临界流体作萃取剂，在萃取剂的超临界条件下进行。工业上常用的是超临界二氧化碳流体萃取。

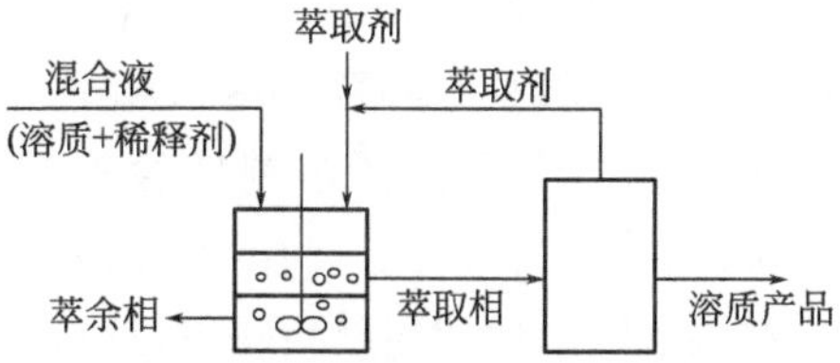

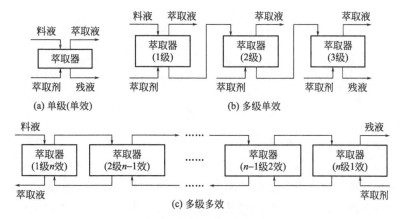

图 10-19　溶剂萃取过程示意图

10.2.1　溶剂萃取操作的特点

溶剂萃取的主要特点可概括为以下几个方面：

① 溶剂萃取是靠原料液中各组分在萃取剂中的溶解度不同而实现分离，因此选用的萃取剂必须对欲萃取出来的组分有显著的溶解能力，而对其他组分则可以完全不互溶或仅有部分互溶能力。由此可见在萃取操作中选择适宜的溶剂是一个关键问题。

② 加入的萃取剂必须在操作条件下能与原料液分成两个液相层，在经过充分混合后，靠重力或离心力的作用有效地分层。在萃取设备的结构方面，必须适应萃取操作的此项特点。

③ 为了得到溶质和回收溶剂并将溶剂循环使用以降低成本，所选用的萃取剂应与溶质的沸点差较大，以便于采用蒸发或蒸馏的方法回收溶剂。

10.2.2　溶剂萃取的操作流程

液液萃取过程分为三类，即单级萃取、多级单效萃取和多级多效萃取。

单级萃取是指萃取过程一次完成，萃取剂只使用一次，所以又叫作单效萃取（料液被萃取的次数叫级数，萃取剂使用的次数叫效数）。多级单效萃取是指料液被多次萃取，而萃取剂只使用一次的萃取过程。多级多效萃取指料液被多次萃取，萃取剂也被重复使用的萃取过程，并且级数等于效数，因此多级多效萃取常简称为多效萃取。单效萃取常指单级萃取。图 10-20 为这三种萃取方法的流程图。

图 10-20　溶剂萃取操作流程

（1）单级萃取流程

单级萃取是液-液萃取中最简单的也是最基本的操作方式，其流程如图 10-21 所示。首先将原料液 F 和萃取剂 S 加到萃取器中，搅拌使两相充分混合，然后将混合液静置分层，即得到萃取相 E 和萃余相 R。最后再经过溶剂回收设备回收萃取相中的溶剂，以供循环使用，如果有必要，萃余相中的溶剂也可回收。E 相脱除溶剂后的残液为萃取液，以 E' 表示。R 相脱除溶剂后的残液称为萃余相，以 R' 表示。单级萃取可以间歇操作，也可以连续操作。无论间歇操作还是连续操作，两液相在混合器和分层器中的停留时间总是有限的，萃取相与萃余相不可能达到平衡，只能接近平衡。

（2）多级错流萃取流程

单级萃取的萃余相中往往还含有较多的溶质，要萃取出更多的溶质，需要较大量的溶剂。为了用较少溶剂萃取出较多溶质，可用多级错流萃取。图 10-22 所示为多级错流萃取流程示意图。原料液从第 1 级加入，每一级均加入新鲜的萃取剂。在第 1 级中，原料液与萃取剂接触、传质，最后两相达到平衡。分相后，所得萃余相 R_1 送入第 2 级中作为第 2 级的原料液，在第 2 级中被新鲜萃取剂再次萃取，如此以往，萃余相多次被萃取，一直到第 n 级，排出最终的萃余相，各级所得的萃取相 $E_1,E_2,\cdots,E_n$ 排出后回收溶剂。

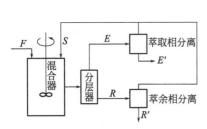

图 10-21　单级萃取流程示意图

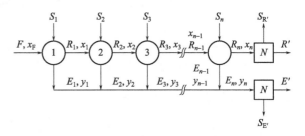

图 10-22　多级错流萃取流程示意图

（3）多级逆流萃取的流程

多级逆流萃取是指萃取剂 S 和原料液 F 以相反的流向流过各级，其流程如图 10-23 所示。

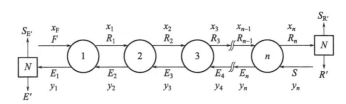

图 10-23　多级逆流萃取流程示意图

原料液从第 1 级进入，逐级流过系统，最终萃余相从第 n 级流出，新鲜萃取剂从第 n 级进入，与原料液逆流，逐级与料液接触，在每一级中两液相充分接触，进行传质，当两相平衡后，两相分离，各进入其随后的级中，最终的萃取相从第 1 级流出。在流程的第 1 级中，萃取相与含溶质最多的原料液接触，故第 1 级出来的最终萃取相中溶质的含量高，可达接近与原料液呈平衡的程度，而在第 n 级中萃余相与含溶质最少的新鲜萃取剂接触，故第 n 级出来的最终萃余相中溶质的含量低，可达接近与原料液呈平衡的浓度。因此，可以用较少的萃取剂达到较高的萃取率。通过多级逆流萃取过程得到的最终萃余相 R_n 和最终萃取相 E_1 还含有少量的溶剂 S，可分别送入溶剂回收设备 N 中，经过回收溶剂 S 后，得到萃取液 E' 和萃余液 R'。

10.2.3　溶剂萃取的操作方式

在对有机污水进行萃取的过程中，溶剂萃取操作可分为混合、分离和回收三个主要步骤。如果按萃取剂与有机污水接触的方式分类，萃取操作可分为间歇式萃取和连续式萃取两种流程。

（1）间歇式萃取

在对间歇式排放的少量有机污水进行处理时，常常采用间歇式萃取法。首先，将未经处理的污水与将近饱和的溶剂混合，而新鲜溶剂则与经过几段萃取后的稀浓度污水相通，这样既增大了传质过程的推动力，又节约了溶剂用量，提高了处理效率。图 10-24 所示为多段间歇式萃取操作流程，图中 A1、A2、A3 分别为各段混合器，B1、B2、B3 分别为各段萃取器。

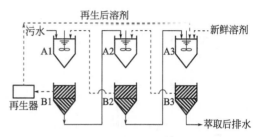

图 10-24　多段间歇式萃取操作流程

（2）连续式萃取

连续式萃取多采用塔式逆流操作方式。塔式装置种类很多，有填料塔、筛板塔，还有外加能量的脉冲筛板塔、脉冲填料塔、转盘塔以及离心萃取机等。塔式逆流方式是让有机污水和萃取剂在萃取塔中充分混合发生萃取过程，大密度溶液从塔顶流入，连续向下流动，充满全塔并由塔底排出；小密度溶液从塔底流入，从塔顶流出，萃取剂与污水在塔内逆流相对流动，完成萃取过程。这种操作效率高，在有机污水处理中被广泛应用。

进行溶剂萃取操作的设备，按操作进行方式可分为分级接触萃取设备和连续微分萃取设备两大类，前者多为槽式设备，后者多为塔式设备。在分级接触操作中，两相的组成在各级之间均呈阶跃式的变化。在连续微分萃取设备中，两相的组成是沿着其流动方向连续变化的。在分级接触萃取过程中，两相液体在每一级中均应有充分的混合与分离。连续接触萃取过程大多在塔式设备中进行，两相在塔内呈连续逆向流动，一相应能很好地分散在另一相之中，而当两相分别离开设备之前，也应使两相较完善地分离开。

① 塔式萃取设备两相流路。图 10-25 所示为塔式萃取设备两相流路图，原料液 F 由塔的上部进入塔内，萃取剂 S 由塔的下部进入塔内。两液相由于密度不同，以及萃取剂与原料液有不互溶或仅部分互溶的性质，在塔内呈逆向流动并充分混合，萃取剂沿塔向上流至塔的顶部，原料液沿塔向下流至塔的底部。在两相接触的过程中，溶质从原料液向萃取剂中扩散。当萃取剂由塔顶排出时，其中所含溶质的量已大为增加，此排出的液体即称为萃取相（在此为轻液相），以 E 表示之，而原料液 F 由塔的顶部向下流动的过程中溶质含量逐渐减少，当其由塔底排出时，所含溶质的量已降低（应达到生产所要求的指标），此排出的液体即称为萃余相（在此为重液相），以 R 表示。

图 10-25 所示的流程适用于原料液密度较萃取剂密度大的场合。若原料液密度比萃取剂密度小，则原料液应由塔的下部进入塔内。

② 混合-沉淀槽式萃取设备两相流路。图 10-26 所示为三级逆流混合-沉淀槽萃取两相流路图。每一级均有一个混合槽和一个澄清槽，原料液由第 1 级混合槽加入，萃取剂由第

3级混合槽加入。各流股在每级之间可用泵输送，或利用位差使混合液流入下一级设备中。

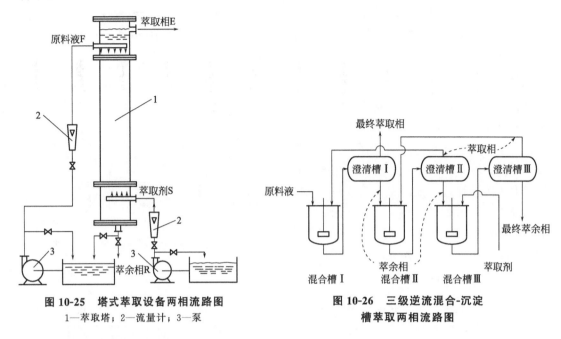

图 10-25　塔式萃取设备两相流路图
1—萃取塔；2—流量计；3—泵

图 10-26　三级逆流混合-沉淀
槽萃取两相流路图

10.2.4　萃取剂的选择

萃取过程的分离效果主要表现为被分离物质的萃取率和分离产物的纯度。萃取率为萃取液中被提取的溶质量与原料液中的溶质量之比。萃取率越高，分离产物的纯度越高，表示萃取过程的分离效果越好。在萃取操作中，所选用的萃取剂是影响分离效果的首要因素，选定一种性能优良而且价格低廉的萃取剂，是取得较好的萃取效果的主要因素之一。一般情况下，选定萃取剂时应考虑以下性能。

(1) 溶剂的选择性与选择性系数

溶剂的选择性好坏指萃取剂 S 对被萃取的组分 A（溶质）与对其他组分（如 B）的溶解能力之间差异的大小。若萃取剂对溶质 A 的溶解能力较大，而对稀释剂 B 的溶解能力很小，即谓之选择性好。选用选择性好的萃取剂，可以减少溶剂的用量，萃取产品质量也可以提高。

萃取剂的选择性通常用选择系数 β（也称分离因数）衡量。当 E 相和 R 相已达到平衡时，β 的定义可用下式表示：

$$\beta = \frac{A 在 E 相中的质量分数 / B 在 E 相中的质量分数}{A 在 R 相中的质量分数 / B 在 R 相中的质量分数}$$

$$= \frac{y_{AE}/y_{BE}}{x_{AR}/x_{BR}} = \frac{y_{AE}}{x_{AR}} \times \frac{x_{BR}}{y_{BE}} \tag{10-9}$$

式中　y_{AE}——溶质 A 在萃取相中的浓度（质量分数）；

y_{BE}——稀释剂 B 在萃取相中的浓度（质量分数）；

x_{AR}——溶质 A 在萃余相中的浓度（质量分数）；

x_{BR}——稀释剂 B 在萃余相中的浓度（质量分数）。

定义分配系数
$$k_A = \frac{y_{AE}}{x_{AR}}$$

代入式（10-9）中，得

$$\beta = k_A \frac{x_{BE}}{y_{BE}} \qquad\qquad (10\text{-}10)$$

一般情况下，萃余相中的稀释剂 B 含量总是比萃取相中为高，也即 $x_{BR}/y_{BE}>1$。又由式（10-10）可看出，β 值的大小直接与 k_A 值有关，因此凡影响 k_A 的因素也均影响选择系数 β。在所有的工业萃取操作物系中，β 值均大于 1。β 值越大，越有利于组分的分离，若 β 值等于 1，由式（10-9）可知，$y_{AE}/y_{BE}=x_{AR}/x_{BR}$，即组分 A 与 B 在两平衡液相 E 及 R 中的比例相等，则说明所选的萃取剂是不适宜的。

（2）萃取剂与稀释剂的互溶度

萃取剂 S 与稀释剂 B 的互溶度对萃取过程的影响如图 10-27 所示。图 10-27 (a) 表明 B 与 S 是部分互溶的，但其互溶度小，而图 10-27 (b) 中 B 与另一种萃取剂 S′ 的互溶度大。由图 10-27 (a) 可明显看出，B 与 S 互溶度小，分层区的面积大，萃取液中含溶质的最高限 E'_{max} 比图 10-27 (b) 中 E'_{max} 的含溶质量高，这说明萃取剂 S 与稀释剂 B 的互溶度越

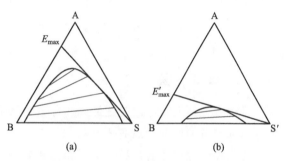

图 10-27　萃取剂与稀释剂互溶度的影响

小越有利于萃取。也即对图 10-27 的（A＋B）物系而言，选用溶剂 S 比用溶剂 S′ 更有利于达到组分分离的目的。

（3）萃取剂的物性

萃取剂的物理性质与化学性质均会影响萃取操作是否可以顺利安全地进行。

① 密度差　不论是分级萃取还是连续逆流萃取，萃取相与萃余相均应有一定的密度差，以利于两相在充分接触以后可以较快地分层，从而提高设备的生产能力。尤其对于某些没有外加能量的萃取设备（例如筛板塔、填料塔等），密度差大可明显提高萃取设备的生产能力。

② 界面张力（即两个液相层之间的张力）　萃取体系的界面张力较大时，细小的液滴比较容易聚结，有利于两相分层，但也会使一相液体分散到另一相液体中的程度较差，从而导致混合效果差，就需要提供较多的外加能量使一相较好地分散到另一相中。界面张力过小，易产生乳化现象，使两相较难分层。由于考虑到液滴若易于聚结而分层快，设备的生产能力可有所提高，故一般不宜选界面张力过小的萃取剂。在实际操作中，综合考虑上述因素，一般多选用界面张力较大的萃取剂。

③ 黏度、凝固点及其他　所选萃取剂的黏度与凝固点均应较低，以便于操作、输送和贮存。对于没有搅拌器的萃取塔，物料黏度更不宜大。此外，萃取剂还应具有不易燃、毒性小等优点。

④ 化学性质　萃取剂应具有化学稳定性、热稳定性及抗氧化性，对设备的腐蚀性较小。

（4）萃取剂的回收难易

萃取操作中，所选定的萃取剂需要回收后重复使用，以减少其消耗量。一般来说，萃取剂的回收过程是萃取操作中消耗费用最多的部分，所以回收的难易直接影响到萃取过程的操作费用。有的萃取剂虽然具有以上很多良好的性能，但往往由于回收困难而不被采用。

最常用的萃取剂回收方法是蒸馏，若被萃取的溶质是不挥发的或挥发度很低的，则可用蒸发或闪蒸法回收溶剂。当用蒸馏或蒸发方法均不适宜时，也可降低物料的温度，使溶质结晶析出而与溶剂分离。也有采用化学方法处理以达到使溶剂与溶质分离的目的。

（5）其他因素

萃取剂的价格、来源、毒性以及是否易燃易爆等，均为选择溶剂时需要考虑的问题。所选用的萃取剂还应来源充分，价格低廉，否则尽管萃取剂具有上述其他良好性能，也不能在工业生产中应用。实际生产过程中常采用几种溶剂组成的混合萃取剂以获得较好的性能。

10.2.5　萃取设备

进行有效萃取操作的关键是选择合适的溶剂和适当类型的设备。在溶剂萃取过程中，要求萃取设备能使两相达到密切接触并伴有较高程度的湍动，以便实现两相间的传质过程。当两相充分混合后，尚需使两相达到较完善的分离。由于液-液萃取中两相间的密度差较小，实现两相间的密切接触和快速分离要比气-液系统困难得多。

目前，工业应用的萃取设备已超过 30 种，根据两相接触方式，可分为逐级接触式和微分接触式两大类。在逐级接触萃取操作中，各相组成是逐级变化的；在微分接触萃取操作中，各相组成沿着流动方向连续变化。逐级接触萃取设备可用单级设备进行操作，也可由许多单级设备组合成多级接触萃取设备。微分接触萃取设备大多为塔式设备。工业上常用萃取设备的分类情况如表 10-1 所示。

表 10-1　萃取设备的分类

流体分散的动力	逐级接触式	微分接触式
重力差	筛板塔	喷洒塔 填料塔
脉冲	脉冲混合 澄清器	脉冲填料塔 液体脉冲筛板塔
旋转搅拌	混合-澄清器 夏贝尔塔	转盘塔 偏心转盘塔 库尼塔
往复搅拌		往复筛板塔
离心力	逐级接触离心器	波德（POD）式离心萃取器 卢威式离心萃取器

选择萃取设备时通常要考虑以下几个因素：①体系的特性，如稳定性、流动特性、分相的难易等；②完成特定分离任务的要求，如所需的理论级数；③处理量的大小；④厂房

条件，如面积和高度等；⑤设备投资和维修的难易；⑥设计和操作经验等。表 10-2 介绍了几种萃取设备的主要优缺点和应用领域。

表 10-2　萃取设备的分类

设备分类		优点	缺点	应用领域
混合-澄清器		相接触好，效率高，处理能力大，操作弹性好； 在很宽的流量比范围内均可稳定操作；放大设计方法比较可靠	滞留量大，需要的厂房面积大；投资较大；级间可能需要用泵输送流体	核化工；湿法冶金；化肥工业
无机械搅拌的萃取塔		结构简单，设备费用低；操作和维修费用低； 容易处理腐蚀性物料	传质效率低，需要厂房高；对密度差小的体系处理能力低；不能处理流量比很高的情况	石油化工；化学工业
机械搅拌萃取塔	脉冲筛板塔	理论级当量高度低；处理能力大，塔内无运动部件，工作可靠	对密度差较小的体系处理能力比较低；不能处理流量比很高的情况；处理易乳化的体系有困难；放大设计方法比较复杂	核化工；湿法冶金；石油化工
	转盘塔	处理量较大，效率较高，结构较简单，操作和维修费用较低		石油化工；湿法冶金；制药工业
	振动筛板塔	理论级当量高度低，处理能力大，结构简单，操作弹性好		石油化工；湿法冶金；制药工业
离心萃取器		能处理两相密度差小的体系；设备体积小，接触时间短，传质效率高；滞留量小，溶剂积压量小	设备费用大；操作费用高；维修费用大	石油化工；核化工；制药工业

　　萃取设备的选择既是一门科学，也是一种技巧，在很大程度上取决于人们的经验，往往在进行中间试验以前，就必须对设备性能、放大设计方法、投资和维修、当事者的经验和操作的可靠性等进行全面的考虑和评价。

10.2.5.1　混合-澄清槽

　　混合-澄清槽是一种典型的逐级接触式萃取设备，可单级操作，也可多级组合操作，每个萃取级均包括混合槽和澄清器两部分。操作时，萃取剂与被处理的原料液先在混合器中经过充分混合后，再进入澄清器中澄清分层，密度较小的液相在上层，较大的在下层，实现两相分离。为了加大相际接触面积及强化传质过程，提高传质速率，混合槽中通常安装有搅拌装置或采用脉冲喷射器来实现两相的充分混合。图 10-28（a）、（b）分别为机械搅拌混合槽和喷射混合槽示意图。

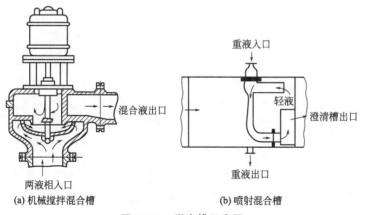

(a) 机械搅拌混合槽　　　　(b) 喷射混合槽

图 10-28　混合槽示意图

澄清器可以是重力式的，也可以是离心式的。对于易于澄清的混合液，可以依靠两相间的密度差在贮槽内进行重力沉降（或升浮），对于难分离的混合液，可采用离心式澄清器（如旋液分离器、离心分离机），加速两相的分离过程。

典型的单级混合-澄清槽如图 10-29（a）所示。混合槽有机械搅拌，可以使一相形成小液滴分散于另一相中，以增大接触面积。为达到萃取工艺的要求，需要有足够的两相接触时间。但液滴不宜分散得过细，否则将给澄清分层带来困难，或者使澄清槽体积增大。图 10-29（b）是将混合槽和澄清器合并成为一个装置。

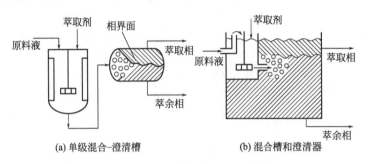

图 10-29　典型单级混合-澄清槽

多级混合-澄清槽由许多个单级设备串联而成，典型结构分别为图 10-30 所示的箱式混合-澄清槽和立式混合-澄清槽。

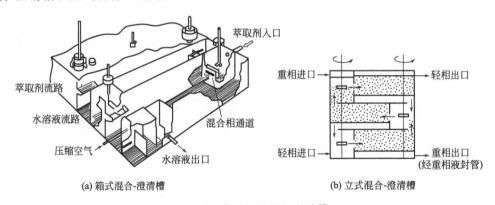

图 10-30　典型多级混合-澄清槽

混合-澄清槽由于有外加搅拌，液体湍流程度高，每一级均可达到较理想的混合条件，使各级最大可能地趋于平衡，因此级效率高，工业规模的级效率可达 90%～95%。槽中的分散相和连续相可以互相转变，有较大的操作弹性，适用于大的流量变化，而且可以处理含固体悬浮物的物系及高黏度液体，处理量大（可达 $0.4\mathrm{m}^3/\mathrm{s}$），设备制造简单，放大容易、可靠；缺点是设备尺寸大、占地面积大、溶剂存留量大、每级内都设有搅拌装置、液体在级间流动需泵输送、能量消耗较多、设备费用及操作费用都较高。

10.2.5.2　塔式萃取设备

习惯上，将高径比很大的萃取装置统称为塔式萃取设备。为了达到萃取的工艺要求，萃取塔应具有分散装置，如喷嘴、筛孔板、填料或机械搅拌装置，塔顶塔底均应有足够的分离段，以保证两相间很好的分层。工业上常用的萃取塔有以下几种。

(1) 喷淋萃取塔

喷淋萃取塔是结构最简单的液-液传质设备，由塔壳、两相分布器及导出装置构成，如图 10-31 所示。

喷淋塔在操作时，轻、重两液体分别由塔底和塔顶加入，并在密度差作用下呈逆流流动。一种液体作为连续相充满塔内主要空间，而另一种液体以液滴形式分散于连续相中，从而使两相接触传质。塔体两端各有一个澄清室，以供两相分离。在分散相出口端，液滴凝聚分层。为提供足够的停留时间，有时将该出口端塔径局部扩大。

由于喷淋萃取塔内没有内部构件，两相接触时间短，传质系数较小，而且连续相轴向混合严重，因此效率较低，一般不会超过 1～2 个理论级。但由于结构简单，设备费用和维修费用低，在一些要求不高的洗涤和溶剂处理过程中有所应用，也可用于易结焦和堵塞以及含固体悬浮颗粒的场合。

(2) 填料萃取塔

用于萃取的填料塔如图 10-32 所示，典型填料有鲍尔环、拉西环、鞍形填料及其他各种新型填料，填料层通常用栅板或多孔板支撑。为防止沟流现象，填料尺寸不应大于塔径的 1/8。

重相由塔顶进入，轻相由塔底进入。萃取操作时，连续相充满整个塔中，分散相呈液滴或薄膜状分散在连续相中。分散相液体必须直接引入填料层内，否则，液滴容易在填料层入口处凝聚，使该处成为生产能力的薄弱环节。为避免分散相液体在填料表面大量黏附而凝聚，所用填料应优先被连续相液体所润湿。因此，填料塔内液-液两相传质的表面积与填料表面积基本无关，传质表面是液滴的外表面。为防止液滴在填料入口处聚结和过早出现液泛，轻相入口管应在支承板之上 25～50mm。

塔中填料的作用除可使分散相的液滴不断破裂与再生，促进液滴的表面不断更新外，还可减少连续相的纵向返混。在选择填料时，除应考虑料液的腐蚀性外，还应使填料只能被连续相润湿而不被分散相润湿，以利于液滴的生成和稳定。一般陶瓷易被水相润湿，塑料和石墨易被有机相润湿，金属材料则需通过实验而确定。

填料层的存在减小了两相流动的自由截面，使塔的通过能力下降，但能使连续相速度分布较为均匀，使液滴之间多次凝聚与分散的机会增多，并减少两相的轴向混合。因此传质效果较好，所需塔高可降低。

填料塔结构简单，操作方便，特别适用于腐蚀性料液。为了强化萃取过程，要选择合适形状的填料，并使液体流速为液泛速度的 50%～60%。

(3) 脉冲填料萃取塔

脉冲填料萃取塔是在填料塔外装脉动装置，使液体在塔内产生脉动运动，从而扩大湍流，有利于传质。脉动的产生通常采用往复泵，有时也采用压缩空气来实现。图 10-33 所示为借助活塞往复运动使塔内液体产生脉动运动。

脉动的加入，使塔内物料处于周期性的变速运动之中，重液惯性大加速困难，轻液惯性小加速容易，从而使两相液体获得较大的相对速度，可使液滴尺寸减小，湍动加剧，两相传质速率提高。对于某些体系，脉冲填料塔的传质单元高度可以降低至普通填料塔的1/3～1/2。但是，由于液滴变小而降低了通量，而且在填料塔内加入脉动，乱堆填料将定向重排导致沟流产生。

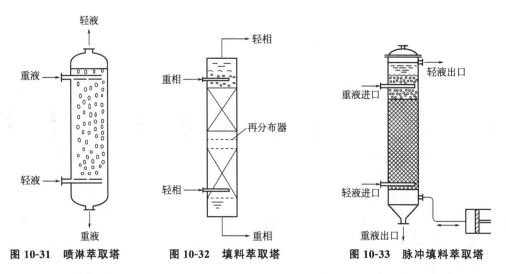

图 10-31　喷淋萃取塔　　　　图 10-32　填料萃取塔　　　　图 10-33　脉冲填料萃取塔

脉冲填料萃取塔结构简单，没有转动部件，设备费用低，安装容易，轴向混合较低，塔截面上分散相分布比较均匀。通过改变脉冲强度便于控制液滴尺寸和传质界面以及两相停留时间，使其有较好的操作特性，在较宽的流量变化范围内传质效率保持不变。

（4）筛板萃取塔

筛板萃取塔是在圆柱形塔内装有若干层筛板，轻、重两相在塔内做逆流流动，而在每块塔板上两相呈错流接触。如果轻液相为分散相，操作时轻相穿过各层塔板自下而上流动，连续相（重液）则沿每块塔板横向流动，由降液管流至下层塔板。轻液通过塔板上的筛孔而被分散成细滴，与塔板上横向流动的连续相密切接触和传质。液滴在两相密度差的作用下，聚结于上层筛板的下面，然后借助压强差的推动，再经筛孔而分散，如图 10-34 所示。每一块筛板及板上空间的作用相当于一级混合澄清槽。为产生较小的液滴，筛板塔的孔径一般较小，通常为 3~6mm。

若以重液相为分散相，则需将塔板上的降液管改为升液管。此时，轻液在塔板上部空间横向流动，经升液管流至上层塔板，而重液相的液滴聚结于筛板上面，然后穿过板上小孔分散成液滴，穿过每块筛板自上而下流动，如图 10-35 所示。

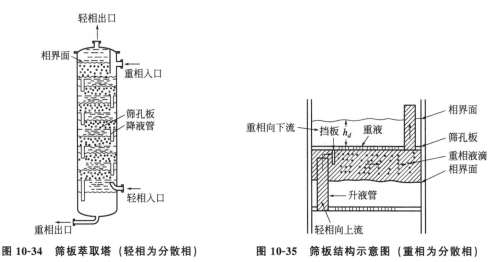

图 10-34　筛板萃取塔（轻相为分散相）　　　图 10-35　筛板结构示意图（重相为分散相）

筛板萃取塔一般应选取不易润湿塔板的一相作为分散相。筛孔的直径一般为 3～9mm，一般按正三角形排列，孔间距常取为孔径的 3～4 倍，板间距在 150～600mm 之间。

在筛板萃取塔内分散相液体的分散和凝聚多次发生，而筛板的存在又抑制了塔内的轴向返混，因此传质效率较高。筛板萃取塔结构简单，造价低廉，所需理论级数少，生产能力大，对于界面张力较低和具有腐蚀性的物料效率较高，因此获得了较为广泛的应用。

(5) 脉冲筛板萃取塔

也称液体脉动筛板塔，是由外力作用使液体在塔内产生脉冲运动的塔，结构如图 10-36 所示。操作时，轻、重液体皆穿过筛板而逆向流动，分散相在筛板之间不凝聚分层。在脉冲筛板塔内两相的逆流是通过脉冲运动来实现的，而周期性的脉动在塔底由往复泵造成。筛板塔内加入脉动，同样可以增加相际接触面积及其湍动程度而没有填料重排问题，因此传质效率可大幅度提高。

脉冲强度即输入能量的强度，由脉冲的振幅 A 与频率 f 的乘积 Af 表示，称为脉冲速度。脉冲速度是脉冲筛板塔操作的主要条件：脉冲速度小，液体通过筛板小孔的速度小，液滴大，湍动弱，传质效率低；脉冲速度增大，形成的液滴小，湍动强，传质效率高。但是脉冲速度过大，液滴过小，液体轴向返混严重，传质效率反而降低，且易液泛。通常脉冲频率为 30～200min^{-1}，振幅为 9～50mm。脉冲发生器有多种，如往复泵、隔膜泵，也可用压缩气驱动。

脉冲筛板萃取塔的优点是：结构简单，传质效率高，可以处理含有固体粒子的料液；由于塔内不设机械搅拌或往复运动的构件，而脉冲的发生可以离开塔身，可有效解决防腐问题，在有色金属提取和石油化工中日益受到重视。脉冲塔的缺点是：允许的液体通过能力小，塔径大时产生脉冲运动比较困难。

(6) 往复筛板萃取塔

也称振动筛板萃取塔，其结构与脉冲筛板塔类似，也由一系列筛板构成，不同的是将若干筛板（一般是 2～20 块）按一定间距（150～600mm）固定在中心轴上，由塔顶的传动机构驱动做往复运动，筛板与塔体内壁之间保持一定间隙（5～10mm），其结构如图 10-37 所示。当筛板向下运动时，筛板下侧的液体经筛孔向上喷射；反之，筛板上侧的液体向下喷射。如此随着筛板的上下往复运动，使塔内液体作类似于脉冲筛板塔的往复运动。为防止液体沿筛板与塔壁间的缝隙流动形成短路，应每隔若干块筛板，在塔内壁设置一块环形挡板。

往复筛板的孔径一般为 7～16mm，开孔率为 20%～25%。往复筛板塔的传质效率主要与往复频率和振幅有关。当振幅一定时，频率加大，效率提高，但频率加大，流体的通量变小，因此需综合考虑通量和效率两个因素。一般往复振动的振幅为 4～8mm，频率为 125～500min^{-1}，这样可获得 3000～5000mm/min 的脉冲强度。强度太小，两相混合不良；强度太大，易造成乳化和液泛。有效塔高由筛板数和板间距推算；塔径取决于空塔流速（塔面负荷），当用重苯萃取酚时，空塔流速取 14～18m/h 为宜。

往复筛板萃取塔的特点是通量大、传质效率高；由于筛孔大且处于振动状态，易于处理含固体的物料；振动频率和振幅可调，易于处理易乳化物系；操作方便，结构简单、流体阻力小，目前已广泛应用于石油化工、食品、制药和湿法冶金工业。但由于机械方面的原因，塔的直径受到一定的限制，不能适应大型化生产的需要。

(7) 转盘萃取塔

转盘萃取塔的结构如图 10-38 所示，其主要特点是在塔内从上而下安装一组等距离的固定环，塔的轴线上装设中心转轴，轴上固定着一组水平圆盘，每个转盘都位于两相邻固定环的正中间。固定环将塔内分隔成许多区间，在每一区间有一转盘对液体进行搅拌，从而增大了相际接触面积及其湍动程度，固定环起到抑制塔内轴向混合的作用。为便于安装制造，转盘的直径要小于固定环的内径。圆形转盘是水平安装的，旋转时不产生轴向力，两相在垂直方向中的流动仍靠密度差推动。

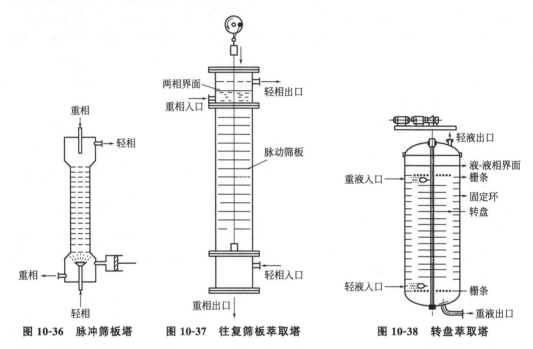

图 10-36　脉冲筛板塔　　图 10-37　往复筛板萃取塔　　图 10-38　转盘萃取塔

操作时，转轴由电动机驱动，连带转盘旋转，使两液相也随着转动。在两相液流中产生相当大的速度梯度和剪切应力，一方面使连续相产生旋涡运动，另一方面也促使分散相的液滴变形、破裂及合并，故能提高传质系数，更新及增大相界面积。固定环则起到抑制轴向返混的作用，因而转盘塔的传质效率较高。由于转盘能分散液体，故塔内无需另设喷洒器，只是对于大直径的塔，液体宜顺着旋转方向从切向进口切入，以免冲击塔内已建立起来的流动状态。

转盘塔采用平盘作为搅拌器，目的是不让分散相液滴尺寸过小而限制塔的通过能力。转盘塔的转速是转盘萃取塔的主要操作参数。转速低，输入的机械能少，不足以克服界面张力使液体分散。转速过高，液体分散得过细，使塔的通量减小，所以需根据物系的性质和塔径与盘、环等构件的尺寸等具体情况适当选择转速。根据中型转盘萃取塔的研究结果，对于一般物系，转盘边缘的线速度以 1.8m/s 左右为宜。

转盘萃取塔的主要设计参数为：塔径与盘径之比为 1.3～1.6，塔径与环形固定板内径之比为 1.3～1.6，塔径与盘间距之比为 2～8。

转盘塔结构简单、操作方便、生产能力强、传质效率高、操作弹性大，特别是能够放大到很大的规模，因而应用比较广泛，可用于所有的液-液萃取工艺，特别是两相必须逆流或并流的工艺过程。

10.2.5.3 卧式提升搅拌萃取器

卧式提升搅拌萃取器如图 10-39 所示，中心为水平轴，由电机驱动缓慢旋转。轴上垂直装有若干圆盘，相邻两圆盘间装有多个圆弧形提升桶，开口朝向旋转方向，整个多重圆盘转件与设备外壁形成环形间隙。两相通过环隙逆

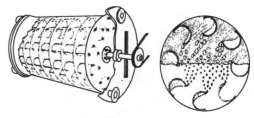

图 10-39　卧式提升搅拌萃取器

流流动，界面位于设备中心线附近的水平面。圆盘转动时，提升桶舀起重相倒入轻相，同时也舀起轻相倒入重相，从而实现两相混合。

卧式提升搅拌萃取器主要用于两相密度差很小、界面张力低、非常容易乳化的特殊萃取体系。与立式的机械搅拌萃取塔相比，其主要优点为：可以处理易乳化的体系；由于搅拌轴水平放置，萃取过程中两相密度差的变化不致产生轴向环流，可以降低返混；运行过程如果突然停车，不会破坏级间浓度分布，再开工时比较容易恢复稳态操作。

10.2.5.4 离心萃取器

离心萃取器是在离心力场中使密度不同而又互不混溶的两种液体的混合液实现分相的一种快速、高效的液-液萃取设备，可分为逐级接触式和微分逆流接触式两类。逐级接触式萃取器中两相并流，既可以单级使用，也可将若干台萃取器串联起来进行多级操作。微分接触式离心萃取器中两相连续接触。

（1）波德（Podbielniak）式离心萃取器

简称 POD 离心萃取器，是卧式微分接触离心萃取器的一种，其结构如图 10-40 所示，主要由一固定在水平转轴上的圆筒形转鼓及固定外壳组成。转鼓由一多孔的长带绕制而成，转速一般为 2000～5000r/min，操作时轻液从转鼓外缘引入，重液由转鼓的中心引入。由于转鼓旋转时产生的离心力场的作用，重液从中心向外流动，轻液则从外缘向中心流动，同时液体通过螺旋带上的小孔被分散，两相在螺旋通道内逆流流动，密切接触，进行传质，最后重液从转鼓外缘的出口通道流出，轻液由萃取器的中心经出口通道流出。

（2）卢威（Luwesta）式离心萃取器

是立式逐级接触离心萃取器的一种，其结构如图 10-41 所示，主体是固定在外壳上的环形盘，此盘随壳体做高速旋转。在壳体中央有固定不动的垂直空心轴，轴上装有圆形盘，且开有数个液体喷出口。

图 10-41 所示的卢威式离心萃取器为三级离心萃取器，被处理的原料液和萃取剂均由空心轴的顶部加入。重液沿空心轴的通道下流至萃取器的底部而进入第三级的外壳内，轻液由空心轴的通道流入第一级。在空心轴内，轻液与来自下一级的重液混合，再经空心轴上的喷嘴沿转盘与上方固定盘之间的通道被甩到外壳的四周，靠离心力的作用使两相分开，重液由外部沿着转盘与下方固定盘之间的通道进入轴的中心（如图中实线所示），并由顶部排出，其流向为由第三级经第二级再到第一级，然后进入空心轴的排出通道。轻液则沿图中虚线所示的方向，由第一级经第二级再到第三级，然后由第三级进入空心轴的排出管道。两相均由萃取器的顶部排出。此种萃取器也可以由更多的级组成。

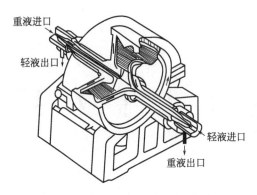

图 10-40　波德（POD）式离心萃取器

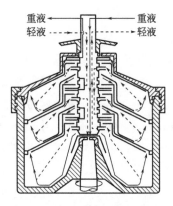

图 10-41　卢威式离心萃取器

离心萃取器的特点在于高速旋转时，能产生 500～5000 倍于重力加速度的向心力加速度来完成两相的分离，所以即使密度差很小、容易乳化的液体，都可以在离心萃取器内进行高效率的萃取。此外，离心萃取器结构紧凑，可以节省空间，降低机内储液量，再加上流速高，使得料液在机内的停留时间缩短，特别适用于要求接触时间短、物料存留量少以及难以分相的体系。但结构复杂、制造困难、操作费用高，使其应用受到了一定的限制。

10.2.5.5　高压静电萃取澄清槽

高压静电萃取槽处理炼油污水的流程如图 10-42 所示。原污水与萃取剂通过蝶形阀进行充分混合，并进行相间传质，然后流入萃取槽底，在槽内从下向上流动通过高压电场。电场是由导管接通（2～4）×10^4 V 高压电极产生的。在高压电场作用下，水质点做剧烈的周期反复运动，从而强化了水中污染物对萃取剂的传质过程。当含油污水通过电场向上运动时，水质点附聚结合起来，沉于槽的下部，而被污染物饱和的萃取剂则位于槽的上部，并由此排入萃取剂处理装置。

这种装置的萃取效果好，当含酚量为 300～400mg/L 时，用高压静电萃取澄清槽，即使是一级萃取操作，也可获得 90％的脱酚效果。这种装置已在美国的炼油厂广泛使用。

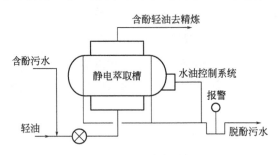

图 10-42　高压静电萃取槽处理炼油污水的流程

▶ 10.3　化学沉淀法分离回收有机物

化学沉淀法分离回收有机物是向污水中投加某种易溶的化学药剂，使之与污水中的某些溶解性有机物发生直接的化学反应，形成难溶的固体物（沉淀物，如盐、氢氧化物或络合物），然后进行固液分离，从而实现有机物回收的一种方法。与前述的精馏和萃取法相比，采用化学沉淀法回收的有机物，其性状已与原污水中所溶解的有机物完全不同，回收的是变性了的有机物甚至是无机物。

目前，化学沉淀法在从污水中分离回收有机物方面中已得到了广泛的应用

（1）处理含酚、含醌污水

向污水中加入沉淀剂形成溶解度很小的碳酸酯、磺酸酯或磷酸酯而去除，或用甲醛缩合成聚合物、与乌洛托品形成包络物而去除，同时回收无机物。

用苯磺酰氯、2-戊基磺酰氯或磺酰氯（RSO_2Cl）作沉淀剂，在碱性环境下进行反应。例如，苯磺酰氯可将污水中酚的浓度从 1500mg/L 降到 100mg/L 左右，去除率达到93％。用超声波强化可使酚的残余量降低到 2mg/L，同时还能去除污水中的 CN^- 和SCN^-。如果选用 2-戊基磺酰氯作沉淀剂，污水中酚的浓度可由 90.0mg/L 降至 0.5mg/L，去除率高达 99.4％，在碱性环境下，温度为 25℃左右搅拌 30min 即可完成本反应。

某些酚可以通过加热生成聚合物而采用沉淀法去除，例如处理含对亚硝基苯酚的污水，先对污水进行加热，使其中的对亚硝基苯酚发生热缩聚反应，进而以缩聚物的形式从污水中析出，这样色度下降87％，并回收苯酚56％，COD 去除78％，然后再用磷酸三丁酯进行萃取，进一步降低 COD 及酚的含量。

在含酚污水中加入乌洛托品，使苯酚与乌洛托品形成包络物而使之析出。例如煤气厂的含酚污水可加入乌洛托品，使之成为苯酚-乌洛托品而析出，如 20L 含酚污水，78L 循环母液，加入 340g 乌洛托品，冷却至室温，即可回收所形成的包络物。母液浓缩后可循环使用。

（2）处理含淀粉污水

氧化钙可作为淀粉污水的处理药剂，所得沉淀经焚烧后可回收氧化钙供循环使用。例如，5000mg/L 的氧化钙加到含淀粉（COD 为 5500mg/L 左右）的污水中，经搅拌过滤，COD 可降低至 20mg/L，分出的污泥焚烧后可回收氧化钙。

也可以在淀粉污水中加入黏土、聚合氧化铝及非离子高分子絮凝剂而得到去除，可使污水中的淀粉含量从 2500mg/L 降低到 20mg/L，COD 由 1750mg/L 降低到 14mg/L，SS从 22mg/L 降低到 10mg/L 以下。

可用硫酸、氢氧化钠或石灰调整淀粉污水的 pH 值至 8～8.5，然后加入三氯化铝或有机絮凝剂如 Aquofloc、Eddfloc 等，淀粉被分离出来。

在工业实践中，淀粉厂、酒厂、食品加工厂的含淀粉污水处理经常用铝盐作沉淀剂，并配合使用海藻酸钠或羧甲基纤维素。例如 1L 洗水污水含有大约 2000mg/L 的 SS，加入100mg/L 的铝矾，用氢氧化钠调整 pH 值至中性，如果加入 10mg/L 的海藻酚钠，絮凝体的沉降速度为 13cm/s，出水中 SS≤10mg/L；如果不加海藻酸钠，沉降速度只有5cm/s，出水中 SS＜65mg/L。

（3）除磷

磷是植物生长的营养元素，生活污水和部分工业污水中含有磷，排入水体环境易产生水体富营养化问题。污水除磷技术有生物除磷和化学除磷两大类，其中化学除磷的原理就是化学沉淀法。

污水中的磷主要以正磷酸盐（PO_4^{3-}）的形式存在。常用的沉淀剂有：

铁盐——以三氯化铁、硫酸亚铁等铁盐为沉淀剂，生成磷酸铁沉淀。使用铁盐作沉淀剂时必须注意，亚铁要先氧化成三价铁（活性污泥法可在曝气池前投加亚铁混凝剂，用溶解氧氧化二价铁为三价铁），才能生成磷酸铁沉淀。钢铁企业的含铁酸洗废液可以作为铁盐沉淀剂用于城市污水的化学法除磷。

铝盐——以三氯化铝、硫酸铝等铝盐为沉淀剂，生成磷酸铝沉淀。

钙盐——以石灰为沉淀剂，生成磷酸钙沉淀。

污水化学除磷一般与污水处理的主要构筑物结合进行。对于活性污泥法污水处理工艺，铁盐或铝盐除磷沉淀剂一般在曝气池中或二沉池前投加，所形成的磷酸铁、磷酸铝沉淀物在二沉池中与活性污泥共沉淀，最终以剩余污泥的形式排出。如在初沉池前投加，因铝盐或铁盐又是混凝剂，所需投加量较大，产生的污泥量也大，且除磷效果不如后面投加。部分生物除磷与化学除磷相结合的城市污水处理系统需单独设置除磷池。

化学沉淀法除磷只适用于去除正磷酸盐，对于以聚磷酸盐和有机磷形式存在的磷，需先转化为正磷酸盐后才能用化学沉淀法去除。

▶ 10.4　重力沉降法分离回收有机物

对于污水中所含的不溶性有机物颗粒，可采用重力法，利用其与污水的相对密度不同，使有机物颗粒在重力的作用下实现与水分离并回收的目的。

当有机物颗粒的密度小于污水的密度时，就会上浮到水面，称之为自然上浮（或重力浮选）。如果颗粒物的密度与污水的密度较为接近时，自然上浮的效果非常差，需要非常长的上浮时间，致使设备投资和运行成本较高，此时可采用气浮分离的方法，通过向污水中通入空气或药剂进行机械搅拌，形成大量气泡将有机物颗粒带至水面。

当有机物颗粒的密度大于污水的密度时，在重力作用下，颗粒物会沉积在设备底部，这种现象称为沉降或沉淀。沉淀法简单易行，一般适用于去除 $20 \sim 100 \mu m$ 以上的颗粒，但只有在有机物颗粒与水的密度相差较大时才能取得满意的效果。如果二者的密度差不够大，重力沉淀也需要较长的时间，设备投资和运行成本随之上升。对于这种情况，可根据有机物颗粒的性质，采用混凝沉淀的方式，通过向污水中投加某种化学药剂（常称之为混凝剂），使污水中的有机物颗粒聚合、搭架而形成较大的颗粒或絮状物，从而实现增大颗粒物的密度、提高重力沉降效果、促进有机物分离回收的目的。

▶ 10.5　过滤法分离回收有机物

对于不溶的有机物，可采用过滤的方法对其进行分离与回收。

过滤是以某种多孔物质为介质来处理悬浮液，在外力作用下，悬浮液中的液体通过介质的孔道，而固体颗粒被截留下来，从而实现固液分离的一种操作。所处理的悬浮液称为滤浆，所用的多孔物质称为过滤介质，通过介质孔道的液体称为滤液，被截留的物质称为滤饼或滤渣。图 10-43 为过滤操作示意图。

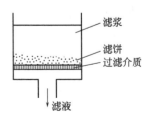

图 10-43　过滤操作示意图

赖以实现过滤操作的外力可以是重力、惯性离心力和压强差。重力过滤是依靠物料的自重而形成过滤推动力，这种方式最简单，但因重力作用太弱，过滤效果不佳。惯性离心力是借助固体和液体的密度差来实现固液分离的，其过滤效果比重力过滤要好。工业中应用最多的还是利用多孔物质上、下游两侧的压强差，主要用于处理固相含量稍高（固相体积分率约在1%以上）的悬浮液。

10.5.1　过滤机

根据形成压强差的方式，过滤设备可分为真空过滤机和加压过滤机。根据操作方式可分为间歇过滤机与连续过滤机。

10.5.1.1　板框压滤机

板框压滤机属于间歇式加压过滤机，由压紧装置、机架和滤框及其他附属装置等部件组成，滤板和滤框交替叠合架在两根平行的支撑梁上，所有滤板两侧都具有和滤框形状相同的密封面，滤布夹在滤板、滤框密封面之间，成为密封的垫片。其结构如图 10-44 所示。板和框都用支耳架在一对横梁上，可用压紧装置压紧或拉开。

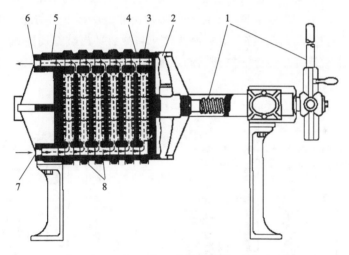

图 10-44　板框压滤机
1—压紧装置；2—可动头；3—滤框；4—滤板；5—固定头；
6—滤液出口；7—滤浆进口；8—滤布

板和框多做成正方形，其构造如图 10-45 所示。板、框的角端均开有小孔，装合并压紧后即构成供滤浆或洗水流通的孔道。框的两侧覆以滤布，空框与滤布围成了容纳滤浆及滤饼的空间。滤板的作用有两个：一是支撑滤布，二是提供滤液流出的通道。为此，板面上制成各种凹凸纹路，凸者起支撑滤布的作用，凹者形成滤液流道。滤板又分为洗涤板与非洗涤板两种，其结构与作用有所不同。为了组装时易于辨别，常在板、框外侧铸有小钮或其他标志，如图 10-45 所示，故有时洗涤板又称三钮板，非洗涤板又称一钮板，而滤框则带二钮。装合时即按钮数以 1—2—3—2—1—2—……的顺序排列板与框。所需框数由生产能力及滤浆浓度等因素决定。每台板框压滤机有一定的总框数，最多的可达 60 个，当所需框数不多时，可取一盲板插入，以切断滤浆流通的孔道，后面的板和框即失去作用。

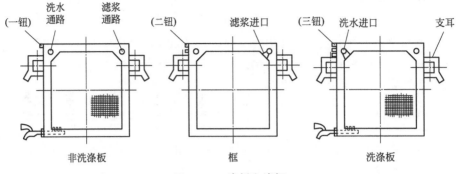

图 10-45　滤板和滤框

过滤时，悬浮液在指定压强下经滤浆通道由滤框角端的暗孔进入框内，如图 10-46 (a) 所示，滤液分别穿过两侧滤布，再沿邻板板面流至滤液出口排出，固体则被截留于框内。待滤饼充满全框后，即停止过滤。

若滤饼需要洗涤时，则将洗水压入洗水通道，并经由洗涤板角端的暗孔进入板面与滤布之间。此时应关闭洗涤板下部的滤液出口，洗水便在压强差的推动下横穿一层滤布及整个滤框厚度的滤饼，然后再横穿另一层滤布，最后由非洗涤板下部的滤液出口排出，如图 10-46 (b) 所示。这样可提高洗涤效果，减少洗水将滤饼冲出裂缝而造成短路的可能。洗涤结束后，旋开压紧装置并将板框拉开，卸出滤饼，清洗滤布，整理板、框，重新装合，进行另一个操作循环。

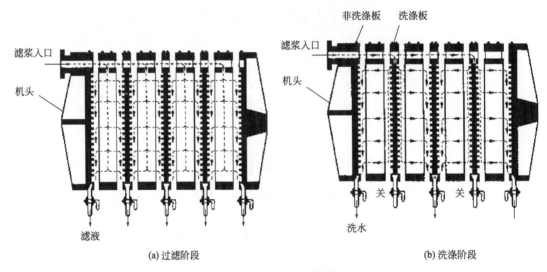

图 10-46　板框压滤机内液体流动路径

板框压滤机的操作表压一般不超过 $8 \times 10^5 Pa$，有个别达到 $15 \times 10^5 Pa$ 者。滤板和滤框可用多种金属材料或木材制成，并可使用塑料涂层，以适应滤浆性质及机械强度等方面的要求。滤液的排出方式有明流和暗流之分。若滤液经由每块滤板底部小直管直接排出，则称为明流。明流便于观察各块滤板工作是否正常，如见到某板出口滤液浑浊，即可关闭该处旋塞，以免影响全部滤液的质量。若滤液不宜暴露于空气之中，则需将各板流出的滤液汇集于总管后送走，称为暗流。暗流在构造上比较简单，因为省去了许多排出阀。

板框压滤机结构简单、制造方便、附属设备少、单位过滤面积占地较小、过滤面积较大、操作压强高、对物料的适应能力强、过滤面积的选择范围宽、滤饼含湿率低、固相回收率高，是所有加压过滤机中应用最广泛的一种机型。但因为间歇操作，生产效率低、劳动强度大；滤饼密实而且变形，洗涤不完全；由于排渣和洗涤易发生对滤布的磨损，滤布使用寿命短。目前虽已出现自动操作的板框压滤机，但使用不多。

10.5.1.2　加压叶滤机

加压叶滤机是将一组并联的滤叶按照一定方式（垂直或水平）装入密闭的滤筒内，滤浆在压力作用下进入滤筒后，滤液通过滤叶从管道排出，而固相颗粒被截留在滤叶表面，图 10-47 所示的加压叶滤机由许多不同宽度的长方形滤叶装合而成。滤叶由金属多孔板或金属网制造，内部具有空间，外罩滤布。过滤时滤叶安装在能承受内压的密闭机壳内。滤浆用泵压送到机壳内，滤液穿过滤布进入叶内，汇集至总管后排出机外，颗粒积于滤布外侧形成滤饼。滤饼的厚度通常为 2～35mm，视滤浆性质和操作情况而定。若滤饼需要洗涤，则于过滤完毕后通入洗水，洗水的路径与滤液的相同。洗涤后打开机壳上盖，拔出滤叶卸除滤饼，或在壳内对滤叶加以清洗。

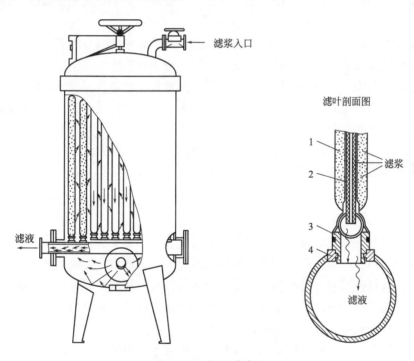

图 10-47　加压叶滤机
1—滤饼；2—滤布；3—拔出装置；4—橡胶圈

加压叶滤机按外形可分为立式和卧式两种，两种机型按照滤叶布置形式又可分为垂直滤叶式和水平滤叶式。加压叶滤机的优点是灵活性大，操作稳定，可密闭操作，改善了操作条件，当被处理物料为汽化物、有味物质、有毒物质时密封性能好；采用冲洗或吹除方法卸除滤饼时劳动强度低，过滤速度大，洗涤效果好。缺点是为了防止滤饼固结或下落，必须精心操作；滤饼湿含量大；过滤过程中，在竖直方向上有粒度分级现象；造价较高，更换滤布（尤其是对于圆形滤叶）比较麻烦。

叶滤机采用加压过滤，过滤推动力较大，一般可用于浓度较大、较黏而不易分离的悬浮液。由于槽体容易实现保温或加热，可用于要求在较高温度下进行的情况。密封性能好，适用于易挥发液体的过滤。对于要求滤液澄清度高的过滤，一般均采用预敷层过滤。

10.5.1.3 筒式压滤机

筒式压滤机是以滤芯作为过滤介质，利用加压作用使液固分离的一种过滤器。筒式压滤机的结构主要由过滤装置（滤芯）、聚流装置、卸料装置和壳体等组成。滤芯可分为纤维填充滤芯型、绕线滤芯型、金属烧结滤芯型、滤布套筒型、折叠式滤芯型和微孔滤芯型等多种类型。

筒式压滤机主要用于固体颗粒在 $0.5 \sim 10 \mu m$ 的物料或者虽大于 $0.5 \mu m$ 但颗粒非刚性、易变形、颗粒之间或者颗粒与过滤介质之间黏度大的难过滤物料。由于可以配置不同材质的滤芯，可以耐腐蚀而被广泛应用于各种污水处理等。

10.5.1.4 旋叶压滤机

旋叶压滤机是在压力、离心力、流体曳力或其他外力推动下，料浆与过滤面成平行的或旋转的剪切运动，过滤面上不积存或只积存少量滤饼，基本上或完全摆脱了滤饼束缚的一种过滤操作。

旋叶压滤机由机架、若干组滤板、旋叶及其传动系统和控制系统等组成。旋叶的转速根据物料特性可以调节。滤板表面覆有过滤介质，滤板和旋叶组成一个个滤室。旋叶压滤机适用于连续、密闭、高温等操作的场合，过滤速率高，滤饼含湿量低，同时可减少体力劳动。但由于被浓缩的悬浮液需要绕过旋叶和滤板这样长的通道流动，因此限制了临界浓度值的提高。

旋叶压滤机多用于高黏度、可压缩与高分散的难过滤物料的过滤，如染料、颜料、金属氧化物、金属氢氧化物、碱金属、合成材料等，以及各化学工业过程中各种废料处理中的过滤和增浓。

10.5.1.5 厢式压滤机

厢式压滤机与板框压滤机工作原理相同，外表相似，主要区别是厢式压滤机的滤室由两块相同的滤板组合而成。自动厢式压滤机按滤板安装方式可分为卧式和立式；按操作方式可分为全自动操作和半自动操作；按有无挤压装置分为隔膜挤压型和无隔膜挤压型；按滤布的安装方式又可分为滤布固定式和滤布可移动式，移动式又分为单块滤布移动式和滤布全行走式；按滤液排出方式分为明流式和暗流式。

与板框压滤机相比，厢式压滤机装卸料时只需将滤板分开就可实现，容易实现自动操作，更适合于处理黏性大、颗粒小、渣量多等过滤难度较大的场合，被广泛用于污水处理行业。相对于板框压滤机而言，由于厢式压滤机仅由滤板组成，减少了密封面，增加了密封的可靠性。但滤布由于依赖滤布凹室易引起变形，容易磨损和折裂，使用寿命短。滤饼受凹室限制，不能太厚，洗涤效果不如板框过滤机。

10.5.1.6 锥盘压榨过滤机

锥盘压榨过滤机属于连续压榨过滤机，其结构是两个锥形过滤圆盘的顶点用中心销连接在一起，锥盘面上开有许多孔，锥盘的轴心线互相倾斜，两个锥盘以相同转速转动。物料在两圆锥盘的最大间隙处加入，随着圆锥的旋转，间隔逐渐变小而受到压榨，物料在间隔最小处受到的压榨力最大，物料脱水后成为滤饼，并随着间隔的再次增大而由刮刀卸除。

锥盘压榨过滤机的特点是：生产能力大、耗能少；对物料的压榨力大，出渣含湿量低；物料在锥盘面上几乎没有摩擦，不易破损，不易堵网；适应的物料较广。

10.5.1.7　转筒真空过滤机

转筒真空过滤机是一种连续操作的过滤机械，其结构如图 10-48 所示。设备的主体是一个能转动的水平圆筒，其表面有一层金属网，网上覆盖滤布，筒的下部浸入滤浆中。圆筒沿周向分隔成若干扇形格，每格都有单独的孔道通至分配头上。圆筒转动时，凭借分配头的作用使这些孔道依次分别与真空管和压缩空气管相通，因而在回转一周的过程中每个扇形格表面即可顺序进行过滤、洗涤、吸干、吹松、卸饼等各项操作。

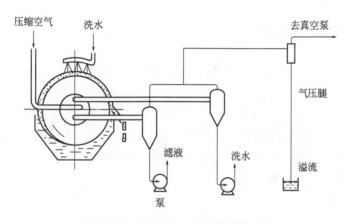

图 10-48　转筒真空过滤机结构示意图

分配头由紧密贴合的转动盘与固定盘构成，转动盘随着筒体一起旋转，固定盘内侧各凹槽分别与各种不同作用的管道相通，如图 10-49 所示，当扇形格 1 开始浸入滤浆内时，转动盘上相应的小孔便与固定盘上的凹槽 f 相对，从而与真空管道连通，吸走滤液。图上

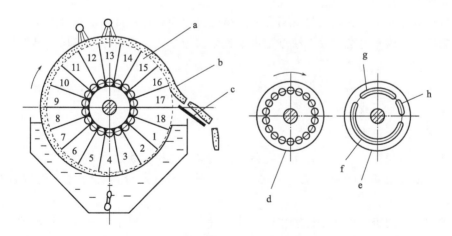

图 10-49　转筒及分配头的结构

a—转筒；b—滤饼；c—割刀；d—转动盘；e—固定盘；f—吸走滤液的真空凹槽；
g—吸走洗水的真空凹槽；h—通入压缩空气的凹槽

扇形格 1～7 所处的位置称为过滤区。扇形格转出滤浆槽后，仍与凹槽 f 相通，继续吸干残留在滤饼中的滤液。扇形格 8～10 所处的位置称为吸干区。扇形格转至 12 的位置时，洗涤水喷洒于滤饼上，此时扇形格与固定盘上的凹槽 g 相通，以另一真空管道吸走洗水。扇形格 12、13 所处的位置称为洗涤区。扇形格 11 对应于固定盘上凹槽 f 与 g 之间，不与任何管道相连通，该位置称为不工作区。当扇形格由一区转入另一区时，因有不工作区的存在，方使各操作区不致相互串通。扇形格 14 的位置为吸干区，15 为不工作区。扇形格 16、17 与固定凹槽 h 相通，再与压缩空气管道相连，压缩空气从内向外穿过滤布而将滤饼吹松，随后由刮刀将滤饼卸除。扇形格 16、17 的位置称为吹松区及卸料区，18 为不工作区。如此连续运转，整个转筒表面上便构成了连续的过滤操作。转筒过滤机的操作关键在于分配头，它使每个扇形格通过不同部位时依次进行过滤、吸干、洗涤、再吸干、吹松、卸料等几个步骤。

转筒的过滤面积一般为 5～40m²，浸没部分占总面积的 30%～40%。转速可在一定范围内调整，通常为 0.1～3r/min。滤饼厚度一般保持在 40mm 以内，对于难过滤的胶质物料，厚度可小于 10mm。转筒过滤机所得滤饼中的液体含量很少低于 10%，常可达 30% 左右。

转筒真空过滤机能连续地自动操作，节省人力，生产能力强，特别适宜于处理量大而容易过滤的料浆，但附属设备较多，投资费用高，过滤面积不大。此外，由于它是真空操作，因而过滤推动力有限，尤其不能过滤温度较高（饱和蒸气压高）的滤浆。对较难过滤的物料适应能力较差，滤饼的洗涤也不充分。

10.5.1.8 圆盘过滤机

根据过滤动力，圆盘过滤机可分为圆盘真空过滤机和圆盘加压过滤机。

(1) 圆盘真空过滤机

圆盘真空过滤机是将圆盘装在一根水平空心主轴上，每个圆盘又分成若干个小扇形过滤叶片，每个扇形叶片即构成一个过滤室。圆盘真空过滤机根据拥有的圆盘数，可分为单盘式和多盘式两种。

圆盘真空过滤机的优点是过滤面积大，单位过滤面积造价低，设备可大型化；占地面积小，能耗小，滤布更换方便。缺点是由于过滤面为立式，滤饼厚薄不均，易龟裂，不易洗涤，薄层滤饼卸料困难，滤布磨损快，且易堵塞。

圆盘真空过滤机不适合处理非黏性物料，适合处理沉降速度不高、易过滤的物料，用于选矿污水、冶金工业污水、造纸污水等。

(2) 圆盘加压过滤机

圆盘加压过滤机是一种装在压力容器内的圆盘过滤机，通过具有一定压力的空气使滤布上产生过滤所必要的压差，滤扇内部通过控制头与气水分离器连通，而后者与大气相通。

圆盘加压过滤机的优点是连续作业，处理量大，降低了脱水的成本，脱水效果好，特别是过滤空间密封，符合环保要求。在圆盘加压过滤机中通入蒸汽是解决黏性细小物料在常温下难过滤、效率低的一种方法，并且可节省干燥费用。

（3）陶瓷圆盘真空过滤机

陶瓷圆盘真空过滤机外形与圆盘真空过滤机类似，但是用亲水的陶瓷烧结氧化铝制成陶瓷过滤板取代了传统的滤片和滤布。主要应用于化工、制药、重要有色金属、煤炭、矿物工业和污水处理等行业。

陶瓷圆盘真空过滤机的优点是：过滤效果好，滤饼水分低，滤液清澈透明；处理能力大，自动化程度高；采用无滤布过滤，无滤布损耗。

10.5.1.9　转台真空过滤机

转台真空过滤机是一个由若干个扇形滤室组成的旋转圆形转台，滤室上部配有滤板、滤网、滤布，圆环形过滤面的下面是由若干径向垂直隔板分隔成的许多彼此独立的扇形滤室，滤室下部有出液管，与错气盘连接。

转台真空过滤机的优点是结构简单，生产能力大，操作成本低；洗涤效果好，洗涤液可与滤液分开。缺点是占地面积大，由于采用螺旋卸料，有残余滤饼层，滤布磨损大，滤布易堵塞。

转台真空过滤机适用于要求洗涤效果好和含有密度大的粗颗粒的滤浆，也可以过滤含密度小的悬浮颗粒的滤浆，应用于磷酸、钛白粉、氧化、无机盐、精细化工、冶金、选矿、环保等工业领域。

10.5.1.10　翻盘式真空过滤机

翻盘（或翻斗）式真空过滤机包括滤盘、分配阀、转盘、导轨、挡轮、传动结构等。旋转的环形过滤面由一组扇形过滤斗组成，由驱动装置带动进行回转运动，在排渣和冲洗滤布时，滤盘借助翻盘曲线导轨进行翻转和复位。在工作区域内滤盘仅作水平旋转。

翻盘式真空过滤机的主要优点是连续地完成加料、过滤、洗涤滤饼、翻盘排渣、冲洗滤布、滤布吸干、滤盘复位等操作；卸料完整，不损伤滤布并且滤布的再生效果好；可进行多级逆流洗涤，滤饼的洗涤效果好；生产能力大。缺点是占地面积大，转动部件多，维护费用高。

翻盘式真空过滤机可过滤黏稠的物料，适应性强，适用于分离含固量（质量分数）大于15％～35％、密度较大易分离的物料。

10.5.1.11　带式过滤机

根据过滤推动力，带式过滤机可分为带式真空过滤机和带式压榨过滤机。

（1）带式真空过滤机

又称水平带式真空过滤机，是以循环移动的环形滤带作为过滤介质，利用真空设备提供的负压和重力作用使液-固快速分离的一种连续式过滤机。按其结构原理分为固定室型、移动室型、间歇运动型和连续移动盘型。

固定室型带式真空过滤机采用一条橡胶脱液带作为支承，滤布放在脱液带上，脱液带上开有相当密的、成对设置的沟槽，沟槽中开有贯穿孔。脱液带本身的强度足以支承真空吸力，因此滤布不受力，寿命较长。

移动室型带式真空过滤机的真空盒随水平滤带一起移动，过滤、洗涤、下料、卸料等操作同时进行。

间歇运动型带式过滤机是靠一个连续的循环运行的过滤带，在过滤带上连续或批量加入料浆，在真空吸力的作用下，在过滤带的下部抽走滤液，在过滤带上形成滤饼，然后对滤饼进行洗涤、挤压或空气干燥。

连续移动盘型带式真空过滤机将原来整体式真空滤盘改为由很多可以分合的小滤盘组成，小滤盘联结成一个环形带，滤盘可以和滤布一起向前移动。

带式真空过滤机的特点是水平过滤面，上面加料，过滤效率高，洗涤效果好，滤饼厚度可调，滤布可正反两面同时洗涤，操作灵活，维修费用低。适用于含粗颗粒的高浓度污水的物料回收。

（2）带式压榨过滤机

带式压榨过滤机是将固-液悬浮液加到两条无端的滤带之间，滤带缠绕在一系列顺序排列、大小不等的辊轮上，借助压榨辊的压力挤压出悬浮液中的液体。依据压榨脱水阶段的不同，主要分为普通型、压滤段隔膜挤压型、压滤段高压带压榨型、相对压榨型及真空预脱水型。带压榨辊的压榨方式共分两种，即相对辊式和水平辊式。相对辊式是借助作用于辊间的压力脱水，具有接触面积小、压榨力大、压榨时间短的特点；水平辊式是利用滤带张力对辊子曲面施加压力，具有接触面宽、压力小、压榨时间长的特点。目前带式压榨过滤机中水平辊式用得最多。

带式压榨过滤机的优点是：结构简单，操作简便、稳定，处理量大，能耗少，噪声低，自动化程度高，可以连续作业，易于维护，广泛应用于冶金、矿山、化工、造纸、印刷、制革、酿造、煤炭、制糖等行业的污水处理与物料回收。

10.5.2 过滤机的生产能力

10.5.2.1 滤饼的洗涤

洗涤滤饼的目的是净化构成滤饼的颗粒。由于洗水里不含固相，故洗涤过程中滤饼厚度不变，因而，在恒定的压强差推动下洗水的体积流量不会改变。洗水单位时间内的流量称为洗涤速率，以 $\left(\dfrac{dV}{d\tau}\right)_{W}$ 表示。若每次过滤终了时以体积为 V_W 的洗水洗涤滤饼，则所需洗涤时间为

$$\tau_W = \frac{V_W}{\left(\dfrac{dV}{d\tau}\right)_W} \tag{10-11}$$

式中　V_W——洗水用量，m^3；

　　　　τ_W——洗涤时间，s。

影响洗涤速率的因素可根据过滤基本方程式来分析，即

$$\frac{dV}{d\tau} = \frac{A\Delta p^{1-s}}{\mu r_0 (L + L_e)} \tag{10-12}$$

式中　A——过滤面积，m^2；

　　　　Δp——过滤压强降，Pa；

　　　　s——滤饼的压缩性指标，一般情况下，$s=0\sim1$，对于不可压缩滤饼，$s=0$；

　　　　μ——流体黏度，Pa·s；

r_0——过滤液的性能参数；

L——滤饼厚度，m；

L_e——过滤介质的当量滤饼厚度，m。

对于一定的悬浮液，r_0 为常数。若洗涤压强差与过滤终了时的压强差相同，并假定洗水黏度与滤液黏度相近，则洗涤速率 $\left(\dfrac{\mathrm{d}V}{\mathrm{d}\tau}\right)_W$ 与过滤终了时的过滤速率 $\left(\dfrac{\mathrm{d}V}{\mathrm{d}\tau}\right)_E$ 有一定的关系，这个关系取决于过滤设备采用的洗涤方式。

叶滤机等所采用的是简单洗涤法，洗水与过滤终了时的滤液流过的路径基本相同，故

$$(L + L_e)_W = (L + L_e)_E \tag{10-13}$$

式中下标 E 表示过滤终了。洗涤面积与过滤面积相同，故洗涤速率约等于过滤终了时的过滤速率，即

$$\left(\frac{\mathrm{d}V}{\mathrm{d}\tau}\right)_W = \left(\frac{\mathrm{d}V}{\mathrm{d}\tau}\right)_E \tag{10-14}$$

板框压滤机采用的是横穿洗涤法，洗水横穿两层滤布和整个滤框厚度的滤饼，流径长度约为过滤终了时滤液流动路径的 2 倍，而供洗水流通的面积（A_W）仅为过滤面积的一半，即

$$(L + L_e)_W = 2(L + L_e)_E \tag{10-15}$$

$$A_W = \frac{1}{2}A \tag{10-16}$$

将以上关系代入过滤基本方程式，可得

$$\left(\frac{\mathrm{d}V}{\mathrm{d}\tau}\right)_W = \frac{1}{4}\left(\frac{\mathrm{d}V}{\mathrm{d}\tau}\right)_E \tag{10-17}$$

即板框压滤机上的洗涤速率约为过滤终了时过滤速率的 1/4。

当洗水黏度、洗水表压与滤液黏度、过滤压强差有明显差异时，所需洗涤时间可按下式进行校正，即

$$\tau'_W = \tau_W \left(\frac{\mu_W}{\mu}\right)\left(\frac{\Delta p}{\Delta p_W}\right) \tag{10-18}$$

式中　τ'_W——校正后的洗涤时间，s；

　　τ_W——未经校正的洗涤时间，s；

　　μ_W——洗水黏度，Pa·s；

　　μ——滤液黏度，Pa·s；

　　Δp——过滤终了时刻的压强差，Pa；

　　Δp_W——洗涤压强差，Pa。

10.5.2.2　过滤机的生产能力

用于污水中物料分离回收时过滤机的生产能力可按滤饼的产量或滤饼中固相物质的产量来计算。

（1）间歇过滤机的生产能力

间歇过滤机的特点是在整个过滤机上依次进行过滤、卸渣、清理、装合等步骤的循环操作。在每一循环周期中，全部过滤面积只有部分时间在进行过滤，而过滤之外的各步操

作所占用的时间也必须计入生产时间内。因此在计算生产能力时，应以整个操作周期为基准。操作周期为

$$T = \tau + \tau_W + \tau_D \tag{10-19}$$

式中 T——一个操作循环的时间，即操作周期，s；

　　τ——一个操作循环内的过滤时间，s；

　τ_W——一个操作循环内的洗涤时间，s；

　τ_D——一个操作循环内的卸渣、清理、装合等辅助操作所需时间，s。

则生产能力的计算式为

$$Q = \frac{3600V}{T} = \frac{3600V}{\tau + \tau_W + \tau_D} \tag{10-20}$$

式中 V——一个操作循环内所获得的滤液体积，m³；

　　Q——生产能力，m³/h。

（2）连续过滤机的生产能力

以转筒真空过滤机为例，连续过滤机的特点是过滤、洗涤、卸饼等操作在转筒表面的不同区域内同时进行，任何时刻总有一部分表面浸没在滤浆中进行过滤，任何一块表面在转筒回转一周过程中都只有部分时间进行过滤操作。

转筒表面浸入滤浆中的分数称为浸没度，以 ϕ 表示，即

$$\phi = \frac{浸没角度}{360°} \tag{10-21}$$

因转筒匀速运转，故浸没度 ϕ 就是转筒表面任何一小块过滤面积每次浸入滤浆中的时间（即过滤时间）τ 与转筒回转一周所用时间 T 的比值。若转筒转速为 n（r/min），则 $T = \frac{60}{n}$。

在此时间内，整个转筒表面上任何一小块过滤面积所经历的过滤时间均为 $\tau = \phi T = \frac{60\phi}{n}$。

所以，从生产能力的角度来看，一台总过滤面积为 A、浸没度为 ϕ、转速为 n 的连续式转筒真空过滤机，与一台在同样条件下操作过滤面积为 A、操作周期为 $T = \frac{60}{n}$、每次过滤时间为 $\tau = \frac{60\phi}{n}$ 的间歇式板框压滤机是等效的。因而，可以完全依照前面所述的间歇式过滤机生产能力的计算方法来解决连续式过滤机生产能力的计算问题。

根据恒压过滤方程式

$$(V + V_e)^2 = KA^2(\tau + \tau_e) \tag{10-22}$$

式中 K——过滤机过滤性能系数；

　　τ——转筒转动的起始时刻，s；

　τ_e——转筒转动一周时的时刻，即过滤操作时间，s；

　　V——转筒每转一周所得的滤液体积，m³；

　V_e——转筒每转一周所得的滤饼体积，m³。

可知转筒每转一周所得的滤液体积为

$$V = \sqrt{KA^2(\tau + \tau_e)} - V_e = \sqrt{kA^2\left(\frac{60\phi}{n} + \tau_e\right)} - V_e \tag{10-23}$$

则每小时所得滤液体积，即生产能力为

$$Q = 60nV = 60\left[\sqrt{KA^2(60\phi n + \tau_e n^2)} - V_e n\right] \tag{10-24}$$

当滤布阻力可以忽略时，$\tau_e = 0$、$V_e = 0$，则上式简化为

$$Q = 60n\sqrt{KA^2\frac{60\phi}{n}} = 465A\sqrt{Kn\psi} \tag{10-25}$$

可见，连续过滤机的转速愈高，生产能力就愈强。但若旋转过快，每一周期中的过滤时间便缩至很短，使滤饼太薄，难于卸除，也不利于洗涤，且使功率消耗增大。合适的转速需经试验确定。

10.5.3 过滤机的选型

常用的过滤机型式、特点及适用范围列于表10-3。

过滤机选型要考虑滤浆的过滤特性、滤浆物性和生产规模等因素。

(1) 滤浆的过滤特性

滤浆按过滤性能分为良好、中等、差、稀薄和极稀薄五类，与滤饼的过滤速度、滤饼孔隙率、固体颗粒沉降速度和固相浓度等因素有关。

过滤性良好的滤浆：能在几秒钟内形成50mm以上厚度的滤饼，即使在滤浆槽里有搅拌器都无法维持悬浮状态。大规模处理可采用内部给料式或顶部给料式转鼓真空过滤机。若滤饼不能保持在转鼓的过滤面上或滤饼需充分洗涤的，则采用水平型真空过滤机。处理量不大时可用间歇操作的水平加压过滤机。

过滤性中等的滤浆：能在30s内形成50mm厚度的滤饼的滤浆，这种滤浆在搅拌器作用下能维持悬浮状态。固体浓度约为10%～20%（体积分数），能在转鼓上形成稳定的滤饼。大规模过滤可采用格式转鼓真空过滤机。滤饼需洗涤的，选用水平移动带式过滤机；不需洗涤的可选用垂直回转圆盘过滤机。小规模生产采用间歇操作的加压过滤机。

过滤性差的滤浆：在500mmHg（1mmHg=133.3Pa）真空度下，5min内最多只能形成3mm厚的滤饼。固相浓度为1%～10%（体积分数）。在单位时间内形成的滤饼较薄，很难从过滤机上连续排出滤饼。在大规模过滤时宜选用格式转鼓真空过滤机、垂直回转圆盘真空过滤机。小规模生产用间歇操作的加压过滤机。若滤饼需充分洗涤可选用真空叶滤机、立式板框压滤机。

稀薄滤浆：固相浓度在5%（体积分数）以下，形成滤饼在1mm/min以下。大规模生产可采用预涂层过滤机或过滤面积较大的间歇操作加压过滤机。小规模生产选用叶滤机。

极稀薄滤浆：含固率低于0.1%（体积分数），一般无法形成滤饼，主要起澄清作用。颗粒尺寸大于5μm时选水平盘型加压过滤机。滤液黏度低时可选预涂层过滤机。滤液黏度低且颗粒尺寸小于5μm时应选带有预涂层的间歇操作加压过滤机。黏度高、颗粒尺寸小于5μm时可选用带有预涂层的板框压滤机。

表 10-3　常用的过滤机型式、特点及适用范围

过滤方式	机型		适用滤浆特性			适用范围及注意事项
			浓度/%	过滤速度	滤饼厚度/mm	
连续式真空过滤机	转鼓过滤机	带卸料式	2~65	低	5min 内须在鼓面上形成>3mm 的均匀滤饼	广泛应用于化工、冶金、矿山、环保、水处理等部门；固体颗粒在滤浆槽内几乎不能悬浮的滤浆；滤饼通气性太好，滤饼在转鼓上易脱落的滤浆不适宜；滤饼洗涤效果不如水平式过滤机
		刮刀卸料式	50~60	中、低，滤饼不黏	>5~6	
		辊卸料式	5~40	低，滤饼有黏性	0.5~2	
		绳索卸料式	5~60	中、低	1.6~5	
		顶部加料式	10~70	快	12~20	用于结晶性化工产品过滤
		内滤面	颗粒细、沉降快、1min 内形成 15~20mm 厚的滤饼			用于采矿、冶金、滤饼易脱落场合
		预涂层	<2	稀薄滤浆		用于稀薄滤浆澄清，不宜用于获得滤饼的场合；适用于糊状、胶质等稀薄滤浆和细微颗粒易堵塞过介质的难过滤滤浆
	圆盘过滤机	垂直型	—	快	1min 内形成 15~20mm 厚的滤饼层	用于矿石、微煤粉、水泥原料；滤饼不能洗涤
		水平型	30~50	快	12~20	广泛用于磷酸工业；适用于颗粒粗的滤浆；能进行多级逆流洗涤
	水平盘型过滤机		—	快	1min 内超过 20mm 厚的滤饼	用于磷酸工业；适用于固体颗粒密度小于液体密度的滤浆；滤饼洗涤效果不理想
	水平带式过滤机		5~70	快	4~5	用于磷酸、铝等各种无机化学工业以及石膏、纸浆等行业；适用于固体颗粒大的滤浆；洗涤效果好
间歇式真空过滤机	叶型过滤机		适用于各种滤浆			生产规模不能太大
连续加压过滤	转鼓过滤机		适用于各种浓度、高黏性滤浆			用于各种化工、石油化工行业；处理能力大；适用于挥发性物质过滤
	垂直回转圆盘过滤机					
	预涂层转鼓过滤机		适用于稀薄滤浆			用于难处理滤浆的澄清过滤
间歇加压过滤机	板框型及凹板型压滤机		适用于各种滤浆			用于食品、冶金、颜料和染料、采矿、石油化工、医药、化工
	加压叶型过滤机		适用于各种滤浆			用于大规模过滤和澄清过滤，后者要有预涂层
重力式过滤机	砂层过滤机		适用于浓度达到 10^{-6} 数量级的极稀薄滤浆			用于饮用水、工业用水的澄清过滤；污水处理；溢流水过滤

（2）滤浆物性

滤浆物性主要是指黏度、蒸气压、腐蚀性、溶解度和颗粒直径等。滤浆黏度高、过滤阻力大，要选加压过滤机。温度高时蒸气压高，宜选用加压过滤机，不宜用真空过滤机。当物料易燃、有毒或挥发性强时，要选密封性好的加压过滤机，以确保安全。

（3）生产规模

大规模生产时选用连续式过滤机，小规模生产选用间歇式过滤机。

▶ 10.6 膜滤法分离回收有机物

膜滤法是借助一种特殊制造的、具有选择透过性的薄膜，通过在膜两侧施加一种或多种推动力，利用污水中各组分对膜的渗透速率的差异而使其中的某组分选择性地优先透过膜，从而达到有机物分离回收的目的。常用于污水中有机物分离与回收的膜分离法主要是反渗透和超滤，既可用于不溶性有机物的分离，也可用于溶解性有机物的分离。

与传统的分离技术相比，膜分离技术具有以下特点：①过程中不发生相变，能量转化效率高；②一般不需要投加其他物质，不改变分离物质的性质，并节省原材料和化学药品；③分离和浓缩同时进行，可回收有价值的物质；④可在一般温度下操作，不会破坏对热敏感和对热不稳定的物质；⑤适应性强，操作及维护方便，易于实现自动化控制，运行稳定。因此，膜分离技术在各种工业污水处理与物质回收利用等领域逐渐得到了推广和应用。

10.6.1 反渗透及其应用

反渗透（RO）是利用反渗透膜选择性地只允许溶剂（通常是水）透过而截留溶质的性质，以膜两侧静压差为推动力，克服溶剂的渗透压，使溶剂通过反渗透膜而实现溶剂和溶质分离的膜分离过程。其操作压差一般为 1.5～10MPa，截留组分为粒径 10～100nm 的小分子物质。目前，反渗透已在化工、食品、制药、造纸等各工业行业得到推广应用。

（1）食品工业中的应用

反渗透技术在乳品加工中的应用是与超滤（UF）技术结合进行乳清蛋白的回收，其工艺流程如图 10-50 所示（图中的 BOD 为生化需氧量，是一种间接表示水被有机污染物污染程度的指标）。把原乳分离出干酪蛋白，剩余的是干酪乳清，它含有 7% 的固形物，0.7% 的蛋白质，5% 的乳糖以及少量灰分、乳酸等。先采用超滤技术

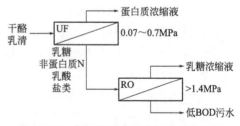

图 10-50 典型的干酪乳清蛋白回收流程

分离出蛋白质浓缩液，再用反渗透设备将乳糖与其他杂质分离。这种方法与传统工艺相比，可以节约大量能量，乳清蛋白的质量明显提高，而且同时还能获得多种乳制品。

（2）制药工业中的应用

反渗透技术在制药工业中的典型应用是链霉素的浓缩。链霉素是灰色链霉菌产生的碱性物质，它是氨基糖苷类抗生素。在链霉素的提取精制过程中，传统的真空蒸发浓缩方法对热敏性的链霉素很不利，而且能耗较大。采用反渗透取代传统的真空蒸发，可提高链霉

素的回收率和浓缩液的透光度，还降低了能耗。其工艺流程见图 10-51，原料液经两级过滤器处理，打入料液贮槽，由供料泵、往复泵对料液增压。经过冷却的料液进入板式反渗透膜组件，料液中的小分子物质透过膜，通过流量计计量后排放，链霉素被膜截留返回料液贮槽。如此循环，直至浓缩液的浓度达到指标。

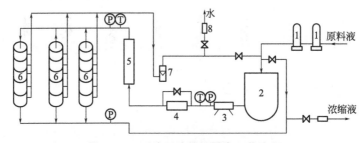

图 10-51　反渗透浓缩链霉素工艺流程
1—过滤器；2—料液贮槽；3—供料泵；4—往复泵；5—冷却塔；
6—板式反渗透膜组件；7—流量计；8—观察镜

10.6.2　超滤及其应用

超滤（UF）是在压差作用下进行的筛孔分离过程，一般用来分离分子量大于 500 的溶质、胶体、悬浮物和高分子物质。其基本原理如图 10-52 所示。在以静压差为推动力的作用下，原料液中的溶剂和小于超滤膜孔的小分子溶质透过膜成为滤出液或透过液，而大分子物质被膜截留，使它们在滤剩液中的浓度增大。

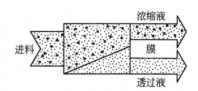

图 10-52　超滤基本原理示意图

超滤广泛用于含油污水、造纸污水、电泳涂漆污水、印染污水、染料污水、洗毛污水等的处理，可去除悬浮物、油类，并可回收纤维、油脂、染料、颜料、羊毛脂等有用物质。

（1）回收电泳涂漆污水中的涂料

世界各国的汽车工业几乎都采用电泳涂漆技术给汽车车身上底漆。在金属电泳涂漆过程中，带电荷的金属物件浸入一个装有带相反电荷涂料的池内。由于异电相吸，涂料便能在金属表面形成一层均匀的涂层，金属物件从池中捞出并用水洗除随带的涂料，因而产生电泳涂漆污水。可采用超滤技术将污水中的高分子涂料及颜料颗粒截留下来，而让无机盐、水及溶剂穿过超滤膜除去，浓缩液再回到电泳涂漆贮槽循环使用，透过液用于淋洗新上漆的物件。流程如图 10-53 所示。

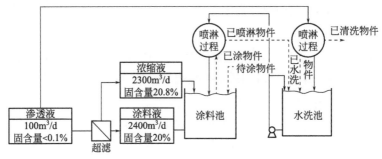

图 10-53　超滤处理电泳涂漆污水的流程

（2）纺织工业污水的处理

① 聚乙烯醇（PVA）退浆水的回收　纺织工业中为了增加纱线强度，织布前要把纱线上浆，印染前洗去上浆剂，称为退浆。上浆剂多为聚乙烯醇，而且用量很大。用超滤技术处理退浆水，不仅能消除对环境的污染，还可回收价格较贵的聚乙烯醇，处理的水还可以在生产中循环使用。

② 染色污水中染料的回收　印染厂悬浮扎染、还原蒸箱在生产中排出的污水含有较多的还原染料，既污染又浪费。采用超滤技术，使用聚砜和聚砜酰胺超滤膜，不需加酸中和及降温即可处理印染污水。

（3）羊毛清洗污水中回收羊毛脂

毛纺工业中，原毛在一系列的加工之前，必须将黏附于其上的油脂（俗称羊毛脂或羊毛蜡）及污垢洗涤，否则会影响纺织性能和染色性能。羊毛清洗污水中的COD（化学需氧量，是一种间接表示水被有机污染物污染程度的指标）、脂含量及总固体含量都远远超出工业污水的排放标准。采用超滤技术处理洗毛污水，污水可以浓缩10～20倍；羊毛脂的截留率达90％以上；总固体的截留率大于80％；COD的去除率大于85％，而且在透过液中加入少量洗涤剂还可以用于洗涤羊毛，效果良好。

图10-54所示为北京某毛纺厂采用超滤-离心法处理羊毛精制污水的工艺流程。主要包括预处理、超滤（UF）浓缩、离心（CF）分离和水回用四部分。超滤装置采用聚砜酰胺外压管式膜组件。超滤浓缩液循环到一定浓度时，由泵送入离心机。超滤透过液进入水回用系统或生化处理系统，经处理后排放。羊毛清洗污水中COD浓度高达20～50g/L，羊毛脂含量为5～25g/L，总溶解性固体（TDS）含量为10～80g/L。运行中超滤膜的COD截留率为90％～95％，羊毛脂的截留率为98％～99％。再经离心法回收，羊毛脂的回收率大于70％，高于常规离心法的回收率（30％左右）。

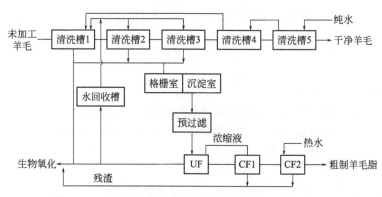

图10-54　用超滤-离心法处理羊毛精制污水的工艺流程

参考文献

［1］廖传华，米展，周玲，等.物理法水处理过程与设备［M］.北京：化学工业出版社，2016.

［2］廖传华，江晖，黄诚.分离技术、设备与工业应用［M］.北京：化学工业出版社，2018.

［3］张小双，李肇宇，李春利.溶媒废酸水的精馏工艺改造及应用［J］.现代化工，2015，35（11）：152-155.

［4］赵朔，白鹏.带有内部热集成的多储罐间歇精馏全回流操作［J］.化工学报，2015，66（11）：4476-4484.

［5］刘绪江，张雷.醋酸-水萃取精馏萃取剂的选择及过程模拟和优化［J］.现代化工，2015，35（8）：165-168.

［6］周龙坤，沈舒苏，李妍，等.减压间歇精馏回收实验室废液中甲苯的研究［J］.现代化工，2015，35（3）：143-46.

［7］胡帅，杨卫胜.双效精馏在 MTP 装置废水处理中的应用［J］.计算机与应用化学，2015，32（6）：717-722.

［8］许良华，陈大国，罗炜青，等.带有中间热集成的精馏塔序列及其性能［J］.化工学报，2013，64（7）：3442-2446.

［9］吕文祥，张金柱，江奔奔，等.面向热集成耦合的精馏过程集成控制与优化［J］.化工学报，2013，64（12）：4319-4324.

［10］陈立峰，熊晓明，李文秀，等.半连续精馏操作的研究［J］.现代化工，2013，33（8）：94-96.

［11］龚超，余爱平，罗炜青，等.完全能量耦合精馏塔的设计、模拟与优化［J］.化工学报，2012，63（1）：177-184.

［12］金丽珠，许伟，邵荣，等.微波法辅助提取碱蓬籽油的工艺研究［J］.食品工业科技，2016，37（5）：232-237.

［13］朱亚松，许伟，邵荣，等.响应面法优化白背三七多糖的提取工艺［J］.中国药科大学学报，2016，47（3）：359-362.

［14］赵瑞玉，张超，鲍严旭，等.新疆油砂溶剂萃取研究［J］.油田化学，2015，32（2）：282-286.

［15］杜莹.切换溶剂萃取微藻油脂研究［D］.徐州：中国矿业大学，2015.

［16］耿占杰，王芳，薛慧峰，等.溶剂萃取中多次萃取的最大效力问题的讨论［J］.化学教育，2014，35（4）：59-60.

［17］吴彬，玄立宝.隔膜板框压滤机在酸浴反洗中的应用［J］.科技创新与应用，2015（10）：56-57.

［18］许金泉，程文，耿震.隔膜式板框压滤机在污泥深度脱水中的应用［J］.给水排水，2013，39（3）：87-90.

［19］张建林，甘业华.EYCZL 加压叶滤机在油脂行业中的应用［J］.四川粮油科技，2000，7（1）：14-8.

［20］肖承明.加压叶滤机的技术发展［J］.过滤与分离，1995，5（4）：8-10.

［21］姜义发.快速压滤机在铁尾矿和铁精矿脱水中的应用［J］.甘肃科技，2014，30（2）：35-37.

［22］巩冠群.细精煤筒式压滤脱水作用机理研究［D］.徐州：中国矿业大学，2011.

［23］齐兆亮.动态过滤技术处理油田污水的实验研究及分析［J］.东方企业文化，2011（24）：77-79.

［24］楼文君，李桂水，徐飞.用动态旋叶压滤机澄清菠萝汁的实验研究［J］.过滤与分离，2006，16（1）：29-32.

［25］张国栋.降低厢式压滤机浸出物损失率的主要措施［J］.啤酒科技，2015（2）：37-41.

［26］李林明，方善如，张剑鸣，等.提取纸浆黑液的锥盘压榨过滤机［J］.中国造纸，2004，23（7）：66-67.

［27］丁斯华，刘兰花.圆盘真空过滤机在黑山铁矿一选的应用［J］.承钢技术，1999（1）：1-3.

［28］陈方键，吴华珍，张明.翻盘式过滤机在磷石膏水洗净化中的应用［J］.磷肥与复肥，2013，28（2）：59-60.

［29］吴清，江化民，陈志勇，等.采用多圆盘过滤机回收卫生纸机白水［J］.中国造纸，2013，32

（12）：70-72.

［30］刘忠江.加压盘式过滤机的结构特点和应用［J］.中国科技纵横，2012（5）：127-129.

［31］危志斌，张瑞杰.大型纸机通过多圆盘过滤机回收白水［J］.中华纸业，2011，32（24）：70-72.

［32］赵黎，陈安江.圆盘过滤机回收白水的效果、工艺特点及注意事项［J］.纸和造纸，2010，29（4）：4-8.

［33］陈观文，徐平.分离膜应用与工程安全［M］.北京：国防工业出版社，2007.

［34］Seader D，Henley E J.分离过程原理［M］.上海：华东理工大学出版社，2007.

［35］宋业林，宋襄翎.水处理设备实用手册［M］.北京：中国石化出版社，2004.

［36］李旭祥.分离膜制备与应用［M］.北京：化学工业出版社，2004.

［37］张鹏.超滤膜分离浓缩 β-葡聚糖实验研究［J］.甘肃科技，2010，26（18）：17-19.

有机物的利用途径

根据污水的来源，含有机物料的污水可能是城镇污水、工业污水和农村污水。城镇污水和农村污水中的有机物含量通常都较低，基本没有回收价值；对于有机物含量较高的工业污水，可根据这些有机物的特性，采用前述的提取方法进行回收，再根据工业生产的工艺流程和物料的性质，针对性地实现物料利用。

一般地，对于从工业污水中回收的有机物，可通过工业回用、农业利用、制吸附材料、转化制能源等途径而实现资源化利用。

▶ 11.1 工业回用

按照产生的原因，工业污水中的有机物，可能是没有充分利用的原料，也可能是原料本身所含有的不参与工艺过程的杂质或生产过程中产生的副产物。无论何种来源的有机物，如果经济允许，都可将其从污水中分离回收后，实现工业回用。

11.1.1 本工艺过程的回用

对由于没被充分利用而混入污水中的有机物（也就是原料），可将其从污水中提取分离后回用于本工艺过程。这种回用方式，不但可提高原料的利用率，降低生产过程的成本，而且可减少污水的产生量，节省后续污水处理的费用，能取得明显的经济效益，因此在工业生产中应用较为普遍。

(1) 2,3-酸生产污水中有机物的回收与利用

2-羟基-3-萘甲酸（俗称 2,3-酸）是一种重要的染料中间体和医药中间体，但每生产 1t 酸要排放 38t 左右的污水，呈黄色浑浊状，其 pH 值为 $1 \sim 2$，通常情况下其中含有 2-萘酚 $700 \sim 800 \text{mg/L}$ 和少量的 2,3-酸与 2,6-酸，COD_{Cr} 约 2500mg/L。对于排放的污水，可采用吸附＋脱附的方法，将 2,3-酸回收后作为本工艺过程的原料实现再利用。具体方法为：

① 吸附。将 80mL（约 60g）NDA-708 树脂装入带夹套的玻璃吸附柱中（$\phi 30 \text{mm} \times 250 \text{mm}$）；将 2,3-酸生产车间排放的黄色浑浊酸性污水进行过滤处理，滤饼主要含 2-萘酚和 2,3-酸，滤液中含萘系有机物（主要是 2-萘酚和 2,3-酸）950mg/L，pH 值为 $1 \sim 2$，为黄色透明液体，COD_{Cr} 为 2579mg/L。室温下（25℃左右）将其以 640mL/h 的流速通过树脂床层，污水处理量为 7600mL/批，吸附出水无色透明，萘系有机物平均浓度为

5.1mg/L，萘系有机物去除率为 99.4%，出水平均 COD_{Cr} 为 49mg/L，COD_{Cr} 去除率为 98.1%，吸附出水经碱中和即可达标排放。

② 脱附。用 400mL 1mol/L NaOH 水溶液作为脱附剂，脱附温度（60±3）℃，脱附剂流速为 40mL/h，逆流进入，萘系有机物的脱附率为 99.6%，刚开始流出的 160mL 脱附液呈暗红色，为高浓度脱附液，内含 5.4g 萘系有机物，可将其返回 2,3-酸生产工序作为原料使用，后面流出的为低浓度的脱附液（约 340mL），可作为下一批脱附剂套用。

（2）氨基树脂污水中有机物的回收与利用

氨基树脂是由氨基化合物与甲醛经缩聚反应，再以醇类（如甲醇、丁醇）改性而制得，生产过程产生的污水中不仅含有毒的甲醛，而且还含有较大量的可用甲醇、丁醇以及少量的氨基树脂及其他小分子废聚物。污水的 COD 一般在（3～4）×10^5mg/L，其中某些组分远远超过可生化处理的范围，因而很难通过直接生化方式进行处理，尤其是毒性大的甲醛处理难度极大。但可加入无机碱与甲醛进行歧化反应，使甲醛转变成甲醇和可溶于污水的无机甲酸盐，进而再回收甲醇、丁醇。具体的方法是向污水中加入 2 倍于甲醛物质的量浓度的 OH^- 进行歧化反应，然后通过馏分分离回收甲醇和丁醇。在歧化反应中，建议适当加温至 50～90℃，这样有利于加快歧化反应的速率。OH^- 的投放量最好过量，反应后期使 pH 值为 9～11。

馏分分离建议蒸馏和精馏并用，通过蒸馏分离出含量较高的甲醇、丁醇和水的混合物，再通过精馏回收甲醇、丁醇。

精馏建议采用金属规整填料的填料塔，这样在相同高度下分离效率更高。精馏中，建议采用二次精馏，先通过第一步精馏去除蒸馏馏出液中的大部分水分，以提高甲醇、丁醇的含量，第二步精馏回收甲醇、丁醇。第一步精馏：从塔顶分离出高含量的甲醇-丁醇-水溶液，作为第二步精馏的原料，水分则由塔底排出，控制塔顶温度在 65～99℃，控制回流比为 1～4，可使排出水中甲醇不超过 0.5%，丁醇不超过 0.3%，从而充分回收甲醇、丁醇。第二步精馏：控制回流比为 1～4，塔顶温度在 63～67℃时，采出甲醇（含量大于 98%）作为成品使用，塔顶温度在 67～95℃时，采出甲醇-丁醇-水溶液，与第一步塔顶馏出液混合作为下一次第二步精馏的原料，底部采出丁醇与水的混合物，冷却后分层，上层为含量 75% 左右的丁醇，可回用作氨基树脂合成的原料，下层为含量 7% 左右的丁醇水溶液，返回并入第一步精馏。

采用这种方法可以有效去除甲醛，而且可以增加甲醇回收量，从而提高过程的经济性，并降低后续污水处理的成本。

11.1.2　其他工艺过程的回用

如果污水中的有机物是原料中所含的不参与工艺过程的杂质或生产过程中产生的副产物，虽然这些有机物在本工艺过程中无法利用，但如果可作为其他生产过程的原料，则可将其提取分离后回用于其他的工艺过程。采用这种回用方式要求形成"闭合生产工艺圈"，即在一定范围内对不同工业企业的生产工艺进行科学合理的布局组合，使前一生产过程产生的废料成为后一生产过程的原料。

在"循环经济"思想的指导下，"闭合生产工艺圈"在石油化工和化工行业中得到了十分广泛的应用，较常见的有：

① 石油炼制厂精制高含硫原料时需要脱硫，可考虑以脱下的硫制取亚硫酸氢铵，将制得的亚硫酸氢铵供给以麦（稻）草为原料的造纸厂制浆，所排出的蒸煮黑液中含有大量的铵盐，可作为氮肥。这样，石油炼制厂、制浆造纸厂和农业生产之间可组成一个"闭合生产工艺圈"，既可消除工业污染物（硫、黑液）的危害，又促进了农业生产。

② 利用高含硫原油脱硫获得的氨水吸收硫酸厂或有色冶金厂产生的二氧化硫废气制取亚硫酸氢铵，再将制得的亚硫酸氢铵供纸浆厂制纸浆，最后用纸浆厂产生的黑液作为有机化肥，使石油炼制厂、硫酸厂或有色冶金厂、纸浆厂、农业生产组成一个"闭合生产工艺圈"。这样可消除二氧化硫、造纸黑液对环境的污染，化害为利。

③ 利用漂染厂的废碱液造纸，再用造纸厂的废液代替蓖麻油作溶剂生产农药乳剂，使印染、造纸、农药厂组成以碱为中心原料的"闭合生产工艺圈"，每年可节约 50% 左右的烧碱、数千吨苯、数百吨蓖麻油。

建立"闭合生产工艺圈"的关键在于加强对工业生产工艺的综合研究，从社会发展和环境保护的角度进行全面规划，将各个单独的生产环节按一定的顺序联结起来形成"闭合圈"，可达到经济高效、节约资源、控制污染、保护环境的目的。

▶ 11.2 农业利用

对于从制糖工业污水、食品加工污水、农产品加工污水、动物屠宰污水、畜禽养殖污水等有机污水中提取分离的有机物，可根据其化学组成而实现农业利用。具体的利用途径有：堆肥、制复混肥料。

11.2.1 堆肥

堆肥是指在控制条件下，利用微生物的生化作用，将有机物质分解、腐熟并转化成稳定腐殖土的微生物学过程，分好氧堆肥和厌氧堆肥两种。好氧堆肥技术因其堆肥效率高、异味小和臭气量少等优点而受到广泛关注。欧盟将堆肥只限定于好氧堆肥。

11.2.1.1 好氧堆肥的原理

好氧堆肥，即在有氧的条件下，利用好氧微生物的作用，将不稳定的有机质分解。此过程时间短，温度高，一般为 50～60℃，极限可达到 80～90℃。

好氧堆肥过程中微生物的作用主要分发热、高温、降温和腐熟三个阶段。发热阶段为主发酵的前期，通常持续 1～3 天，起作用的微生物主要是中温细菌和真菌，利用容易分解的淀粉和糖类等迅速繁殖，使有机物的温度迅速升高。高温阶段存在于主发酵和二次发酵过程中，通常持续 3～8 天，温度上升到 50℃以上。在此阶段中，由于易分解有机物的好氧消耗而造成厌氧的环境，同时由于温度的升高，微生物的种类发生了变化。50℃时，好热微生物主要为嗜热性真菌和放线菌；60℃时，占主要地位的为嗜热性放线菌和细菌；70℃时，大部分微生物停止活动，死亡或进入休眠状态。在高温阶段，上一阶段剩余的和新产生的有机物得到分解，同时大部分难降解的半纤维素等有机物也得到了分解。降温和腐熟阶段存在于后发酵和二次发酵阶段，通常需要 20～30 天。在此阶段，中温微生物重新占据主导地位，进一步分解剩余的木质素等较难分解的有机物及腐殖质，微生物活动减弱，温度下降。腐殖质和氮素等植物营养料在腐熟阶段得到积累。为提高有机物堆肥的肥效，减少有机质的矿化作用，应尽可能实现厌氧的状态，可采取压紧肥堆等做法。

有机物堆肥主要分为前处理、一次发酵、二次发酵、后处理四个过程，主要流程如图11-1所示。

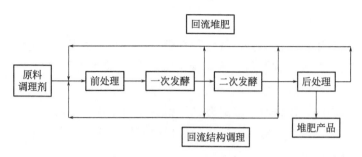

图 11-1 有机物堆肥主要流程

前处理阶段：从污水中回收的有机物通常含水率高，通气性差，结构紧凑，pH值高，不适合微生物的生长，所以在接种之前必须对其含水率、pH值和粒度等方面进行调整，使堆肥工艺迅速启动。

一次发酵阶段：也称主发酵阶段。经前处理阶段后，从污水中分离回收的有机物的理化性质达到微生物生长的要求后，通入空气进行一次发酵。微生物利用易分解的脂肪、蛋白质、糖类等物质作为能源，快速繁殖并释放热量，使温度迅速升高，最高温度可达65～75℃，持续的时间与通风量成正比。

二次发酵阶段：一次发酵后，采用成品回流方式的堆肥中的有机物基本分解完毕，可施用于农田，而在采用添加辅料方式的堆肥中，因添加了稻草、木屑等纤维素和木质素含量高的辅料，有机物并未完全分解，因此需要进行二次发酵，防止其在贮存和运输途中进一步发酵分解，同时使其碳氮比适于农作物的生长需要。二次发酵的时间由添加辅料的种类而定。若辅料为稻草，则二次发酵为一个月左右，木屑则需要三个月左右。由于时间较长，通常可将一次发酵的产物堆在水泥地上，利用自然通风或是翻堆进行二次发酵，翻堆通常为每周一次。

后处理阶段：通常经过上述步骤，堆肥产品的理化性质已趋于稳定，即可将其过10mm筛，然后装袋。包装和运输过程中要保证良好的通气性，避免因缺氧而发生厌氧发酵。

堆肥产品的质量应满足《生活垃圾堆肥处理技术规范》（CJJ 52—2014）的规定。

11.2.1.2 堆肥过程的物质变化

好氧堆肥系统是充分利用天然条件的同时在人工控制下运行的生物处理系统，其中的微生物菌群要比完全人工生物处理过程中的种群丰富，包括各种微生物及原生动物、后生动物等，形成了一个完整的生物链，共同完成有机物及其他污染物的代谢和分解作用。

(1) 堆肥过程中微生物及酶的变化

活跃在好氧堆肥系统中并对发酵起作用的生物主要有细菌、真菌及放线菌等。堆肥开始初期，由于有机物分解产生热量，使反应堆体温度迅速上升，堆层基本呈中温，中温菌较为活跃。由于中温菌不断地分解有机物，堆体温度进一步升高，达到50～60℃，此时酵母菌、霉菌和硝化细菌等随之减少，大量死亡，而耐高温菌大量繁殖。通常中温菌的适宜生长温度为 30~40℃，高温菌为 45~60℃。高温菌的作用不仅加快了分解速率，还同时减少了堆肥后产品对动植物及人体的危害。在发酵后期，温度再度降低，霉菌、亚硝酸菌、硝酸菌及可分解纤维素的细菌重新增殖，但此时最多的优势菌是放线菌。

（2）堆肥过程中的化学反应

堆肥过程是在微生物的作用下，将各种有机物在酶的作用下转化成低分子量的有机化合物、腐殖质，以及二氧化碳、氨、水和无机盐，使之成为可被植物吸收利用的化学形态，或施用于农田后，通过土壤微生物的进一步作用，能迅速转化并被植物吸收，在增加有益微生物菌群的同时，还将所附着的有机污染物完全分解，使之无害化。因此，由于堆肥过程中的高温效应，可杀灭对人体有害的病原菌、蛔虫卵、杂草种子等，并对其中重金属的形态或活性有所影响。

（3）堆肥过程中蛋白质的降解

食品加工污水、屠宰场污水、制革污水等有机污水中含有大量的蛋白质，蛋白质是由 20 多种不同的氨基酸相互连接而组成的巨大分子，其分子量大约从一万到数百万，构成极其复杂。蛋白质不能被植物和细菌直接利用，其降解过程为：①蛋白质的水解，在蛋白酶的作用下生成肽，在肽酶的作用下生成氨基酸；②氨基酸的降解。

堆肥过程中，蛋白质在酶的作用下分解成氨基酸，一部分作为细菌的营养物质被用于微生物的生长，另一部分分解为小分子的有机物和无机物。被分解的小分子物质施用于农田后，容易被土壤中的微生物分解转化为植物可吸收利用的硝酸盐类，从而被植物所利用。

（4）堆肥过程中脂肪的降解

生活污水和某些工业污水中也会含有一定量的脂肪类物质，如油脂等。脂肪是比较稳定的有机物，所以在堆肥中，应将脂肪充分降解，以减少施肥后对土壤微生物的负担。由于脂肪是青霉、曲霉和乳霉等真菌的营养和能量来源，因此，为了消除施肥后霉菌在田中的繁殖，也应在堆肥中充分将脂肪降解。脂肪的分解过程是放热过程，它是堆肥中主要的热源。在堆肥过程中，脂肪在细菌的作用下发生降解，降解过程主要是脂肪的水解及甘油、脂肪酸在细菌细胞内的氧化。

（5）堆肥过程中糖类物质的降解

农产品加工污水、食品发酵污水等有机污水中往往会含有淀粉、纤维素、半纤维素、壳聚糖、果胶质及木质素等，这些物质是由很多单细胞组成的复合糖。糖类物质是大多数细菌、微生物、动物和人类生命活动中的主要能源和碳源。在堆肥中，糖类的降解，一是给细菌和微生物提供营养，二是提供腐殖质。堆肥施用于农田后，其腐殖质可以改进土壤的耕作性质及结构。由于它的纤维状性质，使土壤具有易碎性和防止硬结，增加土壤的孔隙率；由于与土壤胶体发生化学结合，产生一种新的更亲水的表面，增加了土壤的保水能力。

在堆肥中，糖类的降解主要是淀粉、纤维素和木质素等的降解。淀粉的降解产物是葡萄糖；纤维素降解的产物也是葡萄糖；木质素极难降解，堆肥产生的腐殖质主要是由木质素构成的。

11.2.1.3　堆肥的工艺参数

（1）原料

原料对堆肥的控制及产品的质量和肥效有非常大的影响。对于从不同污水中分离回收的有机物，其组成与理化性质各不相同。为了保证堆肥质量和控制堆肥过程的进行，一般都会添加辅助材料，如秸秆、稻壳、玉米芯、锯木屑等作为调理剂和膨胀剂，以起到提供碳源、增加孔隙率、调整反应物水分含量的作用。

（2）含水率

含水率对堆肥的影响体现在：水量过多则占据气体交换的空间，阻碍气体传送，造成厌氧的环境，严重影响微生物的新陈代谢，并产生恶臭；水量过少也会影响微生物的活动，含水率低于 $12\%\sim15\%$ 时，微生物几乎停止活动。因此需控制堆肥原料的含水率。实际操作过程中，对于含水率大的原料，可通过加入吸湿性强的调理剂如木屑和稻草等来降低含水率，还可以采取掀开覆盖于堆体上的薄膜、增加翻堆频率、增大通气量来加快水分的散失。

（3）碳氮摩尔比

对有机物进行分解的微生物的活力受构成微生物体的必要养分的含量和种类影响。在所有养分中，构成细胞的物质是蛋白质，所以碳及氮是最重要的两种元素。最适宜微生物生长的碳氮摩尔比为 $25:1$，过低则氮易以 NH_3 的形式散失，发出臭味，碳含量不足则会影响微生物正常生长，有机质的分解速率慢；过高则微生物因氮不足而使新陈代谢活动受阻，同样减慢有机物的分解速率。不同的物料配比对不同形态氮素转变的影响不是很大，但总的来说，碳氮摩尔比低，氮素损失较大。氮损失的重要途径是氮以 NH_3 的形式挥发。升温期和高温期是 NH_3 产生和挥发的高峰期，可以证明堆肥前期是控制氮素损失的关键时期。实际操作中，起始的碳氮比应在 $25:1\sim30:1$ 之间，若过低则需要加入高碳氮比的调理剂。理想的调理剂应该干燥、疏松，有利于提高碳的含量，同时有利于改善堆体的通气情况。据研究，木屑作为调理剂时，吸湿性强，可以较长时间吸附保留 NH_3，减少臭味，同时改善堆体的通气状况，有利于微生物的生长。在实际生产中，应根据实际情况选择合适的调理剂。

通常，碳和氮是以原料中总碳和总氮含量计算的，但由于微生物可摄取的养料必须是溶解于水的，因此，只考虑溶解于水的碳氮比更为准确。

（4）pH 值

pH 值对好氧堆肥有很大的影响，当 pH 值低于 5.2 或高于 8.8 时，堆肥无法进行，同时随着堆肥过程中 pH 值的变化，温度、耗氧量和质量也会随之变化。堆肥初期，含氮化合物在微生物作用下氨化，产生大量氨气，不能及时散失，使得堆体 pH 值升高；堆肥后期，氮的氨化挥发作用减弱，同时氨可以作为有机质而被利用，硝化作用增强，有机物分解产生有机酸，使 pH 值下降。在堆肥过程中，适于操作的 pH 值在 $5.2\sim8.8$，最佳 pH 值在 $7.6\sim8.7$。实际操作时，可采取如下方式调节 pH 值：通过调整碳氮比控制氨的产生量和损失量，进而抑制 pH 值处于合适的区间；进行成品回流或者添加辅料，防止局部厌氧和有机酸的过量产生而使 pH 值下降。

反应的 pH 值不仅取决于堆肥原料的组成，也会随着反应的进行发生变化。由于堆肥反应是生物化学反应，因此 pH 值必须满足微生物的生长条件。有文献认为，可进行堆肥的 pH 值范围为 3～12，堆肥反应的最佳 pH 值范围为 7～9。很显然，在以微生物为主体的堆肥反应中，pH 值对于微生物的生长影响很大，甚至是限制因素，但文献中对于 pH 值的研究很少，原因是 pH 值不易控制，所以研究难度较大。一般在好氧堆肥反应条件下，pH 值在最初的阶段会一度下降至 5 甚至以下，之后会随着反应的进行而上升至 9 左右。为了使反应正常进行，通常在反应初始时将 pH 值调整至中性，一般采用添加辅料或中和剂来完成。

（5）粒度

有机物的堆肥化反应是在固体表面附着的水分中发生的，因此，粒度越小的材料，比表面积越大，就越有利于反应速率的提高和反应的进行。如果粒度太小，反应堆体堆积紧密，会影响空气的流通，而粒度太大，又会使氧气无法进入颗粒内部，造成颗粒内部供氧不足，甚至局部厌氧。

对于从污水中回收的有机物，其本身就属于粒度非常细密的材料，所以在堆肥过程中，应先进行造粒，或添加一些可增加其孔隙率的材料，如锯末、稻壳、秸秆等来增加堆体孔隙，保证供氧。但由于造粒会增加机械设备等，使运行费用增加，因此，一般均采用添加辅料来改善通气状况。

（6）氧气浓度

氧浓度的高低直接关系到反应过程的特性和反应速率，氧浓度高时，反应呈好氧状态，反应速率快，反之，则情况正好相反。但是，供气量过大会使堆肥反应的温度降低，反应中水分散失过快，从而影响反应速率。因此，必须将供风量控制在最佳状态，以保证氧气、水分和温度的适宜。堆肥装置的强制通气流量根据发酵方式的不同而有所不同。

（7）发酵温度

堆肥过程始终伴随着温度的变化，一般认为在发酵开始阶段是以嗜温菌为主的反应，嗜温菌最适宜的生长温度是 20～40℃；由于嗜温菌的作用，反应温度迅速上升，由嗜热菌取代其参与反应，嗜热菌的最适宜生长温度为 45℃，反应温度进一步上升为 60～70℃。该温度上升的快慢与氧气的供应有关，大多数文献认为，60℃左右时反应速率最快，不仅可杀死有害微生物，使病毒钝化，还可提高发酵速率、加快水分蒸发等。因此，一般的堆肥采用高温堆肥。但如果温度达到 60～70℃时，进入孢子形成阶段，这个阶段对堆肥是不利的，因为孢子呈不活动状态，使分解速率相应变慢。因此，温度过低或过高都会影响反应的进行，一般认为高温堆肥的最佳温度在 55～60℃。

通常情况下，温度的控制是通过控制供风量实现的。在堆肥的最初 3～5 天，供风的主要目的是为了满足供氧，使微生物的反应顺利进行，以达到升温的目的；但当堆肥的温度升高到峰值后，供风量的调节主要是以控制温度为主。

11.2.1.4　堆肥中重金属含量的控制

来自各行业的污水及生活污水中含有大量的重金属，因此，从污水中回收的有机物中也不可避免地会含有大量的重金属。这些重金属会随堆肥产品的使用而危害土壤中的微生物，导致微生物量下降，改变种群中的微生物种类，并导致固氮能力下降。当堆肥中的重金属含量超过标准时，长期施用于农田将对土壤造成污染，并会通过食物链对人体产生危害。因此在堆肥中应对重金属含量加以控制。

(1) 堆肥对重金属形态的影响

一般来说，$MgCl_2$ 浸提的重金属是对植物最有效的、活性最强的水溶性和交换态重金属。一些研究表明，对于 Cd、Cr、Pb、Mn、Cu 和 Zn 等，随着堆肥腐熟度的增加，$MgCl_2$ 浸提的重金属量增加，对植物的毒性将有增加趋势。而添加粉煤灰和改性粉煤灰后，由于稀释和钝化作用，Cd、Ni、Mn、Cu 和 Zn 的含量呈明显降低趋势，并且随着添加粉煤灰和改性粉煤灰量的增加（由 10％增加到 25％），稀释和钝化效果更为明显。

(2) 重金属生物有效性的影响

重金属是否会对生态环境和人畜健康造成危害，关键是其生物有效性。

一般来说，堆肥中的重金属可分为水溶态、交换态（如 $CaCl_2$、$MgCl_2$ 等）、有机结合态（如 $Na_4P_2O_7$）、碳酸盐和硫化物结合态（如 DPTA、EDTA）、残渣态（如 HNO_3、HF）等。前三种形态有很高的生物有效性，后两种则较低。经过堆肥处理后，重金属的形态变化较大。有机物的组成、堆肥条件等对堆肥中重金属的形态有显著影响。一般地，经过堆肥处理后，水溶态重金属含量减少，交换态和有机结合态重金属含量增加，不同金属的残渣态的量变化不同。

重金属在土壤中的有效态含量除与土壤重金属浓度有关外，还与土壤的理化性质、化学成分和重金属的形态组成有关。金属离子的溶解度随 pH 值升高而降低，金属有机络合物的稳定性随环境 pH 值的升高而增强；土壤 pH 值对重金属的影响在于碳酸盐的形成和溶解。有毒重金属可以与土壤有机质形成不溶性的有机络合物而被保持，不受淋溶，而且相对植物来说是无效的，这样在某些环境条件下，有毒重金属离子的浓度可以通过络合而降到无毒水平。

(3) 重金属活性的控制

控制重金属污染的途径主要有两种：一是改变重金属的存在形态，使其固定，降低其可移动性和可利用性；二是将重金属去除。综合国内外控制污泥重金属污染的方法，具体的处理技术主要有以下几种：

① 利用堆肥改变重金属的形态。在堆肥处理中，有机物的组成、堆肥条件等对堆肥产品中重金属的形态有明显的影响。一般地，经过堆肥处理后，水溶态重金属的量减少，交换态和有机结合态重金属的量总的来说有所增加，而残渣态重金属的量不同的重金属变化不同，但比不同浸提剂所提取的其他形态重金属的总量大得多。有机物经过堆肥处理后，植物可利用形态大部分增加，重金属的生物有效性降低。

② 利用钝化剂钝化重金属。添加不同种类的钝化剂对重金属的有效态有明显的影响。目前常用的重金属钝化剂主要有以下三类：

磷矿粉：磷矿粉在钝化重金属的同时也可为土壤提供缓释磷肥。

石灰性物质：石灰性物质包括石灰、硅酸钙炉渣、粉煤灰等碱性物质，可提高堆肥体系的 pH 值，使重金属生成硅铝酸盐、碳酸盐、氢氧化物沉淀。

斑脱土、膨润土、合成沸石等硅铝酸盐：能降低重金属的生物可利用性。

添加粉煤灰处理，对 Cu 元素的有效价态重金属的钝化效果最好；添加粉煤灰和磷矿粉，对 Zn 元素的钝化效果最好；对于 Mn，钝化效果最好的是磷矿粉和石灰；对于 Pb，钝化效果最好的是粉煤灰和磷矿粉；对于 Cd，以粉煤灰和草炭的钝化效果最好。所以，从对有效态重金属的钝化效果来看，粉煤灰、磷矿粉、草炭是三种有效的重金属钝化剂。在实际生产及应用中，同时考虑到作物的产量、钝化剂原料的来源和价格、处理费用等问题，选择粉煤灰、磷矿粉作为钝化剂是切实可行的。

③ 化学滤取法和微生物淋滤法。利用化学滤取法和微生物淋滤法降低或去除有机物中的重金属也备受关注。化学法就是先用硫酸、盐酸或硝酸将有机物的 pH 值调至 2，然后用乙二胺四乙酸（EDTA）等络合剂将其中的重金属分离出来。该法的滤取率可达 70%，但由于投资大、操作困难并且需要大量的强酸和生石灰，难以应用到实际生产中。

经过厌氧消化后，有机物中的重金属主要是以难溶硫化物的形式存在。研究发现，重金属在其难溶硫化物中的滤取可直接或间接地在细菌的新陈代谢中得以实现。所采用的菌种主要是氧化亚铁硫杆菌（*Thiobacillus ferrooxidans*）和氧化硫硫杆菌（*Thiobacillus thiooxidans*），这些菌种属于化学自养菌，能在 Fe^{2+} 和还原态硫化物的介质中生存。通过细菌的作用，难溶金属硫化物被氧化为可溶的金属硫酸盐。虽然生物滤取的费用仅为化学法的 20%，但由于 *Thiobacillus ferrooxidans* 菌的存活介质的酸度必须在 pH=4.5 以下，实际运行中，仍需要大量的强酸对有机物进行调整。

11.2.2 制复混肥料

根据 2020 年颁布实施的《有机无机复混肥料》（GB/T 18877—2020）标准规定，复混肥料即指氮、磷、钾三种养分中至少有两种养分标明由化学方法和（或）掺混方法制成的肥料，有机无机复混肥料是指含有一定量有机肥料的复混肥料。该标准同时规定了有机无机复混肥料的主要技术指标及其限值。

从生活污水、农业污水中回收的有机物，含有大量的氮、磷、钾等营养元素，是一种优质的有机肥，但同时存在肥效较低、部分重金属含量超标等缺点。以市售的无机氮、磷、钾化肥作为辅料添加到前述的堆肥产品中制成复混肥，既可提高肥效，又起到稀释作用，降低重金属的含量。这种复混肥中有机与无机肥料结合，既可以以无机促进有机，又可以以有机保无机，减少了肥料中养分的流失，同时，也可以利用污泥富含的有机质改良土壤。

（1）复混肥的制备工艺

一般来说，从污水中回收的有机物中总养分质量分数较《有机无机复混肥料》（GB/T 18877—2020）标准的规定值低，为满足标准要求并上市出售，需投配无机原料调整氮、磷、钾等营养成分的含量，降低有害成分含量，再造粒，使其符合复混肥标准的要求，即可作为复混肥料出售、施用。

以从污水中回收的有机物为原料制复混肥前，必须要经过稳定化、无害化处理，否则将对环境造成二次污染。处理工艺必须足以杀死病原菌和虫卵，通过脱水以满足肥料加工要求，不对有机质造成破坏。

将脱水后的有机物（含水率 10% 以下）与无机原料按一定比例通过混料机或人工掺混进行配料，可根据不同的施用要求以及生产成本调节氮、磷、钾之间的比例。

（2）复混肥的技术指标

利用高温好氧发酵工艺生产有机无机复混肥，好氧微生物的代谢作用，使有机物转化为富含植物营养物的腐殖质，反应的最终代谢产物是 CO_2、H_2O 和热量，彻底解决了发酵过程的臭气、病毒、气溶胶散发问题，大量热量使物料维持持续高温（初次发酵可达到 $75\sim85℃$），降低物料的含水率，有效去除病原体、寄生虫卵和杂草种籽，从而实现有机物资源化利用的目的。

以从污水中回收的有机物为原料制提的复混肥应满足以下技术指标：

重金属指标：低于农业部标准《生物有机肥》（NY 884—2012）中对各类重金属含量的规定。

卫生学指标：应满足农业部标准《生物有机肥》（NY 884—2012）中对卫生学指标的规定。

营养指标：总养分应满足《生物有机肥》（NY 884—2012）标准，有机质含量应满足《有机无机复混肥料》（GB/T 18877—2020）标准。

▶ 11.3 制吸附材料

吸附操作在化工、医药、食品、轻工、环保等领域都有广泛的应用，吸附效果取决于所用吸附剂的性能，因此，正确选择吸附剂是确定吸附操作的首要问题。吸附剂一般分为有机物和无机物两类，最具代表性的吸附剂是活性炭。

活性炭是一种具有高度发达孔隙结构和极大比表面积的多孔材料，主要由碳元素组成，同时含有氢、氧、硫、氮等元素以及一些无机矿物质。活性炭的吸附性能与比表面积、孔容积以及孔径分布有关，同时与吸附质的性质如分子的大小等也密切相关。以微孔为主的活性炭，主要用来处理无机或小分子污染物。对于大直径分子的吸附质，由于瓶颈效应，吸附质分子不能进入活性炭微孔而被吸附于表面，比表面积大、微孔发达的活性炭并不经济适用。此外，应用于不同领域的活性炭对原料有不同的要求。例如，应用于医学或饮用水净化等领域的活性炭要求原料的灰分含量少，并对有害杂质有严格要求；而应用于污水处理的活性炭对原料的灰分、杂质没有特别要求。

对于从污水中分离回收的有机物，可采用合适的活化方法，制备用于污水处理的活性炭，减少天然材料（如果壳、煤、木材等）的消耗。活化方法有热解活化法、物理活化法、化学活化法、化学物理活化法。

11.3.1 热解活化法

热解活化法是在惰性气体的保护下，对原料直接加热制备活性炭。常用的保护气体为 N_2。

从污水中回收的有机物，其成分可分为蛋白质类、多聚糖类（如纤维素等）。在热解的初始阶段，水和一些分子量较低的物质首先气化，形成部分孔隙。300℃以上时，蛋白质开始气化，肽键开始发生反应，伴随缩聚、基团游离等系列反应，大量氮元素以小分子胺或氨的形式向气相转移，导致大量孔隙形成。390℃以上时，随着多聚糖的气化，中孔和大孔加速形成。$550\sim650℃$时，原料部分熔化，形成大孔。伴随着熔化原料的进一步软化，气体以气泡的形式逸出，可能形成很大的孔隙。

11.3.2 物理活化法

物理活化法通常采用合适的氧化性气体，如水蒸气、二氧化碳、氧气或空气等，逐步燃烧掉原料中的一部分碳，在内部形成新孔并扩大原有的孔，从而形成发达的孔隙结构。

（1）水蒸气活化

水蒸气活化反应的过程可分为四步：第一步，气相中的水蒸气向原料表面扩散；第二步，活化剂由颗粒表面通过孔隙向内部扩散；第三步，水蒸气与原料发生反应，并生成气体；第四步，反应生成的气体由内部向颗粒表面扩散。水蒸气与碳的基本反应为吸热反应，反应在750℃以上进行。反应式可表示如下：

$$C+H_2O \Longrightarrow H_2+CO\uparrow -123.09kJ \tag{11-1}$$

$$C+2H_2O \Longrightarrow 2H_2+CO_2\uparrow -79.55kJ \tag{11-2}$$

碳与水蒸气反应的主要影响因素为氢气，不受一氧化碳的影响。一般认为，炭表面吸附水蒸气后，吸附的水蒸气分解放出氢气，吸附的氧以一氧化碳的形态从炭表面脱离。吸附的氢堵塞活性点，抑制反应的进行，生成的一氧化碳与炭表面上的氧发生反应而变成二氧化碳，炭表面与水蒸气又进一步发生反应。反应式如下所示：

$$C+H_2O \Longrightarrow C+(H_2O) \tag{11-3}$$

$$C+(H_2O) \longrightarrow H_2+C(O) \tag{11-4}$$

$$C(O) \longrightarrow CO\uparrow \tag{11-5}$$

$$C+H_2 \Longrightarrow C+(H_2) \tag{11-6}$$

$$CO+C(O) \longrightarrow 2C+O_2 \tag{11-7}$$

$$CO+(H_2O) \longrightarrow CO_2+H_2+40.19kJ \tag{11-8}$$

材料中的金属或金属氧化物对碳与水蒸气的反应有催化作用，可以促进气化反应的进行。当活化温度在900℃以上时，受水蒸气在碳化物颗粒内扩散速率的影响，活化反应速率很快，水蒸气侵蚀到孔隙入口附近即被消耗完毕，难以扩散到孔隙内部，不能均匀地进行活化。相反，活化温度越低，活化反应速率越小，水蒸气越能充分地扩散到孔隙中，可以对整个炭颗粒进行均匀活化。

（2）二氧化碳活化

相比水蒸气活化，工业上较少采用二氧化碳作为活化剂，原因有两点：①二氧化碳分子较大，在孔隙中的扩散速率较慢；②二氧化碳与碳的吸热反应热较高，活化反应速率缓慢，需要850～1100℃的高温。同时，在碳与二氧化碳的反应中，反应不仅受一氧化碳的影响，还受混合物中氢气的影响。

对于二氧化碳的活化机理，关于二氧化碳如何与碳反应生成一氧化碳的部分，目前存在两种观点。

第一种观点认为，二氧化碳与碳的反应不可逆，生成的一氧化碳吸附在炭的活性位点上，当活性位点完全被一氧化碳占据时，便会阻碍反应的进行。

$$C+CO_2 \longrightarrow 2C(O) \tag{11-9}$$

$$C(O) \longrightarrow CO\uparrow \tag{11-10}$$

$$CO+C \Longrightarrow C(CO) \tag{11-11}$$

第二种观点认为，二氧化碳与碳的反应可逆，一氧化碳的浓度增加，当可逆反应达到平衡状态时，反应便不能继续进行。

$$C + CO_2 \rightleftharpoons C(CO) + CO \tag{11-12}$$

$$C(O) \longrightarrow CO\uparrow \tag{11-13}$$

物理活化法生产工艺简单，不存在设备腐蚀和环境污染等问题，制得的活性炭可不用清洗直接使用，但比表面积较低，吸附能力不强。

11.3.3 化学活化法

化学活化法是选择合适的化学活化剂加入原料中，在惰性气体保护下加热，同时进行炭化、活化的方法。按照活化剂种类，化学活化法可分为 KOH 活化法、$ZnCl_2$ 活化法、H_2SO_4 活化法和 H_3PO_4 活化法等。

(1) KOH 活化法

制备高比表面积的活性炭大多以 KOH 为活化剂。通过 KOH 与原料中的碳反应，刻蚀其中部分碳，洗涤去掉生成的盐及剩余的 KOH，在刻蚀部位出现孔。

关于 KOH 的活化机理，目前有多种观点。

① 在惰性气体中热 KOH 与含碳材料接触时，反应分两步进行：首先在低温时生成表面物种（—OK、—OOK），然后在高温时通过这些物种进行活化反应。

低温时：

$$4KOH + —CH_2— \longrightarrow K_2CO_3 + K_2O + 3H_2\uparrow \tag{11-14}$$

高温时：

$$K_2CO_3 + 2[C] \longrightarrow 2K + 3CO\uparrow \tag{11-15}$$

$$K_2O + [C] \longrightarrow 2K + CO\uparrow \tag{11-16}$$

活化过程中，一方面，通过生成 K_2CO_3 消耗碳使孔隙发展；另一方面，当活化温度超过金属钾的沸点（762℃）时，钾蒸气扩散进入不同的碳层，形成新的多层结构。气态金属钾在微晶的层片间穿行，使其发生扭曲或变形，创造出新的微孔。

② 两段活化反应机理，即中温径向活化和高温横向活化。K_2O、—O—K^+、—CO_2—K^+ 是以径向活化为主的中温活化段的活化剂及活性组分，而处于熔融状的 K^+O^-、K^+ 则是以横向活化为主的高温活化段的催化活性组分。

在 300℃ 以下的低温区，活化属于原料表面含氧基团与碱性活化剂的相互作用，生成表面物种—COK、—COOK。与此同时，更大量的反应为活化剂本身羧基脱水形成活化中心。在此基础上，继续升高温度进入中温活化阶段，主要发生活化中间体与反应物料表面的含碳物种作用，引发纵向生孔过程，形成大量微孔。进一步升高温度，进入后段活化的高温区，发生微孔内的金属钾离子活化反应，导致大孔的生成。

③ 有研究者认为，把一定量的碳材料与 KOH 混合，首先在 300～500℃ 的温度条件下进行脱水，然后在 600～800℃ 范围内活化，活化的混合物经冷却、洗涤后得到活性炭。该过程的主要反应为：

$$2KOH \longrightarrow K_2O + H_2O \tag{11-17}$$

$$C + H_2O \longrightarrow H_2 + CO \tag{11-18}$$

$$CO + H_2O \longrightarrow H_2 + CO_2 \tag{11-19}$$

$$K_2O+CO_2 \longrightarrow K_2CO_3 \tag{11-20}$$
$$K_2O+H_2 \longrightarrow 2K+H_2O \tag{11-21}$$
$$K_2O+C \longrightarrow 2K+CO \tag{11-22}$$

反应过程显示，500℃以下发生脱水反应，在 K_2O 存在的条件下，发生水煤气反应［式（11-18）］和水煤气转换反应［式（11-19）］，K_2O 为催化剂。产生的 CO_2 和 K_2O 反应，几乎完全转变成碳酸盐，产生的气体主要为 H_2，仅有极少量的 CO、CO_2、CH_4 及焦油状物质。在 800℃左右，K_2O 被氢气或碳还原，以金属钾的形式析出，钾蒸气不断进入碳层进行活化。活化过程中消耗的碳主要生成 K_2CO_3，洗涤后 K_2CO_3 完全溶解于水中，因此，活化后的产物具有很大的比表面积。

（2）$ZnCl_2$ 活化法

$ZnCl_2$ 活化法生产活性炭历史悠久，一般认为，$ZnCl_2$ 是一种脱氢剂，在一定温度下使原料中易挥发物气化脱氢；在 450～600℃时 $ZnCl_2$ 气化，$ZnCl_2$ 分子浸渍到炭的内部骨架，碳的高聚物炭化后沉积到骨架上；用酸和热水洗涤去除 $ZnCl_2$，炭成为具有巨大比表面积的多孔结构活性炭。

$ZnCl_2$ 活化过程中易挥发出氯化氢和氯化锌气体，造成严重的环境污染，并影响操作人员的身体健康，同时，$ZnCl_2$ 回收困难，回收率低，造成原材料与能耗增加，导致产品成本升高。

（3）H_2SO_4 活化法

活化剂 H_2SO_4 起降低活化温度和抑制焦油产生的作用。用 H_2SO_4 活化时，处于微晶边缘的某些分子含有不饱和键，该键与 H_2SO_4 中的 H、O 结合，形成各种含氧官能团，即表面非离子酸和表面质子酸，使制备的活性炭既能吸附极性物质，又能吸附非极性物质。由于对环境影响较小，H_2SO_4 活化法得到了广泛的应用。

（4）H_3PO_4 活化法

因 H_3PO_4 活化后处理容易、活化温度较低，所以 H_3PO_4 活化法被广泛应用于活性炭制造工业。利用核磁共振波谱（NMR）、傅里叶变换红外光谱（FTIR）对 H_3PO_4 活化过程进行分析发现，H_3PO_4 的加入降低了炭化温度，150℃时开始形成微孔，200～450℃时主要形成中孔；H_3PO_4 作为催化剂催化大分子键的断裂，通过缩聚和环化反应参与键的交联；可以通过改变热处理温度或酸与原料的比例来改变活性炭的孔隙分布，但高温条件下形成的主要是中孔。

在化学活化法中，除上述活化剂外，$NH_3 \cdot H_2O$、K_2CO_3、NaOH 也被用作活化剂。$NH_3 \cdot H_2O$ 活化法可在制得活性炭的表面引入含氮官能团，使产品的脱硫作用明显增强。K_2CO_3 活化过程中，既有 CO_2 和水蒸气的物理活化作用，又有 K_2O 的化学催化活化功能。NaOH 的活化机理与 KOH 基本一致，而且比 KOH 价格低廉，但由于 KOH 在活化过程中生成的金属钾与碳的反应活性高，而且钾蒸气容易在活化炭微粒中扩散，对活化过程起到促进作用，使得 NaOH 的活化效果不如 KOH。

11.3.4　化学物理活化法

化学物理活化法是在物理活化前对原料进行化学浸渍改性处理，提高原料活性，并在材料内部形成传输管道，有利于气体活化剂进入孔隙内进行刻蚀。化学物理活化法可通过控制浸渍比和浸渍时间制得孔径分布合理的活性炭，制得的活性炭既有较高的比表面积，又含有大量中孔，可显著提高对液相中大分子物质的吸附能力。此外，利用该方法可在活性炭表面添加特殊官能团，利用官能团的特殊化学性质，使活性炭具有化学吸附作用，提高对特定污染物的吸附能力。

综上所述，无论采用哪一种活化方法，活性炭多孔性结构的产生主要通过以下原理：

① 母体的部分性去除。通过选择性溶解或蒸发，去除具有复合结构的母体的部分成分，产生活性固体。

② 伴随着气体产生的同时发生固体热分解。该过程非常复杂，可示意为：

$$固体 A \longrightarrow 固体 B + 气体$$

在形成固体 B 时，从固体 A 形成数个微细的结晶体 B，比表面积相应增加。生成物的密度比母体密度大，发生收缩并使固体 B 的微晶体边缘变得容易形成裂缝。同时，气体析出的过程会使孔结构增加。活化剂的添加可以促进原料中的 H 和 O 结合，形成水蒸气。

③ 活化剂的去除。添加的活化剂存在于原料中，经炭化活化后，大部分活化剂仍残留于产品内部，通过清洗去除，可将活化剂所占据的空间余出变成孔隙，使产品的孔隙结构更为发达。

▶ 11.4 转化制能源

从污水中提取分离的有机物蕴含大量的化学能，因此可分别采用不同的方法，以最经济的手段将其转化为可资利用的能源，在实现环境保护的同时，实现资源的再利用。

目前，将有机物转化制取能源的技术主要有三种：热化学转化技术、物理转化技术和生物转化技术。表 11-1 所示为各种有机物转化制能源的方法及其特点。各种方法的转化过程与设备可参见《环境能源工程》（化学工业出版社，2021）。

11.4.1 热化学转化技术

热化学转化包括热化学氧化、热化学液化、热化学气化和热化学炭化等方法。

11.4.1.1 热化学氧化

热化学氧化是将从污水中分离回收的有机物在一定条件下与氧气或空气中的氧气发生氧化反应放出热量，从而实现有机物的能源化利用。根据操作条件，热化学氧化包括常压氧化和水热氧化。

（1）常压氧化

常压氧化是指在常压条件下使从污水中分离回收的有机物与氧气或空气中的氧气发生剧烈的氧化反应，从而放出热量，实现有机物的能源化利用。根据有机物的热值高低与是否能自持燃烧，常压氧化一般分为燃烧和焚烧两种操作。

① 燃烧　燃烧技术是传统的能源转化形式，是人类对能源的最早利用。对于含热值较高、能实现自持燃烧的固态有机物，可通过燃烧这种特殊的化学反应形式，将储存在其

内的化学能转换为热能，广泛应用于炊事、取暖、发电及工业生产等领域。

② 焚烧　对于某些热值较低、无法自持燃烧的有机物，可采用焚烧法，通过外加辅助燃料或改变燃料粒径等方法，使其与氧气或空气中的氧进行剧烈的化学反应，将化学能转化为热能，进而实现有机物的能源化利用。

表 11-1　各种有机物转化制能源的方法及其特点

方法			特点
热化学转化技术	热化学氧化	空气氧化	燃烧	对于热值较高、能自持燃烧的固体有机物，使其与空气中的氧进行剧烈的化学反应，放出热量
			焚烧	对于热值较低、无法自持燃烧的有机物，采取措施使其与空气中的氧进行剧烈的化学反应，放出热量
		水热氧化	湿式氧化	对于含水量较高、可以泵送的有机物，以空气为氧化剂进行剧烈氧化反应，放出热量
			超临界水氧化	对于含水量较高、可以泵送的有机物，利用超临界水的特性，使其与氧化剂发生剧烈的化学反应而放出热量
	热化学液化	热解液化		在无氧条件下将有机物加热升温，引发分子链断裂而产生焦炭、可冷凝液体和气体产物，但以液体产物产率为目标
		水热液化		以水作为介质，在一定条件下使有机物经过一系列化学过程，将其转化成液体燃料（主要是指汽油、柴油、液化石油气等液体烃类产品）的清洁利用技术
	热化学气化	热解气化		在无氧条件下将有机物加热升温，引发分子链断裂而产生焦炭、可冷凝液体和气体产物，但以气体产物产率为目标
		气化剂气化		简称气化。将有机物加热升温，在气化剂的作用下引起分子链断裂而产生焦炭、可冷凝液体和气体产物，但以气体产物产率为目标
		水热气化		以水作为介质，在一定条件下使有机物经过一系列化学过程，将其转化成气体燃料（主要成分是 H_2、CO_2、CO、CH_4、含 $C_2 \sim C_4$ 的烷烃）的清洁利用技术
	热化学炭化	热解炭化		在无氧或缺氧条件下将有机物加热升温，引发分子链断裂而产生焦炭、可冷凝液体和气体产物，但以固体产物产率为目标
		水热炭化		以水作为介质，在一定条件下使有机物经过一系列的化学过程，将其转化为生物炭的清洁利用技术
物理转化技术	制合成燃料	合成固体燃料		将固体有机物分选、粉碎、干燥后，与其他燃料混合制成高热值、高稳定性的固体燃料，也称衍生燃料
		合成浆状燃料		将固体有机物经过混合研磨加工制成具有一定流动性、可以实现管道输送、能像液体燃料那样雾化燃烧的浆状燃料
生物转化技术	生物液化	发酵制乙醇		在酶的作用下，使有机物经发酵而生成乙醇
		发酵制丁醇		在酶的作用下，使有机物经发酵而生成丁醇
	生物气化	厌氧消化产甲烷		利用微生物在厌氧条件下将有机物转化为甲烷气
		厌氧消化制氢		利用微生物在常温常压下进行酶催化反应由有机物制得氢气

（2）水热氧化

水热氧化技术是在高温高压下，以空气或其他氧化剂将有机物（或还原性无机物）在液相条件下发生氧化分解反应或氧化还原反应，放出热量，进而实现有机物的能源化利用。

根据反应所处的工艺条件，水热氧化可分为湿式空气氧化和超临界水氧化。

① 湿式空气氧化　湿式空气氧化（wet air oxidation，WAO）是以空气为氧化剂，将有机物中的溶解性物质（包括无机物和有机物）通过氧化反应而放出热量，从而实现有机物的能源化利用。由于湿式氧化的媒介是水，因此湿式氧化一般只适用于处理液态有机物和通过加水调和后可以流动及连续输送的固态有机物。

② 超临界水氧化　超临界水氧化（supercritical water oxidation，SCWO）是在水的超临界状态下，通过氧化剂（氧气、臭氧等）将有机物中的有机组分迅速氧化分解为 CO_2、H_2O 和无机盐，并放出热量，从而实现有机物的能源化利用。

与湿式空气氧化相同，超临界水氧化技术一般只适用于处理液态有机物和通过加水调和后可以流动及连续输送的固态有机物。

11.4.1.2　热化学液化

热化学液化是将有机物在一定的温度条件下经过一系列化学加工过程，使其转化成液体燃料（主要是生物油）的清洁利用技术。

根据热化学液化的工艺条件，可分为热解液化和水热液化。

(1) 热解液化

有机物热解液化的本质是热解，在无氧或缺氧条件下将有机物加热干馏，使有机物发生各种复杂的变化：低分子化的分解反应和分解产物高分子化的聚合反应等；大部分有机物通过分解、缩合、脱氢、环化等一系列反应转化为低分子油状物。

(2) 水热液化

水热液化是以水作为溶剂，将有机物经过一系列化学加工过程，使其转化成液体燃料（主要是生物油）的清洁利用技术。

11.4.1.3　热化学气化

热化学气化是指在加热和缺氧条件下，将有机物中的大分子分解转化为小分子的可燃气，从而实现有机物的能源化利用。气化处理利用技术既解决了有机物直接排放带来的环境问题，又充分利用了其能源价值。气化过程中有害气体 SO_2、NO_x 产生量较低，且产生的气体不需要大量的后续清洁设备。随着环境能源技术的不断发展，有机物气化技术独特的优点得到越来越多的关注和探索。

根据热化学气化的工艺条件，可分为热解气化、气化剂气化（通常简称为气化）和水热气化。

(1) 热解气化

在无氧或缺氧条件下将有机物加热，使其发生热裂解，经冷凝后产生利用价值较高的燃气、燃油及固体半焦，但以气体产物产率为目标。

(2) 气化剂气化

气化剂气化是在高温下将有机物与含氧气体（如空气、富氧气体或纯氧）、水蒸气或氢气等气化剂反应，使其中的有机部分转化为可燃气（主要为一氧化碳、氢气和甲烷等）的热化学反应。气化剂气化可将有机物转换为高品质的气态燃料，直接应用作为锅炉燃料或发电，产生所需的热量或电力，且能量转换效率比焚烧有较大的提高，或作为合成气进一步参与化学反应得到甲醇、二甲醚等液态燃料或化工产品。

(3) 水热气化

水热气化是以水作为溶剂，将有机物经过一系列化学加工过程，使其转化成气体燃料（主要成分是氢气、二氧化碳、一氧化碳、甲烷、$C_2 \sim C_4$ 的烷烃）的清洁利用技术。

11.4.1.4 热化学炭化

热化学炭化是将有机物在一定的温度条件下加热升温，引起分子分解而产生焦炭、可冷凝液体和气体产物，但以固体产物产率为目标。

根据热化学炭化的工艺条件，可分为热解炭化和水热炭化。

(1) 热解炭化

在无氧或缺氧条件下将有机物加热至 500℃ 以上，对其加热干馏，使有机物发生热裂解，经冷凝后产生利用价值较高的燃气、燃油及固体半焦，但以固体产物产率为目标。

(2) 水热炭化

是以水作为反应介质，在一定条件下使有机物经过一系列复杂的化学反应转化为生物炭的过程。

11.4.2 物理转化技术

物理转化技术是根据从污水中分离回收的有机物的特性，通过添加一系列其他物质而制成合成燃料。根据合成燃料状态的不同，物理转化技术可分为合成固体燃料技术和合成浆状燃料技术两大类。

(1) 合成固体燃料技术

也称固体衍生燃料技术。对于从污水中分离回收的有机物，如果其发热量低，挥发分比较少，灰分含量比较高，则较难着火，难以满足直接在锅炉中燃烧的条件，此时，可向其中加入能降低含水率的固化剂和促进燃烧的添加剂，以改善合成燃料的燃烧性能。得到的混合物称为合成固体燃料，其低位热值、固化效率、燃烧速率以及燃烧臭气释放等指标可满足普通固态燃料。

(2) 合成浆状燃料技术

合成浆状燃料技术是以从污水中分离回收的有机物为原料，通过向其中加入煤粉、燃料油及脱硫剂，经过混合研磨加工制成的具有一定流动性，可以通过管道用泵输送，能像液体燃料那样雾化燃烧的浆状燃料的技术。

11.4.3 生物转化技术

生物转化技术是依靠微生物或酶的作用，对从污水中分离回收的有机物进行生物转化，实现能源化利用。

根据制备产品的特性，有机物生物转化技术可分为生物液化技术和生物气化技术。

(1) 生物液化技术

有机物生物液化技术是以有机物为原料，在生物酶的作用下，经发酵、蒸馏制成液体燃料（如乙醇、丁醇等）。

（2）生物气化技术

有机物生物气化技术是以有机物为原料，在微生物的作用下，通过厌氧消化而制得气态燃料，最典型的有机物生物气化技术是厌氧消化制沼气和厌氧消化制氢。

① 有机物厌氧消化制沼气。有机物厌氧消化是指富含碳水化合物、蛋白质和脂肪的有机物在厌氧条件下，依靠厌氧微生物的协同作用转化成甲烷、二氧化碳、氢及其他产物的过程。整个转化过程可分成三个步骤：首先将不可溶的有机物转化为可溶化合物，然后将可溶化合物转化成短链酸与乙醇，最后经各种厌氧菌作用转化成气体（沼气），一般最后的产物含有 $50\%\sim80\%$ 的甲烷，最典型的产物为含 65% 的甲烷与 35% 的 CO_2，热值可高达 $20MJ/m^3$，是一种优良的气体燃料。

② 有机物厌氧消化制氢。有机物厌氧消化制氢是以有机物为原料，利用产氢微生物通过光能或发酵途径生产氢气的过程。将从污水中分离回收的有机物作为制氢原料，对于缓解日益紧张的能源供需矛盾和环境污染问题具有特殊的意义。

📖 参考文献

[1] 廖传华，王银峰，高豪杰，等.环境能源工程 [M].北京：化学工业出版社，2021.

[2] 廖传华，杨丽，郭丹丹.污泥资源化处理技术及设备 [M].北京：化学工业出版社，2021.

[3] 廖传华，米展，周玲，等.物理法水处理过程与设备 [M].北京：化学工业出版社，2016.

[4] 廖传华，王万福，吕浩，等.污泥稳定化与资源化的生物处理技术 [M].北京：中国石化出版社，2019.

[5] 李东光.工业废弃物回收利用案例 [M].北京：中国纺织出版社，2010.

第12章

无机物的分离与回收

含无机物的污水主要是各类工业污水，对于有利用价值的无机物，可根据其存在的状态与性质，分别采用不同的方法进行提取回收。

① 对于溶解态的无机物，可根据其在水中溶解度随温度的变化特性而采用蒸发浓缩、结晶的方法进行分离回收，也可根据污水中各组分对膜的渗透速率的差异而采用膜分离的方法进行分离回收。采用这两种方法分离回收的无机物，基本都保持了其原有的性状。但对于某些无机物，这两种方法都不适用时，可采用化学沉淀的方法，通过添加其他物质与其发生化学反应生成与水不溶的物质，再采用过滤等方法而加以分离回收。

② 对于不溶的无机物，可根据其特性采用过滤（包括机械过滤和膜过滤）的方法将其进行分离回收。回收的无机物基本都保持了其原有的性状。

▶ 12.1 蒸发浓缩法回收无机物

蒸发是将污水加热至沸腾，使之在沸腾状态下蒸发，从而达到浓缩或提取污水中溶质的目的，大多用于提取污水中的无机组分。蒸发操作所用的设备称为蒸发器。

12.1.1 污水蒸发的优缺点

污水的蒸发操作主要采用饱和水蒸气加热。若污水的黏度较高，也可以采用烟道气直接加热。蒸发操作中污水汽化所生成的蒸汽称为二次蒸汽，以区别于加热用的蒸汽。二次蒸汽必须不断地用冷凝等方法加以移除，否则蒸汽和溶液渐趋平衡，致使蒸发操作无法进行。

按操作压力，蒸发可分为常压、加压和减压蒸发操作。减压蒸发也称真空蒸发，其优点有：

① 水的沸点降低，蒸发器的传热推动力增大，因而对一定的传热量，可以节省蒸发器的传热面积；

② 蒸发的热源可以采用低压蒸汽或废热蒸汽，蒸发器的热损失可减少；

③ 适用于处理含热敏性物料的污水。

真空蒸发的缺点有：

① 因水的沸点降低，使黏度增大，导致总传热系数下降；

② 需要有造成减压的装置，并消耗一定的能量。

12.1.2　污水蒸发的工艺流程

按效数（蒸汽利用次数）可将蒸发过程分为单效蒸发与多效蒸发。若蒸发产生的二次蒸汽直接冷凝不再利用，称为单效蒸发。若将二次蒸汽作为下一效蒸发的加热用蒸汽，并将多个蒸发器串联，此蒸发过程即为多效蒸发。

12.1.2.1　单效蒸发工艺流程

图 12-1 所示为单效真空蒸发流程。图中 1 为蒸发器的加热室。加热蒸汽在加热室的管间冷凝，放出的热量通过管壁传给管内的溶液。被蒸发浓缩后的完成液由蒸发器的底部排出。蒸发时产生的二次蒸汽至混合冷凝器 3 与冷却水相混合而被冷凝，冷凝液由混合冷凝器的底部排出。不凝性气体经分离器 4 和缓冲罐 5 后由真空泵 6 抽出排入大气。

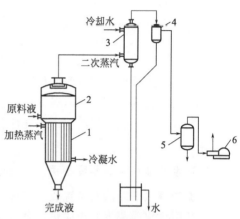

图 12-1　单效真空蒸发流程
1—加热室；2—分离室；3—混合冷凝器；
4—分离器；5—缓冲罐；6—真空泵

蒸发的污水常具有某些特性且随蒸发过程而变化，如某些污水在蒸发时易结垢或析出结晶；某些污水中的热敏性物料易在高温下分解和变质；某些污水具有高的黏度和强腐蚀性等。应根据污水中所含物料的性质和工艺条件，选择适宜的蒸发方法和设备。

污水蒸发操作中往往要求蒸发大量的水分，因此需消耗大量的加热蒸汽。如何节约热能，即提高加热蒸汽的利用率，也是应予以考虑的问题。

12.1.2.2　多效蒸发工艺流程

按加料方式不同，常见的多效操作流程（以三效为例）有以下几种：

（1）并流（顺流）加料法的蒸发流程

并流加料法是最常见的蒸发流程。由三个蒸发器组成的三效并流加料的蒸发流程如图 12-2 所示。溶液和蒸汽的流向相同，即均由第一效顺序流至末效，故称为并流加料法。生蒸汽通入第一效加热室，蒸发出的二次蒸汽进入第二效的加热室作为加热蒸汽，第二效的二次蒸汽又进入第三效的加热室作为加热蒸汽，第三效（末效）的二次蒸汽则送至冷凝器被全部冷凝。原料液进入第一效，浓缩后由底部排出，依次流入第二效和第三效被连续浓缩，完成液由末效的底部排出。

并流加料法的优点是：①后一效蒸发室的压强比前一效的低，溶液在效间输送可以利用各效间的压强差，而不必另外用泵；②后一效溶液的沸点比前一效的低，前一效的溶液进入后一效时会因过热而自行蒸发（常称为自然蒸发或闪蒸），可产生较多的二次蒸汽。

并流加料法的缺点是：由于后一效溶液的浓度较前一效的高，且温度又较低，所以沿溶液流动方向其浓度逐效增高，致使传热系数逐渐下降，此种情况在后二效尤为严重。

（2）逆流加料法的蒸发流程

图 12-3 为三效逆流加料蒸发装置流程。原料液由末效进入，用泵依次输送至前一效，

完成液由第一效底部排出，而加热蒸汽的流向仍是由第一效顺序至末效。因蒸汽和溶液的流动方向相反，故称为逆流加料法。

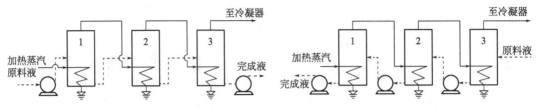

图12-2　并流加料三效蒸发装置流程　　　　图12-3　三效逆流加料蒸发装置流程

逆流加料法的主要优点是随着逐效溶液浓度的不断提高，温度也相应升高，因此各效溶液的黏度较为接近，使各效的传热系数也大致相同。其缺点是效间溶液需用泵输送，能量消耗较大，且因各效的进料温度均低于沸点，产生的二次蒸汽量也较少。

一般说来，逆流加料法宜用于处理黏度随温度和浓度变化较大的溶液，而不宜于处理热敏性的溶液。

（3）平流加料法的蒸发流程

平流加料法三效蒸发装置流程如图12-4所示。原料液分别加入各效中，完成液也分别自各效中排出。蒸汽的流向仍是由第一效流至末效。此种流程适用于处理蒸发过程中伴有结晶析出的溶液。例如某些盐溶液的浓缩，因为有结晶析出，不便于在效间输送，则宜采用平流加料法。

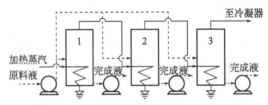

图12-4　平流加料法三效蒸发装置流程

除以上几种流程外，还可以根据具体情况采用上述基本流程的变形，例如，NaOH水溶液的蒸发，亦有采用并流和逆流相结合的流程。此外，在多效蒸发中，有时并不将每一效所产生的二次蒸汽全部引入次一效作为加热蒸汽用，而是将其中一部分引出用于预热原料液或用于其他和蒸发操作无关的传热过程。引出的蒸汽称为额外蒸汽。但末效的二次蒸汽因其压强较低，一般不再引出作为它用，而是全部送入冷凝器。

12.1.3　蒸发器的类型

工业应用的蒸发器有很多种，不同类型的蒸发器，各有其特点，它们对不同物料的适应性也不相同，选型时必须综合考虑生产任务和污水的特性。

12.1.3.1　自然循环型蒸发器

其特点是溶液在蒸发器中循环流动，因而可以提高传热效率。根据引起溶液循环运动的原因，又分为自然循环型和强制循环型两类。前者是由溶液受热程度的不同产生密度差而引起的；后者是由外加机械（泵）迫使溶液沿一定方向流动。

自然循环型蒸发器的主要类型有以下几种。

（1）中央循环管式蒸发器

又称标准式蒸发器，结构如图 12-5 所示，主要由加热室、分离室、蒸发室、中央循环管和除沫器组成。加热室由直立的加热管（又称沸腾管）束组成。在管束中间有一根直径较大的管子（中央循环管）。中央循环管的截面积较大，一般为管束总截面积的 40%～100%，其余管径较小的加热管称为沸腾管。这类蒸发器受总高限制，通常加热管长为 1～2m，直径为 25～75mm，管长和管径之比为 20～40。

当加热蒸汽（介质）在管间冷凝放热时，由于加热管束内单位体积溶液的传热面积远大于中央循环管内溶液的受热面积，因此，管束中溶液的相对汽化率就大于中央循环管的汽化率，管束中气液混合物的密度远小于中央循环管内气液混合物的密度，造成了混合液在管束中向上、在中央循环管内向下的自然循环流动，提高了传热系数，强化了蒸发过程。混合液的循环速度与密度差和管长有关：密度差越大，加热管越长，循环速度就越大。

中央循环管蒸发器的主要优点是：构造简单、紧凑，制造方便，操作可靠，传热效果较好，投资费用较少。其缺点是：清洗和检修麻烦，溶液的循环速度较低，一般在 0.5m/s 以下，且因溶液的循环使蒸发器中溶液浓度总是接近于完成液的浓度，黏度较大，溶液的沸点高，传热温度差减小，影响了传热效果。

中央循环管蒸发器适用于粒度适中、结垢不严重、有少量结晶析出及腐蚀性不大的场合。

（2）悬筐式蒸发器

悬筐式蒸发器的结构如图 12-6 所示。因加热室像悬挂在蒸发器壳体内下部的筐，故名为悬筐式。该蒸发器中溶液循环的原因与标准式蒸发器的相同，但循环的通道是沿加热室与壳体所形成的环隙下降而沿沸腾管上升，不断循环流动。环形截面积约为沸腾管总截面积的 100%～150%，因而溶液循环速度较标准式蒸发器的要大，为 1～1.5m/s。因为与蒸发器外壳接触的是温度较低的沸腾液体，所以热损失较少。此外，加热室可由蒸发器的顶部取出，便于检修和更换。缺点是结构较复杂，单位传热面积的金属耗量较多等。它适用于蒸发易结垢或有结晶析出的溶液。

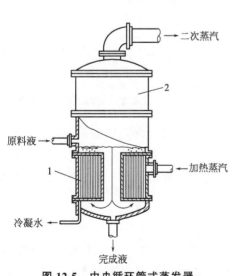

图 12-5 中央循环管式蒸发器
1—加热室；2—分离室

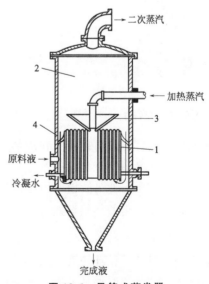

图 12-6 悬筐式蒸发器
1—加热室；2—分离室；3—除沫室；4—环形循环通道

（3）外热式蒸发器

外热式蒸发器如图 12-7 所示，由加热室 1、分离室 2 和循环管 3 组成，主要特点是把加热器与分离室分开安装，加热室安装在分离室的外面，因此不仅便于清洗和更换，而且还有利于降低蒸发器的总高度。这种蒸发器的加热管较长（管长与管径之比为 50：100），而且循环管又没有受到蒸汽的加热，因此溶液循环速度较大，可达 1.5m/s，既利于提高传热系数，也利于减轻结垢。

（4）列文蒸发器

列文蒸发器如图 12-8 所示，主要由加热室 1、沸腾室 2、分离室 3、循环管 4 和挡板 5 组成。主要特点是在加热室的上部增设了一段高度为 2.7～5m 的直管作为沸腾室。由于受到附加的液柱静压强的作用，溶液不在加热管中沸腾，而是在溶液上升至沸腾室所受压强降低后才开始沸腾，这样可减少溶液在加热管壁上因析出结晶而结垢的机会，传热效果好。沸腾室内装有挡板以防止气泡增大，并可达到较大的流速。另外，因循环管在加热室的外部，使溶液的循环推动力较大，循环管的高度一般为 7～8m，截面积约为加热管总截面积的 200%～350%，致使循环系统的阻力较小，因而溶液循环速度可高达 2～3m/s。

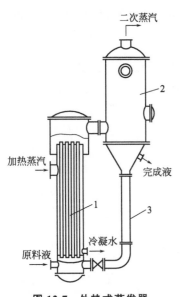

图 12-7　外热式蒸发器

1—加热室；2—分离室；3—循环管

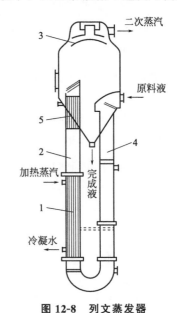

图 12-8　列文蒸发器

1—加热室；2—沸腾室；3—分离室；4—循环管；5—挡板

列文蒸发器的优点是可以避免在加热管中析出晶体，减轻加热管表面上污垢的形成，传热效果较好，尤其适用于处理有结晶析出的溶液。缺点是设备庞大，消耗的金属材料较多，需要高大的厂房。此外，由于液柱静压强引起的温差损失较大，因此要求加热蒸汽的压强较高，以保持一定的传热温差。

12.1.3.2　强制循环蒸发器

自然循环蒸发器的循环速度一般都较低，尤其在蒸发高黏度、易结垢及有大量结晶析出的溶液时更低。为提高循环速度，可采用由循环泵进行强制循环的强制循环蒸发器，其结构如图 12-9 所示。

强制循环蒸发器的循环速度为 1.5～5m/s，其优点是传热系数大、抗盐析、抗结垢，适用性能好，易于清洗，缺点是造价高，溶液的停留时间长。为了抑制加热区内的汽化，传入的全部热量以显热形式从加热区携出，循环液的平均温度较高，从而降低了总的有效传热温差。但该蒸发器的动力消耗较大，传热面积耗费功率约为 0.4～0.8kW/m^2。

强制循环蒸发器用在处理黏性、有结晶析出、容易结垢或浓缩程度较高的溶液，它在真空条件下操作的适应性很强。但是采用强制循环方式总是有结垢产生，所以仍需要洗罐，只是清洗的周期比较长。另外，蒸发器内溶液的滞留量大，物料在高温下停留时间长，这对处理热敏性物料是非常不利用。

12.1.3.3 单程型蒸发器

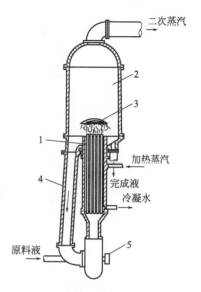

图 12-9　强制循环蒸发器
1—加热室；2—分离室；3—除沫器；
4—循环管；5—循环泵

也称液膜式蒸发器，其特点是溶液沿加热管呈膜状流动而进行传热和蒸发，一次通过加热室即达到所需的浓度，可不进行循环，溶液停留时间短，停留时间仅数秒或十几秒。另外，离开加热器的物料又得到及时冷却，因此特别适用于热敏性溶液的蒸发；温差损失较小，表面传热系数较大。但在设计或操作不当时不易成膜，热流量将明显下降，不适用于易结晶、结垢物料的蒸发。

根据物料在蒸发器内的流动方向和成膜原因不同，它可分为下列几种类型。

(1) 升膜式蒸发器

升膜式蒸发器如图 12-10 所示。加热室由一根或多根垂直长管组成。原料液经预热后由蒸发器的底部进入加热管内，加热蒸汽在管外冷凝。当原料液受热沸腾后迅速汽化，所生成的二次蒸汽在管内以高速上升，带动料液沿管内壁成膜状向上流动，并不断地蒸发汽化，加速流动，气液混合物进入分离器后分离，浓缩后的完成液由分离器底部放出。这种蒸发器需要精心设计与操作，即加热管内的加热蒸汽应具有较高速度，并获得较高的传热系数，使料液一次通过加热管即达到预定的浓缩要求。

通常在常压下，管上端出口处的二次蒸汽速度不应小于 10m/s，一般应保持为 20～50m/s，减压操作时速度可达 100～160m/s 或更高。常用的加热管径为 25～50mm，管长与管径之比为 100～150，这样才能使加热面供应足够成膜的气速。浓缩倍数达 4 倍，蒸发强度达 60kg/(m^2·h)，传热系数达 1200～6000W/(m^2·℃)。

升膜式蒸发器适用于蒸发量较大（较稀的溶液）、热敏性、黏度不大及易生泡沫的溶液，不适用于高黏度、有晶体析出或易结垢的溶液。

(2) 降膜式蒸发器

降膜式蒸发器如图 12-11 所示，由加热器、分离器与液体分布器组成。它与升膜式蒸发器的区别是原料液由加热室的顶部加入，经分布器分布后，在重力作用下沿管内壁呈膜状下降，并在下降过程中被蒸发增浓，气液混合物流至底部进入分离器，完成液由分离器的底部排出。

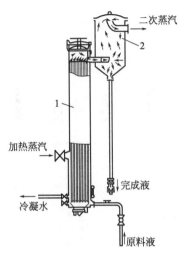

图 12-10 升膜式蒸发器
1—加热室；2—分离室

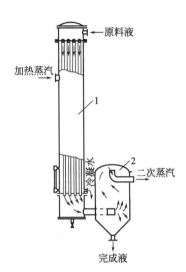

图 12-11 降膜式蒸发器
1—加热室；2—分离室

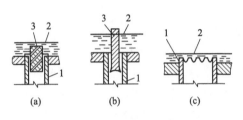

图 12-12 降膜分布器
1—加热管；2—液面；3—导流管

在每根加热管的顶部必须设置降膜分布器，以保证溶液呈膜状沿管内壁下降。降膜分布器的形式有多种，图 12-12 所示的为三种较常用的形式。图 12-12（a）的导流管为一有螺旋形沟槽的圆柱体；图 12-12（b）的导流管下部是圆锥体，锥体底面向内凹，以免沿锥体斜面流下的液体再向中央聚集；图 12-12（c）所示的为液体通过齿缝沿加热管内壁成膜状下降。

升膜式和降膜式蒸发器的比较：

① 降膜式蒸发器没有静压强效应，不会由此引起温度差损失；同时沸腾传热系数和温差关系不大，即使在较低的传热温差下，传热系数也较大，因而对热敏性溶液的蒸发，降膜式较升膜式更为有利。

② 降膜式产生膜状流动的原因与升膜式的不同，前者是由于重力作用及液体对管壁的亲润力而使液体成膜状沿管壁下流，而不取决于管内二次蒸汽的速度，因此降膜式适用于蒸发量较小的场合，例如某些二效蒸发设备，常是第一效采用升膜式，而第二效采用降膜式。

③ 由于降膜式是借重力作用成膜的，为使每根管内液体均匀分布，因此蒸发器的上部有降膜分布器。分布器应尽量安装得水平，以免液膜流动不均匀。

设计和操作这种蒸发器的要点是：尽量使料液在加热管内壁形成均匀的液膜，并且不能让二次蒸汽由管上端窜出。如果料液经过一次蒸发不能达到浓度要求，在某些场合也允许液体的再循环，如图 12-13 所示。

通常，降膜蒸发器的管径为 20～50mm，管长与管径之比为 50～70，有的甚至达到 300 以上。蒸发器的浓缩倍数可达 7 倍，最适宜的蒸发量不大于进料量的 80%，要求浓缩比较大的场合可以采用液体再循环的方法。蒸发强度达 80～100 kg/(m^2 · h)，传热系数达 1200～3500W/(m^2 · ℃)。

降膜蒸发器可用于蒸发黏度较大（0.05～0.45Pa · s）、浓度较高的溶液，加热管内高速流动的蒸汽使产生的泡沫极易破坏消失，适用于容易发泡的料液，但不适于处理易结晶和易结垢的溶液，这是因为这种溶液形成均匀液膜比较困难，传热系数也不高。

降膜蒸发器的关键问题是料液应该均匀分配到每根换热管的内壁，当不够均匀时，会出现有些管子液量很多、液膜很厚、溶液蒸发的浓缩比很小，或者有些管子液量很小、浓缩比很大，甚至没有液体流过而造成局部或大部分干壁现象。为使液体均匀分布于各加热管中，可采用不同结构形式的料液分配器。

降膜蒸发器安装时应该垂直安装，避免料液分布不均匀和沿管壁流动时产生偏流。

（3）升-降膜蒸发器

将升膜式蒸发器和降膜式蒸发器装置在一个外壳中，即构成升-降膜式蒸发器，如图12-14 所示。原料液经预热后进入蒸发器的底部，先经升膜式的加热室上升，然后由降膜式的加热室下降，在分离器中气、液分离后，完成液即由分离器的底部排出。

这种蒸发器适用于蒸发过程中溶液浓度变化较大或是厂房高度受一定限制的场合。

（4）刮板式搅拌薄膜蒸发器

其结构如图12-15 所示，主要由电加热夹套和刮板组成。

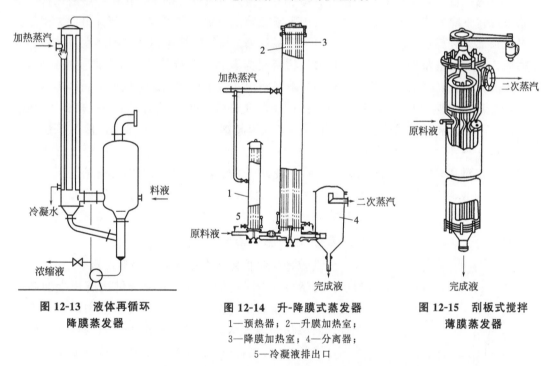

图12-13　液体再循环降膜蒸发器

图12-14　升-降膜式蒸发器
1—预热器；2—升膜加热室；
3—降膜加热室；4—分离器；
5—冷凝液排出口

图12-15　刮板式搅拌薄膜蒸发器

刮板装在可旋转的轴上，轴要有足够的机械强度，挠度不超过 0.5mm，刮板和加热夹套内壁保持很小间隙，通常为 0.5～1.5mm，很可能由于安装或轴承的磨损，造成间隙不均，甚至出现刮板卡死或磨损的现象，因此刮板最好采用塑料刮板或弹性支撑。刮板与轴的夹角称为导向角，一般都装成与旋转方向相同的顺向角度，以帮助物料向下流。角度的大小可根据物料的流动性能来变动，一般为 10°左右，角度越大，物料的停留时间越短。有时为了防止刮板的加工或安装等困难，采用分段变化导向角的刮板。

蒸发室（夹套加热室）是一个夹套圆筒，加热夹套的设计可根据工艺要求与加工条件而定。当浓缩比较大、加热蒸发室长度较大时，可采用分段加热区，采用不同的加热温度来蒸发不同的物料，以保证产品质量。但如果加热区过长，那么加工精度和安装准确度难以达到设备的要求。

圆筒的直径一般不宜过大，虽然直径加大可相应地加大传热面积，但同时加大了转动轴传递的力矩，大大增加了功率消耗。为了节省动力消耗，一般刮板蒸发器都造成长筒形。但直径过小既减小了加热面积，同时又使蒸发空间不足，从而造成蒸汽流速过大，雾沫夹带增加，特别是对泡沫较多的物料影响更大。因此一般选择在 300～500mm 为宜。

蒸发器加热室的圆筒内表面必须经过精加工，圆度偏差在 0.05～0.2mm。蒸发器上装有良好机械轴封，一般为不透性石墨与不锈钢的端面轴封，安装后进行真空试漏检查，将器内抽真空达 0.5～1mmHg（1mmHg＝133.322Pa）绝对压力后，相隔 1h，绝对压力上升不超过 4mmHg；或抽真空到 700mmHg，关闭真空抽气阀门，主轴旋转 15min 后，真空度跌落不超过 10mmHg，即符合要求。

刮板蒸发器壳体的下部装有加热蒸汽夹套，内部装有可旋转的搅拌叶片，叶片与外壳内壁的缝隙为 0.75～1.5mm。夹套内通加热蒸汽，料液经预热后由蒸发器上部沿切线方向加入器内，被叶片带动旋转，由于受离心力、重力以及叶片的刮带作用，溶液在管内壁上形成旋转下降的液膜，并在下降过程中不断被蒸发浓缩，完成液由底部排出，二次蒸汽上升至顶部经分离器后进入冷凝器。改变刮板沟槽的旋转方向可以调节物料在蒸发器的处理时间，且在真空条件下工作，对热敏性物料更为有利，保持各种成分不产生任何分解，保证产品质量。在某些场合下，这种蒸发器可将溶液蒸干，在底部直接得到固体产品。

通常刮板式蒸发器的设备长径比为 5：8，浓缩倍数达到 3 倍，蒸发强度达 200kg/（m² · h），刮板末端的线速度为 4～10m/s，刮板转速为 50～1600r/min，传热系数可达 6000W/（m² · ℃），物料加热时间短，约 5～10s 之间。刮板式蒸发器是一种适应性很强的蒸发器，对高黏度（可高达 100Pa · s）、热敏性、易结晶、易结垢的物料都适用。缺点是结构复杂（制造、安装和维修工作量大），动力消耗较大。另外，该蒸发器的传热面积一般为 3～4m²，最大的不超过 20m²，因此处理能力较小。

12.1.3.4 浸没燃烧蒸发器

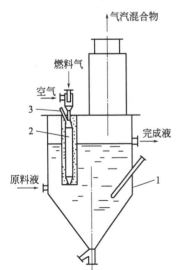

图 12-16　浸没燃烧蒸发器
1—外壳；2—燃烧室；3—点火管

浸没燃烧蒸发器又称直接接触传热蒸发器，如图 12-16 所示。将燃料（煤气或油）与空气混合燃烧所产生的高温烟气直接喷入被蒸发的溶液中，以蒸发溶液中的水分。由于气、液两相间温差大，而且喷气产生剧烈的搅动，使溶液迅速沸腾汽化，蒸发的水分和废烟气一起由蒸发器的顶部排出。燃烧室在溶液中的浸没深度为 200～600mm。燃烧温度可高达 1200～1800℃，喷嘴因在高温下使用，较易损坏，应选择适宜的材料，结构上应考虑便于更换。

浸没燃烧蒸发器的优点是由于直接接触传热，热利用率高；没有固定的传热面，故结构简单。该蒸发器特别适用于处理易结晶、易结垢或有腐蚀性的溶液，但不适用于处理热敏性或不能被烟气污染的物料。

12.1.4 蒸发器的设计

不同类型的蒸发器，各有其特点，它们对不同溶液的适用性也不相同。被蒸发溶液的性质，不仅是选型的依据，而且也是设计计算和操作管理中必须考虑的重要因素。

蒸发器的设计程序是：①依据溶液的性质及工艺条件，确定蒸发的操作条件（如加热蒸汽的压强和冷凝器的压强等）及蒸发器的型式、流程和效数（最佳效数要做衡算）；②依据物料衡算和焓衡算，计算加热蒸汽消耗量及各效蒸发量；③求出各效的总传热系数、传热量和传热的有效温差，从而计算各效的传热面积；④根据传热面积和选定的加热管的直径和长度，计算加热管数，确定管心距和排列方式，计算加热室外壳直径；⑤确定分离室的尺寸；⑥其他附属设备的计算或确定。

（1）加热室

由计算得到的传热面积，可按列管式换热器设计。管径一般以 25～70mm 为宜，管长一般以 2～4m 为宜，管心距取为 $(1.25～1.35)d_0$，加热管的排列方式采用正三角形或同心圆排列。管数可由作图法或计算法求得，但其中中央循环管所占据面积的相应管数应扣除。

（2）循环管

中央循环管式：循环管截面积取加热管总截面积的 40％～100％。加热面积较小者应取较大的百分数。

悬筐式：循环流道截面积为加热管总截面积的 100％～150％。

外热式的自然循环蒸发器：循环管的大小可参考中央循环管式来决定。

（3）分离室

分离室高度 H：一般根据经验确定，通常采用高径比 $H/D=1～2$；对中央循环管式和悬筐式蒸发器，分离室的高度不应小于 1.8m，才能基本保证液沫不被蒸汽带出。

分离室直径 D：可按蒸发体积强度法计算。蒸发体积强度就是指单位时间从单位体积分离室中排出的一次蒸汽体积，一般取 $1.1～1.5m^3/(s \cdot m^3)$。由选定的蒸发体积强度值和每秒钟蒸发出的二次蒸汽体积即可求得分离室的体积。若分离室的高度已定，则可求得分离室的直径。

▶ 12.2 结晶法回收无机物

结晶是从过饱和溶液中析出具有结晶性的固体物的过程。结晶过程可分为溶液结晶、熔融结晶、升华结晶及沉淀结晶四大类，其中溶液结晶是污水处理行业最常采用的方法。

12.2.1 结晶法的分类

按过饱和度形成的方式，溶液结晶可分为两大类：不移除溶剂的结晶法和移除部分溶剂的结晶法。

（1）不移除溶剂的结晶法

亦称冷却结晶法，它基本上不去除溶剂，溶液的过饱和度借助冷却获得，适用于溶解度随温度降低而显著下降的物系，例如 KNO_3、$NaNO_3$、$MgSO_4$ 等。对于溶质浓度很高的污水，常采用直接对污水进行降温冷却的方法产生过饱和溶液，而使无机组分结晶析出。

（2）移除部分溶剂的结晶法

也称浓缩结晶法。按照具体操作的情况，可分为蒸发结晶法和真空冷却结晶法。蒸发结晶是将溶剂部分汽化，使溶液达到过饱和而结晶。此法适用于溶解度随温度变化不大的物系或温度升高溶解度降低的物系，如氯化钠、无水硫酸钠等溶液；真空冷却结晶是使溶液在真空状态下绝热蒸发，一部分溶剂被除去，溶液则因为溶剂汽化带走了一部分潜热而降低了温度。此法实质上兼有蒸发结晶和冷却结晶的特点，适用于具有中等溶解度的物系如氯化钾、溴化钾等溶液。对于溶质浓度较低的污水，大多是采用蒸发结晶法，即采用蒸发浓缩的方法产生过饱和溶液而使无机组分结晶析出。

此外，也可按照操作是否连续，将结晶操作分为间歇式结晶设备和连续式结晶设备两种。间歇式结晶设备比较简单，结晶质量好，结晶产率高，操作控制也比较方便，但设备利用率低，操作劳动强度较大。连续结晶设备比较复杂，结晶粒子比较细小，操作控制比较困难，消耗动力较多，若采用自动控制，则可得到广泛应用。按有无搅拌装置可分为搅拌式和无搅拌式等。

12.2.2 结晶设备的选型

根据结晶的方法，结晶器可分为不移除溶剂的结晶器和移除部分溶剂的结晶器。

12.2.2.1 不移除溶剂的结晶器

不移除溶剂的结晶器也称冷却结晶器，是通过使器内溶液冷却而结晶的设备。这类结晶器主要有搅拌釜式结晶器和长槽搅拌式连续结晶器。

（1）搅拌釜式结晶器

搅拌釜式结晶器是在敞开的槽或结晶釜中安装搅拌器，如图 12-17 所示，使结晶器内温度比较均匀，得到的晶体虽小但粒度较均匀，可缩短冷却周期，提高生产能力。

搅拌釜式冷却结晶器的形式很多，目前应用较广的是图 12-18 所示的间接换热釜式结晶器。图中（a）、（b）为内循环式，实质上就是一个普通的夹套式换热器，多数装有某种搅拌装置，以低速旋转，冷却结晶所需冷量由夹套内的冷却剂供给，换热面积较小，换热量也不大；图中（c）为外循环式，所需冷量由外部换热器的冷却剂供给，溶液用循环泵强制循环，所以传热系数大，而且还可以根据需要加大换热面积，但必须选用合适的循环泵，以避免悬浮晶体的磨损破碎。这两种结晶器可连续操作，亦可间歇操作。

间接换热釜式结晶器的结构简单，制造容易，但冷却表面易结垢而导致换热效率下降。为克服这一缺点，有时采用直接接触式冷却结晶，即溶液直接与冷却介质相混合。常用的冷却介质为乙烯、氟利昂等惰性的液态烃。

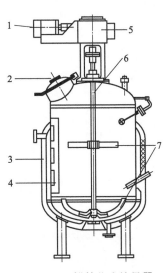

图 12-17 搅拌釜式结晶器
1—电动机；2—进料口；
3—冷却夹套；4—挡板；
5—减速器；6—搅拌轴；
7—搅拌器

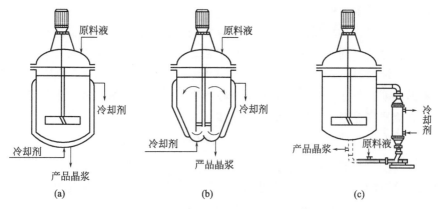

图 12-18　间接换热釜式结晶器

搅拌器的形式很多，设计时应根据溶液流动的需要和功率消耗情况来选择。若当溶液较稀，加入晶种粒子较粗，运转过程中晶种悬浮且量较小而得出的结晶细小，产率较低，且槽底结晶沉积不均匀时，可将直叶改成倾斜，使溶液在搅拌时产生一个向上的运动，增加晶种的悬浮运动，减少晶种沉积，可使结晶粒子明显增大，提高产率。

搅拌釜式结晶器必须垂直安装，其偏差不应大于 10mm，否则设备在操作时振动较大，影响搅拌器传动装置的垂直性、同心性和水平性，使传动功率增大，甚至不能转动。传动装置必须保持转轴的垂直、同心和水平，在安装时应用水平仪进行检查，安装后要进行水压试验，不应有渗漏现象。

（2）长槽搅拌式连续结晶器

长槽搅拌式连续结晶器如图 12-19 所示，其主体是一个敞口或闭式的长槽，底部半圆形。槽外装有水夹套，槽内则装有长螺距低转速螺带搅拌器。全槽常由 2～3 个单元组成。工作原理是：热而浓的溶液由结晶器的一端进入，并沿槽流动，夹套中的冷却水与之做逆流间接接触。由于冷却作用，若控制得当，溶液在进口处附近即开始产生晶核，这些晶核随着溶液的流动而长成晶体，最后由槽的另一端流出。

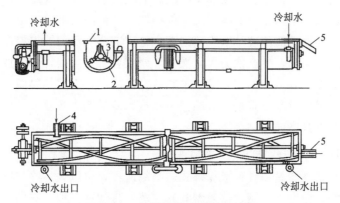

图 12-19　长槽搅拌式连续结晶器
1—结晶槽；2—水槽（冷却水夹套）；3—搅拌器；4、5—接管

长槽搅拌式连续结晶器具有结构较简单、可节省地面和材料，连续操作、生产能力大、劳动强度低，产生的晶体粒度均匀、大小可调节等优点，适用于葡萄糖、谷氨酸钠等

卫生条件较高、产量较大的结晶。

采用长槽搅拌式连续结晶器，当晶体颗粒比较小、容易沉积时，为防止堵塞，排料阀要采用流线形直通式，同时加大出口，以减少阻力，必要时安装保温夹层，防止突然冷却而结晶。为防止搅拌轴的断裂，应安装保险连轴销等保险装置，遇结块堵塞、阻力增大时，保险销即折断，防止断轴、烧坏马达或减速装置等严重事故。其他如排气装置、管道等应适当加大或严格保温，以防止结晶的堵塞。

此外，还有许多其他类型的冷却结晶器，如摇篮式结晶器等。

12.2.2.2 移除部分溶剂的结晶器

移除部分溶剂的结晶器也称蒸发结晶器，是通过蒸发部分溶剂而使溶液过饱和的。这类结晶器亦有多种，这里只介绍最常用的几种。

（1）蒸发结晶器

蒸发结晶器与用于溶液浓缩的普通蒸发器在设备结构及操作上完全相同。在此种类型的设备（如结晶蒸发器、有晶体析出所用的强制循环蒸发器等）中，溶液被加热至沸点，蒸发浓缩达到过饱和而结晶。由于在减压下操作，可维持较低的温度，使溶液产生较大的过饱和度，但对晶体的粒度难以控制。因此，遇到必须严格控制晶体粒度的场合，可先将溶液在蒸发器中浓缩至略低于饱和浓度，然后移送至另外的结晶器中完成结晶过程。

（2）真空冷却结晶器

是将热的饱和溶液加入一与外界绝热的结晶器中，由于器内维持高真空，故其内部滞留的溶液的沸点低于加入溶液的温度。这样，当溶液进入结晶器后，经绝热闪蒸过程冷却到与器内压力相对应的平衡温度。

真空冷却结晶器可以间歇或连续操作。图 12-20 所示为一种连续式真空冷却结晶器，主要包括蒸发罐、冷凝器、循环管、进料循环泵、出料泵、蒸汽喷射泵等。热的原料液自进料口连续加入，晶浆（晶体与母液的悬混物）用泵连续排出，结晶器底部管路上的循环泵使溶液做强制循环流动，以促进溶液均匀混合，维持有利的结晶条件。蒸出的溶剂（气体）由器顶部逸出，至高位混合冷凝器中冷凝。双级式蒸汽喷射泵用于产生和维持结晶器内的真空。通常，真空结晶器内的操作温度都很低，产生的溶剂蒸气不能在冷凝器中被水冷凝，此时可在冷凝器的前部装一蒸汽喷射泵，将溶剂蒸气压缩，以提高其冷凝温度。

真空结晶器结构简单，生产能力大，操作控制较容易，当处理腐蚀性溶液时，器内可加衬里或用耐腐蚀材料制造。由于溶液系绝热蒸发而冷却，无需传热面，因此可避免传热面上的腐蚀及结垢现象。其缺点是：必须使用蒸汽，冷凝耗水量较大，操作费用较高，溶液的冷却极限受沸点升高的限制等。

（3）克里斯托（Krystal-Oslo）冷却结晶器

克里斯托冷却结晶器是一种母液循环式连续结晶器，可以进行冷却结晶和蒸发结晶两种操作，因此可将其分为冷却型、蒸发型和真空蒸发冷却型三种，它们之间的区别在于达到过饱和状态的方法不同。

图 12-21 为克里斯托冷却结晶器，作为冷却结晶器时，其结构由悬浮室、冷却器、循环泵组成。冷却器一般为单程列管式冷却器。结晶器内的饱和溶液与少量处于未饱和状态的热原料液相混合，通过循环管进入冷却器达到轻度过饱和状态，经中心管从容器底部进

入结晶室下方的晶体悬浮流化床内。在晶体悬浮流化床内，溶液中过饱和的溶质沉积在悬浮颗粒表面，使晶体长大。悬浮流化床对颗粒进行水力分级，大粒的晶体在底部，中等的在中部，最小的在最上面。如果连续分批地取出晶浆，就能得到一定粒径而均匀的结晶产品。图中设备8是一个细晶消灭器，通过加热或水溶解的方法将过多的晶核灭掉，以保证晶体的稳步生长。

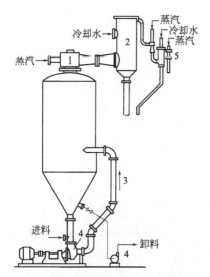

图 12-20　连续式真空冷却结晶器

1—蒸汽喷射泵；2—冷凝器；3—循环管；
4—泵；5—双级式蒸汽喷射泵

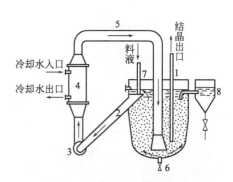

图 12-21　克里斯托冷却结晶器

1—结晶器；2—循环管；3—循环泵；4—冷却器；
5—中心管；6—底阀；7—进料管；8—细晶消灭器

如果以热室代替克里斯托冷却结晶器的冷却室，就构成了克里斯托蒸发结晶器。

克里斯托结晶器的主要缺点是溶质易沉积在传热表面上，操作比较麻烦。适用于氯化铵、醋酸钠、硫代硫酸钠、硝酸钾、硝酸银、硫酸铜、硫酸镁、硫酸镍等物料的结晶操作，但在操作中一定要注意使饱和度在介稳区内，以避免自发成核。

（4）DTB 型结晶器

DTB 型结晶器是一种具有导流筒及挡板的结晶器，其结构如图 12-22 所示。结晶器内设有导流筒和筒形挡板，下部接有淘析柱，在筒形挡板外围有一个沉降区。操作时热饱和料液连续加到循环管下部，与循环管内夹带有小晶体的母液混合后泵送至加热器。加热后的溶液在导流筒底部附近流入结晶器，并由缓慢转动的螺旋桨沿导流筒送至液面。溶液在液面蒸发冷却，达到过饱和状态，其中部分溶质在悬浮的颗粒表面沉积，使晶体长大。

在沉降区内大颗粒沉降，而小颗粒则随母液进入循环管并受热溶解，晶体于结晶器底部进入淘析柱。为使结晶产品的粒度尽量均匀，可将部分母液加到淘析柱底部，利用水力分级的作用，使小颗粒随液流返回结晶器，而结晶产品从淘析柱下部卸出。

DTB 型结晶器集内循环、外循环、晶体分级等功能于一体，能生产粒度达 $600 \sim 1200 \mu m$ 的大粒结晶产品，器内不易结晶疤，已成为连续结晶器的最主要形式之一，可用于真空冷却法、直接接触冷冻法及反应法的结晶过程。

图 12-23 是 DTB 型真空结晶器。结晶器内有一圆筒形挡板，中央有一导流筒。在其下端装置的螺旋桨式搅拌器的推动下，悬浮液在导流筒及导流筒与挡板之间的环形通道内

循环流动，形成良好的混合条件。圆筒形挡板将结晶器分为晶体成长区与澄清区。挡板与器壁间的环隙为澄清区，此区内搅拌的作用已基本上消除，使晶体得以从母液中沉降分离，只有过量的细晶才会随母液从澄清区的顶部排出器外加以消除，从而实现对晶核数量的控制。为了使产品粒度分布更均匀，有时在结晶器下部设有淘析腿。

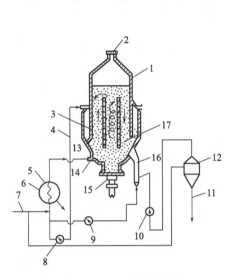

图 12-22　DTB 型结晶器

1—结晶器；2—蒸汽排出口；3—澄清区；
4—热循环回路；5—加热蒸汽供给管；6—加热器；
7—加料管；8—循环液泵；9—淘析泵；10—出料泵；
11—产品流出管；12—离心分离机；13—圆筒形挡板；
14—螺旋桨；15—搅拌器；16—淘析柱；17—导流筒

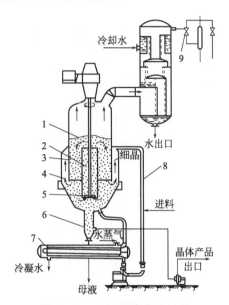

图 12-23　DTB 型真空结晶器

1—沸腾液面；2—导流筒；3—挡板；
4—澄清区；5—螺旋桨；6—淘析腿；
7—加热器；8—循环管；9—喷射真空泵

DTB 型真空结晶器属于典型的晶浆内循环结晶器，其特点是器内溶液的过饱和度较低，并且循环流动所需的压头很低，螺旋桨只需在低速下运转。此外，桨叶与晶体间的接触成核速率也很低，这也是该结晶器能够生产较大粒度晶体的原因之一。

12.2.3　结晶过程的计算

结晶过程产量计算的基础是物料衡算和热量衡算。在结晶操作中，原料液中溶质的含量已知。对于大多数物系，结晶过程终了时母液与晶体达到了平衡状态，可由溶解度曲线查得母液中溶质的含量。对于结晶过程终了时仍有剩余过饱和度的物系，终了母液中溶质的含量需由实验测定。当原料液及母液中溶质的含量均为已知时，则可计算结晶过程的产量。

(1) 结晶过程的物料衡算

对于不形成水合物的结晶过程，列溶质的物料衡算方程，得

$$WC_1 = G + (W - BW)C_2 \tag{12-1}$$

或写成

$$G = W[C_1 - (1 - B)C_2] \tag{12-2}$$

式中　W——原料液中溶剂量，kg 或 kg/h；

　　　G——结晶产品的产量，kg 或 kg/h；

B——溶剂移除强度，即单位进料溶剂蒸发量，kg/kg；

C_1，C_2——原料液与母液中溶质的含量，kg/kg。

对于形成水合物的结晶过程，其携带的溶剂不再存在于母液中。

对溶质做物料衡算，得

$$WC_1 = \frac{G}{R} + W'C_2 \tag{12-3}$$

对溶剂做物料衡算，得

$$W = B\overline{W} + G\left(1 - \frac{1}{R}\right) + W' \tag{12-4}$$

整理得

$$W' = (1 - B)W - G\left(1 - \frac{1}{R}\right) \tag{12-5}$$

将式（12-5）代入式（12-3）中，得

$$WC_1 = \frac{G}{R} + \left[(1 - B)W - G\left(1 - \frac{1}{R}\right)\right]C_2 \tag{12-6}$$

整理得

$$G = \frac{WR[C_1 - (1 - B)C_2]}{1 - C_2(R - 1)} \tag{12-7}$$

式中　R——溶质水合物摩尔质量与无溶剂溶质摩尔质量之比，无结晶水合作用时 $R=1$；

　　　W'——母液中溶剂量，kg 或 kg/h。

（2）物料衡算式的应用

① 不移除溶剂的冷却结晶。此时 $B=0$，故式（12-7）变为

$$G = \frac{WR(C_1 - C_2)}{1 - C_2(R - 1)} \tag{12-8}$$

② 移除部分溶剂的结晶。

蒸发结晶：在蒸发结晶器中，移出的溶剂量 W 若已预先规定，则可由式（12-7）求 G。反之，则可根据已知的结晶产量 G 求 W。

真空冷却结晶：此时溶剂蒸发量 B 为未知量，需通过热量衡算求出。由于真空冷却蒸发是溶液在绝热情况下闪蒸，故蒸发量取决于溶剂蒸发时需要的汽化热、溶质结晶时放出的结晶热以及溶液绝热冷却时放出的显热。对此过程进行热量衡算，得

$$BWr_s = (W + WC_1)c_p(t_1 + t_2) + Gr_{cr} \tag{12-9}$$

将式（12-9）与式（12-7）联立求解，得

$$B = \frac{R(C_1 - C_2)r_{cr} + (1 + C_1)[1 - C_2(R - 1)]c_p(t_1 - t_2)}{[1 - C_2(R - 1)]r_s - RC_2r_{cr}} \tag{12-10}$$

式中　r_{cr}——结晶热，即溶质在结晶过程中放出的潜热，J/kg；

　　　r_s——溶剂汽化热，J/kg；

　t_1，t_2——溶液的初始及最终温度，℃；

　　　c_p——溶液的比热容，J/(kg·℃)。

▶ 12.3 膜分离法回收无机物

膜分离法回收无机物是利用污水中各组分对膜的渗透速率的差异使某组分选择性地优先透过膜，从而达到分离与回收的目的。不同膜分离过程采用的膜及施加的推动力不同，从污水中回收无机物的膜分离过程主要包括反渗透、纳滤、超滤、微滤、电渗析等技术，其共同优点是在常温下可分离污染物，且不耗热能，不发生相变化，设备简单，易于操作。从污水中分离回收无机物的膜分离方法列于表 12-1。

表 12-1　从污水中分离回收无机物的膜分离方法

过程	推动力	传递机理	透过组分	截留组分	膜类型
反渗透（RO）	压力差 1000～10000kPa	溶剂的扩散传递	溶剂、中性小分子	悬浮物、大分子、离子	非对称性膜或复合膜
纳滤（NF）	压力差 0.15～1.0MPa	渗透扩散	小分子、一价离子	分子量数百的小分子、多价离子	非对称性膜或复合膜
超滤（UF）	压力差 100～1000kPa	分子特性、形状、大小	溶剂、少量小分子溶质	大分子溶质	非对称性膜
微滤（MF）	压力差 0～100kPa	颗粒大小、形状	溶液、微粒（0.02～10μm）	悬浮物（胶体、细菌）、粒径较大的微粒	多孔膜
电渗析（ED）	电位差	电解质离子的选择传质	电解质离子	非电解质、大分子物质	离子交换膜

12.3.1　反渗透及其应用

反渗透是利用反渗透膜选择性地只透过溶剂（通常是水）的性质，对溶液施加压力克服溶剂的渗透压，使溶剂从溶液中分离出来，从而得到溶质的单元操作。反渗透属于以压力差为推动力的膜分离技术，其操作压差一般为 1.5～10MPa，截留组分为 $(1～10)×10^{-10}$ m 的小分子物质。

12.3.1.1　反渗透原理

反渗透（RO）是利用反渗透膜选择性地只允许溶剂（通常是水）透过而截留离子物质的性质，以膜两侧静压差为推动力，克服溶剂的渗透压，使溶剂通过反渗透膜而实现溶剂和溶质分离的膜过程。反渗透的选择透过性与组分在膜中的溶解、吸附和扩散有关，因此除与膜孔的大小、结构有关外，还与膜的物化性质有密切关系，即与组分和膜之间的相互作用密切相关。所以，在反渗透分离过程中化学因素（即膜及其表面特性）起主导作用。

目前一般认为，溶解-扩散理论能较好地解释反渗透膜的传递过程。根据该模型，水的渗透体积通量的计算式如下：

$$J_W = K_W(\Delta p - \Delta \pi) \tag{12-11}$$

式中　J_W——水的体积通量，$m^3/(m^2 \cdot s)$；

Δp——膜两侧的压力差，Pa；

$\Delta\pi$——溶液渗透压差，Pa；

K_W——水的渗透系数，是溶解度和扩散系数的函数。

$$K_W = \frac{D_{Wm}C_WV_W}{RT\delta} \tag{12-12}$$

D_{Wm}——溶剂在膜中的扩散系数，m^2/s；

C_W——溶剂在膜中的溶解度，m^3/m^3；

V_W——溶剂的摩尔体积，m^3/mol；

δ——膜厚，m；

对于反渗透过程，K_W 约为 $6\times10^{-4}\sim3\times10^{-2}$ $m^3/(m^2\cdot h\cdot MPa)$；对于纳滤过程，$K_W$ 约为 $0.03\sim0.2m^3/(m^2\cdot h\cdot MPa)$。

溶质的扩散通量可近似地表示为：

$$J_s = D_m\frac{dC_m}{dz} \tag{12-13}$$

式中　J_s——溶质的摩尔通量，$kmol/(m^2\cdot s)$；

D_m——溶质在膜中的扩散系数，m^2/s；

C_m——溶质在膜中的浓度，$kmol/m^3$。

由于膜中溶质的浓度 C_m 无法测定，因此通常用溶质在膜和液相主体之间的分配系数 k_s 与膜外溶液的浓度来表示，假设膜两侧的 k_s 值相等，于是上式可以表示为：

$$J_s = D_mk_s\frac{C_F-C_P}{\delta} = K_s(C_F-C_P) \tag{12-14}$$

式中　k_s——溶质在膜和液相主体之间的分配系数；

C_F，C_P——膜上游溶液中和透过液中溶质的浓度，$kmol/m^3$；

K_s——溶质的渗透系数，m/s。

对于以 NaCl 作溶质的反渗透过程，K_s 值的范围是 $(1\sim50)\times10^3m/h$，截留性能好的膜 K_s 值较低。对于纳滤膜，不同盐的截留率有很大差别，如对 NaCl 的截留率可在 5%～95%之间变化。溶质渗透系数 K_s 是扩散系数 D_{Wm} 和分配系数 k_s 的函数。

通常情况下，只有当膜内浓度与膜厚度呈线性关系时，式（12-14）才成立。经验表明，溶解-扩散模型适用于溶质浓度低于 15%的膜传递过程。在许多场合下膜内浓度场是非线性的，特别是在溶液浓度较高且对膜具有较高溶胀度的情况下，模型的误差较大。

从式（12-11）可以看出，水通量随着压力升高呈线性增加。而从式（12-14）可以看出，溶质通量几乎不受压差的影响，只取决于膜两侧的浓度差。

12.3.1.2　影响因素

反渗透过程必须满足两个条件：①有一种选择性高的透过膜；②操作压力必须高于溶液的渗透压。在实际反渗透过程中，膜两边的静压差还必须克服透过膜的阻力。

由于膜的选择透过性因素，在反渗透过程中，溶剂从高压侧透过膜到低压侧，大部分溶质被截留，溶质在膜表面附近积累，造成由膜表面到溶液主体之间的具有浓度梯度的边界层，它将引起溶质从膜表面通过边界层向溶液主体扩散，这种现象称为浓差极化。

根据反渗透基本方程式可分析出浓差极化对反渗透过程产生下列不良影响：

① 由于浓差极化，膜表面处溶质浓度升高，使溶液的渗透压升高，当操作压差一定时，反渗透过程的有效推动力下降，导致溶剂的渗透通量下降；

② 由于浓差极化，膜表面处溶质的浓度升高，使溶质通过膜孔的传质推动力增大，溶质的渗透通量升高，截留率降低，这说明浓差极化现象的存在对溶剂渗透量的增加提出了限制；

③ 膜表面处溶质的浓度高于溶解度时，在膜表面上将形成沉淀，会堵塞膜孔并减少溶剂的渗透通量；

④ 会导致膜分离性能的改变；

⑤ 出现膜污染，膜污染严重时，几乎等于在膜表面又形成一层二次薄膜，会导致反渗透膜透过性能的大幅度下降，甚至完全消失。

减轻浓差极化的有效途径是提高传质系数，采用的措施有：提高料液流速、增强料液的湍动程度、提高操作温度、对膜表面进行定期清洗和采用性能好的膜材料等。

12.3.1.3 工艺流程

在整个反渗透处理系统中，除了反渗透器和高压泵等主体设备外，为了保证膜性能稳定，防止膜表面结垢和水流道堵塞等，除了设置合理的预处理装置外，还需配置必要的附加设备如 pH 调节、消毒和微孔过滤等。一级反渗透工艺基本流程如图 12-24 所示。

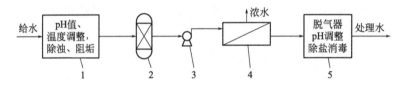

图 12-24　反渗透工艺基本流程
1—预处理；2—保安过滤器；3—高压泵；4—反渗透装置；5—后处理

根据料液的情况、分离要求以及所有膜器一次分离的分离效率高低等的不同，反渗透过程可以采用不同的工艺流程。

（1）一级一段连续式

如图 12-25 所示为典型的一级一段连续式工艺流程。料液一次通过膜组件即为浓缩液而排出。这种方式透过液的回收率不高，在工业中较少应用。

（2）一级一段循环式

一级一段循环式如图 12-26 所示。为提高透过液的回收率，将部分浓缩液返回进料贮槽与原有的料液混合后，再次通过膜组件进行分离。这种方式可提高透过液的回收率，但因为浓缩液中溶质的浓度比原料液要高，使透过液的质量有所下降。

图 12-25　一级一段连续式　　　　**图 12-26　一级一段循环式**

（3）一级多段连续式

如图 12-27 所示为最简单的一级多段连续式流程，将第一段的浓缩液作为第二段的进料液，再把第二段的浓缩液作为下一段的进料液，各段的透过液连续排出。这种方式的透过液回收率高，浓缩液的量较少，但其溶质浓度较高，同时可以增加产水量。膜组件逐渐减少是为了保持一定流速以减轻膜表面浓差极化现象。

在应用中，还可采用多级多段连续式和循环式工艺流程，操作方式与上述三种工艺流程相似。

（4）两级一段式

图 12-28 所示为两级一段式反渗透工艺流程。当海水脱盐要求把 NaCl 从 35000mg/L 降至 500mg/L 时，要求脱盐率达 98.6%。如一级反渗透达不到要求，可分两级进行，即在第一级先除去 90% 的 NaCl，再在第二级从第一级出水中去除 89% 的 NaCl，即可达到要求。

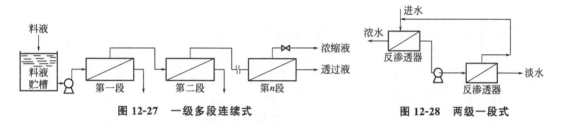

图 12-27　一级多段连续式　　　　　　　　　图 12-28　两级一段式

（5）多级多段式

如图 12-29 所示，以第一级的淡水作为第二级的进水，后一级的浓水回收作为前一级的进水，目的是提高出水质量。一般需设中间贮水箱和高压水泵。

（6）多段反渗透-离子交换组合

如图 12-30 所示，对第一段的浓水用离子交换软化，防止第二段膜面结垢，第二、第三段用高压膜组件，以满足对高浓度水除盐的反渗透压力需要。该组合适用于水源缺乏，即使原水含盐量较高，也要求较高的水回收率的场合。

图 12-29　多级多段式　　　　　　　　图 12-30　三段反渗透-离子交换组合
1—料液贮槽；2—高压泵

12.3.1.4　工艺设计

进行反渗透系统的设计计算，必须掌握进水水质、各组分的浓度、渗透压、温度及 pH 值等原始资料，反渗透工艺若是以制取淡水为目的，则应掌握淡化水水量、淡化水水质以及水回用率等有关数据。如果工艺是以浓缩有用物质为目的，则应掌握工艺允许的淡化水水质及其浓缩倍数。

(1) 水与溶质的通量

反渗透过程中，水和溶质透过膜的通量可根据溶解-扩散机理模型，分别由式（12-15）和式（12-16）给出，即

$$J_W = K_W(\Delta p - \Delta \pi) \qquad (12\text{-}15)$$

$$J_s = K_s \Delta C \qquad (12\text{-}16)$$

由上式可知，在给定条件下，透过膜的水通量与压力差成正比，而透过膜的溶质通量则主要与分子扩散有关，因而只与浓度差成正比。因此，提高反渗透的操作压力不仅使淡化水通量增加，而且可以降低淡化水的溶质浓度。另一方面，在操作压力不变的情况下，增大进水的溶质浓度将使溶质通量增大，但由于原水渗透压增加，将使水通量减少。

(2) 脱盐率

反渗透的脱盐率（或对溶质的截留率）可由下式计算：

$$\beta = \frac{C_F - C_P}{C_F} \qquad (12\text{-}17)$$

脱盐率亦可用水透过系数 K_W 和溶质透过系数 K_s 的比值来表示。反渗透过程中的物料衡算关系为：

$$Q_F C_F = (Q_F - Q_P)C_C + Q_P C_P \qquad (12\text{-}18)$$

式中　Q_F，Q_P——进水流量和淡化水流量；

C_F，C_C，C_P——进水、浓水和淡化水中的含盐量。

膜进水侧的含盐量平均浓度 C_a 可表示为

$$C_a = \frac{Q_F C_F + (Q_F - Q_P)C_C}{Q_F + (Q_F - Q_P)} \qquad (12\text{-}19)$$

脱盐率可写成

$$\beta = \frac{C_a - C_P}{C_a} \qquad (12\text{-}20)$$

或

$$\frac{C_P}{C_a} = 1 - \beta \qquad (12\text{-}21)$$

由于 $J_s = J_W C_P$，故

$$\beta = 1 - \frac{J_s}{J_W C_a} = 1 - \frac{K_s \Delta C}{K_W(\Delta p - \Delta \pi)C_a} \qquad (12\text{-}22)$$

由式（12-22）可知，膜材料的水透过系数 K_W 和溶质透过系数 K_s 直接影响脱盐率。如果要实现高的脱盐率，系数 K_W 应尽可能大，而 K_s 尽可能地小，即膜材料必须对溶剂的亲和力高，而对溶质的亲和力低。因此，在反渗透过程中，膜材料的选择十分重要，这与微滤和超滤有明显区别。

对于大多数反渗透膜，其对氯化钠的截留率大于 98%，某些甚至高达 99.5%。

(3) 水回收率

在反渗透过程中，由于受溶液渗透压、黏度等的影响，原料液不可能全部成为透过液，因此透过液的体积总是小于原料液的体积。通常把透过液与原料液体积之比称为水回

收率，可由下式计算得到：

$$\gamma = \frac{Q_P}{Q_F} \tag{12-23}$$

一般情况下，海水淡化的回收率在 $30\%\sim40\%$，纯水制备的回收率在 $70\%\sim80\%$。

12.3.1.5 反渗透的应用

反渗透（RO）技术在工业污水处理和有用物回收方面已得到了大量应用。反渗透膜可以用于含重金属工业污水的处理，主要用于重金属离子的去除和贵重金属的浓缩和回收，渗透水也可以重复使用。例如用于镀镍污水处理，可使镍的回收率大于 99%；用于镀铬污水的处理，铬的去除率可达 $93\%\sim97\%$。

图 12-31 所示为某厂利用反渗透进行镀镍污水处理的工艺流程。反渗透操作压力为 3.0MPa，进料的镍浓度为 $2000\sim6000\mathrm{mg/L}$，反渗透膜对 Ni^{2+} 的去除率为 97.7%，系统对镍的回收率在 99.0% 以上。反渗透浓缩液可以达到进入镀槽的计算浓度（$10\mathrm{g/L}$）。反渗透出水可用于漂洗，污水不外排，实现了闭路循环。

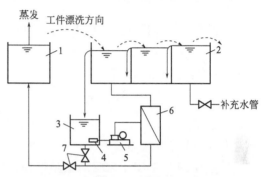

图 12-31　反渗透法处理镀镍污水工艺流程
1—镀镍槽；2—三个逆流漂洗槽；3—贮槽；4—过滤器；
5—高压泵；6—反渗透装置；7—控制阀

含油和脱脂污水的来源十分广泛，如石油炼制厂及油田含油污水，海洋船舶中的含油污水，金属表面处理前的含油污水等。污水中的油通常以浮油、分散油和乳化油三种状态存在，其中乳化油可采用反渗透和超滤技术相结合的方法除去，流程见图 12-32。

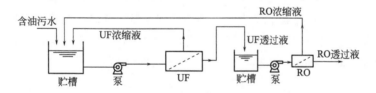

图 12-32　用反渗透和超滤结合处理乳化油废水

12.3.2　纳滤及其应用

纳滤（NF）是介于反渗透与超滤之间的一种压力驱动型膜分离技术，适用于分离分子量为数百的有机小分子，并对离子具有选择截留性：一价离子可以大量地渗过纳滤膜（但并非无阻挡），而对多价离子具有很高的截留率。

纳滤膜对离子的渗透性主要取决于离子的价态。对阴离子，纳滤膜的截留率按以下顺序上升：NO_3^-、Cl^-、OH^-、SO_4^{2-}、CO_3^{2-}；对阳离子，纳滤膜的截留率按以下顺序上升：H^+、Na^+、K^+、Ca^{2+}、Mg^{2+}、Cu^{2+}。

纳滤膜对离子截留的选择性主要与纳滤膜的荷电有关。纳滤膜过程与反渗透膜过程类似，其传质机理与反渗透膜相似，属于溶解-扩散模型。但由于大部分纳滤膜为荷电膜，其对无机盐的分离行为不仅受化学势控制，同时也受电势梯度的影响，其传质机理还在深入研究中。

由于部分无机盐能透过纳滤膜，因此纳滤膜的渗透压远比反渗透膜低，相应的操作压力也比反渗透的操作压力低，通常在 0.15～1.0MPa 之间。

纳滤技术可用于制药、染料、石化、造纸、纺织以及食品等行业，进行脱盐、浓缩和提取有用物质。

12.3.3　超滤及其应用

超滤是在压差推动力作用下进行的筛孔分离过程，一般用来分离分子量大于 500 的溶质、胶体、悬浮物和高分子物质。

12.3.3.1　超滤的分离原理

超滤基本原理示意图如图 12-33 所示。在以静压差为推动力的作用下，原料液中的溶剂和小于超滤膜孔的小分子溶质将透过膜成为滤出液或透过液，而大分子物质被膜截留，使它们在滤剩液中的浓度增大。

超滤（UF）属于压力驱动型膜过程，所用的膜为非对称性膜，膜孔径为 1～20nm，分离范围为 1nm～0.05μm，操作压力一般为 0.3～1.0MPa，主要去除水中分子量 500 以上的中大分子和胶体微粒，如蛋白质、多糖、颜料等。其去除机理主要有：①膜表面的机械截留作用（筛分）；②膜表面及微孔的吸附作用（一次吸附）；③在膜孔中停留而被去除（堵塞）。一般认为以筛分作用为主。

12.3.3.2　过滤特性

超滤过程是一种动态过程，在超滤进行时，由泵提供推动力，在膜表面产生两个分力，一个是垂直于膜面的法向力，使水分子透过膜面，另一个是与膜面平行的切向力，把膜面截留物冲掉。因此，在超滤膜表面不易产生浓差极化和结垢，透水速率衰减缓慢，运行周期相对较长。一般当超滤膜透水速率下降时，只要减低膜面的法向应力，增加切向流速，进行短时间（3～5min）冲洗即可恢复，如图 12-34 所示。

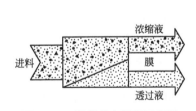

图 12-33　超滤基本原理示意图

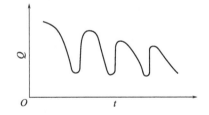

图 12-34　超滤时间与流量关系

12.3.3.3　操作方式

超滤的操作方式可分为重过滤（diafiltration）和错流（crossflow）过滤两大类。

（1）重过滤

重过滤是将料液置于膜的上游，溶剂和小于膜孔的溶质在压力的驱动下透过膜，大于膜孔的颗粒则被膜截留。过滤压差可通过在原料侧加压或在透过膜侧抽真空产生。

重过滤可分为间歇式重过滤（如图 12-35 所示）和连续式重过滤（如图 12-36 所示）。

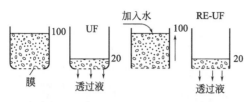

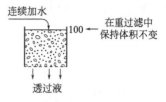

图 12-35　超滤膜的间歇式重过滤操作　　　　图 12-36　超滤膜的连续式重过滤操作

重过滤的特点是设备简单、小型，能耗低，叫克服高浓度料液渗透流率低的缺点，能更好地去除渗透组分，通常用于蛋白质、酶之类大分子的提纯。但浓差极化和膜污染严重，尤其是在间歇操作中，要求膜对大分子的截留率高。

（2）错流过滤

错流过滤是指料液在泵的推动下平行于膜面流动，料液流经膜面时产生的剪切力可把膜面上滞留的颗粒带走，从而使污染层保持在一个较薄的稳定水平。根据操作方式，错流过滤也分为间歇式错流过滤和连续式错流过滤两类。

① 间歇式错流过滤。根据过滤过程中物料是否循环，间歇式错流过滤分为截留液全循环的间歇式错流过滤（如图 12-37 所示）和截留液部分循环的间歇式错流过滤（如图 12-38 所示）两种。

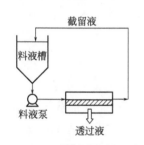
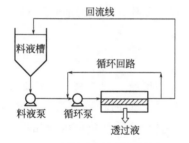
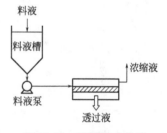

图 12-37　截留液全循环的　　　图 12-38　截留液部分循环　　　图 12-39　无循环式单级
　　　间歇式错流过滤　　　　　　的间歇式错流过滤　　　　　　连续错流过滤

间歇式错流过滤具有操作简单、浓缩速度快、所需膜面积小等优点，通常被实验室和小型中试厂采用。但全循环时泵的能耗高，采用部分循环可适当降低能耗。

② 连续式错流过滤。连续式错流过滤是指料液连续加入料液槽，透过液连续排走的超滤操作方式。连续式错流过滤可分为无循环式单级连续错流过滤（如图 12-39 所示）、截留液部分循环式单级连续错流过滤（如图 12-40 所示）和多级连续错流过滤（如图 12-41 所示）三种操作方式。

无循环式单级连续错流过滤由于渗透液通量低，浓缩比低，因此所需膜面积较大，组分在系统中的停留时间短。这种操作方式在反渗透中普遍采用，但在超滤中应用不多，仅在中空纤维生物反应器、水处理、热精脱除中有应用。

截留液部分循环式连续错流过滤和多级连续错流过滤在大规模生产中被普遍采用，特别在食品工业领域中应用更为广泛。但单级操作始终在高浓度下进行，渗透流率低。增加级数可提高效率，这是因为除最后一级在高浓度下操作、渗透流率最低外，其他各级的操作浓度均较低、渗透流率相应较大。多级操作所需总膜面积小于单级操作，接近于间歇操作，而停留时间、滞留时间、所需贮槽均少于相应的间歇操作。

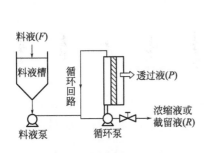

图 12-40　截留液部分循环式
单级连续错流过滤

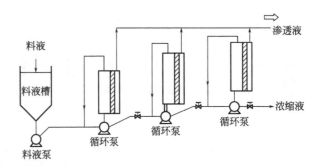

图 12-41　多级连续错流过滤

12.3.3.4　渗透通量的影响因素

（1）操作压力

压差是超滤过程的推动力，对渗透通量产生决定性的影响。一般情况下，在压差较小的范围内，渗透通量随压差增长较快；当压差较大时，随压差的增加，渗透通量增长逐渐减慢，且当膜表面形成凝胶层时，渗透通量趋于定值不再随压差而变化，此时的渗透通量称为临界渗透通量。实际超滤过程的操作压力应接近临界渗透通量时的压差，若压差过高不仅无益而且有害。

（2）料液流速

浓差极化是超滤过程不可避免的现象，为了提高渗透通量，必须使极化边界层尽可能地小。目前，超滤过程采用错流操作，即加料错流流过膜表面，可消除一部分极化边界层。为了进一步减薄边界层厚度，提高传质系数，可增加料液的流速和湍动程度，这种方法与单纯提高流速相比可节约能量，降低料液对膜的压力。实现料液湍动的方法有在流道内附加带状助湍流器、脉冲流动等。

（3）温度

料液温度升高，黏度降低，有利于增大流体流速和湍动程度，减轻浓差极化，提高传质系数，提高渗透增量。但温度上升会使料液中某些组分的溶解度降低，增加膜污染，使渗透通量下降，如乳清中的钙盐；有些物质会因温度的升高而变形，如蛋白质。因此，大多数超滤应用的温度范围为 30～60℃。牛奶、大豆体系的料液，最高超滤温度不超过55～60℃。

（4）截留液浓度

随着超滤过程的进行，截留液浓度不断增大，极化边界层增厚，容易形成凝胶层，会导致渗透通量的降低。因此，对不同体系的截留液浓度均有允许最大值。如颜料和分散染料体系，最大截留液浓度为 30%～50%；多糖和低聚糖体系，最大截留液浓度为 1%～10%等。

12.3.4 微滤及其应用

和超滤一样,微滤也是在压差推动力作用下进行的筛孔分离过程,一般用来分离分子量大于 500 的溶质、胶体、悬浮物和高分子物质。

12.3.4.1 分离原理

微滤的分离原理与超滤基本相同,不同之处是二者的分离范围。微滤膜的分离范围在 $0.05\sim10\mu m$,操作压力为 $0.1\sim0.3MPa$,主要去除水中的胶体和悬浮微粒,如细菌、油类等。

12.3.4.2 过滤特性

微滤过程是一种静态过程,随过滤时间的延长,膜面上截留沉积不溶物,引起水流阻力增大,透过速率下降,直至微孔全被堵塞,如图 12-42 所示。

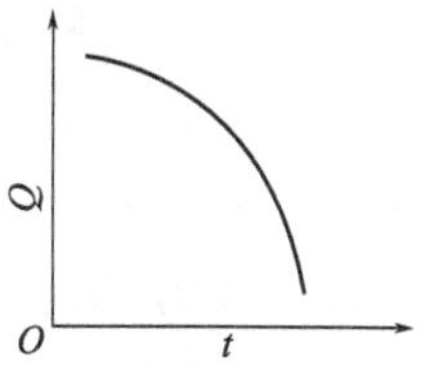

图 12-42 微滤时间与流量的关系

12.3.4.3 微滤的操作方式

微滤的操作方式可分为死端(deadend)过滤和错流(crossflow)过滤两大类,如图 12-43 所示。

(1) 死端过滤

死端过滤也叫无流动过滤,原料液置于膜的上游,溶剂和小于膜孔的溶质在压力的驱动下透过膜,大于膜孔的颗粒则被膜截留。过滤压差可通过在原料液侧加压或在透过膜侧抽真空产生。在这种操作中,随着时间的增长,被截留的颗粒将在膜的表面逐渐累积,形成污染层,使过滤阻力增大,在操作压力不变的情况下,膜渗透流率将下降,如图 12-43 (a) 所示。

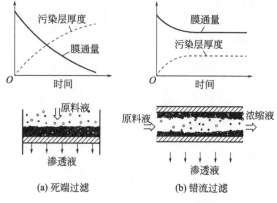

图 12-43 死端过滤和错流过滤示意图

因此,死端过滤是间歇式的,必须周期性地停下来清洗膜表面的污染层或更换膜。死端过滤操作简便易行,适于实验室等小规模的场合。固含量低于 0.1% 的物料通常采用死端过滤;固含量在 0.1%~0.5% 的料液则需要进行预处理。而对固含量高于 0.5% 的料液,由于采用死端过滤操作时的浓差极化和膜污染严重,通常采用错流过滤操作。

(2) 错流过滤

微滤膜的错流过滤与超滤膜的错流过滤类似。与死端过滤不同的是,料液在泵的推动下平行于膜面流动,料液流经膜面时产生的剪切力可把膜面上滞留的颗粒带走,从而使污染层保持在一个较薄的稳定水平。因此,一旦污染层达到稳定,膜通量就将在较长一段时间内保持在相对高的水平,如图 12-43 (b) 所示。

近年来,错流过滤发展很快,在许多领域有替代死端过滤的趋势。

12.3.5 电渗析及其应用

电渗析是在直流电场作用下,利用荷电离子(即阴、阳离子)交换膜对溶液中阴、阳离子的选择透过性（与膜电荷相反的离子透过膜，相同的离子则被膜截留），而从水溶液和其他不带电组分中分离带电离子的过程，它具有以下优点：

① 能量消耗少，不发生相变，只用电能来迁移水中已解离的离子；

② 电渗析器主要由渗析器、离子交换膜和直流正负电极组成，设备结构简单，操作方便；

③ 离子交换膜不需要像离子交换树脂那样失效后用大量酸碱再生，可连续使用。

12.3.5.1 电渗析原理

（1）基本原理

电渗析技术是利用离子交换膜的选择透过性而达到分离的目的，其基本原理如图 12-44 所示。在两块正负电极板之间交替地平行排列着阴膜和阳膜，阳极侧用阴膜 A 开始，阴极侧则用阳膜 K 终止。如图共有六对膜构成 6 个 D 室和 5 个 C 室。当 D 室和 C 室都通入待分离的溶液（咸水或海水）时，加上直流电压后，在直流电场的作用下，溶液中带正电荷的阳离子（如 Na^+）向阴极方向迁移，溶液中带负电荷的阴离子（如 Cl^-）向阳极迁移。由于离子交换膜对上述离子具有选择透过性能，使 D 室中的阴、阳离子能够通过相应的膜进入邻室 C；而 C 室中的阴、阳离子不能由此迁移而出。结果，D 室中的离子减少，起到脱盐的作用，称为淡化室，其出水为淡水；C 室中的离子增加，起到盐分浓缩的作用，称为浓缩室，其出水为浓水。

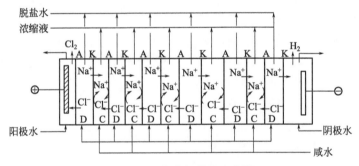

图 12-44 电渗析原理示意图

进入淡化室的含盐水，在两端电极接通直流电源后，即开始电渗析过程，水中阳离子不断透过阳膜向阴极方向迁移，阴离子不断透过阴膜向阳极方向迁移，其结果是，含盐水逐渐变成淡化水。对于进入浓缩室的含盐水，阳离子在向阴极方向迁移时不能透过阴膜，阴离子在向阳极方向迁移时不能透过阳膜，而由邻近的淡化室迁移透过的离子使浓缩室内的离子浓度不断增加，形成了浓盐水。这样，在电渗析器中就形成了淡水和浓水两个系统。将浓缩的盐水和淡水分别引出即达到了溶液分离的目的。

可见，电渗析过程脱除溶液中离子的基本条件为：①在直流电场作用下，使溶液中的阴、阳离子定向迁移；②离子交换膜的选择透过的性质，其特点是只能将电解质从溶液中分离出去，不能去除有机物等。

（2）电渗析中的传递过程

电渗析的特点是只能将电解质从溶液中分离出去，不能去除有机物。电渗析器在工作过程中可发生如下七个物理化学过程。

反离子迁移过程：阳膜上的固定基团带负电荷，阴膜上的固定基团带正电荷。与固定基团所带电荷相反的离子被吸引并透过膜的现象称为反离子迁移。例如，淡化室中的阳离子（如 Na^+）穿过阳膜，阴离子（如 Cl^-）穿过阴膜进入浓缩室就是反离子迁移过程，电渗析器即借此过程进行海水的除盐。

同性离子迁移：与膜上固定基团带相同电荷的离子穿过膜的现象称为同性离子迁移。由于交换膜的选择透过性不可能达到 100%，因此，也存在着少量与膜上固定基团带相同电荷的离子穿过膜的现象。这种迁移与反离子迁移相比，数量虽少，但降低了除盐效率。随着浓缩室盐浓度的增大，这种同性离子迁移的影响加大。

电解质的浓差扩散：由于浓缩室与淡化室的浓度差，产生了电解质由浓缩室向淡化室的扩散过程，扩散速率随浓度差的增高而增加，这一过程虽然不消耗电能，但能使淡化室含盐量增高，影响淡水的质量。

水的渗透过程：由于电渗析过程的进行，浓缩室的含盐量要比淡化室高。从另一角度讲，相当于淡化室中水的浓度高于浓缩室中水的浓度，于是产生淡化室中的水向浓缩室渗透，浓差越大，水的渗透量越大，这一过程的发生使淡水产量降低。

水的电渗透：相反和相同电荷离子实际上都是以水合离子形式存在的，在迁移过程中都会携带一定数量的水分子迁移，这就是水的电渗透。随着淡化室溶液浓度的降低，水的电渗透量会急剧增加。

压差渗透过程：由于淡化室与浓缩室的压力不同，造成高压侧溶液向低压侧渗漏。这种情况称为压差渗透。因此，电渗析操作时应保持两侧压力基本平衡。

水的电离：电渗析器运行时，由于操作条件控制不良（如电流密度和液体流速不匹配）而造成极化现象，电解质离子未能及时补充到膜的表面，而使淡化室中的水解离成 H^+、OH^-，在直流电场的作用下，分别穿过阴膜和阳膜进入浓缩室。此过程的发生将使电渗析器的耗电量增加，淡水产量降低。

上述各过程中，反离子迁移是主要过程，其余均是次要过程，但这些次要过程会影响和干扰电渗析的主要过程。同性离子迁移和电解质浓差扩散与主过程相反，因此影响除盐效果；水的渗透、电渗透和压差渗透会影响淡化室的产水量，也会影响浓缩效果；水的电离会使耗电量增加，导致浓缩室极化结垢，从而影响电渗析器的正常运行。因此，必须选择优质的离子交换膜和最佳的操作条件，以便抑制或改善这些不良因素的影响。

(3) 离子交换膜的选择性透过机理

电渗析离子交换膜在化学性质上和离子交换树脂很相似，都是由某种聚合物构成的，均含有由可交换离子组成的活性基团，但离子交换树脂在达到交换平衡时，树脂就会失效，需要通过再生使树脂恢复离子交换性能。而离子交换膜在使用期内无所谓失效，也不需要再生。

以阳离子交换膜为例，离子交换膜的选择性透过机理如下：

如图 12-45 所示，阳离子交换膜中含有很高浓度的带负电荷的固定离子（如磺酸根离子）。这种固定离子与聚合物膜基结合，由于电中性原因，会被在周围流动的反离子所平衡。由于静电互斥的作用，膜中的固定离子将阻止其他相同电荷的离子进入膜内。因此，在电渗析过程中，只有反离子才可能在电场的作用下渗透通过膜。如同在金属晶格中的电子一样，这些反离子在膜中可以自由移动，而在膜内可移动的同电荷离子的浓度则很低，这种效应称为道南（Donnan）效应，离子交换膜的离子选择透过性就是以这种效应为基础。但道南效应只有当膜中的固定离子浓度高于周围溶液中的离子浓度时才有效。

12.3.5.2 浓差极化与极限电流密度

(1) 浓差极化

浓差极化是电渗析过程中普遍存在的现象。图 12-46 为 NaCl 溶液在电渗析中的迁移过程。

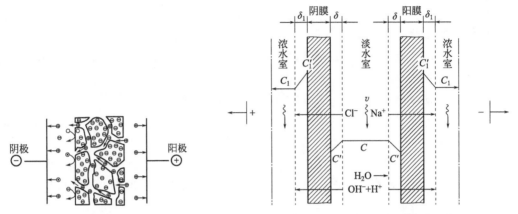

图 12-45 离子交换膜的选择性透过机理　　　图 12-46 NaCl 溶液在电渗析中的迁移过程

在直流电场的作用下，水中阴（Cl^-）、阳离子（Na^+）在膜间分别向阳极和阴极定向迁移，透过阳膜和阴膜，并各自传递着一定数量的电荷。电渗析器中电流的传导是靠阴阳离子的运动来完成的。Na^+ 和 Cl^- 在溶液中的迁移数可近似认为是 0.5。以阴膜为例，根据离子交换膜的选择性，阴膜只允许 Cl^- 透过，因此 Cl^- 在阴膜内的迁移数要大于其在溶液中的迁移数。为维持正常的电流传导，必然要动用膜边界层的 Cl^- 以补充此差数。这样就造成边界层和主流层之间出现浓度差（$C-C'$）。当电流密度增大到一定程度时，膜内的离子迁移被强化，使膜边界层内 Cl^- 浓度 C' 趋于零，造成边界层内离子的"真空"情况，此时，边界层内的水分子就会被电解成 H^+ 和 OH^-，OH^- 将参与迁移，承担传递电流的任务，以补充 Cl^- 的不足，此即为浓差极化现象。使 C' 趋于零时的电流密度称为极限电流密度。

极化现象发生时，由水电解出来的 H^+ 和 OH^- 也受电场作用分别穿过阳膜和阴膜，使阳膜的浓缩室侧 pH 值升高，而产生 $CaCO_3$、$Mg(OH)_2$ 等沉淀物，这些沉淀物附着在膜表面，或渗入膜内，容易堵塞通道，使膜电阻增大，降低了有效膜面积。极化时一部分电流消耗在与脱盐无关的 OH^- 迁移上，使电流效率下降，二者都将导致电耗上升。另外，水的 pH 值变化及沉淀的产生，使膜容易老化，缩短膜的使用寿命。

(2) 极限电流密度的确定

电渗析的极限电流密度 i_{lim} 与隔板流水道中的流速、离子平均浓度有关，其关系式可用下式表示：

$$i_{lim} = K_p Cv^n$$
$$K_p = \frac{FD}{1000(\overline{t_+} - t_+)k} \tag{12-24}$$

式中　v——淡水隔板流水道中的水流速度，cm/s；

　　　C——淡室中水的对数平均离子浓度，mmol/L；

　　K_p——水力特性系数；

　　　D——膜扩散系数，cm^2/s；

　　　F——法拉第常数，96500C/mol；

　　　k——系数，与隔板形式及厚度等因素有关。

式（12-24）表示了极限电流密度与流速、浓度之间的关系。由此可知：①当水质条件不变时，即 C 值不变时，如果淡化室流速改变，极限电流密度应随之做正向变化；②当处理水量不变时，即 v 不变时，如果净化水质变化，工作电流密度也应随之调整，对一台多级串联电渗析器，当处理水量一定时，各级净水的浓度依次降低，各级的极限电流密度也是依次降低的；③当其他条件不变时，不能靠提高工作电流密度或降低水流速度来提高水质，否则，必然使工作电流密度超过极限电流密度，电渗析出现极化。

极限电流密度是电渗析器工作电流密度的上限。在实际操作中，工作电流密度还有一个下限。因为实际使用的膜不能完全防止浓水层中离子向淡水层反电渗析方向扩散，离子的这种扩散随浓水层及淡水层浓度差的增大而增加。因此，电渗析所消耗的电能实际有一部分是消耗于补偿这种扩散造成的损失，假如实际工作电流密度小到仅能补偿这种损失，电渗析作用即停止了。这个电流密度就是最小电流密度，其值随浓、淡水层浓度差的增大而增大。电渗析的工作电流密度只能在极限电流密度和最小电流密度之间选择，取电流效率最高的电流密度为工作电流密度，一般为极限电流密度的 70%～90%。

（3）防止极化与结垢的措施

电渗析发生浓差极化时，会产生以下不利现象：①使部分电能消耗在水的电离过程，降低了电流效率；②阴膜的淡化室中离解出的 OH^- 通过阴膜进入浓缩室，使浓缩室的pH 增大，产生 $CaCO_3$ 和 $Mg(OH)_2$ 等沉淀，在阴膜的浓缩室侧结垢，从而使膜电阻增大，耗电量增加，出水水质降低，膜的使用期限缩短；③极化严重时，淡化室呈酸性。

防止或消除极化和结垢的主要措施有：①控制操作电流在极限电流的 70%～90% 以下运行，以避免极化现象的发生，减缓水垢的生成；②定时倒换电极，使浓、淡室亦随之相应变换，这样，阴膜两侧表面上的水垢的溶解与沉积相互交替，处于不稳定状态，如图 12-47；③定期酸洗，使用浓度为 1%～1.5% 的盐酸溶液在电渗析器内循环清洗以消除结垢，酸洗周期从每周一次到每月一次，视实际情况而定。

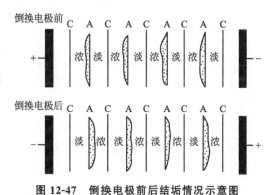

图 12-47　倒换电极前后结垢情况示意图
C—阳膜；A—阴膜

12.3.5.3　电渗析器的构造与组成

（1）电渗析器的构造

电渗析器包括压板、电极托板、电极、极框、阳膜、阴膜、隔板甲、隔板乙等部件，将这些部件按一定顺序组装并压紧，其组成及排列如图 12-48 所示。整个结构本体可分为膜堆、极区和紧固装置三部分，附属设备包括各种料液槽、直流电源、水泵和进水预处理设备等。

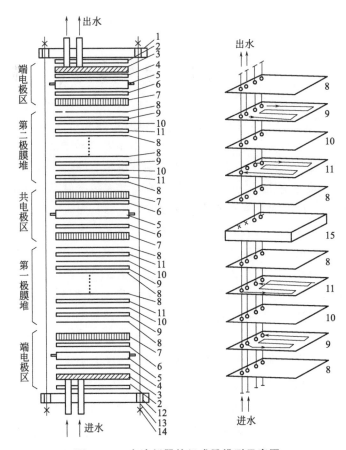

图 12-48　电渗析器的组成及排列示意图
1—上压板；2—垫板甲；3—电极托板；4—垫板乙；5—石墨电极；6—垫板丙；7—极框；8—阳膜；
9—隔板甲；10—阴膜；11—隔板乙；12—下压板；13—螺杆；14—螺母；15—共电极区

(2) 电渗析器的组装

电渗析器的组装方式有几种，如图 12-49 所示。一对正、负电极之间的膜堆称为一级，具有同一水流方向的并联膜堆称为一段。在一台装置中，膜的对数（阴、阳膜各一张称为一对）可在 120 对以上。一台电渗析器分为几级的原因在于降低两个电极间的电压，分为几段的原因是为了使几个段串联起来，加长水的流程长度。对多段串联的电渗析系统，又可分为等电流密度或等水流速度两种组装形式。前者各段隔板数不同，沿淡水流动方向，隔板数按极限电流密度公式规律递减，而后者的每段隔板数相等。

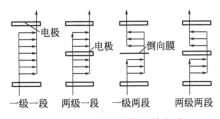

图 12-49　电渗析器组装方式

安装方式有立式（隔板和膜竖立）和卧式（隔板和膜平放）两种。有回路隔板的电渗析器都是卧式的，无回路隔板大多数是立式安装的。一般认为立式的电渗析器具有水流流动和压力都比较均匀，容易排除隔板中气体等优点。但卧式组装方便，占地面积小，对于高含盐量来说电流密度比立式安装的要低些。对于高矿化度的水则应采用立式安装，水流方向自下而上，以便于排气。为防止设备停止运行时内部形成负压，应在适当位置安装真空破坏装置。

12.3.5.4　工艺流程

电渗析器本体的脱盐系统有直流式、循环式和部分循环式三种，如图 12-50 所示。直流式可以连续制水，多台串联或并联，管道简单，不需要淡水循环泵和淡水箱，但对原水含盐量变化的适应性稍差，全部膜对不能在同一最佳工况下运行。循环式为间歇运行，对原水变化的适应性强，适用于规模不大、除盐率要求较高的场合，但需设循环泵和水箱。部分循环式常用多台串联，可用不同型号的设备来适应不同的水质水量，它综合了直流式和循环式的特点，但管路复杂。

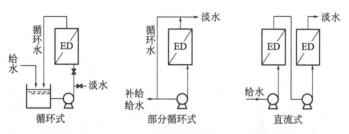

图 12-50　电渗析器本体的三种工艺系统示意图

为了减轻电渗析器的浓差极化，电流密度不能很高，水的流速不能太低，故原水流过淡化室一次能够除去的离子数量是有限的，因此，电渗析操作时常采用多级连续流程和循环流程。

图 12-51 所示为三级连续操作流程，三个电渗析器串联使用，含盐原水依次通过各组淡化室淡化，此种操作可达到较高的脱盐率。

图 12-52 所示为间歇循环操作流程。含盐原水一次加入循环槽，用泵送入电渗析器进行脱盐淡化，从电渗析器流出的淡化液流回循环槽，然后再用泵送入电渗析器淡化室，直到脱盐率达到要求为止。

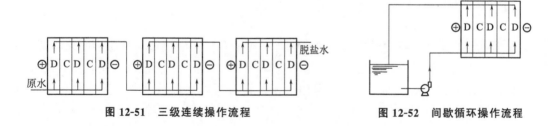

图 12-51　三级连续操作流程　　　　　　图 12-52　间歇循环操作流程

12.3.5.5　在工业污水处理与有用物回收方面的应用

利用电渗析技术浓缩和脱盐的原理能够有效浓缩工业污水中的金属盐（包括放射性物质）、无机酸、碱及有机电解质等，使污水变清洁，同时可回收有用物质，所以在污水处理中得到了广泛的应用。如从冶金、机械、化工等工厂排出的大量酸性污水中回收酸和金属，从碱法造纸废液中回收烧碱和木质素，从合成纤维工业污水回收硫酸盐，从电镀废液中回收铬、铜、镍、锌、镉等有害的金属离子。

图 12-53 所示是用电渗析法从酸洗废液中回收硫酸和铁的工艺流程。回收时，在正、

负极之间放置阴膜，阴极室进酸洗废液（含 H_2SO_4、$FeSO_4$），阳极室进稀硫酸，通直流电后，利用电极反应生成的 H^+ 与透过阴膜的 SO_4^{2-} 结合成纯净的 H_2SO_4，阴极板上则可回收纯铁。如阴膜两侧都进酸洗废液，则得不到纯净的 H_2SO_4。

图 12-54 所示是用电渗析法从芒硝（Na_2SO_4）废液中回收酸（H_2SO_4）和碱（NaOH）的工艺流程。阳极室进稀 H_2SO_4，阴极室进稀 NaOH，阴、阳膜之间进芒硝废液。在阳极室，H^+ 与透过阴膜的 SO_4^{2-} 结合成纯净的 H_2SO_4；在阴极室，OH^- 与透过阳膜的 Na^+ 结合成纯净的 NaOH。

在处理工业污水时，要注意酸、碱或强氧化剂以及有机物等对膜的侵害和污染作用，这往往是限制电渗析法使用的瓶颈。

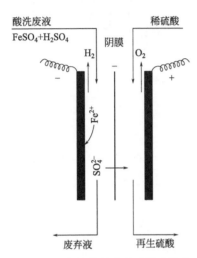

图 12-53　用电渗析法从酸洗废液中
回收硫酸和铁的工艺流程

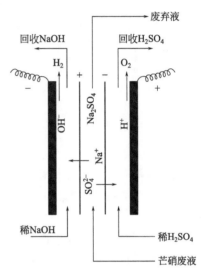

图 12-54　用电渗析法从芒硝废液中
回收酸和碱的工艺流程

▶ 12.4　化学沉淀法回收无机物

化学沉淀法是利用各物质在水中的溶解度不同，向污水中投加某种易溶的化学药剂，使其与污水中的溶解性物质发生互换反应生成难溶于水的盐类，形成沉淀物，然后进行固液分离，从而回收污水中的无机物。采用化学沉淀法可以处理污水中的重金属离子（如汞、铬、镉、铅、锌等）、碱土金属（如钙、镁等）和非金属（如砷、氟、硫、硼等），得到的由多种物质组成的无机混合物俗称化学污泥。

按其所用沉淀剂的不同，化学沉淀法可分为氢氧化物沉淀法、硫化物沉淀法、碳酸盐沉淀法和铁氧体沉淀法等。最常用的沉淀剂是石灰，其他如氢氧化钠、碳酸钠、硫化氢、碳酸钡等也有应用。

12.4.1　氢氧化物沉淀法

水中的金属离子很容易生成各种氢氧化物及羟基络合物，而这些氢氧化物和羟基络合物都是难溶于水的，尤其重金属离子铜、铬、镉、铅等的氢氧化物，它们在水中的溶解度和溶度积都很小，因此可以采用氢氧化物沉淀法除去。

如果以 M^{n+} 代表污水中的 n 价金属阳离子，则其氢氧化物的溶解平衡为：

$$M(OH)_n \rightleftharpoons M^{n+} + nOH^- \tag{12-25}$$

金属离子 M^{n+} 与 OH^- 能否生成难溶的氢氧化物沉淀，取决于溶液中金属离子 M^{n+} 的浓度和 OH^- 的浓度。根据金属氢氧化物 $M(OH)_n$ 的沉淀溶解平衡 $K_{sp} = [M^{n+}][OH^-]^n$，以及水中的离子积 $K_w = [H^+][OH^-]$（在室温下，通常采用 $K_w = 1 \times 10^{-14}$），可以得到：

$$K_{sp} = [M^{n+}][OH^-]^n \tag{12-26}$$

因而

$$[M^{n+}] = \frac{K_{sp}}{[OH^-]^n} \tag{12-27}$$

这是与氢氧化物沉淀共存的饱和溶液中的金属离子浓度，也就是溶液在任一 pH 值条件下可以存在的最大金属离子浓度。

对式（12-26）两边取对数，可得

$$\begin{aligned}
\lg K_{sp} &= \lg[M^{n+}] + n\lg[OH^-] \\
&= \lg[M^{n+}] - npOH \\
&= \lg[M^{n+}] - n(14 - pH) \\
&= \lg[M^{n+}] - 14n + npH
\end{aligned}$$

即

$$\lg[M^{n+}] = \lg K_{sp} + 14n - npH \tag{12-28}$$

式（12-28）中，$\lg[M^{n+}]$ 与 pH 为直线关系，截距为（$\lg K_{sp} + 14n$），斜率为（$-n$）。由式（12-28）可见：①金属离子浓度相同时，溶度积愈小，则开始析出氢氧化物沉淀的 pH 值愈低；②对于同一种金属离子，浓度越大，开始析出沉淀的 pH 值越低；③对于同一种金属离子，其在水中的剩余浓度随 pH 值的增高而下降；④对于 n 价金属离子，pH 值每增大 1，金属离子的浓度降低为原来的 $1/10^n$，例如，在氢氧化物沉淀中，pH 值增加 1，二价金属离子的浓度可降低为原来的 1/100，三价金属离子的浓度可降低为原来的 1/1000。

在氢氧化物沉淀过程中，对污水中的某一金属离子，pH 值是沉淀的关键条件。根据各种金属氢氧化物的 K_{sp} 值，可计算出某一 pH 值时溶液中金属离子的饱和浓度，如图 12-55 所示。

许多金属离子和氢氧根离子不仅可以生成氢氧化物沉淀，还可生成各种可溶性羟基络合物。在与金属氢氧化物呈平衡的饱和溶液中，不仅有游离的金属离子，而且有配位数不同的各种羟基络合物，它们都参与沉淀-溶解平衡。显然，各种金属羟

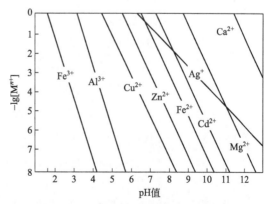

图 12-55　金属氢氧化物的溶解度对数图

基络合物在溶液中存在的数量和比例都直接同溶液的 pH 值有关，根据各种平衡关系可以进行综合计算。

以 Zn(Ⅱ) 为例，其氢氧化物 [Zn(OH)$_2$] 在高 pH 值时可能重新溶解，产生羟基络合物 [如 Zn(OH)$_4^{2-}$、Zn(OH)$_3^-$]。羟基络合物的生成反应及平衡常数 K_1、K_2、K_3、K_4 如下：

$$Zn^{2+} + OH^- \rightleftharpoons Zn(OH)^+$$

$$K_1 = [Zn(OH)^+]/([Zn^{2+}][OH^-]) = 5.0 \times 10^5 \tag{12-29}$$

$$\lg K_1 = 5.7$$

$$Zn(OH)^+ + OH^- \rightleftharpoons Zn(OH)_2(l)$$

$$K_2 = [Zn(OH)_2(l)]/([Zn(OH)^+][OH^-]) = 2.7 \times 10^4 \tag{12-30}$$

$$\lg K_2 = 4.43$$

$$Zn(OH)_2(l) + OH^- \rightleftharpoons Zn(OH)_3^-$$

$$K_3 = [Zn(OH)_3^-]/([Zn(OH)_2(l)][OH^-]) = 1.26 \times 10^4 \tag{12-31}$$

$$\lg K_3 = 4.10$$

$$Zn(OH)_3^- + OH^- \rightleftharpoons Zn(OH)_4^{2-}$$

$$K_4 = [Zn(OH)_4^{2-}]/([Zn(OH)_3^-][OH^-]) = 1.82 \times 10 \tag{12-32}$$

$$\lg K_4 = 1.26$$

在有沉淀物 Zn(OH)$_2$(s) 共存的饱和溶液中，沉淀固体与各络合离子之间也同样都存在着溶解平衡：

(1) $$Zn(OH)_2(s) \rightleftharpoons Zn^{2+} + 2OH^- \tag{12-33}$$

$$K_{s0} = [Zn^{2+}][OH^-] = 7.1 \times 10^{-18} \tag{12-34}$$

$$\lg K_{s0} = -17.15$$

(2) $$Zn(OH)_2(s) \rightleftharpoons Zn(OH)^+ + OH^- \tag{12-35}$$

$$K_{s1} = [Zn(OH)^+][OH^-] = K_{s0}K_1 = 3.55 \times 10^{-12} \tag{12-36}$$

$$\lg K_{s1} = -11.45$$

(3) $$Zn(OH)_2(s) \rightleftharpoons Zn(OH)_2(l) \tag{12-37}$$

$$K_{s2} = [Zn(OH)_2(l)] = K_{s1}K_2 = 9.8 \times 10^{-8} \tag{12-38}$$

$$\lg K_{s2} = -7.02$$

(4) $$Zn(OH)_2(s) + OH^- \rightleftharpoons Zn(OH)_3^- \tag{12-39}$$

$$K_{s3} = [Zn(OH)_3^-]/[OH^-] = K_{s2}K_3 = 1.2 \times 10^{-3} \tag{12-40}$$

$$\lg K_{s3} = -2.92$$

(5) $$Zn(OH)_2(s) + 2OH^- \rightleftharpoons Zn(OH)_4^{2-} \tag{12-41}$$

$$K_{s4} = [Zn(OH)_4^{2-}]/[OH^-]^2 = K_{s3}K_4 = 2.19 \times 10^{-2} \tag{12-42}$$

$$\lg K_{s4} = -1.665$$

由上述关系可综合计算各种羟基化合物在溶液中存在的数量和比例，从而知道其对沉淀过程的影响。

由上述关系同样可以求得 Zn 的各种形态的对数浓度与溶液 pH 之间的关系。

$$-\lg[Zn^{2+}]=2pH+pK_{s0}-2pK_w=2pH-10.85 \tag{12-43}$$

$$-\lg[Zn(OH)^+]=pH+pK_{s1}-pK_w=pH-2.55 \tag{12-44}$$

$$-\lg[Zn(OH)_2(l)]=pK_{s2}=7.02 \tag{12-45}$$

$$-\lg[Zn(OH)_3^-]=-pH+pK_{s3}+pK_w=-pH+16.92 \tag{12-46}$$

$$-\lg[Zn(OH)_4^{2-}]=-2pH+pK_{s4}+2pK_w=-2pH+29.66 \tag{12-47}$$

根据以上各式,可以求出五条线的对数浓度斜率和截距,并作出如图 12-56 所示的 $-\lg[Zn(\text{II})]$ 与 pH 值的关系图。图中阴影线所围的区域代表生成固体 $Zn(OH)_2$ 沉淀的区域。由图可见,当 pH<10.2 时,$Zn(OH)_2(s)$ 的溶解度随 pH 值升高而降低;当 pH>10.2 以后,随 pH 值升高而增大。其他可生成两性氢氧化物的金属也具有类似的性质,如 Cr^{3+}、Al^{3+}、Fe^{3+}、Cd^{2+}、Cu^{2+}、Pb^{2+} 等,见图 12-57。

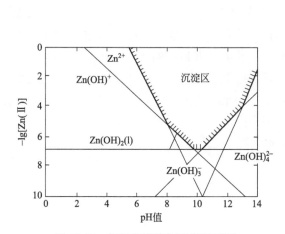

图 12-56　氢氧化锌溶解平衡区域图

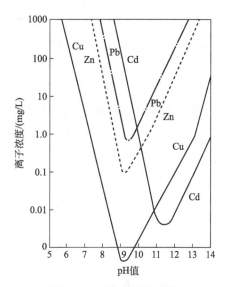

图 12-57　铜、锌、铅、镉的氢氧化物的溶解平衡图

实际处理中,共存离子体系复杂,影响氢氧化物沉淀的因素很多,必须控制 pH 值,使其保持在最优沉淀区域内。因为溶液的 pH 对金属氢氧化物的沉淀有影响,所以工业上采用氢氧化物沉淀法处理污水中的金属离子时,其沉淀物析出的 pH 值范围如表 12-2 所示。

表 12-2　金属氧化物沉淀析出的最佳 pH 值范围

金属离子	Fe^{3+}	Al^{3+}	Cr^{3+}	Zn^{2+}	Ni^{2+}	Pb^{2+}	Cd^{2+}	Fe^{2+}	Mn^{2+}	Cu^{2+}
最佳 pH 值	5～12	5.5～8	8～9	9～10	>9.5	9～9.5	>10.5	5～12	10～14	>8
加碱溶解的 pH 值		>8.5	>9	10.5		>9.5		>12.5		

当水中存在 CN^-、NH_3、S^{2-} 及 Cl^- 等配位体时,能与金属离子结合成可溶性络合物,增大金属氢氧化物的溶解度,对沉淀不利,应通过预处理去除。

采用氢氧化物沉淀法去除金属离子时,沉淀剂为各种碱性物质,常用的沉淀剂有石灰、碳酸氢钠、氢氧化钠、石灰石、白云石、电石渣等,可根据金属离子的种类、污水的性质、pH 值、处理水量等因素来选用。石灰沉淀法的优点是经济、简便、药剂来源广，因而应用最多，但石灰品质不稳定，消化系统劳动条件差，管道易结垢（$CaSO_4$ 与 CaF_2）与腐蚀，沉渣量大且多为胶体状态，含水率高达 95％～98％，极难脱水。当处理量小时，采用氢氧化钠可以减少沉渣量。用碳酸钠生成的碳酸盐沉渣比氢氧化物沉渣易脱水。

12.4.2　硫化物沉淀法

许多金属硫化物在水中的溶解度和溶度积也都很小，因此工业上常采用硫化物从污水中除去金属离子。溶度积越小的物质，越容易生成硫化物沉淀析出，主要金属硫化物的沉淀顺序如下：

$$Hg^{2+} > Ag^+ > As^{3+} > Cu^{2+} > Pb^{2+} > Cd^{2+} > Zn^{2+} > Fe^{2+}$$

通常采用的沉淀剂有 H_2S、Na_2S、$NaHS$、CaS_x、MnS、$(NH_4)_2S$、FeS 等。H_2S 有恶臭，是一种无色剧毒气体，使用时必须要注意安全，防止其逸出而污染空气。

硫化物沉淀的生成与溶液的 pH 值有较大的关系。金属硫化物的溶解平衡式为：

$$MS \rightleftharpoons [M^{2+}] + [S^{2-}] \tag{12-48}$$

$$[M^{2+}] = K_{sp}/[S^{2-}] \tag{12-49}$$

以硫化氢为沉淀剂时，硫化氢分两步电离，其电离方程式如下：

$$H_2S \rightleftharpoons H^+ + HS^- \tag{12-50}$$

$$HS^- \rightleftharpoons H^+ + S^{2-} \tag{12-51}$$

电离常数分别为

$$K_1 = \frac{[H^+][HS^-]}{[H_2S]} = 9.1 \times 10^{-8} \tag{12-52}$$

$$K_2 = \frac{[H^+][S^{2-}]}{[HS^-]} = 1.2 \times 10^{-15} \tag{12-53}$$

由式(12-52)和式(12-53)可得：

$$\frac{[H^+]^2[S^{2-}]}{[H_2S]} = 1.1 \times 10^{-22} \tag{12-54}$$

$$[S^{2-}] = \frac{1.1 \times 10^{-22}[H_2S]}{[H^+]^2} \tag{12-55}$$

因此，

$$[M^{2+}] = \frac{K_{sp}[H^+]^2}{1.1 \times 10^{-22}[H_2S]} \tag{12-56}$$

在 0.1MPa、25℃的条件下，硫化氢在水中的饱和浓度为 0.1mol/L(pH<6)，因此有：

$$[M^{2+}] = \frac{K_{sp}[H^+]^2}{1.1 \times 10^{-23}} \tag{12-57}$$

$$[S^{2-}] = \frac{1.1 \times 10^{-23}}{[H^+]^2} \tag{12-58}$$

由上式可见，用硫化物沉淀法处理含金属离子的污水时，水中剩余金属离子的饱和浓度也与 pH 值有关，随 pH 值的增高而降低，见图 12-58。

采用硫化物沉淀法处理含 Hg^+、Cu^{2+}、Cd^{2+}、Zn^{2+}、Pb^{2+} 等重金属离子的污水具有去除率高、可分步沉淀、泥渣中的金属品位高、便于回收利用、适用 pH 值范围大等优点，因此在生产上得到了应用。但过量 S^{2-} 会造成二次污染；当 pH 值降低时，可产生 H_2S。有时金属硫化物的颗粒很小，导致分离困难，此时可投加适量絮凝剂(如聚丙烯酰胺)进行共沉淀。

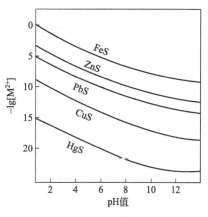

图 12-58　金属硫化物溶解度和 pH 值的关系

硫化物沉淀法除汞只适用于无机汞，对于有机汞，必须先用氧化剂(如氯等)将其氧化成无机汞，再用硫化物沉淀法处理。其反应式为：

$$Hg^{2+}+S^{2-} \Longrightarrow HgS \downarrow \qquad (12\text{-}59)$$

$$2Hg^{+}+S^{2-} \Longrightarrow Hg_2S \downarrow \Longrightarrow HgS \downarrow +Hg \downarrow \qquad (12\text{-}60)$$

在用硫化物沉淀法除汞的过程中，提高沉淀剂 S^{2-} 的浓度有利于硫化汞沉淀的析出，但是 S^{2-} 过量会增加水体的 COD，还能与硫化汞沉淀生成可溶性络合阴离子 $[HgS_2]^{2-}$，降低汞的去除率。因此，在反应过程中要补投 $FeSO_4$ 溶液，以除去过量硫离子，这样不仅有利于汞的去除，而且有利于沉淀的分离。

如果污水中含有卤素离子(F^-、Cl^-、Br^-、I^-)、CN^- 和 SCN^- 时，它们会与 Hg^{2+} 生成络合离子，如 $[HgCl_4]^{2-}$、$[Hg(CN)_4]^{2-}$ 和 $[Hg(SCN)_4]^{2-}$，不利于汞的沉淀，应先将上述离子除去。

12.4.3　碳酸盐沉淀法

碳酸盐沉淀法是通过向水体中加入某种沉淀剂，使其与水中的金属离子生成碳酸盐沉淀，从而回收无机物。对于不同的处理对象，碳酸盐法一般有三种不同的应用方式，适用于不同的处理对象：

① 投加可溶性碳酸盐如碳酸钠，使水中的金属离子生成难溶于水的碳酸盐沉淀。如对于含锌污水，可采用投加碳酸钠的方法将水中的锌离子转化为碳酸锌沉淀，进而与水分离。

② 投加难溶碳酸盐如碳酸钙，利用沉淀转化的原理，使水中的重金属离子生成溶解度更小的碳酸盐沉淀析出。例如可采用白云石过滤含铅污水，将水中溶解性的铅离子转化为碳酸铅沉淀，进而与水分离。

③ 投加石灰，使之与水中的碳酸盐，如 $Ca(HCO_3)_2$、$Mg(HCO_3)_2$ 等，生成难溶于水的碳酸钙和氢氧化镁而沉淀析出，进而与水分离。

12.4.4　铁氧体沉淀法

铁氧体是一类具有一定晶体结构的复合氧化物，其晶体组织中可以容纳各种不同的金属。它不溶于水，也不溶于酸、碱、盐溶液，具有高的磁导率和高的电阻率(其电阻比铜的大 $10^{13} \sim 10^{14}$ 倍)，是一种重要的磁性介质。其制造过程和力学性能与陶瓷品很类似，因此也称磁性瓷。

铁氧体的磁性强弱及其他特性与其化学组成和晶体构成有关。铁氧体的晶格类型有 7

种，组成通式为 $(B'_xB''_{1-x})O·(A'_yA''_{1-y})_2O_3$。由于阳离子的种类及数量不同，铁氧体有上百种之多。尖晶石型铁氧体是人们最熟悉的铁氧体，磁铁矿（$FeO·Fe_2O_3$）就是一种天然的尖晶石型铁氧体，其化学组成主要是由二价金属氧化物和三价金属氧化物构成，可表示为 $BO·A_2O_3$，其中 B 代表 2 价金属，如 Fe、Mg、Zn、Co、Ni、Ca、Cu、Hg、Bi、Sn 等，A 代表 3 价金属，如 Fe、Al、Cr、Mn、Co、Bi、Ga、As 等。

铁氧体经简单的包覆处理后，即使在酸、碱以及盐溶液和水中，铁氧体中的重金属也不会被浸出，没有二次污染。铁氧体沉淀法就是采用适宜的处理工艺，使污水中的各种金属离子形成不溶性的铁氧体晶体而沉淀析出，从而与水分离。其工艺过程包括以下 5 个步骤。

（1）投加亚铁盐

为了形成铁氧体，需要有足量的 Fe^{2+} 和 Fe^{3+}。投加亚铁盐（$FeSO_4$ 或 $FeCl_2$）的作用有 3 个：①补充 Fe^{2+}；②通过氧化，补充 Fe^{3+}；③如水中含有 Cr^{6+}，则将其还原为 Cr^{3+}，作为形成铁氧体的原料之一。如在含铬污水中所形成的铬铁氧体中，Fe^{2+} 和 $(Fe^{3+}+Cr^{3+})$ 的摩尔比为 1:2，而在还原 Cr^{6+} 时 Fe^{2+} 的耗量为 3mol Fe^{2+}:1mol Cr^{6+}。因此，污水含 1mol Cr^{6+}，理论需要投加的亚铁盐为 5mol，实际投加量稍大于理论值，约 1.15 倍。

（2）加碱沉淀

含重金属离子的污水常呈酸性，加硫酸亚铁后，由于水解作用使 pH 值进一步下降，不利于金属氢氧化物沉淀的生成，所以要根据重金属离子的不同，将 pH 值控制在 8~9，各种难溶金属氢氧化物可同时沉淀析出。但不能用石灰调 pH 值，因为石灰的溶解度小和杂质多，未溶解的颗粒及杂质混入沉淀中，会影响铁氧体的质量。

（3）充氧加热，转化沉淀

为了调整 2 价和 3 价金属离子的比例，通常向污水中通入空气，使部分 Fe^{2+} 转化为 Fe^{3+}。此外，加热可促进反应的进行，同时使氢氧化物胶体破坏和脱水分解，逐渐转化为具有尖晶石结构的铁氧体：

$$Fe(OH)_3 \xrightarrow{\Delta} FeOOH + H_2O \qquad (12\text{-}61)$$

$$FeOOH + Fe(OH)_2 \Longrightarrow FeOOH·Fe(OH)_2 \qquad (12\text{-}62)$$

$$FeOOH·Fe(OH)_2 + FeOOH \xrightarrow{\Delta} FeO·Fe_2O_3 + 2H_2O \qquad (12\text{-}63)$$

污水中的其他金属氢氧化物的反应大致与此相同。2 价金属离子占据部分 Fe^{2+} 的位置，3 价金属离子占据部分 Fe^{3+} 的位置，从而使其他金属离子均匀地混杂到铁氧体晶格结构中去，形成特性各异的铁氧体。

充氧加热的方式有 2 种：一是对全部污水加热充氧；二是先充氧，然后将组成调整好的氢氧化物沉淀分离出来，再对沉淀物加热。加热温度约 60~80℃，加热时间 20min 比较合适。

（4）固液分离

分离铁氧体沉渣的方法有 3 种：沉淀过滤、离心分离和磁分离。由于铁氧体的相对密度较大(4.4～5.2),采用沉淀过滤和离心分离都能迅速分离。铁氧体微粒多少带点磁性,也可以采用磁力分离机(如高梯度大磁分离机)进行分离。

(5)沉渣处理

根据沉渣组成、性能及用途的不同,处理方式也不同。若污水成分单纯,浓度稳定,则沉渣可作铁淦氧磁体的原料,此时,沉渣应进行水洗,除去硫酸钠等杂质。

图 12-59 所示是用铁氧体沉淀法处理含铬污水的工艺流程。污水中主要含铁离子和六价铬离子,初始 pH 值为 3～5。污水由调节池进入反应槽,按 $FeSO_4 \cdot 7H_2O : CrO_3 = 16:1$(质量比)投加硫酸亚铁。经搅拌使 Cr^{6+} 与 Fe^{2+} 进行氧化还原反应,然后用 NaOH 调节 pH 值至 7～9,产生氢氧化物沉淀,加热至 60～80℃,通空气曝气 20min。当沉淀呈现黑褐色时,停止通气。之后进行固液分离,铁氧体废渣送去利用,污水经检测达标后排放。

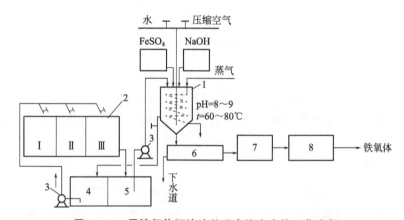

图 12-59 用铁氧体沉淀法处理含铬废水的工艺流程
1—反应槽;2—清洗槽;3—泵;4—清水池;5—调节池;6—废渣池;7—离心脱水;8—烘干

铁氧体沉淀法处理污水具有如下优点:①能一次脱除多种金属离子,出水能达到排放标准;②设备简单,适用范围广,投资少,操作方便;③硫酸亚铁的投量范围大,对水质的适应性强;④沉渣分离容易,可以综合利用或贮存。但铁氧体沉淀过程也存在一些缺点:①不能单独回收有用金属;②需要消耗相当多的硫酸亚铁、一定数量的碱(氢氧化钠)和热能,处理成本高;③出水中硫酸盐的浓度高。

12.4.5 其他沉淀法

除前述各种常用的沉淀法外,用于污水处理的沉淀法还包括钡盐沉淀法、卤化物沉淀法、磷酸盐沉淀法、磷酸铵镁沉淀法和有机试剂沉淀法等。

12.4.5.1 钡盐沉淀法

钡盐沉淀法仅限于含 Cr(Ⅵ) 污水的处理,其工艺流程如图 12-60。采用的沉淀剂有 $BaCO_3$、$BaCl_2$ 和 BaS 等,生成铬酸钡 ($BaCrO_4$)。铬酸钡的溶度积 $K_{sp} = 1.2 \times 10^{-10}$。

钡盐法处理含铬污水要准确控制 pH 值。铬酸钡的溶解度与 pH 值有关:pH 值越低,溶解度越大,对除铬不利;但 pH 值太高时,CO_2 气体难以析出,也不利于除铬反应的进行。采用 $BaCO_3$ 作沉淀剂时,用硫酸或乙酸调整污水的 pH 值至 4.5～5,反应速率快,除铬效果好,药剂用量少。但不能用 HCl 调整 pH 值,以防止残氯的影响。采用 $BaCl_2$

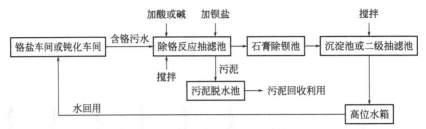

图 12-60 钡盐沉淀法除铬工艺流程

作沉淀剂时，生成的 HCl 会使溶液的 pH 值降低。此时 pH 值应控制高些（6.5～7.5）。

为了促进沉淀，沉淀剂常投加过量，但由于出水中含过量的钡，也不能排放，一般通过一个以石膏碎块为滤料的滤池，使石膏中的钙离子置换水中的钡离子而生成硫酸钡沉淀。

钡盐法形成的沉渣中主要含铬酸钡，最好回收利用。可向泥渣中投加硝酸和硫酸，反应产物有硫酸钡和铬酸，铬酸的比例约为沉渣：硝酸：硫酸＝1：0.3：0.08。

12.4.5.2 卤化物沉淀法

卤化物沉淀法是通过向污水中投加易溶解的卤化物，使其与水中的金属离子反应生成难溶的卤化物沉淀而去除污染物的方法。根据产生的沉淀的种类，卤化物沉淀法可分为以下两种。

(1) 氯化银沉淀法

含银污水主要来源于镀银和照相工艺，通过向污水中投加氯化物可以沉淀回收银。

氰化银镀液中的银浓度高达 13～45g/L，一般先用电解法回收银，将银的浓度降至 100～500mg/L，然后再用氯化物沉淀法将银的浓度进一步降至几毫克每升。如果在碱性条件下与其他金属氢氧化物共沉淀，可使银的浓度降至 0.1mg/L。当出水中氯离子浓度为 0.5mg/L 时，理论计算的银离子最大浓度为 1.35mg/L。氯离子的浓度越高，则银的浓度越低，但氯离子过量太多时，会生成 $AgCl_2^-$ 络离子，使沉淀又重新溶解。

污水中含有多种金属离子时，可调整污水的 pH 值至碱性，同时加氯化物，则其他金属离子形成氢氧化物沉淀，银形成氯化银沉淀。用酸洗沉渣，将氢氧化物沉淀溶出，仅剩下氯化银，实现分离和回收银。镀银污水中常含氰，一般先加氯氧化氰，放出的氯离子又可以与银生成沉淀。当银和氰质量相等时，投氯量为 3.5mg/mg（CN^-），氯化 10min 后，调整 pH 值至 6.5，氰完全氧化，再加氯化铁，用石灰调整 pH 值至 8，沉淀分离后出水中银的浓度由最初的 0.7～40mg/L 降至几乎 0mg/L。

(2) 氟化物沉淀法

当污水中含有比较单纯的氟离子时，可通过投加石灰，将污水的 pH 值调整至 10～12，生成 CaF_2 沉淀：

$$Ca^{2+} + F^+ \longrightarrow CaF_2 \tag{12-64}$$

利用此方法可使污水中的氟浓度降至 10～20mg/L。

如果污水中同时还含有其他金属离子，如 Mg^{2+}、Fe^{3+}、Al^{3+}，则同时会生成金属氢氧化物沉淀，由于吸附共沉淀作用，可使溶液中的氟浓度降至 8mg/L 以下。如果加石灰的同时加入磷酸盐（如过磷酸钙、磷酸氢二钙），则可与氟离子形成难溶的磷灰石沉淀，反应方程如下：

$$3H_2PO_4^- + 5Ca^{2+} + 6OH^- + F^- \Longrightarrow Ca_5(PO_4)_3F + 6H_2O \quad K_{sp} = 6.8 \times 10^{-60}$$

$$(12\text{-}65)$$

当石灰投量为理论量的 1.3 倍，过磷酸钙的投量为理论量的 2～2.5 倍时，可使氟的浓度降至 2mg/L。

12.4.5.3 磷酸盐沉淀法

含可溶性磷酸盐的污水可以通过加入铁盐或铅盐生成不溶性的磷酸盐沉淀除去。加入铁盐除去磷酸盐时会伴随如下过程发生：①铁的磷酸盐 $[Fe(PO4)_x(OH)_{3-x}]$ 沉淀；②在部分胶体状的氧化铁或氢氧化铁表面上磷酸盐被吸附；③多核氢氧化铁（Ⅲ）悬浮体的凝聚作用，生成不溶于水的金属聚合物。

沉淀剂的加入量应根据亚磷酸的总量来调整，即以亚磷酸对铁或对铝的化学比为基础。如果加入 $FeCl_3$ 或 $AlCl_3$ 水合物的化学计量比为 1.5，则可去除 90% 以上的磷酸盐，加入 2 倍化学计量的 $Al_2(SO_4)_3 \cdot 18H_2O$ 也可得到同样的结果。利用 $FeCl_3 \cdot 6H_2O$ ＋ $Ca(OH)_2$ 组成的混合沉淀剂，用 80% 化学计量的铁与 100mg/L 的 $Ca(OH)_2$，可将污水中的磷酸盐去除 90% 以上，此种沉淀法的沉淀物可作为肥料。

pH 值对沉淀剂有影响，用铁盐来沉淀正磷酸盐时，最好的反应 pH 值是 5；当用铝盐作沉淀剂时，最好的 pH 值是 6；而用石灰时，最好的 pH 值在 10 以上。这些 pH 值也与相应的纯磷酸盐的最小溶解度一致。

12.4.5.4 磷酸铵镁沉淀法

氨氮是导致水体富营养化的主要原因之一，对水中的鱼类等水生生物有直接的危害，严格控制氨氮的排放是目前污水治理的一项重要任务。磷酸铵镁化学沉淀过程去除污水中氨氮具有处理效果好、工艺简单、不受温度限制等优点；对于无法应用生物处理的强毒性污水中氨氮的去除，也能取得很好的效果；如果污水中同时含有较高的 PO_4^{3-}，还可同时起到除磷的作用。由于以上诸多优点，早在 20 世纪 70 年代就有应用该方法去除氨氮的研究报道。

一般情况下，铵根离子形成的盐均为易溶的，但某些复盐难溶于水，如 $MgNH_4PO_4$、$MnNH_4PO_4$、$NiNH_4PO_4$ 等，利用这些复盐可以将氨氮以沉淀的形式从水中分离去除。Mn、Ni、Zn 为重金属，对人及其他生物有毒害作用，通常不可以作为沉淀剂使用，但镁离子可以作为沉淀剂使用。在污水中同时存在氨氮离子、镁离子和磷酸根离子时，就会生成 $MgNH_4PO_4 \cdot 6H_2O$ 沉淀，其反应方程式如下：

$$Mg^{2+} + NH_4^+ + PO_4^{3-} + 6H_2O \longrightarrow MgNH_4PO_4 \cdot 6H_2O \downarrow \qquad (12\text{-}66)$$

12.4.5.5 有机试剂沉淀法

该过程主要是利用有机试剂和污水中的无机或有机污染物发生反应，形成沉淀从而分离。有机污水中的含酚污水，可用甲醛作沉淀剂将苯酚缩合成酚醛树脂而沉淀析出，在此过程中，酚的回收率可达 99.2%。重金属污水和有机试剂会反应生成金属有机络合物，如用二甲胺原酸钠与 Ni 和 Cu 络合沉淀。

该过程去除污染物的效果较好，但试剂往往较昂贵，同时为避免二次污染，对有机试剂的用量必须进行较为准确的计量。

12.4.6　化学沉淀法的应用

目前，化学沉淀法在从污水中分离回收无机物方面中已得到了广泛的应用。

(1) 除锌

对于含锌污水，可采用碳酸钠作沉淀剂，将它投加于污水中，经混合反应后，可生成碳酸锌沉淀物而从水中析出。沉渣经清水漂洗、真空抽滤，可回收利用。

(2) 除铅

对于含铅污水，可采用碳酸钠作沉淀剂，使其与污水中的铅反应生成碳酸铅沉淀物，再经砂滤，在 pH 值为 $6.4 \sim 8.7$ 时，出水的总铅含量为 $0.2 \sim 3.8 mg/L$，可溶性铅为 $0.1 mg/L$。

(3) 除铜

用化学沉淀法处理含铜污水时，可用碳酸钠作沉淀剂，当污水的 pH 值在碱性条件下，发生式（12-67）所示的化学反应，使铜离子生成不溶于水的碱式碳酸铜沉淀而从水中分离出来：

$$2Cu^{2+} + CO_3^{2-} + 2OH^- \Longrightarrow Cu_2(OH)_2CO_3 \downarrow \tag{12-67}$$

12.4.7　化学还原法的应用

通过投加还原剂，将污水中的有毒物质转化为无毒或毒性较小的物质的方法称为还原法。因为化学还原过程中往往产生不溶性沉淀物，因此也称其为还原沉淀法，将其归属于化学沉淀过程。常用的还原剂有金属还原剂和盐类还原剂。

金属还原法是以固体金属为还原剂，用于还原污水中的污染物，特别是汞、铬、镉等重金属离子。常用的金属还原剂有铁、锌、铜、镁等，其中铁、锌因其价格便宜而作为首选的药剂。

盐类还原法是利用一些化学药剂作为还原剂，将有毒物质转化为无毒或低毒物质，并进一步将其除去。

12.4.7.1　还原法除铬

电镀、制革、冶炼、化工等工业污水中含有剧毒的 Cr(Ⅵ)。在酸性条件下（pH<4.2），六价铬主要以 $Cr_2O_7^{2-}$ 形式存在；在碱性条件下（pH>7.6），主要以 CrO_4^{2-} 形式存在，两种形式之间存在以下转换：

$$2CrO_4^{2-} + 2H^+ \Longrightarrow Cr_2O_7^{2-} + H_2O \tag{12-68}$$

$$Cr_2O_7^{2-} + 2OH^- \Longrightarrow 2CrO_4^{2-} + H_2O \tag{12-69}$$

六价铬的毒性要比三价铬大 100 倍左右，最高允许排放浓度为 $0.05 mg/L$。

通常把还原法除铬分两步。第一步还原反应是利用六价铬在酸性条件下氧化反应快的特性，用还原剂将 Cr(Ⅵ) 还原为毒性较低的 Cr(Ⅲ)。如果要求反应时间小于 30min，反应液的 pH 值要小于 3。第二步碱化反应是在碱性条件下将 Cr(Ⅲ) 生成 Cr(OH)₃ 沉淀去除。常用的还原方法有以下几种。

(1) 铁屑（或锌粉）过滤

查标准氧化还原电势可知，$E^\ominus(Fe^{2+}/Fe) = -0.44V$，$E^\ominus(Zn^{2+}/Zn) = -0.763V$，

有较大的负电势，可作为较强的还原剂。工程上常用铁刨花（或锌粉）装入滤柱，处理含铬、含汞、含铜等重金属污水。含铬污水在酸性条件下进入铁屑滤柱后，铁放出电子，产生亚铁离子，可将 Cr(Ⅵ) 还原成 Cr(Ⅲ)。化学反应如下：

$$Fe = Fe^{2+} + 2e^- \tag{12-70}$$

$$Cr_2O_7^{2-} + 6e^- + 14H^+ = 2Cr^{3+} + 7H_2O \tag{12-71}$$

$$Cr_2O_7^{2-} + 6Fe^{2+} + 14H^+ = 2Cr^{3+} + 6Fe^{3+} + 7H_2O \tag{12-72}$$

随着反应的不断进行，水中消耗了大量的 H^+，使 OH^- 的浓度增高，当其达到一定的浓度时，产生卜列反应：

$$Cr^{3+} + 3OH^- = Cr(OH)_3 \downarrow \tag{12-73}$$

$$Fe^{3+} + 3OH^- = Fe(OH)_3 \downarrow \tag{12-74}$$

氢氧化铁具有絮凝作用，将氢氧化铬吸附凝聚在一起，当其通过铁屑滤柱时，即被截留在铁屑孔隙中。当铁屑吸附饱和失去还原能力后，可用酸碱再生，使 $Cr(OH)_3$ 重新溶解于再生液中：

$$Cr(OH)_3 + 3H^+ = Cr^{3+} + 3H_2O \tag{12-75}$$

$$Cr(OH)_3 + OH^- = CrO_2^- + 2H_2O \tag{12-76}$$

如用 5% 盐酸作再生液，再生后的残液中含有剩余酸及大量 Fe^{2+}，可用来调整原水的 pH 值及还原 Cr(Ⅵ)，以节省运行费用。

（2）硫酸亚铁-石灰还原法

硫酸亚铁-石灰还原法处理含铬污水主要是利用 Fe^{2+} 的还原性，在 pH 值小于 3 的条件下将 Cr(Ⅵ) 还原为 Cr(Ⅲ)，同时生成 Fe^{3+}，反应式同式（12-72）。

当硫酸亚铁投加量大时，水解能降低溶液的 pH 值，可以不加硫酸。当 Cr(Ⅵ) 浓度大于 100mg/L 时，可按照理论药剂量 Cr(Ⅵ)：$FeSO_4 \cdot 7H_2O = 1:16$（质量比）投加；当 Cr(Ⅵ) 浓度小于 100mg/L 时，实际用量在 1:（25～32）。碱化反应用石灰乳在 pH 值为 7.5～8.5 的条件下进行中和沉淀。反应式如下：

$$2Cr^{3+} + 3SO_4^{2-} + 3Ca^{2+} + 6OH^- = 2Cr(OH)_3 \downarrow + 3CaSO_4 \downarrow \tag{12-77}$$

$$2Fe^{3+} + 3SO_4^{2-} + 3Ca^{2+} + 6OH^- = 2Fe(OH)_3 \downarrow + 3CaSO_4 \downarrow \tag{12-78}$$

该法的最终沉淀物为铁铬氢氧化物和硫酸钙的混合物。

（3）亚硫酸盐还原法

亚硫酸盐还原法是用亚硫酸钠或亚硫酸氢钠作为还原剂，在 pH=1～3 的条件下还原 Cr(Ⅵ)，实际投药比为 Cr(Ⅵ)：$NaHSO_3 = 1:（4～8）$。其处理含铬污水的反应式为：

$$Cr_2O_7^{2-} + 3HSO_3^- + 5H^+ = 2Cr^{3+} + 3SO_4^{2-} + 4H_2O \tag{12-79}$$

$$Cr_2O_7^{2-} + 3SO_3^{2-} + 8H^+ = 2Cr^{3+} + 3SO_4^{2-} + 4H_2O \tag{12-80}$$

Cr(Ⅵ) 还原后用中和剂 NaOH、石灰，在 pH=7～9 之间以沉淀形式将 Cr^{3+} 去除：

$$2Cr^{3+} + 3SO_4^{2-} + 3Ca^{2+} + 6OH^- = 2Cr(OH)_3 \downarrow + 3CaSO_4 （用石灰作中和剂）$$

$$\tag{12-81}$$

$$Cr^{3+} + 3OH^- = Cr(OH)_3 \downarrow （用 NaOH 作中和剂） \tag{12-82}$$

用 NaOH 作为中和剂生成的 $Cr(OH)_3$ 沉淀纯度较高，可以通过过滤回收，综合利用。

（4）其他方法

含铬污水处理中还有水合肼（$N_2H_4 \cdot H_2O$）还原法，利用其在中性或微碱性条件下的强还原性直接还原六价铬并生成 $Cr(OH)_3$ 沉淀去除。反应方程式为：

$$4CrO_3 + 3N_2H_4 \Longrightarrow 4Cr(OH)_3 \downarrow + 3N_2 \uparrow \qquad (12\text{-}83)$$

12.4.7.2 还原法除汞

氯碱、炸药、制药、仪表等工业污水中常含有剧毒的 Hg^{2+}。主要的处理方法是将 Hg^{2+} 还原为 Hg 加以分离回收。目前主要的还原剂有硼氢化钠、比汞活泼的金属（铁屑等）和醛类。

（1）硼氢化钠还原法

用 $NaBH_4$ 处理含汞污水，可将污水中的汞离子还原成金属汞回收。为了完全还原，有机汞化合物需先转换成无机盐。硼氢化钠要求在碱性介质中使用。反应如下：

$$Hg^{2+} + BH_4^- + 2OH^- \Longrightarrow Hg + 3H_2 \uparrow + BO_2^- \qquad (12\text{-}84)$$

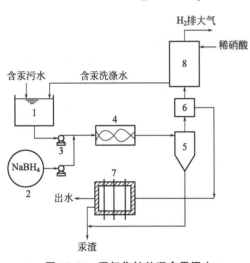

图 12-61　硼氢化钠处理含汞污水
1—集水池；2—$NaBH_4$ 溶液槽；3—泵；
4—混合器；5—水力旋流器；6—分离罐；
7—过滤器；8—硝酸洗涤器

图 12-61 为某含汞污水的处理流程。将硝酸洗涤器排出的含汞洗涤水的 pH 值调整到 7～9，使有机汞转化为无机盐。将 $NaBH_4$ 溶液投加到碱性含汞污水中，在混合器中混合并进行还原反应（此时的 pH 值应控制在 9～11 之间），然后送往水力旋流器，可除去 80%～90% 的汞沉淀物（粒径约为 $10\mu m$），汞渣送往真空蒸馏，而污水从分离罐出来后送往孔径为 $5\mu m$ 的过滤器过滤，将残余的汞滤除。H_2 和汞蒸气从分离罐出来后送到硝酸洗涤器，返回原水进行二次回收。每 1kg $NaBH_4$ 约可回收 2kg 的金属汞。

（2）金属还原法

用金属还原汞，通常在滤柱内进行。污水与还原剂金属接触，汞离子被还原为金属汞析出。可用作还原剂的金属有铁、锌、锡、铜等，以铁作还原剂为例，其还原反应的方程式如下：

$$2Fe^{2+} + Hg^{2+} \Longrightarrow 2Fe^{3+} + Hg \downarrow \qquad (12\text{-}85)$$

$$2Fe + 3Hg^{2+} \Longrightarrow 2Fe^{3+} + 3Hg \downarrow \qquad (12\text{-}86)$$

上述反应的发生必须将反应温度严格控制在 20～30℃ 范围。这是因为温度太高时，容易导致汞蒸气逸出。铁屑的还原效果与污水的 pH 值有关，当 pH 值低时，由于铁的电极电势比氢的电极电势低，则污水中的氢离子也将被还原为氢气而逸出：

$$Fe + 2H^+ \Longrightarrow Fe^{2+} + H_2 \uparrow \qquad (12\text{-}87)$$

结果使得铁屑的耗量增大，另外，析出的氢包围在铁屑表面，也会影响反应的进行。因此，一般控制溶液的 pH 值在 6～9 较好。

12.4.7.3 还原法除铜

工业上含铜污水的还原法处理一般用的还原剂有甲醛、铁屑等。甲醛还原法是利用甲醛在碱性溶液中呈强还原性的特性，将Cu^{2+}还原成金属Cu。反应方程式如下：

$$HCHO+3OH^- \Longrightarrow HCOO^-+2H_2O+2e^- \tag{12-88}$$

$$HCOO^-+3OH^- \Longrightarrow CO_3^{2-}+2H_2O+2e^- \tag{12-89}$$

$$Cu^{2+}+2e^- \Longrightarrow Cu\downarrow \tag{12-90}$$

图12-62所示是还原法处理含铜污水的工艺流程，药剂槽用于还原镀液析出铜离子。实际采用的还原剂为：甲醛（36%～38%）1mL/L，氢氧化钾1g/L，酒石酸钾钠2g/L。还原溶液的pH值为12左右。氢氧化钾主要用于中和镀液带出的酸性溶液，酒石酸钾钠则用于络合Cu^{2+}，防止发生式（12-91）所示的副反应而生成$Cu(OH)_2$沉淀。

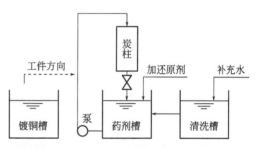

图12-62　还原法处理含铜污水的工艺流程

$$Cu^{2+}+2OH^- \Longrightarrow Cu(OH)_2\downarrow \tag{12-91}$$

还原后的含铜污水经活性炭吸附，再用硫酸溶液清洗，在有氧条件下，使Cu再氧化成硫酸铜回收利用。其反应式为：

$$2Cu+2H_2SO_4+O_2 \Longrightarrow 2CuSO_4+2H_2O \tag{12-92}$$

参考文献

[1] 廖传华，米展，周玲，等.物理法水处理过程与设备 [M].北京：化学工业出版社，2016.

[2] 廖传华，朱廷风，代国俊，等.化学法水处理过程与设备 [M].北京：化学工业出版社，2016.

[3] 廖传华，江晖，黄诚.分离技术、设备与工业应用 [M].北京：化学工业出版社，2018.

[4] 吴浩汀.制革工业废水处理技术及工程实例 [M].北京：化学工业出版社，2002.

[5] 王郁，林逢凯.水污染控制工程 [M].北京：化学工业出版社，2008.

[6] 陈坚，袁鹏，蔡思鑫，等.碳酸盐体系中pH对Cu^{2+}诱导结晶过程的影响 [J].环境科学研究，2015，28（1）：96-102.

[7] 尹璟.苯甘氨酸结晶过程研究 [D].北京：北京化工大学，2015.

[8] 王增苏.氯乙酸结晶过程控制的应用研究 [D].石家庄：河北科技大学，2015.

[9] 陆海东.乙基香兰素结晶过程研究 [D].北京：北京化工大学，2015.

[10] 武海丽.硫酸铵结晶过程及DP结晶器系统研究 [D].天津：天津大学，2015.

[11] 谢志平，孙登琼，秦亚楠，等.果糖结晶过程优化 [J].化工学报，2014，65（1）：251-257.

[12] 李国昌，王萍.结晶学教程 [M].北京：国防工业出版社，2014.

[13] 孙丛婷，薛冬峰.无机功能晶体材料的结晶过程研究 [J].中国科学（技术科学），2014（11）：1123-1136.

[14] 张奇峰，李胜海，王屯钰，等.反渗透和纳滤膜的研制与应用 [J].中国工程科学，2014，16（12）：17-23.

[15] 张浩勋，泰国胜，张秋楠，等.染料脱盐纳滤膜分离性能表征 [J].郑州大学学报（工学版），2015，36（3）：73-76.

[16] 程小飞，章麦明，薛松，等.超滤膜分离纯化珊瑚藻溴过氧化物酶 [J].中国生物工程杂志，

2011 (3): 171-173.

　　[17] 宋亚丽，董秉直，高乃云，等.预氧化/混凝/微滤膜联用处理微污染水中试 [J].中国给水排水，2014，30 (3)：52-55.

　　[18] 杨学贵，王琳，张亚宁.MBR 微滤膜在污水处理厂的清洗维护实践 [J].中国给水排水，2013，29 (16)：101-104.

　　[19] 庞维亮，孙祥超，冯丽霞，等.微滤膜预处理系统存在的问题分析及对策 [J].中国给水排水，2013，29 (18)：151-153.

无机物的利用途径

对于从工业污水中回收的无机物料，可根据工业生产的工艺流程和物料的性质，有针对性地实现物料利用。

▶ 13.1 工业回用

按照产生的原因，工业污水中的无机物，可能是没有充分利用的原料，也可能是原料本身所含有的不参与工艺过程的杂质或生产过程中产生的副产物。无论何种无机物，都可将其从污水中分离回收后，实现工业回用。

13.1.1 本工艺过程的回用

对由于没有充分利用而混入污水中的无机物（也就是原料），可将其从污水中提取分离后回用于本工艺过程。这种回用方式，不但可提高原料的利用率，降低生产过程的成本，而且可减少污水的产生量，节省后续污水处理的费用，能取得明显的经济效益，因此在工业生产中应用较为普遍。

（1）从含金属盐的废硫酸中回收硫酸

硫酸法制备钛白粉所产生的废液以及清洗钢材的废液中含有大量的硫酸及硫酸亚铁等金属硫酸盐。这些废硫酸通常只经过简单的中和处理就排放，不仅造成严重的环境污染，同时浪费了化工原料，造成巨大的经济损失。可将废液中所含的硫酸和硫酸亚铁回收再用。

先将工业废硫酸进行浓缩处理，浓缩至浓度为 30%～35% 时停止浓缩，在料液中按料液：脱盐剂质量比为 1:（0.08～0.3）的比例加入脱盐剂（浓度大于 70% 的硫酸，可以是新鲜的工业硫酸，也可以是采用本方法回收的再生硫酸），在 70～90℃ 条件下对体系进行充分搅拌脱盐，使体系的硫酸浓度达到 52%～60%。经充分搅拌后静置，使盐充分析出，待体系冷却到低于 40℃ 后进行固液分离，所得到的硫酸已经可以满足某些条件的使用。如果需要，可以对前述所得的再生硫酸进行第二次浓缩处理，待体系中硫酸浓度大于 70% 后停止浓缩，经充分搅拌后冷却，再进行第二次固液分离。最佳工艺条件是在第一次浓缩处理至体系的酸浓度达 32%～35% 时停止浓缩，按料液：脱盐剂质量比为 1:0.1 加入脱盐剂，并在 85℃ 条件下对体系进行充分搅拌脱盐，使体系的酸浓度达 55%～58%。

于一次处理后加入工业硫酸或再生硫酸作为脱盐剂，使体系进行深度脱盐，可使存在于体系内的96％以上的金属盐结晶析出，既可充分获取有用的化工原料，又可保证在第二次浓缩过程中不会再有金属盐析出，因此不会在反应器、管道等容器壁上形成结垢堵塞，影响二次浓缩过程。所得再生硫酸的浓度大于70％，整个工艺中不会引入杂质，所得再生硫酸中杂质含量极低，而且在处理过程中不需要冷冻，省时节能。浓缩处理也可采用减压蒸馏法替代。

（2）硫酸法钛白粉生产中废酸的回收

钛白粉的生产方法有硫酸法和氯化法。硫酸法具有原料来源充足、生产成本低等优点，但生产过程中会产生大量的废硫酸，如果不经处理直接排放，会对环境造成污染，如果处理方法选择不当，会大幅增加生产成本。

常见的废硫酸处理方法是用石灰中和后排放，这种方法不仅浪费资源，产生大量废渣，花费巨额处理费用，而且造成二次污染。另一种方法是将废稀硫酸浓缩后制作磷肥，但工艺复杂，成本高，反应慢且不充分，磷肥质量差。为克服这两种方法的缺点，可将其中的废酸回收利用。具体方法是：

① 沉淀预处理。将来自硫酸法钛白粉生产中的废酸（主要杂质含量：铁30～45g/L；钙、镁各2～8g/L；固形钛0.2～2.5g/L；少量铝、钒等）经沉淀后，大部分固形钛通过沉降聚集回收，得到固形钛含量0.2～0.5g/L的废酸。

② 预浓缩。将经步骤①处理的废酸送入气液分离型非挥发性溶液浓缩装置进行预浓缩，控制预浓缩温度为50～60℃（优选55～60℃）。当酸浓度达到40％～50％时（优选44％～50％），停止浓缩。

③ 过滤。将经步骤②处理的废酸进行过滤（可先结晶后过滤），除去其中大量的无机盐（包括铁、钙、镁的硫酸盐、硅酸盐、铝酸盐等）和少量的固形钛水解物，得到滤液。

④ 浓缩。上述滤液进一步采用气液分离型非挥发性溶液浓缩装置进行浓缩，温度控制在65～75℃（优选70～75℃），得到浓缩酸浓度大于70％时，停止浓缩。可进一步将浓缩酸送入过滤器，滤出其中的少量无机盐（主要成分是硫酸亚铁水合物），得到纯度更高的浓缩酸。所得浓缩酸与98％的工业硫酸混合，送到硫酸法钛白粉生产中的水解工序回用。

采用此法，可使硫酸法钛白粉生产中的废酸浓缩到70％以上，实现全部回用。

13.1.2　其他工艺过程的回用

如果污水中的无机物是原料中所含的不参与工艺过程的杂质或生产过程中产生的副产物，虽然这些无机物在本工艺过程中无法利用，但如果可作为其他生产过程的原料，则可将其提取分离后回用于其他的工艺过程。与本工艺过程的回用相比，他工艺过程的回用应用更加普遍。最典型的是从硫酸酸洗废液中回收铁红和硫酸铵。

工业上大多采用硫酸来清除钢材表面的氧化铁，酸洗过程中，硫酸和铁的氧化物反应，生成硫酸亚铁。随着反应的进行，硫酸浓度降低，硫酸亚铁含量提高，酸度降低到一定浓度时，必须更新酸洗液，排出酸洗废液。酸洗废液的硫酸浓度为2％～3％，硫酸亚铁含量约250g/L，可将其分离后回用于其他生产过程。具体操作步骤为：

① 将酸洗废液在中和槽中以氨水中和，调节pH值至4.5～5。放入反应槽中，在温度不低于20℃时，缓慢加入固体碳酸氢铵，在接近反应终点时，加热至40～50℃，让溶

液中的二氧化碳气体逸出，再将余下的碳酸氢铵投入，碳酸氢铵用量接近反应理论值。检查溶液中无游离铁为反应终点。

② 滤出碳酸铁沉淀，置于板框压滤机中压滤。将滤饼置于焙烧炉中，先于 $100\sim150℃$ 温区烘干，再移至 $700\sim800℃$ 温区焙烧。滤饼盒采用不起皮的薄钢板制成。焙烧后的产物为氧化铁红，采用绞龙粉碎和 40 目钢网振动过筛，细度可达 30 目。

③ 滤去碳酸铁沉淀后的滤液在加热鼓气槽中加热、鼓气，溶液温度不低于 $40℃$，将析出物离心分离，滤液收集于硫酸铵母液槽。硫酸铵母液在蒸发器中蒸发浓缩，温度为 $65℃$，再置于结晶器中，将 45% 左右的硫酸铵母液冷却结晶，结晶后经离心机分离得到成品硫酸铵，离心后液体回流入硫酸铵母液槽，再经蒸发、结晶，循环利用。

采用本方法回收的产品氧化铁红的质量好，纯度在 99% 以上，可用于造漆或作为磁性材料的原料，其价值比用作炼钢原料高得多；硫酸铵质量可以达到合成硫酸铵的指标，用作农业肥料。

从上述回用案例可以看出，其他工艺过程回用的特征是将一种生产过程的废料回收后用作另一种生产过程的原料，因此采用这种回用方式要求在一定范围内对不同工业企业的生产工艺进行科学合理的布局组合，形成"闭合生产工艺圈"，将前一生产过程产生的废物作为后一生产过程的原料。在"循环经济"思想的指导下，"闭合生产工艺圈"在工业行业的应用领域不断扩大，对助推"减污降碳"具有重要意义。

▶ 13.2 制建筑材料

近年来，随着我国经济高速增长带来的建筑、房地产业的快速发展，新型建筑材料也不断被开发并投入市场。将从污水中分离出来的无机物制作为建筑材料，既可减少黏土的取用而实现土地保护，又可拓宽建筑材料原材料的来源渠道，有利于实现可持续发展，而且省去了对这些无机物的消纳处理，实现环境保护，因此具有显著的社会效益、经济效益和环境效益。

从某些污水中分离的无机物，其组成与特性与市政污水处理产生的污泥中的无机物完全类似，唯一不同的是，从污水中分离无机物的目的是将无机物尽可能多地提取出来，而有机物仍保留在污水中，而污泥是污水中有机物与无机物的混合体。鉴于此，可根据分离出的无机物的组成特性，参照污泥的建材化利用方法（具体方法可参考《污泥资源化处理技术及设备》，化学工业出版社，2021），将其用于制造不同的建筑材料。产品主要有：①通过烧结制成掺水砖、地砖；②与其他材料混合制免烧砖；③烧制成轻质陶粒；④作为水泥生产的部分原料，与其他原料一起制作矿渣水泥；⑤熔融制备结晶化的人造石料；⑥制作人工轻质填充料或作为混凝土的细填料；⑦煅烧制备玻璃态的骨料。

13.2.1 制烧结砖

对于从某些污水中分离出来的无机物，如果其性能与制烧结砖用的黏土相近，则可将其作为原料，用于制备烧结砖。制备过程中，可不掺杂添加剂单独制砖，也可与黏土掺和制砖。

制砖的工艺过程分为原料制备、成型、干燥和烧制。首先将分离出来的无机物掺入制砖原料，加水拌和 10min 左右。然后采用压砖机生产砖坯。湿坯由运坯机送入陈化库陈化，陈化 72h 以上。陈化后的砖坯直接码上窑车，推向转盘，转向进入干燥室，由摆渡推车机推动前进。砖坯经过干燥后进入密封室，摆渡车将窑车渡到隧道窑预热段口，由推车机推入窑内进行一次码烧。

隧道窑是烧结砖生产过程的核心设备，设有排烟系统、抽余热系统、燃烧系统、冷却系统、车底冷却系统、压力平衡系统、温度压力测控系统和窑车运转系统。排烟系统由排烟风机和风管组成，用于排除坯体在预热过程中产生的低温、高湿气体及焙烧过程中产生的废气。抽余热系统中的预热段高温余热抽出系统保证半成品均匀平稳地升温，使坯体中物理化学反应更充分地进行，消除焙烧中产生的黑心、压花、裂纹、哑音等制品缺陷；冷却带余热利用系统将窑内冷却带余热用于成型后湿坯的干燥。冷却系统由窑尾出车端门上的风机和窑门等组成，可使坯体出窑时得到强制冷却，缩短窑的长度，减少建设投资。燃烧温度、压力检测、控制系统用来准确控制焙烧温度和保温时间。车底冷却、压力平衡系统使各部位窑车上下压力保持平衡，减少了窑车上下气体流动和减小了窑内坯垛上下温差；窑车底部的冷却系统保证了窑车在良好的状态下运行；窑车运转系统由顶车机、出口拉引机等组成，保证窑车按制度进出车。

以污水中回收的无机物为原料制烧结砖，由于原料中的有机物含量少，甚至不含有机物，因此烧结过程中基本不会有有害气体放出和恶臭气体产生，不会产生二次污染。

13.2.2 制免烧砖

免烧砖是以固体无机物为骨料，水泥、石灰等为胶结料，配以外加剂压制成型后，经自然养护而成的。生产免烧砖的原材料一般包括 3 大部分：固体无机物、固化剂和外加剂。

13.2.2.1 固体无机物

在免烧砖的生产中，固体无机物主要起骨料作用。许多固体无机物都可以用来生产免烧砖，包括电厂粉煤灰、钢厂矿渣、有色金属冶炼厂冶炼渣、各种矿业尾矿、煤矸石、生活垃圾、陶瓷废料、铝厂赤泥、铸造废砂、电解铜渣、化学废石膏及化学石灰、建筑废砖、建筑垃圾等。

各种固体无机物的化学成分、矿物成分、有害物质及在利用时的正副作用都不尽相同，因此利用固体无机物生产免烧砖时，应在分析各种废渣的特性之后，根据其强度形成机理，制定出合理的配方。有的固体无机物在加入适量的固化剂和外加剂之后，可以单独用来制造免烧砖，如利用粉煤灰，加入河砂和石灰、石膏、水泥及复合外加剂，生产出 28 天强度达到 31MPa 的免烧砖；又如，在经过预处理的铅锌尾矿中，加入适量水泥和外加剂，制造出强度不低于 MU10 的免烧砖。

大部分研究是将几种固体无机物相互搭配，优劣互补或优势协同来进行利用。在确定免烧砖配方时，不但要尽量提高无机物的掺量，同时应尽量利用各种无机物本身有利于生产免烧砖的特性，从而尽量降低固化剂和外加剂的加入量，以降低砖的生产成本。

固体无机物粒径的大小决定生产免烧砖时是否需要另外再加入骨料。在配合料中，掺和适量颗粒级配合适的骨料可防止砖分层，减少分缩，改善成型时砖坯的排气性能，增加密实度，从而提高砖的强度和耐久性，并可节约胶结料用量，降低成本。

作为骨料的砂有河砂、山砂和海砂 3 种。因山砂具有锐利的棱角，能和水泥较好地结合，而使砖具有较高的强度，所以选用山砂较好。不过一般能用于建材的砂都可用于固体无机物免烧砖的生产。事实上，有的废渣本身就具有骨料的作用，如钢厂生产的钢渣、煤矸石、矿业尾渣等。

13.2.2.2 固化剂

固体无机物免烧砖的固化剂是指将分散状的各种原材料在物理、化学的作用下，固结成具有一定强度的胶结材料，如水泥、石灰、石膏等。

水泥在生产固体无机物免烧砖时，既是胶结剂，又是活性激发剂，其有效成分硅酸一钙和硅酸二钙等对砖的初期强度和后期强度贡献较大。一般选用强碱性的32.5号普通硅酸盐水泥。水泥的加入量越多，对免烧砖的耐久性越有益。但随着水泥加入量的增加，砖的成本增加。为了降低成本，可采用适当的固体无机物相互配合或是借助外加剂的作用，在保证砖强度的前提下，尽量少加甚至不加水泥。如在利用赤泥和粉煤灰制造免烧砖时，只加入一些碱性激发剂和硫酸盐激发剂，砖的强度就能达到MU15以上。

生石灰熟化成氢氧化钙对水泥的早期强度和后期强度均有重要的作用，它同时是固体无机物免烧砖成型的胶结剂和碱性激发剂，但是有些工艺，特别是后期需采用蒸汽养护的免烧砖利用熟石灰可以简化工艺，缩短砖在厂里停留的时间，缩短砖及资金的周转时间。

石膏是生产固体无机物免烧砖的硫酸盐激发剂，同时它和石灰能产生协同效应，起着促进剂的作用，对免烧砖的强度起着直接和间接的作用。一般使用天然石膏效果较好。为降低成本，也可以使用工业化学石膏，如工业磷石膏。

在固体无机物免烧砖的生成中，固化剂可以单独使用，如水泥。而大多数情况下，视具体情况可将几种固化剂结合起来使用，如将石灰和石膏结合使用，或是石膏、石灰、水泥一起使用，效果都不错。当然，应用在固体无机物免烧砖中的固化剂远不止上述3种，还有一些硫酸盐类等。同时，一些固体无机物（如碱渣等）也可以在砖的配合料中充当活性激发剂的作用。

13.2.2.3 外加剂

固体无机物免烧砖可以借助外加剂来提高强度，改善性能，稳定质量。外加剂有很多种，用于固体无机物免烧砖的主要有塑化剂（即减水剂）、早强剂、抗冻剂等。

固体无机物免烧砖配合料的混合均匀性会直接影响砖的最终强度。一般情况下，为了提高配合料的混合均匀度，除了加强搅拌外，加入减水剂能有效增强配合料的流动性，大幅减少拌和用水量，从而提高砖的密实度、强度、抗冻、抗渗等性能；另外，由于减水剂的分散作用，使得各物料接触的表面积增加，从而有利于提高反应速率。减水剂多是亲水性的表面活性物质，常用的有木质素类，如木质素磺酸钙等。

早强剂是提高制品早期强度的外加剂，无论是无机盐类、有机盐类，还是无机-有机复合早强剂，它们都依靠加速配合料的水化速率来提高砖的早期强度。使用较多的早强剂有氯化钠、氯化钙、二乙醇胺、乙酸胺硫酸盐复合早强剂等。几种外加剂复合使用会产生协同效应，比单独使用某种外加剂的效果更明显。

13.2.2.4 生产工艺流程

固体无机物制作免烧砖的生产工艺流程如图13-1所示。图中的虚线部分根据实际情况为可选的工艺。

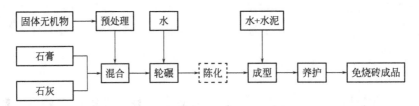

图 13-1　免烧砖的生产工艺流程

在免烧砖生产中，需要注意如下事项：

① 如果用的是干料，需在轮碾时加入适量的水；如果料中本身已含有水分，视情况可不加或少加水。

② 使用生石灰作固化剂需要陈化，而使用熟石灰则可以免去陈化过程。

③ 如需要加水和水泥，应在成型之前加入。

④ 加水量、成型压力等工艺参数对砖强度的影响比较大，相应的参数均需要通过试验确定。

13.2.2.5　免烧砖强度形成原因

固体无机物免烧砖的强度主要来源于以下 4 个方面。

(1) 物理机械作用

搅拌机和轮碾机对配合料的充分混合有利于外加剂对物料活性的激发和物料之间的反应，对砖的强度提高起到重要作用。

免烧砖的初期强度是在砖坯压力成型过程中获得的。成型不仅使砖坯具有一定的强度，同时与原材料颗粒间紧密接触，保证了物料颗粒之间的物理化学作用能够高效进行，为后期强度的形成提供了条件。免烧砖试件的强度随成型压力增加而提高；如果没有高压成型作用，即使加入水泥和石灰，也无法使免烧砖成型后形成高强度。

(2) 水化反应

水泥、石灰等胶凝材料的水化产物提供固体无机物免烧砖的早期强度，主要的水化反应如下：

$$3CaO \cdot SiO_2 + mH_2O \longrightarrow xCaO \cdot SiO_2 \cdot yH_2O + (3-x)Ca(OH)_2$$

$$2CaO \cdot SiO_2 + nH_2O \longrightarrow CaO \cdot SiO_2 \cdot yH_2O + (2-x)Ca(OH)_2$$

$$4CaO \cdot Al_2O_3 \cdot Fe_2O_3 + 7H_2O \longrightarrow 3CaO \cdot Al_2O_3 \cdot 6H_2O + CaO \cdot Fe_2O_3 \cdot H_2O$$

$$CaO + H_2O \longrightarrow Ca(OH)_2$$

生产固体无机物免烧砖的原料（如粉煤灰、黏土、炉渣）中，含有的大量活性氧化硅和活性氧化铝等，在外加剂的作用下与氢氧化钙发生水化反应，生成类似于水泥水化产物的水硬性胶凝物质水化硅酸钙、水化铝酸钙等，从而不断提高砖的强度。反应式如下：

$$Ca(OH)_2 + SiO_2 + H_2O \longrightarrow CaO \cdot SiO_2 \cdot nH_2O$$

$$Ca(OH)_2 + Al_2O_3 + H_2O \longrightarrow CaO \cdot Al_2O_3 \cdot nH_2O$$

另外，$Ca(OH)_2$ 吸收空气中的 CO_2 生成 $CaCO_3$ 晶体结构，即：

$$Ca(OH)_2 + CO_2 \longrightarrow CaCO_3 + H_2O$$

原料中如有石膏存在时，还有如下反应：

$$xCaO \cdot Al_2O_3 \cdot nH_2O + xCaSO_4 \cdot 2H_2O \longrightarrow xCaO \cdot Al_2O_3 \cdot SO_3 \cdot (n+2)H_2O$$

(3) 颗粒表面的离子交换和团粒化作用

免烧砖颗粒物料在水分子的作用下,表面形成一层薄薄的水化膜,两种带有水化膜的物料存在叠加的公共水膜。在公共水膜的作用下,一部分化学键开始断裂、电离,形成胶体颗粒体系。胶体颗粒大多数表面带有负电荷,可以吸附阳离子。不同价位、不同离子半径的阳离子可以与反应生成的 $Ca(OH)_2$ 中的 Ca^{2+} 等当量吸附交换。由于这些胶体颗粒表面的离子吸附与交换作用,改变了颗粒表面的带电状态,使颗粒形成了一个个小的聚集体,从而在后期反应中产生强度。

(4) 相间的界面反应

在免烧砖的强度形成过程中,有着液相与固相及气相与固相之间的反应。比如加水后水泥等发生的水化反应,就是液相和固相之间的反应;而配合料中的 $Ca(OH)_2$ 被空气中的 CO_2 碳化生成 $CaCO_3$ 的反应就是气相与固相间的反应。这些反应都是从两相的界面开始,不断地深入,使砖的强度不断增强。

综上所述,配合料的充分混合和成型过程中的加压,为砖的后期强度奠定了坚实的基础;通过颗粒表面的离子交换和团粒化作用、水泥和石灰的水解、原料间的水化反应及各相间的界面作用,生成的各种晶体交叉搭接在一起,形成空间网格结构,使免烧砖的强度逐步增强。

13.2.3 制备陶粒

陶粒就是陶质的颗粒,又称人造石子,其外观特征通常为圆形或椭圆形,也有仿碎石陶粒呈不规则的碎石状,一般用于取代混凝土中的碎石和卵石浇铸轻质陶粒混凝土。陶粒及其制品具有性能优(轻质、高强、隔热、保温、耐久等特性)、节能效果显著、用途广泛等特性,得到了广泛应用。

从污水中分离出来的无机物,可用作制备普通陶粒的材料。制备方法主要有烧结法和烧胀法两种。

烧结法是将从污水中分离出来的无机物与黏结材料和助熔材料按配方进行计量,与助熔剂在强制式搅拌机中混合搅拌,调成含水率为 $20\% \sim 30\%$ 的混合物料,再送入造粒机进行造粒,制备成生料球,然后在煅烧窑中煅烧,料球在窑内经预热、分解、烧成和冷却等一系列物理、化学变化,形成陶粒,从窑底卸出。

烧胀法是目前应用最为广泛的陶粒制备方法,其生产工艺一般包括原材料预处理、配料、成型、预热、焙烧、冷却等生产过程。

(1) 烧胀陶粒和膨胀理论

烧胀陶粒是由原料在高温焙烧时,所产生的气体受到熔融液相的包裹作用而形成具有一定强度的多孔烧结体。陶粒的膨胀,首先需要有液相的形成,陶粒坯体在高温作用下逐渐产生液相,液相具有一定的黏度。在外力作用下,变软的坯体会塑性变形,为陶粒在内部产生的气体压力下的膨胀奠定了基础。陶粒坯体在高温焙烧时,内部的发气物质开始产生气体,当气体产量达到一定程度时,便形成一定的气体压力。陶粒的膨胀过程包括两个方面:一方面是大量生成的膨胀气体所产生的膨胀气压使气体向外强烈逸出,另一方面是大量生成的液相达到适宜的黏度及数量对逸出气体的抑制。气体的逸出过程与液相对气体逸出的抑制过程共同组成了陶粒膨胀的全过程，二者相互作用才能形成陶粒的良好膨胀。

目前，对于陶粒膨胀模式主要有静态平衡膨胀模式、动态平衡膨胀模式、早期动态平衡后期静态平衡模式几种说法。静态平衡膨胀模式认为，在膨胀温度范围内，膨胀过程是膨胀气体被适宜黏度的液相所包围的静态平衡过程，在这一静态平衡过程中，膨胀温度范围内产生的气体压力小于膨胀孔隙间壁的破裂强度，是陶粒最终形成的基础。根据这一模式，一些学者发现陶粒实际所需的发气物质要远远超过其理论需要量，而且按此超出量所烧制的陶粒才有良好的膨胀性，静态平衡模式难以解释这一现象。动态平衡膨胀模式认为，陶粒在膨胀过程中，气体的强烈逸出与液相对其的反逸出一直是个动态平衡过程，液相并未完全将气体包围并抑制，而是在膨胀温度范围内，膨胀气体一直强烈逸出，而适宜黏度的液相也一直反对气体的逸出。但实际上，尽管膨胀过程中有大量气体逸出，但气体的逸出最终仍要停止，仍有部分气体被液相束缚，由此产生了早期动态平衡后期静态平衡的陶粒膨胀模式，即陶粒膨胀的早期阶段，是表面张力相对较小，而膨胀气压相对较大，尽管液相对气相有抑制作用，但气体仍可不断逸出，而陶粒膨胀的后期，液相的表面张力相对较大，而膨胀气体产量开始降低，液相的束缚作用大于气相的逸出作用，陶粒的膨胀逐渐由动态平衡转为静态平衡过程。

陶粒膨胀的早期动态平衡后期静态平衡模式很好地将有效膨胀过程和有效收缩过程有机统一起来，这种膨胀模式更合理、更完整、更科学。

(2) 烧胀陶粒物质构成和焙烧工艺参数

陶粒主要是由硅、铝质原料焙烧而成的，要求原料必须以 SiO_2 和 Al_2O_3 为主体成分，SiO_2 和 Al_2O_3 在高温下产生熔融液相，经一系列复杂的化学反应，形成陶粒的玻璃质架构。SiO_2 和 Al_2O_3 是陶粒形成强度和结构的主要物质基础。此外，陶粒的原料中还应含有多种其他物质，助熔剂具有降低陶粒焙烧温度的作用，这些助熔剂包括 MgO、CaO、Fe_2O_3、Na_2O、K_2O 等，其中 Na_2O、K_2O 具有扩大烧成温度范围的作用。另外，陶粒中还必须含有充足的产气物质，如 $CaCO_3$、$MgCO_3$ 等。

SiO_2 和 Al_2O_3 是形成陶粒强度的主要因素，一般情况下，二者的含量分别为 40%～60%、15%～25%，当需要提高陶粒强度时，应提高二者的含量，特别是 Al_2O_3 的含量，生产高强陶粒时，Al_2O_3 含量应达到 18.8%～26.0%。此外，SiO_2 熔融后，冷却过程中更容易形成玻璃质，使陶粒表面光滑，具有玻璃和瓷釉光泽。

由于 SiO_2 和 Al_2O_3 均为高温难熔物质，两者的熔点分别达 1713℃和 2050℃，而 MgO、CaO、Fe_2O_3、Na_2O、K_2O 等助熔成分在黏土焙烧时可与 SiO_2 和 Al_2O_3 等生成低熔点结晶状态物质，达到降低原料熔点的作用，学者 Riley 提出，原料中总助熔成分含量应为 8%～24%，当助溶成分不足时需要向原料中掺加适宜的辅料，以改善焙烧特性。

膨胀陶粒是高温焙烧时液相和气相共同作用的结果，因此原料中应具有一定量的产气物质，这些物质在高温焙烧时发生复杂的化学反应，形成陶粒膨胀所需气体。一般而言，可产气的化学反应如下：

① 碳酸钙的产气反应：
$$CaCO_3 \longrightarrow CaO + CO_2 \uparrow \quad (850 \sim 900℃)$$

② 碳酸镁的产气反应：
$$MgCO_3 \longrightarrow MgO + CO_2 \uparrow \quad (400 \sim 500℃)$$

③ 氧化铁的分解与还原反应：
$$2Fe_2O_3 + C \longrightarrow 4FeO + CO_2 \uparrow$$
$$2Fe_2O_3 + 3C \longrightarrow 4Fe + 3CO_2 \uparrow$$
$$Fe_2O_3 + C \longrightarrow 2FeO + CO \uparrow$$
$$Fe_2O_3 + 3C \longrightarrow 2Fe + 3CO \uparrow$$

④ 硫化物的分解与氧化反应：
$$FeS_2 =\!\!=\!\!= FeS + S \uparrow \quad (近\ 900℃)$$
$$S + O_2 =\!\!=\!\!= SO_2 \uparrow$$
$$4FeS_2 + 11O_2 =\!\!=\!\!= 2Fe_2O_3 + 8SO_2 \uparrow \quad [氧化气氛，(1000 \pm 50)℃]$$
$$2FeS + 3O_2 =\!\!=\!\!= 2FeO + 2SO_2 \uparrow$$

⑤ 碳的化合反应：
$$C + O_2 =\!\!=\!\!= CO_2 \uparrow$$
$$2C + O_2 =\!\!=\!\!= 2CO \uparrow \quad (缺氧条件下)$$

⑥ 石膏的分解及硅酸二钙的生成：
$$2CaSO_4 =\!\!=\!\!= 2CaO + 2SO_2 \uparrow + O_2 \uparrow \quad (1100℃左右)$$
$$2CaCO_3 + SiO_2 =\!\!=\!\!= Ca_2SiO_4 + 2CO_2 \uparrow \quad (850 \sim 900℃)$$

⑦ 火成岩含水矿物高温下析出结晶水蒸气。

原料的化学组成决定陶粒的强度。高强陶粒的原料要求具有较低的 SiO_2 含量和较高的 Al_2O_3 含量。增加 SiO_2 的含量会导致陶粒强度降低，而增加 Al_2O_3 和 Fe 的含量可使强度提高。

（3）烧制工艺要求

焙烧工艺参数包括预热温度、预热时间、焙烧温度、焙烧时间、氧化还原环境等，条件不当时，焙烧将可能失败。如焙烧温度过低，则无法形成足量的液相，所生成的气体无法被束缚住，孔隙和孔隙壁均无法形成；若温度过高，则陶粒间可能出现黏连结团现象。具体焙烧条件应根据原料组成和陶粒性能的需要综合确定。

制坯前要对无机物及添加剂进行预处理，使之达到一定要求，主要指标有粒度、可塑性、耐火度等。物料颗粒越细，对膨胀越有利，一般要求泥质颗粒占主要部分，含砂量越少越好。原料的可塑性与陶粒的容量成反比关系，一般要求原料的塑性指数不低于8。原料的耐火度一般以 1050～1200℃ 为宜，这样软化温度范围大，对膨胀有利，便于热工操作。制成的坯料也需要满足一定要求才能进入焙烧阶段。料球粒径与级配对烧胀性很重要，粒径过大时，或是烧胀不透，或是膨胀过大超过标准要求，料球粒径小于 3mm 的过多时，易结窑或结块。一般级配为 3～5mm 的颗粒占比不到 15%，5～10mm 的颗粒占 40%～60%，10～15mm 的颗粒占比不到 30%。料球含水率对陶粒的膨胀和表壳有影响，含水率过高则水分在窑的干燥和预热带排除不尽，造成在焙烧带不能膨胀或膨胀产生炸裂，使陶粒出现裂纹。因此料球的含水率一般以控制在 8%～16% 的范围为宜。

在焙烧阶段，主要的工艺步骤包括干燥、预热、烧胀、冷却。除了干燥阶段可以在窑外进行外，其他几个步骤都是在窑内通过控制焙烧温度来实现。干燥目的在于去除自由水，防止坯体在预热阶段烧裂。干燥温度与干燥时间的选择以能够保证干燥过程坯体的完整以及大多数自由水的去除为好。预热能减少料球由温度急剧变化所引起的炸裂，同时也为多余气体的排出和生料球表层的软化做准备。预热温度过高或预热时间过长都会导致膨胀气体在物料未达到最佳黏度时就已经逸出，使陶粒膨胀不佳；预热不足，易造成高温焙烧时料球的炸裂。在实际生产中，预热温度和预热时间应通过试验确定。

为了使陶粒具有较高的强度和较小的吸水率，必须将陶粒在膨胀温度范围内产生适量适宜黏度的液相与陶粒发泡物质产生的适宜膨胀气压在焙烧时间上很好地匹配起来，这个阶段一般被称为烧胀阶段。陶粒发泡温度一般在 $1100 \sim 1200℃$，实际烧胀温度和时间也应通过试验确定。坯体的冷却速度对其结构和质量有明显的影响，一般认为，冷却初期应采用快速冷却，而到 $750 \sim 550℃$ 宜采用慢速冷却。如果陶粒出炉急速冷却，熔融液相来不及析晶，就在表面形成致密的玻璃相，内部则为多孔结构，这样的结构质轻，具有一定的强度。而在玻璃相由塑性状态转变为固态的临界温度时应该采用慢速冷却，以避免玻璃相形态转变所产生的应力对坯体产生影响，一般转变温度在 $750 \sim 550℃$ 之间，视玻璃相中 SiO_2 和 Al_2O_3 的含量而定。

13.2.4　制备矿渣水泥

硅酸盐水泥是以石灰石、黏土为主要原料，与石英砂、铁粉等少量辅料，按一定数量配合并磨细混合均匀，制成生料。生料入窑经高温煅烧，冷却后制得的颗粒状物质称为熟料。熟料与石膏共同磨细并混合均匀，就制成纯熟料水泥，即硅酸盐水泥。普通硅酸盐水泥则是以硅酸盐水泥熟料、少量混合材料、适量石膏磨细制成的水硬性胶凝材料，称为普通硅酸盐水泥，简称普通水泥。

作为水泥生产的主要原料之一的黏土，其化学成分及碱含量是衡量质量的主要指标，一般要求所用黏土质原料中 SiO_2 含量与 Al_2O_3 和 Fe_2O_3 的含量和之比为 $2.5 \sim 3.5$，Al_2O_3 与 Fe_2O_3 的含量之比为 $1.5 \sim 3.0$。

如果从污水中分离出来的无机物具有与黏土相似的组成，则可将其作为黏土质原料，加入一定的石灰或石灰石，经煅烧而制成矿渣波特兰水泥。生产实际中应根据水泥生产对黏土质原料的一般要求，考察硅酸率的数值，从而确定是否需要掺用硅质原料来提高含硅率。无机物中的 P_2O_5 含量是决定其是否适宜作为波特兰水泥原料的决定因素。

无机物生产矿渣水泥的工艺流程如图 13-2 所示。石灰质、黏土质（由黏土和分离得到的无机物调和而成）和少量铁质原料按一定的比例（约 75:20:5）配合，经过均化、

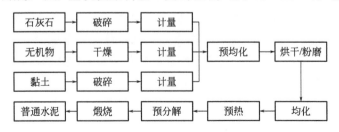

图 13-2　无机物生产矿渣水泥的工艺流程

粉磨、调配，即制成生料。经均化和粗配的碎石和黏土，经计量后和铁质校正原料按规定比例配合，进入烘干兼粉磨的生料磨加工成生料粉。生料用气力提升泵送至连续性空气搅拌库均化，均化后再用气力提升泵送至窑尾悬浮预热器和窑外分解炉，经预热和分解的物料进入回转窑煅烧成熟料。

水泥生产所用燃烧设备为回转窑，回转窑的主体部分是圆筒体。窑体倾斜放置，冷端高，热端低，斜率为 3%～5%。生料由圆筒的高端（一般称为窑尾）加入，由于圆筒具有一定的斜度而且不断回转，物料由高端向低端（一般称为窑头）逐渐运动。因此，回转窑首先是一个运输设备。同时，回转窑又是一个燃烧设备，固体（煤粉）、液体和气体燃料均可使用。我国水泥厂以使用固体粉状燃料为主，将燃煤事先经过烘干和粉磨制成粉状，用鼓风机经喷煤管由窑头喷入窑内。

13.2.5　制备轻质填充料

人工轻质填充料是一种以无机物为主原料的建材制品。将从污水中分离得到的无机物先与水（质量分数为 23%）和少量的酒精蒸馏残渣（当成型黏合剂）混合；然后，混合物在一个离心造粒机中造粒；混合颗粒经 7～10min、270℃的干燥后，输送到流化床烧结窑烧结，在窑内干燥颗粒被迅速加热至 1050℃，加热温度对填充料成品的质量有明显的影响；加热后的颗粒体经过空气冷却后，成为表面为硬质膜覆盖，但内部为多孔体的成品。成品的形态是球形的，密度为 1.4～1.5g/cm³。

制得的轻质填充料可用作煤油储罐与建筑墙面间清洁层的填充物，建筑、厂房的隔热层材料，给水厂快速滤池中沥青填料的替代物，人行道的透水性地面铺设物。

13.2.6　熔融制人造石料

将从污水中分离得到的无机物干燥后，送入熔融炉，使其熔化为熔渣。熔渣冷却固化呈玻璃质，进而在结晶炉内进行热处理，使熔渣从玻璃质改性为结晶质。冷却固化方法如果采用徐冷式，可以获得 5～200mm 的石料化熔渣；如果采用水冷式，则成为不足 5mm 的碎渣。

无论是徐冷式还是水冷式，熔渣都能满足作为骨料的所有规定，最终的用户可以将其视作与天然碎石等相同，用于交通量较大的行车道，制造透水性的路面砖，可作为外墙装饰瓷砖的原料。

▶ 13.3　制功能材料

对于污水中分离出来的无机物，可根据其来源及组成特性而制备功能材料。

13.3.1　制备磁性材料

从电镀污水中经亚铁絮凝沉淀得到的无机混合物（通常称电镀污泥）中含有大量的铁离子，通过适当的无机合成技术可以使其变成复合铁氧体。在此过程中，所有重金属离子几乎都进入铁氧体晶格内而被固化，这是由于在生成复合铁氧体的过程中，电镀污泥中的铁离子（二价和三价）和其他各种金属离子都将与处理原料中的亚铁离子以离子键作用而相互束缚在反尖晶石面心立方结构的四氧化铁晶格节点上，在 pH 值为 3～10 的范围内很难复溶，达到消除二次污染的目的，而制成的产品为具有磁性、外观为黑色的复合铁氧体，可进一步制造磁性探伤粉或铁黑颜料。

目前，采用电镀污水絮凝沉淀得到的电镀污泥制作磁性材料的工艺技术主要包括湿法工艺、干法工艺以及组合工艺等。

(1) 湿法工艺

湿法制作工艺能充分利用各种工业副产品，可提高铁氧体质量、降低成本，同时制得的铁氧体磁性好，在处理电镀污泥方面呈现出较好的处理效果和较高的综合回收率。湿法制作工艺流程如图 13-3 所示。

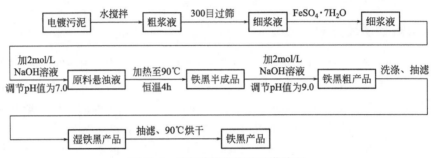

图 13-3　铁氧体湿法制作工艺流程

(2) 干法工艺

干法生产工艺操作简单，反应时间短，但同时也存在一些明显的缺点，如干法反应的原料活性较差，反应不充分，易产生 SO_2 污染等。通常采用的干法制作工艺流程如图 13-4 所示。

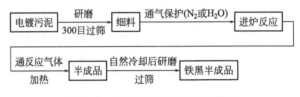

图 13-4　铁氧体干法制作工艺流程

(3) 组合工艺

可以利用干法工艺简单、反应时间短的特点，将其作为湿法工艺的补充。该工艺在中试反应器中处理电镀重金属污泥得到的综合利用产品进行性能测定时，若作为磁性探伤粉，其粒度、磁悬液浓度等指标可达到有关产品标准，其中部分产品的检测结果达到甚至超过标准探伤粉的性能，同时，该类产品的浸出毒性符合国家标准。湿法、干法组合工艺流程如图 13-5 所示。

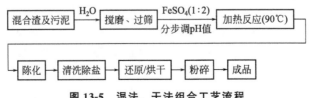

图 13-5　湿法、干法组合工艺流程

13.3.2 制备催化材料

催化剂是一类能改变反应的进程，但自身性质不发生改变的材料的总称。随着化学工业的发展和人民对美好生活的向往，催化剂的种类和用量也随之增大。目前，催化剂已成为推动化学工业高质量发展不可或缺的重要因素。

根据催化剂的催化机理，绝大多数催化剂的有效成分都是各类金属的氧化物或其盐类，因此对于从污水中分离回收的金属氧化物和金属盐类无机物，可用作制备催化材料的原料。根据催化剂在反应过程中应用时的状态，催化剂可分为一体化催化剂和负载型催化剂。

一体化催化剂就是将具有催化功能的材料制成相应形状的颗粒，整个颗粒都具有同等的催化能力。一体化催化剂制备比较简单，只需将催化材料制成所需的形状即可。但由于在反应过程中发挥催化作用的仅是表层的催化材料，颗粒内部的催化材料基本不参与反应，为了提高催化剂与反应物料的接触表面积，势必采用直径小、比表面积大的催化剂，但这些小颗粒催化剂在使用过程中会随物料的流动而流失，不仅造成后续分离过程困难，而且导致催化材料严重浪费，尤其对于高价值的催化材料，其应用成本就会更高，从而大大限制了其应用范围。

负载型催化剂是将具有催化功能的材料均匀负载于另外一种材料制成的载体（也称支撑体）上，形成复合层，在反应过程中起催化作用的仅是表面的负载层，载体的作用是承载催化剂。由于负载型催化剂可获得非常巨大的比表面积，因此均匀负载的催化材料都能同时参与反应，从而大大发挥催化材料的催化功能，而且达到相同催化效果所需的催化材料用量比一体化催化剂少得多。另外，采用负载型催化剂可将催化材料负载于特定形状的载体上，避免催化材料随物料而流失，减少催化材料的损失与浪费，对于价值昂贵的贵金属系催化材料具有更显著的经济效益，因此负载型催化剂在现代工业中得到了广泛的应用。

催化剂的种类不同，其制备方法也不同。一体化催化剂的制备多采用溶胶-凝胶法、微乳液法、熔融法和混合法，应用最多的是溶胶-凝胶法，其制备过程如图13-6所示。

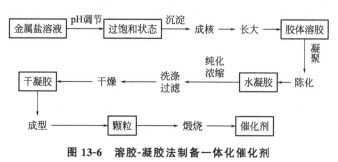

图 13-6 溶胶-凝胶法制备一体化催化剂

溶胶-凝胶法常用的金属盐溶液主要有碳酸盐、硝酸盐、醋酸盐、草酸盐、铵盐、钠盐。有些催化剂也选硫酸盐或氯化物，阳离子必定是催化材料中起作用的金属离子，阴离子的选择涉及多方面的因素，如溶解度、杂质含量、易获得性、来源及价格等，应综合考虑，但应该比较容易经分解、挥发或洗涤除去。所用的溶剂一般为水或有机溶剂。

负载型催化剂的制备方法主要有沉淀法、吸附法、浸渍法、离子交换法。

参考文献

[1] 廖传华，朱廷风，代国俊，等.化学法水处理过程与设备 [M].北京：化学工业出版社，2016.

[2] 廖传华，王银峰，高豪杰，等.环境能源工程 [M].北京：化学工业出版社，2021.

[3] 廖传华，王小军，高豪杰，等.污泥无害化与资源化的化学处理技术 [M].北京：中国石化出版社，2019.

[4] 廖传华，杨丽，郭丹丹.污泥资源化处理技术及设备 [M].北京：化学工业出版社，2021.

[5] 李东光.工业废弃物回收利用案例 [M].北京：中国纺织出版社，2010.

[6] 刘惠，魏珊珊，黄晓菁，等.纳米氧化锌光催化剂的制备及应用 [J].应用化工，2021，50（5）：1361-1365.

[7] Ma H Y, Zhou D, Liu J M, et al. Preparation and Spectral Characteristics of SO_4^{2-} /CeO_2-TiO_2 Photocatalyst [J].光谱学与光谱分析，2017，37（10）：3315-3320.

[8] 卫栋慧，侯笛，魏徵文，等.复合光催化材料的制备及对染料废水的处理研究 [J].应用化工，2020，49（9）：2164-2167.

水资源利用篇

污水的主体是水，采用适当的技术将其中的污染组分去除，则可基本或全部恢复水的使用功能，从而实现水资源回用，提高水资源的利用效率，减少新鲜水的取用量，缓解区域水资源压力。

污水的水资源回用也称为中水回用，是指将市政污水、农村污水和工业污水进行合理的收集处理，并对其水质进行控制，采取多种措施促使其水质符合部分用水要求，进而有针对性地回用。污水的水资源回用有利于提高污水再生利用率，缓解水资源供需矛盾，改善水生态环境质量，促进经济社会发展全面绿色转型。2021年12月，水利部、国家发展改革委、住房城乡建设部会同工业和信息化部、自然资源部、生态环境部印发了《典型地区再生水利用配置试点方案》，明确以缺水地区、水环境脆弱地区为重点，选择基础条件较好的县级及以上城市开展试点工作，目标是到2025年，在再生水规划、配置、利用、产输、激励等方面形成一批效果好、能持续、可推广的先进模式和典型案例。

根据回用的途径，水资源回用可分为以下四种。一是回用于农业，如农田灌溉、植苗造林、畜牧养殖和水产养殖等；二是根据生产工艺过程中用水节点对水质的要求，回用于工业生产，如设备冷却补水、冲灰水等；三是回用于生活，如用于绿化浇灌、道路清扫、建筑施工、景观补水和消防等；四是用于生态，如湿地补水、河流湖泊等地表水的补水和地下水的补水。

第14章

污水农业回用

污水回用往往将农业回用作为首选对象，其理由有两点：一是农业灌溉需要的水量很大，二是污水灌溉对农业和污水处理都有好处，可通过土地消纳污水或改善水质。

根据污水的回用途径，污水农业回用可分为农田灌溉、植苗造林、畜牧养殖和水产养殖。农田灌溉的对象包括种子与育种、粮食与饲料作物、经济作物；植苗造林的对象包括种子、苗木、苗圃、观赏植物；畜牧养殖的对象包括畜牧、家畜、家禽；水产养殖主要是指淡水养殖。

▶ 14.1　农田灌溉

中国是农业大国，农作物的高产稳产对保证社会稳定、国家富强具有重要意义，因此党中央提出"中国人的饭碗必须端在自己手中"。为了保证作物的正常生长，获得高产稳产，必须供给作物充足的水分。在自然条件下，往往因降水量不足或分布不均匀，不能满足作物对水分的要求，因此，必须人为地进行灌溉，以补天然降雨之不足。

农田灌溉，即用水浇灌农地，是指根据作物的需水特性、生育阶段、气候、土壤等条件，确定灌溉量、灌溉次数和时间，其种类主要有播前灌水、催苗灌水、生长期灌水和冬季灌水等。

14.1.1　农田灌溉的方法

农田灌溉的主要方法有漫灌、喷灌、微喷灌、滴灌、渗灌、调亏灌溉、控制性交替灌溉。

（1）漫灌

漫灌是通过在农田中开挖纵横相交的沟渠，植物在畦和陇沟中排成行或在苗床上生长，水沿着渠道进入农田，顺着陇沟或苗床边沿流入。也可在田中用硬塑料管或铝管引水，在管上间隔距离开孔灌溉，用虹吸管连接渠道。

漫灌比较浪费水资源，需要较多的劳动力，并且容易造成地下水位抬高，进而使土壤盐碱化，在发达国家已逐渐被淘汰。但由于只需要少量的资金和技术，在多数发展中国家中仍被广泛采用。由于温度、风速、土壤渗透能力等不同，漫灌容易造成有的地方水多，有的地方水不足的现象。采用管道进行漫灌时，由于管道可以移动，因此可以控制这种水量分布不均的现象。如果采用自动阀门，更可以提高用水效率。

(2) 喷灌

喷灌是由管道将水送到位于田间的喷头中喷出，喷头的压力一般不能超过 20MPa，过高会产生水雾，影响灌溉效益。喷灌可分为固定式和移动式。固定式喷头安装在固定的地方，喷头可以是 360°回转的，也可以是只转动一定角度。如果将喷头和水源用管子连接，使得喷头可以移动，即成为移动式的，将塑料管卷到一个卷筒上，可以随着喷头移动放出，也可以人工移动喷头。

喷灌的缺点是由于蒸发会损失许多水，尤其在有风的天气时更是加剧了水分的蒸发损失，而且不容易均匀地灌溉整个灌溉面积，水存留在叶面上容易造成霉菌的繁殖；如果灌溉水中有化肥，在炎热、阳光强烈的天气会造成叶面灼伤。

(3) 微喷灌

微喷灌是利用折射、旋转或辐射式微型喷头将水均匀地喷洒到作物枝叶等区域的灌水形式，隶属于微灌范畴。微喷灌的工作压力低，流量小，既可以定时定量地增加土壤水分，又能提高空气湿度，调节局部小气候，广泛应用于蔬菜、花卉、果园、药材种植场所，以及扦插育苗、饲养场所等区域的加湿降温。

(4) 滴灌

滴灌是将水一滴一滴地、均匀而又缓慢地滴入植物根系附近土壤中的灌溉形式，滴水流量小，水滴缓慢入土，可以最大限度地减少蒸发损失，如果再加上地膜覆盖，可以进一步减少蒸发。滴灌条件下除紧靠滴头下面的土壤水分处于饱和状态外，其他部位的土壤水分均处于非饱和状态，土壤水分主要借助毛细管张力作用入渗和扩散。但如果滴灌时间太长，根系下面可能发生浸透现象，因此滴灌一般都是由高技术的计算机控制，也有由人工操作的。

滴灌水压低，节水，可用于在生长不同植物的地区对每棵植物分别灌溉，但对坡地需要有压力补偿，用计算机可以依靠调节不同地段的阀门来控制，关键是控制调节压力和从水中去除颗粒物，以防堵塞滴灌孔。水的输送一般用塑料管，塑料管应该是黑色的或敷设在地膜下面，以防止生长藻类，也防止管道由于紫外线的照射而老化；也可用埋在地下的多孔陶瓷管，但费用较高。

(5) 渗灌

渗灌是人工将地下水位抬高，直接从底下为植物根系供水的方法。渗灌常用于商业温室产品，如对花盆进行灌溉，还可以施肥，用含有肥料的水溶液从底部浸泡花盆 10～20min，然后水可以回收。这种运用需要高技术自动操作，设备费用昂贵，但节省人力、水和化肥，同时维护和操作费用也很低。

(6) 调亏灌溉

调亏灌溉是在作物的非临界期减少灌水（亏缺），使作物处于干旱胁迫状态，减少蒸腾耗水和延缓营养生长，而把有限的水量集中供给作物的需水临界期，满足植物生殖器官形成和生长的要求。该技术可显著提高水的利用效率而不降低甚至可增加产量。

(7) 控制性交替灌溉

该技术提出时，一方面是使部分根系处于土壤干燥的区域（干燥区）中，作物受到水分胁迫，根部形成大量脱落酸，传送到叶片，气孔开度减小，降低蒸腾耗水量；另一方面，使部分根系处于灌水的区域（湿润区）中，作物从土壤中吸收水分，满足正常生理活动的需要。干燥区和湿润区交替灌溉。交替胁迫后次生根大量增加，根系吸水吸肥能力增加，水分利用效率明显提高。在实用中一般采用隔沟交替灌溉系统。

14.1.2 灌溉用水的水质要求

农田灌溉的水源大都直接取用天然水资源，包括地面水和地下水，一般以地面水为主要形式。但并不是所有的天然水资源都可直接用于农田灌溉，灌溉用水的水质必须满足一定的要求。

（1）含沙量

从多沙河流引水的灌溉工程，必须分析灌溉水中泥沙的含量和组成，以便在灌溉工程设计和管理时，采取适当的措施，防止有害泥沙入渠入田，防止渠道淤积。

不同粒径泥沙的危害程度不同：粒径小于 0.005mm 的泥沙，具有一定的肥力，可适量输入田间，但不能引入过多，否则会降低土壤的透水性和通气性；粒径为 0.005～0.1mm 的泥沙，在土壤质地黏重的地区，可少量引入田间，以改善土壤结构，增加透水性和通气性；粒径大于 0.1mm 的泥沙，容易在渠中淤积，对农田土壤也不利，应禁止入渠。渠中水的泥沙含量也不应超过渠道的输沙能力，否则会产生淤积。

（2）含盐量

灌溉水中允许含有一定的盐分，但如果含盐过多，就会增加土壤溶液的浓度，使作物根系吸水困难，影响作物正常生长，严重的会造成作物死亡，甚至还会引起土壤次生盐碱化。

由于各种盐类对作物的危害程度不高，不同作物的耐盐能力也不同，因此灌溉水质的标准也随着含盐种类和作物种类的不同而不同，对大多数作物来说，通常要求灌溉水的含盐量不超过 0.15%（1.5g/L）。以碳酸钠为主的含盐量应小于 0.1%，以氯化钠为主的含盐量应小于 0.2%，以硫酸钠为主时应小于 0.3%。钙盐危害不大，其允许含盐量可更高。在水资源短缺地区，只要土壤透水性较好，排水条件较好，灌溉水的含盐量也可以大一些，有些地区甚至用含盐量为 0.3%～0.6% 的咸水进行抗旱灌溉，在夏季雨大而集中时，土壤中暂时积累的盐分会很快被冲洗掉，使耕作层仍能保持盐量的平衡。

（3）水温

灌溉水的温度对农作物的生长影响很大，水温过低会抑制作物的生长，水温过高会降低水中溶解氧的含量，并提高水中有毒物质的毒性。作物对水温的要求：旱作植物 15～20℃，最低允许温度为 2℃；水稻不低于 20℃。所有作物均不能高于 35℃。

井灌或引水库水灌溉时，水温往往偏低，此时应采取措施提高水温，以促进作物生长。具体措施为：井灌时可延长输水路线或设晒水池曝晒；从水库引水灌溉时应从温度较高的表层取水。

14.1.3 污水灌溉回用的水质标准

中国是一个人口大国，同时也是缺水大国，粮食和水都是必不可缺的，这两者中，农作物的发展又无法离开水源灌溉。无论采用上述何种灌溉方法,农业灌溉都要耗用大量的水资源,因此如何在大力发展农业的同时实现节约用水,加强水资源保护,具有重要意义。

城镇居民日常生活产生的生活污水,所含污染物的主要来源是食物消化分解产物和日用化学品,包括纤维素、油脂、蛋白质及其分解产物,氨氮,洗涤剂成分(表面活性剂、磷)等;工业生产产生的有机污水,在工厂内经过适当处理去除其中所含的有毒有害物质后,通过市政管网与生活污水混合而形成了城市污水,其主要水质指标有着和生活污水相似的特性。农村污水主要来源于农村居民的日常生活、农产品加工和牲畜屠宰,其主要污染物也几乎全为有机物。这些污水中含有氮、磷等植物生长的营养元素,因此,如将其回用于农业灌溉,不仅能给农业生产提供稳定的水源,而且污水中的氮、磷、钾等成分也为土壤提供了肥力,既减少了化肥用量,又增加了农作物产量,而且通过土壤的自净能力可使污水得到进一步的净化,尤其可控制农村地区无节制地超采地下水,因此污水回用于农田灌溉逐渐获得了广泛应用,尤其在缺水地区更是如此。

然而,如果污水不能满足农作物灌溉用水的水质要求,将污水回用于农业会导致如下问题。

(1)土壤和农作物污染

如果回用于农业灌溉的污水未经处理或只经过简单处理,水质严重超标时用于农业灌溉,会使土壤受到重金属和有机物的污染,造成盐渍化、碱化、肥力减退等危害。污水灌溉能使农药以及重金属在农作物中积累,降低农产品质量及产量。调查发现,污水灌溉的青菜瓜果味道较差,不易贮存,薯类煮不烂,萝卜黑心有异味,稻米无光泽、黏性降低。污水长期灌溉会造成农村水环境和土壤生态环境恶化,影响中国农业的可持续发展。

(2)污水灌溉面积盲目扩大,监控、管理体系不健全

污水灌溉大都是农民在得不到清水的情况下,自发引用污水作为农业用水的水源,这在城市郊区最为突出。我国许多污水灌溉区灌溉工程不配套,渠道灌溉功能退化,没有污水水质监测机构。污水灌溉管理水平低,缺乏长远科学的系统规划,污水工程与设施报废或运用效率降低,使获取新的水源成本增高,对农业生产环境造成很大的危害。

(3)污水回用于农业的理论和技术研究不够

虽然污水的排放总量在增加,污水灌溉在水资源配置中的地位在提高,但与此相关的污水灌溉理论和技术研究十分薄弱,严重滞后于污水灌溉农田的发展和需要。全面系统地研究污水灌溉的理论与技术及与污水灌溉相适应的污水处理技术等应成为未来的研究重点。

污水灌溉是具有风险的,由于对污水处理程度不够或长期灌溉风险估计不足,我国的污水灌溉已有很多经验教训,如沈阳某灌区用污水灌溉 20 多年后,污染耕地 2500hm² (1hm²=10000m²),造成严重的镉污染,稻田含镉 5~7mg/kg;天津近郊因污水灌溉导致 2.3×10^4 hm² 农田受到污染;广州近郊因为污水灌溉污染农田 2700hm²,因施用含污染物的底泥,约 13333hm² 的土壤被污染,占耕地面积的 46%;20 世纪 80 年代中期,对北京某污灌区进行的抽样调查表明,大约 60% 的土壤和 36% 的糙米存在污染问题。

为了控制污水灌溉引发一系列环境问题的进一步恶化,必须制定污水灌溉的水质标准,作为对污水水质进行控制的依据。农业灌溉水质标准应包括以下几个方面:①病原微生物；②重金属；③有机污染物；④盐分；⑤悬浮物；⑥营养物质；⑦硼。灌溉水质的适宜性应从灌水后对土壤、作物及环境卫生的影响三大方面去考虑，主要考虑以下因素：①作物种类；②土壤类型（包括土壤质地和耕作方式）；③土壤水分状况（如地下水深度）；④气候条件（主要指降水）；⑤灌溉水量；⑥灌溉方法。

不同国家考虑本国城市污水处理技术和经济承受能力，都制定了适合本国国情的污水农田灌溉水质标准，以防止土壤和水体污染及作物质量下降。中国颁布的《农田灌溉水质标准》（GB 5084—2021）规定了农田灌溉水质基本控制项目限值及选择控制项目限值，见表 14-1 和表 14-2。

表 14-1　农田灌溉水质基本控制项目限值

序号	项目类别		作物种类		
			水田作物	旱地作物	蔬菜
1	pH 值		5.5～8.5		
2	水温/℃	≤	35		
3	悬浮物/(mg/L)	≤	80	100	60[1]，15[2]
4	五日生化需氧量（BOD$_5$）/(mg/L)	≤	60	100	60[1]，15[2]
5	化学需氧量（COD$_{Cr}$）/(mg/L)	≤	150	200	100[1]，60[2]
6	阴离子表面活性剂/(mg/L)	≤	5	8	5
7	氯化物（以 Cl$^-$ 计）/(mg/L)	≤	350		
8	硫化物（以 S^{2-} 计）/(mg/L)	≤	1		
9	全盐量/(mg/L)	≤	1000（非盐碱土地区），2000（盐碱土地区）		
10	总铅/(mg/L)	≤	0.2		
11	总镉/(mg/L)	≤	0.01		
12	铬（六价）/(mg/L)	≤	0.1		
13	总汞/(mg/L)	≤	0.001		
14	总砷/(mg/L)	≤	0.05	0.1	0.05
15	粪大肠菌群数/(MPN/L)	≤	40000	40000	20000[1]，10000[2]
16	蛔虫卵数/(个/10L)	≤	20		20[1]，10[2]

①加工、烹调及去皮蔬菜。
②生食类蔬菜、瓜类和草本水果。

表 14-2　农田灌溉水质选择控制项目限值

序号	项目类别		作物种类		
			水田作物	旱地作物	蔬菜
1	氰化物（以 CN$^-$ 计）/(mg/L)	≤	0.5		
2	氟化物（以 F$^-$ 计）/(mg/L)	≤	2（一般地区），3（高氟区）		
3	石油类/(mg/L)	≤	5	10	1
4	挥发酚/(mg/L)	≤	1		
5	总铜/(mg/L)	≤	0.5	1	

序号	项目类别		作物种类		
			水田作物	旱地作物	蔬菜
6	总锌/(mg/L)	≤	2		
7	总镍/(mg/L)	≤	0.2		
8	硒/(mg/L)	≤	0.02		
9	硼/(mg/L)	≤	1[①]，2[②]，3[③]		
10	苯/(mg/L)	≤	2.5		
11	甲苯/(mg/L)	≤	0.7		
12	二甲苯/(mg/L)	≤	0.5		
13	异丙苯/(mg/L)	≤	0.25		
14	苯胺/(mg/L)	≤	0.5		
15	三氯乙醛/(mg/L)	≤	1	0.5	
16	丙烯醛/(mg/L)	≤	0.5		
17	氯苯/(mg/L)	≤	0.3		
18	1,2-二氯苯/(mg/L)	≤	1.0		
19	1,4-二氯苯/(mg/L)	≤	0.4		
20	硝基苯/(mg/L)	≤	2.0		

①对硼敏感作物，如黄瓜、豆类、马铃薯、笋瓜、韭菜、洋葱、柑橘等。
②对硼耐受性较强的作物，如小麦、玉米、青椒、小白菜、葱等。
③对硼耐受性强的作物，如水稻、萝卜、油菜、甘蓝等。

《农田灌溉水质标准》（GB 5084—2021）适用于以地表水、地下水作为农田灌溉水源的水质监督管理。城市污水（工业污水和医疗污水除外）以及未综合利用的畜禽养殖污水、农产品加工污水和农村生活污水进入农田灌溉渠道，其下游最近的灌溉取水点的水质按该标准进行监督管理。

14.1.4　灌溉回用污水的处理技术

城市污水中含有较多种类的有毒有害物质，回用污水中污染物的限度要以作物种类与生长阶段以及水文地质条件等为依据，其水质必须符合《农田灌溉水质标准》（GB 5084—2021），因此在灌溉前应进行水质分析，对污水进行适当的处理。发达国家利用污水灌溉农田历史悠久，经验丰富，工艺也比较成熟。例如，美国加利福尼亚州规定，用于粮食作物灌溉的污水必须采用图 14-1 所示的再生处理流程进行处理，对于果园只能在水果未成熟期地表灌溉，采用一级出水灌溉。

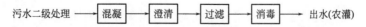

图 14-1　美国加利福尼亚州粮食作物灌溉的污水再生处理流程

国内北方少数城市的污水经适当处理后，出水已成为当地郊区农田灌溉用水的主要水源，如北京高碑店污水处理厂一期工程，其工艺流程如图 14-2。

城市污水经适当处理后用于农田灌溉，在满足农田灌溉水质标准的前提下，为降低基建投资和处理成本，用于农灌的污水水质没有必要一定要达到污水综合排放标准的要求。因为有机污染物进入土壤后，由于土壤微生物的作用，可转化为无害的二氧化碳、水和含氮的无机物，使污水得到净化，同时，有机物可以增进土壤肥力，达到除害兴利的目的。所以污水处理厂的工艺设计可以采用两段处理法，在农灌季节启动第一段的一级强化处理工艺，仅满足农田灌溉水质要求，节省运行费用；在非农灌季节同时启动两段处理工艺，出水满足污水综合排放标准的要求。其污水处理流程如图 14-3 所示。

图 14-2　北京高碑店污水处理厂一期工程　　　　图 14-3　城市污水两段处理工艺流程

污水灌溉回用只能用于浇灌人类并不是直接去消费的各项作物，和用于浇灌部分动物所食用的作物，如青草、大豆以及高粱这些饲料类作物，但决定公共健康与环境的主要因素就是这种回用手段会不会把含有害物质与致病菌的食物供入市场。通常用两种体系来对有害物质实施控制，其中就包含着不能将工业污水直接排入需要灌溉回用的污水收集及处理系统当中。为了防止工业污水的排入，需要在工厂相对较少的区域取样污水，或让工厂先消除污水中的有害物质，再排入污水的管网当中。实际上，浅层处理有可能就足够了，二级处理只是对有害物质增添了新的检测。在二级处理期间能够将回用水储备起来，以达到各个季节变更所需的灌溉需求。致病菌的传播是借助人们和污水的近距离接触，可以借助适当的杀除来解决。回用到农业方面的污水能够借助很多种处理手段，其中就包含着初级与二级处理，以及传统意义上的消毒。生物塘处理系统大规模用在可生物降解有机物的稳定化上，所以回用水的节气储备并未出现让人讨厌的问题，如味道和病菌等，并且生物塘本身还有着一定程度的消毒效果。生物塘处理系统包含一个厌氧或是好氧塘来实施污水的浅层处理，然后是利用兼性塘对于污水做进一步的处理与杀菌，并且还能够作为节气性的用水。已完成提前处理与消毒的再生水能够参照作物实际的需水情况来实施灌溉使用。在水回用灌溉农作物期间，土壤的正确处理能够除去其中的污染物，并降低环境中污染物整体的排放数量，进而降低污染物往地面水或是深层水的排放数量。

▶ 14.2　植苗造林

植苗造林又称栽植造林、植树造林，是以根系完整的苗木作为造林材料进行栽植，是应用最广泛的造林方法，应用对象包括种子、苗木、苗圃、观赏植物，特点是对不良环境条件的抵抗力较强、生长稳定，对造林地立地条件的要求相对不那么严格，但在造林时苗木根系有可能受损坏或挤压变形和失水，栽植技术要求高，必须先育苗。

植苗造林应用的苗木，主要是播种苗（又称原生苗）、营养繁殖苗和移植苗。有时在采伐迹地上进行人工更新时，可以利用野生苗。近年来，有些地区发展营养器苗造林，收到了较好的效果。

14.2.1 水在植苗造林中的作用

植苗造林后，苗木能否成活，关键是苗木本身能否维持水分平衡，所以在造林过程中，从苗圃起苗、选苗、分级、包装到运输、假植、造林前修剪，直到定植，全过程都要保护苗木不致失水过多。最好是随起苗随栽植，尽量缩短时间，各环节都要保持苗根湿润。

为了植苗成活，栽植前要尽量减弱蒸腾作用，使苗木保持较高的含水率，以便栽植后根系迅速恢复吸水能力和增加吸水量，保持苗木体内水分平衡。起苗前如圃地土壤比较干旱，宜预先灌水，并预防因土壤干硬起苗时拉断根系。起出的苗木极易失水干燥，宜在阴凉处迅速分级，按定数捆扎，及时假植或外运。裸根苗运输时要妥善包装，保护好苗根；运输距离不能太长，时间不可过久，否则运输途中宜洒水降温保湿，以保持苗木的旺盛生命力。容器苗运输过程中必须防止土坨散裂，根系露出。栽植前，为了减弱苗木的蒸腾作用，对一些阔叶树的裸苗可以剪掉部分枝叶。一些萌芽力强的树种可用截去主干的苗木造林（称截干造林）。为尽快恢复根系的吸水功能，刺激新根发生，主根过长时可适当剪短，根系可沾稀泥浆以保持湿润，或进行短时间的浸水。容器苗通常无须进行这些处理。

苗木移栽后的养护管理工作很重要，直接关系到成活率的高低，其中浇水是至关重要的一个环节，水分供应是否充分、合理、及时是新栽苗木成活的关键因素。浇水需按以下方法进行。

（1）定根水浇透

新移植（种植）的苗木，第一次的浇水（定根水）一定要浇透，即浇水时间要长，浇水量要大，保证周围土壤充分湿润，这样可显著提高苗木的成活率。

（2）树干树叶喷水

新移植（种植）的苗木，如果根系吸收水分不及时，容易造成树干树叶脱水萎蔫，这时可通过往树干树叶上喷水，以有效对苗木进行补水，提高移植成活率。

（3）选择合适时间

选择合适的浇水时间很重要，气温较高时，宜选择清晨或傍晚浇水，避免水温过高造成苗木根系烫伤；气温较低时，宜选择温暖的午前或午后浇水，避免苗木根系发生冻害。

（4）种植后初期浇水

种植后的初期，一般2～3周左右，应加强浇水，一般每天浇水一次，以保证根系完全湿润。

（5）种植稳定后浇水

种植稳定后，待苗木生出新叶，生出新根，即可逐步降低浇水频率，可2～3天浇水一次。

（6）其他时期的浇水

苗木移植（种植）后，一年内，应保持对苗木的观察，根据其生长情况增加或减少浇水量。一般养护一年后，苗木基本就可以生长稳定。

苗木的浇水量受很多因素的影响，主要包括树种、规格、生长状况以及土质、气候等，需要具体情况具体分析。通常情况下，苗木的浇水量以达到土壤持水量的60%～80%为宜，在干旱时期或土质不好的地区应适当增加。

14.2.2　污水在植苗造林中的回用

由上可以看出，植苗造林过程需要消耗大量的水，以保证苗木的成活率。但用于植苗造林的水对水质的要求不高，只要水的pH值、氯化物含量符合绿化用水要求就可以，因此目前用于植苗造林浇水的水源大都是河水、池水、溪水、井水或自来水，但绝不能使用受污染的污水。

正由于植苗造林对水质的要求不高，因此直接将清洁的水资源用于浇水，在水资源缺乏的地区，会导致"与人争水"的局面。为缓解这一局面，可根据城市污水和农村污水的组成特性，区别性地进行回用。

由城镇和农村居民日常生活产生的生活污水、养殖污水、屠宰加工污水等基本不含有毒有害成分，可将其经适当处理后用作植苗造林的浇水水源，一方面可节约大量的水资源，同时可充分利用这些污水中所含有的营养性成分，有利于苗木的成活与成长。例如，用养殖污水浇灌苗木，其中含有的大量氮、磷、钾等组分可作为苗木的养料，在保持土质水分的同时，可显著促进苗木的成活与生长。然而，在将这些污水回用于植苗造林时，需要注意的一点是，有些污水（如屠宰加工污水）中含有未发酵腐熟的有机组分，用其浇灌苗木后，在后期的发酵中产生大量的热量，会引起烧根现象。因此，这类高热污水需经腐熟发酵后才能回用于植苗造林。

对于工业污水，由于其组成复杂，大多含有有毒有害物质，因此不能直接将其回用于植苗造林，而需根据其水质特点和污染物的赋存特性，采取相应的处理措施进行合适的处理，使出水达到绿化用水的标准后，才能回用于植苗造林。具体的处理方法可分别参见相关书籍（《物理法水处理过程与设备》《化学法水处理过程与设备》《生物法水处理过程与设备》，化学工业出版社）。

▶ 14.3　畜牧养殖

畜牧业是利用畜禽等已经被人类驯化的动物，通过人工饲养、繁殖，使其将牧草和饲料等植物能转变为动物能，以取得肉、蛋、奶、羊毛、山羊绒、皮张、蚕丝和药材等产品的生产部门，养殖对象包括牲畜、家畜、家禽。区别于自给自足的家畜饲养，畜牧业的主要特点是集中化、规模化，并以营利为生产目的。

14.3.1　畜牧养殖的需水量

水是畜牧养殖业正常发展的必需物质之一，营养物质在动物体内的消化、吸收和转运过程都离不开水，如果在畜牧养殖过程中因忽略水的作用而使用水质量下降或者不足，会导致经济效益急剧下降甚至影响畜牧养殖业的可持续发展。牲畜家禽的饮用水量可参见表14-3。

表 14-3　牲畜家禽的饮用水量

种类	用水量/[L/(头·d)]或[L/(只·d)]	种类	用水量/[L/(头·d)]或[L/(只·d)]
马	40～50	母猪	60～90
驴	40-50	育肥猪	20～30
骡	40～50	羊	10
乳牛	70～12	鸡	0.5
育成牛	50～60	鸭	1

14.3.2　畜牧养殖的饮水源

保证足量供水和清洁饮水是科学用水的基本要求，畜牧养殖在饮食健康的前提下精心喂养，对于畜牧养殖的健康发展具有重要的意义。在畜牧养殖用水的选择方面要注意水源的质量并科学喂水，避免附近有污染源的水源并根据水质情况进行必要的处理，保证饮水源的质量标准。

自然界中的水可分为地表水、地下水和降水三大类，但因其来源、环境条件和存在形式不同，又有各自的卫生特点。

（1）地表水

地表水包括江、河、湖、塘及水库等。这些水主要由降水或地下水在地表径流汇集而成，容易受到生活污水与工业污水的污染，常常因此引起疾病流行或慢性中毒。地表水一般来源广、水量足，又因为它本身有较好的自净能力，所以仍然是被广泛使用的水源，因此在条件许可的情况下，应尽量选用水量大、流动的地表水作为畜禽养殖场的水源。在管理上可采取分段用水和分塘用水。

（2）地下水

地下水深藏在地下，是由降水和地表水经土层渗透到地面以下而形成。地下水经过地层的渗滤作用，水中的悬浮物和细菌大部分被滤除。同时，地下水被弱透水土层或不透水层覆盖或分开，水的交换很慢或停顿，受污染的机会少。但地下水在流经地层和渗透过程中，可溶解土壤中各种矿物盐类而使水质硬度增大。因此，地下水的水质与其所在地层的岩石和沉积物的性质密切相关，化学成分较为复杂。水质的基本特征是悬浮杂质少，水清澈透明，有机物和细菌含量极少，溶解盐含量高，硬度和矿化度较大，不易受污染，水量充足而稳定且便于卫生防护。但有些地区地下水含有某些矿物性毒物，如氟化物、砷化物等，往往引起地方性疾病。所以，在选用地下水时，应经过水质检验达标后，才能选作水源。

（3）降水

降水指雨、雪，是由海洋和陆地蒸发的水蒸气凝聚而形成的，其水质依地区条件而定。靠近海洋的降水可混入海水飞沫；内陆的降水可混入大气中的灰尘、细菌；城市和工业区的降水可混入煤烟、二氧化硫等各种可溶性气体和化合物，因而易受污染。但总的来说，降水是含杂质较少而矿化度很低的软水，但由于储存困难、水量无保障，因此除缺乏地表水和地下水的地区外，一般不用作畜禽养殖场的水源。

畜牧养殖场饮水源的选择应符合《无公害食品　畜禽饮用水水质》（NY 5027—2008）中规定的水源质量标准，水源周围 100m 范围内不得存在污染源（工业污染源、农业污染源和生活污染源等），尽量避免在化工厂、农药厂和屠宰场等附近寻找水源。如果选择地表水作为饮水源时，应该根据水质的实际情况进行必要的净化、沉淀和消毒；如果选择井水作为饮水源时，需要加盖井盖，避免鸟粪及其他可能引起水质污染的物质进入。

14.3.3　畜牧养殖饮用水的水质要求

畜禽养殖的饮用水应具备及时获取、新鲜清澈、富含矿物质与微量元素、水质呈弱碱性、无毒无菌、水分子团小等要求。养殖场水质检测一旦出现超标现象，要及时消毒和处理，保证水质安全合格后再让动物饮用。但水质并不是固定不变的，应该每间隔一段时间对水质进行检测。

《无公害食品　畜禽饮用水水质》（NY 5027—2008）标准对畜禽饮用水具体规定了各项指标，从感官性状、一般化学指标、细菌学指标、毒理学指标等方面明确了具体的标准值，见表 14-4。

表 14-4　畜禽饮用水的水质标准

项目		标准值	
		畜	禽
感官性状及一般化学指标	色	≤30°	
	浑浊度	≤20°	
	嗅、味	不得有异臭、异味	
	总硬度（以 $CaCO_3$ 计）/(mg/L)	≤1500	
	pH 值	5.5～9.0	6.5～8.5
	溶解性总固体/(mg/L)	≤4000	≤2000
	硫酸盐（以 SO_4^{2-} 计）/(mg/L)	≤500	≤250
细菌学指标	总大肠菌群/(MPN/100mL)	成年畜 100，幼畜和禽 10	
毒理学指标	氟化物（以 F^- 计）/(mg/L)	≤2.0	≤2.0
	氰化物/(mg/L)	≤0.20	≤0.05
	砷/(mg/L)	≤0.20	≤0.20
	汞/(mg/L)	≤0.01	≤0.001
	铅/(mg/L)	≤0.10	≤0.10
	铬（六价）/(mg/L)	≤0.10	≤0.05
	镉/(mg/L)	≤0.05	≤0.01
	硝酸盐（以 N 计）/(mg/L)	≤10.0	≤3.0

（1）水的感官性状

水的感官性状指标包括水的色度、嗅、味和水的浑浊度。畜禽饮水对感官性状指标的要求虽不如人的饮水要求严格和敏感，但仍应要求无色、透明、无异臭和无异味。感官性状指标不良的水能降低畜禽的饮水量，从而导致采食量和生产水平下降。

（2）水的化学指标

水的化学指标包括水的总硬度、pH 值、溶解性总固体、硫酸盐等。

① 总硬度：水的总硬度是指溶于水中的钙、镁盐类（碳酸盐、重碳酸盐、硫酸盐、硝酸盐、氯化物等）的总含量，一般以相当于 $CaCO_3$ 的量（mg/L）表示。硬度过高的水对畜禽健康的影响在于，当动物由饮软水转为饮硬水时，可因一时的不适应而出现腹泻和消化不良等胃肠道功能紊乱症状。

② pH 值：水的正常 pH 值在 6.5～8.5 之间，当水的 pH 值过高或过低时，表示水有受到污染的可能。水的 pH 值过高，会引起水中溶解盐类的析出，因而使水的感官下降。pH 值过低（pH≤5.0）时可降低饮欲，并可使蛋鸡的产蛋量和蛋壳品质降低，同时还可腐蚀金属水管。

③ 溶解性总固体：水中溶解性总固体（TDS）的量主要取决于溶解在水中的矿物质盐类和数量，其主要成分是钙、镁、钠的碳酸盐、氯化物和硫酸盐，也包括溶解性有机物。当其质量浓度高于 1200mg/L 时，可产生苦咸味。

④ 硫酸盐：水中硫酸盐含量一般应不超过 250mg/L（以硫酸根计）。动物对硫酸盐的敏感性相差很大，硫酸盐含量过高可影响水味和引起畜禽轻度腹泻。断奶仔猪对硫酸盐敏感，这是因为它们在断奶前饮水少，不能适应水中高含量的硫酸盐。而对于一般的猪，水中硫酸盐含量低于 260mg/L 时，对生产性能无危害作用，能在几周内适应高水平的硫酸盐。但当硫酸盐含量大于 7000mg/L 时，猪的肠道对此缺乏耐受性，可导致腹泻和生产性能下降。

（3）水的细菌学指标

水中可能含有多种细菌，其中以埃希菌属、沙门菌属及钩端螺旋体最为常见。评价水质卫生的细菌学指标通常有细菌总数和总大肠菌群数。细菌总数是判定水受污染程度的标志，总大肠菌群数表明水被粪便污染的程度，而且间接表明有肠道致病菌存在的可能性。水体如果受到病原微生物的污染，则可通过饮水、饲料或接触的方式导致介水传染病的流行，例如炭疽、布氏杆菌病、钩端螺旋体病、结核、猪瘟、禽霍乱等均可通过水为媒介而传播。虽然在自然情况下，由于水体的自净作用，污染水体的病原微生物会很快死亡，但对于可能受到病原微生物污染的水应特别注意，切勿使用。

（4）水的毒理学指标

水的毒理学指标包括重金属离子和微量有毒元素离子的含量、硝酸盐及亚硝酸盐的含量。

① 重金属离子和微量有毒元素离子：饮水中可能含有微量的重金属离子或有毒元素离子，如铜、锰、砷、铅、汞、硒、铬、铝、氟等，当其含量超过允许含量时，就会直接危害畜禽的健康和生产性能。

② 硝酸盐及亚硝酸盐：这些盐类在饮水中广泛分布，尽管 NO_3^- 一般不会对动物健康构成威胁，但是其还原性产物 NO_2 可被胃肠吸收，很快达到中毒水平。亚硝酸盐可氧化血红蛋白中的铁，使血红蛋白失去携氧能力。同时高浓度的硝酸盐为细菌污染水源提供了有利条件，因细菌能够把 NO_3^- 转化为 NO_2^-，从而对畜禽或人的健康造成危害。

14.3.4　畜牧产品加工用水的水质要求

畜牧产品加工用水是指畜禽屠宰厂和畜禽制品加工厂在屠宰加工以及畜禽制品深加工过程中的生产性用水、厂区冷却水和设备消毒冲洗水。其中屠宰加工用水是指在特定的屠宰车间内将畜禽屠宰加工成胴体或初分割过程中的生产性用水，畜禽制品深加工用水是将畜禽产品（包括肉、蛋、奶）加工成制品（成品）或半成品（初级成品或分割制品）过程中需要的生产性用水，包括添加水和原料洗涤用水。

畜牧产品加工用水对水质的要求如表 14-5 所示。

表 14-5　畜牧产品加工用水对水质的要求

项目		指标
感官	色	≤20°，不得呈现其他异色
	浑浊度	≤3°，特殊情况下不超过 5°
	嗅和味	不得有异臭、异味
	肉眼可见物	不得含有
一般化学指标	总硬度(以碳酸钙计)/(mg/L)	≤550
	pH 值	5.5～8.0
	硫酸盐/(mg/L)	≤300
	氯化物/(mg/L)	≤300
	总溶解性固体/(mg/L)	≤1500
毒理学指标	氟化物/(mg/L)	≤1.2
	氰化物/(mg/L)	≤0.05
	总砷/(mg/L)	≤0.05
	总汞/(mg/L)	≤0.001
	总铅/(mg/L)	≤0.05
	铬(六价)/(mg/L)	≤0.05
	总镉/(mg/L)	≤0.01
	硝酸盐(以氮计)/(mg/L)	≤20
微生物指标	总大肠菌群/(CFU/100mL)	≤1
	粪大肠菌群/(CFU/100mL)	0

▶ 14.4　水产养殖

水产养殖业是人类利用可供养殖（包括种植）的水域，按照养殖对象的生活习性和对水域环境条件的要求不同，运用水产养殖技术和设施，从事水生经济动植物养殖，为农业生产部门之一。按水域性质不同分为海水养殖业和淡水养殖业，按养殖、种植对象，分为鱼类、虾蟹类、贝类及藻类、芡、莲、藕等。

发展水产养殖具有重要意义，表现为：①能经济地为人类提供优质动物蛋白食品。在动物饲养中，鱼类是水生变温动物，较之陆生恒温的家畜、家禽能量消耗少，饲料转化效率高，产品中动物蛋白质含量也高。②能为工业提供原料，是医药工业、化学工业、饲料工业等的重要原料来源。③对于弥补海洋捕捞的不足具有重要作用。随着世界人口的迅速增长和经济的发展，人类对动物性蛋白质的需要量日益增加，但捕捞量受到天然渔业资源更新的限制。渔业预测指出，年渔获量不断增加的趋势已达到顶点，今后单靠捕捞天然渔业资源将无法满足需求量。④有利于维持生态平衡。在近海地区，可因养殖产量增长而减轻捕捞强度，防止过度捕捞导致生态失去平衡；在内陆水域，水产养殖与农业的其他一些生产相结合，有利丁形成良性生态循环。

我国目前以淡水养殖为主，总产量多年来一直居于世界首位。内陆天然水域中有渔业活动的湖泊近 $9.4 \times 10^5 \, hm^2$，水库近 $1.69 \times 10^6 \, hm^2$，河系约 $3.8 \times 10^5 \, hm^2$。淡水养殖主要有两种类型：一是在池塘里精养鱼类，以投饵、施肥取得高产，并且将各种不同食性的鱼类进行混养，以充分发挥水体的立体生产力；另一类是在湖泊、水库、河沟、水稻田等大、中型水域中放养苗种，主要依靠天然饵料获得水产品。

我国的海水养殖以浅海、滩涂养殖为主，养殖面积约 488 万亩（约占可供养殖面积2000 万亩的 24%，1 亩＝666.67 m^2），养殖产量约占全国水产总产量的 10%。

14.4.1　水产养殖的需水量

鱼儿离不开水。水产养殖的用水可分为总量用水和消耗用水。总量用水是所有流入量（降水量、径流量、渗流量和有意增加生产设施的水量），取决于养殖类型和系统，进入设施的一部分通过下游溢出或有意排放，并可用于其他目的，因此无消耗。消耗用水是水产养殖中使用的水量，随后不能用于其他目的，消耗性使用包括水产养殖蒸发损失的水、设施进水和收获时从水生动物生物量中去除的水。

池塘总用水量的变化范围比任何其他水产养殖的都大，主要取决于水交换的频率和池塘水位下降或为收获而排放的水量。池塘水产养殖的总用水量如表 14-6 所示。

表 14-6　池塘水产养殖的总用水量

养殖条件	总用水量/(m³/kg)	养殖条件	总用水量/(m³/kg)
集约化养虾	40～80	暖水鱼,颗粒饲料	9
粗放养殖,暖水鱼	45	鲤科鱼类混养,粗放养殖(以色列)	5
集约养虾(中国台湾)	29～43	沟鲶养殖,护坡池塘(美国东南部)	3～10
集约养殖罗非鱼(中国台湾)	21	暖水鱼养殖,夜间曝气	3～6
半精养式养虾(中国台湾)	11～21	低水交换,污水养鱼(泰国)	1.5～2
鲤科鱼类混养,集约化(以色列)	12	暖水鱼养殖,集约化混合池塘	0.4～1.6
沟鲶养殖,集雨池塘(美国东南部)	11	胡子鲶养殖(泰国)	0.05～0.2

14.4.2　水产养殖的水质要求

水是鱼类赖以生存的环境，较好的水质能减少鱼类疾病的发生，更有利于鱼类的生长和生存。水产养殖用水应当符合《无公害食品　淡水养殖用水水质》（NY 5051—2001）、《无公害食品　海水养殖用水水质》（NY 5052—2001）、《盐碱地水产养殖用水水质》（SC/

T 9406—2012)、《盐碱水渔业养殖用水水质》（DB13/T 1132—2009）、《龟鳖工厂化养殖用水处理技术规范》（DB34/T 1895—2013）等标准，禁止将不符合水质标准的水源用于水产养殖。

目前施行有效的是中华人民共和国《渔业水质标准》（GB 11607—89），适用于鱼虾类的产卵场、索饵场、越冬场、洄游通道和水产增养殖区等海水、淡水的渔业水域，即所有的养鱼水体区域。《渔业水质标准》（GB 11607—89）的各项指标如表 14-7 所示。

表 14-7　渔业水质标准

项目序号	项目	标准值
1	色、嗅、味	不得使鱼、虾、贝、藻类带有异色、异臭、异味
2	漂浮物质	水面不得出现明显油膜或浮沫
3	悬浮物质/(mg/L)	人为增加的量不得超过 10，而且悬浮物质沉积于底部后不得对鱼、虾、贝类产生有害的影响
4	pH 值	淡水 6.5~8.5，海水 7.0~8.5
5	溶解氧/(mg/L)	连续 24h 中，16h 以上必须大于 5，其余任何时候不得低于 3，对于鲑科鱼类栖息水域冰封期其余任何时候不得低于 4
6	五日生化需氧量（20℃）/(mg/L)	不超过 5，冰封期不超过 3
7	总大肠菌群/(个/L)	不超过 5000（贝类养殖水质不超过 500）
8	汞/(mg/L)	≤0.0005
9	镉/(mg/L)	≤0.005
10	铅/(mg/L)	≤0.05
11	铬/(mg/L)	≤0.1
12	铜/(mg/L)	≤0.01
13	锌/(mg/L)	≤0.1
14	镍/(mg/L)	≤0.05
15	砷/(mg/L)	≤0.05
16	氰化物/(mg/L)	≤0.005
17	硫化物/(mg/L)	≤0.2
18	氟化物（以 F⁻计）/(mg/L)	≤1
19	非离子氨/(mg/L)	≤0.02
20	凯氏氮/(mg/L)	≤0.05
21	挥发性酚/(mg/L)	≤0.005
22	黄磷/(mg/L)	≤0.001
23	石油类/(mg/L)	≤0.05
24	丙烯腈/(mg/L)	≤0.5
25	丙烯醛/(mg/L)	≤0.02
26	六六六（丙体）/(mg/L)	≤0.002
27	滴滴涕/(mg/L)	≤0.001
28	马拉硫磷/(mg/L)	≤0.005
29	五氯酚钠/(mg/L)	≤0.01

项目序号	项目	标准值
30	乐果/(mg/L)	≤0.1
31	甲胺磷/(mg/L)	≤1
32	甲基对硫磷/(mg/L)	≤0.0005
33	呋喃丹/(mg/L)	≤0.01

水产养殖单位和个人应当定期监测养殖用水的水质。当养殖用水水源受到污染时，应立即停止使用；确需使用的，应经过净化处理达到养殖用水水质标准。养殖水体水质不符合养殖用水水质标准时，应立即采取措施进行处理。经处理后仍达不到要求的，应停止养殖活动，并向当地渔业行政主管部门报告。养殖场或池塘的进排水系统应分开。

14.4.3　污水水产养殖回用

随着社会经济的快速发展，各地城镇化加速，旅游业兴起，对耕地及水源保护日趋重视，导致我国水产养殖区域空间受到挤压，许多沿海省市的近海水域和内陆地区的水库、湖泊等水域已经开始限制水产养殖的发展，不少地方政府开始对养殖池塘和自然水域的养殖网箱等养殖模式采取消减措施，使水产养殖主要依赖的陆基资源得不到保障；水利工程、围海造地等项目不断增多，减少了养殖水域面积，并且一些拦河筑坝工程还会切断水产动物的洄游通道，破坏水域生态环境。另外，由于我国水资源分布极为不均，一些缺水地区特别是大型城市的水产养殖用水与城市生活用水及工业用水矛盾突出，这种情况下，水产养殖用水不仅得不到保障，水产养殖业还有被边缘化的风险。

与此同时，随着城市建设的发展和社会主义新农村建设的推进，人民群众生活水平的日益提高，生活污水、畜禽养殖污水、农产品加工污水的产生量也在增大，如能将这些污水回用于水产养殖，则可有效缓解水产养殖用水与生活用水及工业用水的矛盾，从而实现水产养殖的可持续发展。

(1) 城市生活污水回用于水产养殖

城市生活污水的主要来源是城镇居民日常生活中产生的污水，包括生活洗涤污水、冲厕污水等。城市生活污水中的有机污染物主要来自人类的食物消化分解产物和日用化学品，包括纤维素、油脂、蛋白质及其分解产物，氨氮，洗涤剂成分（表面活性剂、磷）等，其一般浓度范围为 $BOD_5 = 100 \sim 300mg/L$，$COD = 250 \sim 600mg/L$；常见浓度为 $BOD_5 = 180 \sim 250mg/L$，$COD = 300 \sim 500mg/L$。这些有机污染物的生物降解性较好，适于生物处理。

城市生活污水回用于水产养殖，是将城市生活污水按一定比例混入养殖水域。水中含有大量的水生生物，包括细菌、真菌、藻类、水生植物、原生动物、底栖生物和养殖的鱼类，具有较强的自净能力。由生活污水带入的有机物，通过浮游状态以及附着于沙石、底泥表面和水草上的微生物不断进行分解 [在有氧条件下进行有氧分解，最终氧化为二氧化碳和水，并生成氮、磷、硫等营养盐，这些营养盐被微生物、藻类和水生植物再利用。植物（包括藻类）利用 CO_2 进行光合作用，为微生物和水生动物提供氧气；在缺氧条件下，厌氧细菌发挥作用，有机物分解为甲烷、氨和硫化氢，从水中除去]，水中的污染物会随时间的推移而逐渐被降解和清除，水质恢复到适于水产养殖的要求。在氧化或还原有机物的过程中，微生物大量繁殖，菌体相互凝集并通过附着于其他物体上沉降澄清，被原生动物和小型动物所摄食。轮虫和甲壳动物的大量繁殖可为鱼类提供食物。这样的食物链在水体自净中发挥了各自的作用，通过食物链把有机物从水体中除去。

然而，水体的自净能力是有限的，如果回用的污水量大或带入的有机物量大，在水中溶解氧耗尽，或有抑制生物生长的物质时，自净作用即会停止，此时水质不能满足水产养殖的要求，从而导致水产品的大量死亡。因此，将城市生活污水回用于水产养殖，其回用量必须根据养殖的种类进行具体分析。

(2) 农村生活污水回用于水产养殖

农村生活污水的主要来源是居民日常生活中产生的污水，包括生活洗涤污水、厨房清洗污水、冲厕污水等。由于农村居民居住比较分散、人口数量较大、密度较低、排放面源较大、收集较为困难，因此农村生活污水的处理往往成为社会主义新农村建设的难点，但由于农村生活污水具有水质比较简单、水量排放不规律、间歇性较强、生化性较好等特点，可与城市生活污水一样回用于水产养殖。

(3) 农业污水回用于水产养殖

农业污水是指农作物栽培、牲畜饲养、农产品加工等过程中排出的影响人体健康和环境质量的污水或液态物质，其来源主要有农田径流、饲养场污水、农产品加工污水。污水中含有各种病原体、悬浮物、化肥、农药、不溶解固体物和盐分等。在广大农村地区，农业污水的排放量大、影响面广。

① 农田径流。指雨水或灌溉水流过农田表面后排出的水流，是农业污水的主要来源。农田径流中主要含有氮、磷、农药等污染物。由于农药会对养殖生物的生存造成危害，而且会通过"水→产品→人"这一食物链而迁移至人体内富存，因此不能将含有农药的农田径流回用于水产养殖。

然而，农田施药是阶段性的活动，农田径流也不是总含有农药的。对于非施药期产生的农田径流，其内只含有氮、磷等有机污染物，将其回用于水产养殖，可促进水体内微生物、水生植物和水生动物的生长，而这些微生物、水生植物和水生动物又可作为水产养殖生物的食物，从而促进水产养殖的产量。

② 饲养场污水。牲畜、家禽的粪尿污水是农业污水的第二个来源。饲养场牲畜粪尿的排泄量大，其中含有大量可溶性碳、氮、磷化合物，将其回用于水产养殖，可显著促进水体内微生物、水生植物和水生动物的生长，而这些微生物、水生植物和水生动物又可作为水产养殖生物的食物，从而促进水产养殖的产量。国内外已普遍将牲畜养殖场与水产养殖场建在一起，组成食物链，将饲养场污水直接排入养殖水体，作为水产养殖生物的饵料与肥料，从而实现饲养场污水减量排放与水产养殖产品增收的双效益。但饲养场污水的回用量不能超过水产养殖生物的承载量，否则易造成水体严重富营养化，导致水产养殖生物死亡。

③ 农产品加工污水。水果、肉类、谷物和乳制品等农产品加工过程排出的污水是农业污水的第三个来源。在发达国家，农产品加工的污水量相当大，如美国食品工业每年排放污水约 25 亿吨，在各类污水中居第五位。这些污水的组分相对较为"纯净"，只含加工

过程中产生的农产品碎末，将其回用于水产养殖，所含的大量农产品碎末可作为水产养殖生物的饵料，有助于水产养殖生物的生长。

▶ 14.5 污水生态农业

随着国民经济的飞速发展和社会主义新农村建设的全面推进，城市污水、农村污水和工业污水的排放量正日益增多。大量污水的排放，其代价是巨大的。首先是一些资源的不必要浪费，在这些污水中有许多本是资源的物质，如有机质、氮与磷等营养盐、矿物质（包括若干重金属）以及水等，但未被利用而摒弃，同时还污染了环境和损害了其他一些资源。虽然我国已建有大量的污水处理厂，但仍有大量污水未经处理而直接排放到江、河、湖、海，造成纳污水体中水的物理、化学特性和生物群落发生不希望的改变，如水质恶化，使一部分受污水体不能再作生活、工业甚至农业的供水，损害水资源的质，从而等于减少其量。这在我国水资源本就匮乏的一些地方，将激化水资源与城镇及工农业发展的用水矛盾。其次是有些受污水体中，人们所希望要的生物物种（如许多水产品）受污水之害，其数量和质量下降，严重的甚至不能生存而导致灭绝，生物资源遭受不同程度的破坏。在一些游览区中水质变化、浑浊度增大，甚至变黑变臭，降低了水的惬意度，恶化或破坏了旅游资源。再次是损害人的健康，人们直接饮用受污水体中的水或食用其中富集有害物质已超过食用标准的水产品，会引起多种疾病。因此控制与治理污水及受污水体，已成为国民经济发展中的一个重要问题，也是人们迫切要求解决的一个切身问题。

14.5.1 污水的控制与处理途径

污水的控制与处理途径，主要有以下三类。

（1）直接排放

把污水排到最近的方便的环境中去，这是以前一种应用非常普遍的处理污水的措施，一些城镇内及附近的河道、湖泊等水体被当作无限制的阴沟。这种污水处理途径的实际结果，无论是环境效益和经济效益都是负值，是不可取的，采取这种途径的后果必然会导致污水横流、黑水四溢、臭不可闻。

（2）污水处理后排放

把污水容纳在一个局限环境中，再根据要求和条件采用物理、化学和生物的方法进行一级（悬浮物沉淀）、二级（有机物的生物化学还原）、三级（氮与磷等盐类、有机物及其他物质的化学排除）净化处理，然后再排放。这是目前绝大多数污水处理厂采用的途径，主要采用以活性污泥法为主的高负荷生物处理设施进行二级处理。

常规二级处理只能有效去除易生物降解的有机物（以 BOD 表示），而不能有效去除难生物降解的污染物（以 COD 表示）和氮、磷等营养物质，因此即使是普及了二级处理的欧洲、美国、日本等国家和地区，其受纳水体特别是湖泊、水库、海湾等稳定型水体仍然发生富营养化污染，以及饮用水源受到许多种难降解有机化合物的污染。为了解决这些新的污染问题，三级处理技术应运而生，其代表性的流程是：化学沉淀法除磷→吹脱法除氮→活性炭吸附法除有机污染物→反渗透除无机盐类→臭氧或氯化消毒。

采用这种途径可以保护大量有价值的自然水体免遭污染，而且净化效率高，因此环境效益十分显著。但投资较大，运行及维护费用高，三级处理的基建费和年运行费比相同规模的二级处理厂大 3 倍左右；产品除净化的水外，再生、回收与利用的污水中资源的种类、数量不多，经济价值也不高，难以抵偿成本及消耗，即使经济发达的国家也难以推广应用。我国是发展中国家，由于财力有限、能源供应紧张等制约因素，全面采取这条技术路线将面临一系列的困难。因此，应结合我国的具体实际，研究和开发一些经济、节能和具有广谱除污染效能的代用技术，其中最受重视的是多级氧化塘系统和土地处理系统。

(3) 污水处理与资源化利用

将污水的净化处理与污水资源化结合起来，在容纳或接受污水的一定局限环境里建立半人工生态系统（或复合生态系统），有目的地加强对污水或受污水体的自然净化效率，同时多层次、分级、多途径利用污水中一些原本是资源的物质和能量，不仅保护了更大量有价值的自然水体等环境，而且合理利用了污水，增加了物质财富。这种污水处理方式具有投资较小、耗电较少甚至不耗电、维护运行费用低、不占或少占地等增产节约的优点，是较经济的方法之一，其环境效益和经济效益均是正值并且很显著。但这种途径往往受一些自然条件（如气候、季节、水体等）和社会条件的限制，应因地、因类制宜采用。

与此同时，随着农业科技的发展，我国农业产值迅速增长，促使农业向着节约和合理利用资源以及建立和保持良好农业生态平衡的方向发展，生态农业便顺势发展起来。在我国许多城市郊区，污水净化和综合利用型生态农业得到了迅速发展，并显示出一系列的优点和巨大的发展前景。

14.5.2 污水生态农业的原理

污水生态农业就是将污水的净化处理与水资源在农业领域的回用结合，形成一种新的农业生态平衡。

自然界中的各类水体生态系统，均是具有一定调节能力的因果繁衍和紧密回路的内部组织，系统内各成分（或复合生态系统中各子系统）在因果关系中相互联系，在物质代谢及能量流转过程中，在空间和时间上遵循一定的序列，按一定的层次结构和物质数量比进行物质定量结合和能量流转。例如在一个湖泊生态系统中，以外源性（自该系统以外）输入的有机质中的有机氮为例，它们中的一部分首先经动物摄食、消化、吸收、同化，转化成动物机体的一部分，成为不同于原来化学形态的有机氮，如各种氨基酸、动物性蛋白；未被动物摄食的外源性有机氮，连同动物排遗、排泄及动物遗体，分散到湖水中或沉积湖底，被微生物同化与分解，一部分转化为微生物机体中蛋白质等另一类化学形态或结构的有机氮，同时被分解、矿化为无机氮，如硝态、亚硝态及氨态氮等。这些无机氮扩散至水体中，由水主体迁至植物-水界面，再通过植物细胞的生物膜壁进入植物体内，继而在植物体内酶系统作用下被同化利用，生产出新的化学形态或结构的有机氮，如各种氨基酸及植物性蛋白，代谢废物通过生物膜排出体外，从生物-水界面迁至水体内；所生产的植物与动物，其中一部分有经济价值者为人类采收捕捞移出水体而利用，另一些被营养级较高的动物摄食，还有一部分未被利用或摄食的，自然死亡后尸体暂存水中或沉于湖底又被微生物分解矿化……如此循环。由此可以看出，在一个稳态生态系统中，物质代谢是要经过一定层次、在一定结构中进行的，以多层次营养结构的食物链网为基础的物质转化、分解、富集与再生，在空间和时间上也是有一定序列的，且各环节有一定的比量，如食物链间各环节是按能量耗散定律组成相对稳定比量的生态锥体，如生物量锥体、能量锥体等。

相互协调的结构与功能是维持生态系统动态平衡及稳态的重要基础。在一个生态系统中每一成分或局部与另一成分或局部互为因素，互为依赖，形成因果循环。通过一系列相互协调的机构功能，如食物链网的结构与物质和能量的迁移、转化、更新与循环，对能流、物流及化学环境的生物控制、反馈以及生命再生等稳态机制抵抗外来干扰和生态系统的变化，保持动态平衡和稳态。在一个保持稳态的生态系统中，代谢过程中输入系统的物质及能量为某一类或几类生物（如藻类、水生维束植物等初级生产者或一些动物等消费者，或微生物等分解者）利用，生产出一次产品，其产生的排遗物、排泄物及尸体等"废物"又分别作为另几类生物代谢过程的原料，生产出二次产品，二次产品及"废物"又作为另几类生物利用的原料，生产三次产品，直到第 N 次生产的废物又为另一些生物所利用形成循环。这样的网络结构，不仅实现了机构与功能的协调，并且保证了物质循环不息，生命不息。系统中各成分形成了独特的明确分工，分级、分层利用输入的物质。从经济观点看，生物群落对自然资源的利用是高效的，在一个生态系统中，如果结构合理、机能相互协调、各成分比量合适，达到稳态时，所有废物均被利用，也就无污染了。

但是，如果由于环境变化，特别是人类在某些特定生态系统中进行的某些活动或干扰，违反了生态学规律，导致输入或输出的物质或能量过多，且其量超越了该生态系统自己调控的极限，即稳态台阶的范围或弹性，并经过连锁反应，进而导致原生态系统的结构和功能失调，改变原物流和能源途径，不仅浪费了资源，且破坏与污染了环境。恶性循环的结果是，水的物理、化学特性及生物群落特点变为有害于人类健康；损伤或毁灭在该处人们希望要的生物物种；降低水的质量，达不到人们生活和工农业生产的质量要求。例如在一条河道或湖泊中排污、施肥、投饵等，而输入超过该水体容纳量的有机物、营养盐或其他毒物，改变了原有成分和合适比量，在其代谢过程中，有机物过剩，耗氧量剧增，溶氧量下降，原先生存其中的好氧微生物逐步被厌氧微生物取代，有机物厌氧分解的产物（主要有 NH_4^+ 及 H_2S）使水变黑发臭，一些不耐缺氧的生物减少以至消失，经济动物的生产量锐减，通过食物链而移出该生态系统的有机物随之减少，进一步增大了水中有机物的耗氧量，如此恶性循环，必然造成严重污染、破坏原有符合人们需要的生态系统结构和功能。如我国的许多湖泊，原本是水草繁茂、水质清洁，但因过量捞草或过渡放养草食性鱼类，引起水草量减少，改变了该湖中营养盐的迁移转化途径，使原本经水草及浮游植物的两营养链变为以浮游植物为主，这样又引起该湖透明度下降，补偿深度变小，营养分解层扩大，下层水中所受太阳辐射能减少。由于底层阳光不足，残存其中的沉水植物生长、繁殖受到抑制，又加强与加速了浮游植物的生产，使透明度变得更小……如此恶性循环，不仅较深水处，甚至浅水处的沉水植物量也减少，终于全湖沉水植物全部消失，加速富营养化，生物多样性降低，湖中草食性鱼类及草上产卵鱼类随之减少，通过捕鱼输出的氮、磷也减少。这种由于生态系统结构中一项成分超越弹性的变化引起连锁反应使整个生态系统结构和功能变化的例子很多，表明污染往往是资源利用不当而引起的，而合理利用资源与环境保护是一致的。

污水生态农业，就是将污水净化处理与农业生产相结合，根据处于稳态的自然生态系统中那种高经济效能结构的原理，即物种共生原理和物质和能量流要按一定层次结构和定量比才能达稳态的规律，调整污水在农业用水中的比量，建立半人工生态系统和复合生态系统，改变原有污染物的流转途径，使达到新的符合人类需要的动态平衡和良性循环。加速与加强对某些污染物的净化效果和输出量，同时分层、分级、多途径利用污水中的物质和能量，化害为利，变废为宝，提高农产品的产量与质量。

14.5.3 污水生态农业的类型

根据建立的半人工生态系统的结构和功能，主要污染物质迁移、转化、再生和循环的途径，污水生态农业可分为以下几个类型。

(1) 无（或少）污染工艺

主要用于内环境治理。通过模拟生态系统中第一生产工序中的废料是第二生产工序的原料，而第二生产工序的废料又是第三生产工序的原料……加强综合利用，将每一个生产工序的废物作为下一生产工序的原料，循环下去，直至无废物排放（或排放极少）。国内一些生态农场，利用畜禽养殖场的粪便生产沼气，沼液用于养鱼，沼渣作为农业肥料；还有些用鸡粪喂猪，猪粪生产沼气，沼液用于养鱼，沼渣培养蘑菇，再养蚯蚓作鸡饲料……实现了各种形式的良性循环。

(2) 污水土地处理和利用系统

以土壤为基础的农田、森林、草原等各类生态系统，不仅能不同程度地净化污水中的多种污染物，还可利用它们生产对人类有用的产品。土壤中有各种能分解多种有机物的微生物群落，它们分解后的许多无机盐，特别是营养盐类又被土地上植物吸收，生长出对人有用的物质，土壤本身又是一个有效的污水过滤器，可去除污水中的悬浮固体。污水通常含有悬浮固体、有机负荷、营养盐类、病原菌及病毒、可溶性盐类、重金属等对生物有害并难以生物降解的六类污染物，土地处理系统对前四类均可实现不同程度的利用与净化，后两类虽也可被净化一部分，但如过量会引起土壤积盐，某些难降解物质在作物内富集会导致超过食用标准，或使植物中毒以致死亡。因此有些地方作预处理，去除难降解物质。污水土地处理和利用系统，包括排污渠道、沉淀池、曝气池、嫌气池、氧化塘、污水库等一系列设施，可根据污水的成分和含量及土地的类型与面积等，因地、因类制宜地配置。在选择土地适当、处理与污灌得法的情况下，污水净化效率高，不仅可作为污水二级或三级处理的经济而有效的途径，还可为农田、林场、草场、苇滩等提供水和肥料，特别是在干旱和半干旱地区作为重要水源之一。我国污灌已有 60 多年的历史，总的情况是好的，但局部地区污灌后已产生严重污染，如生产的"镉米"。这主要是未能因地制宜、避害趋利，或有些本该预处理的而没作任何处理，就直接引污灌溉等原因造成的。

各地污灌源所含污染物质的种类和数量常不一致，而各种污染物在自然界的迁移、转化也各有其特点，欲进行污灌农田的土壤中所含各种污染物的本底值及容纳量、所种植物对各种污染物的富集能力等也常因类、因地而异。因此要根据具体情况，因类、因地制宜地采取相应措施和管理方法，以确保一些非降解性污染物不在（或少在）土壤及作物中积累，保证土壤不受破坏，作物中残毒不超标。例如含重金属超标者要经过沉淀等预处理，可充分发挥排污渠道的作用，代作为沉淀池用，充分发挥排污渠道的自净作用。也可将含难降解物质较多的某些污水，因地制宜地用于灌溉用材林或薪炭林，使这部分物质脱离进入人体的食物链，既可降低污水处理的费用，又可解决造林水源不足的困难。

(3) 稳定塘与鱼畜结合的污水处理利用系统

在进行污水二级及三级处理的各类设施中，污水稳定塘是基建、维护与运行费用最低的一类，但在污水利用上，除了净化的水外，其他方面则较少，无法满足污水资源化的要求。此时可通过设计几个串联的稳定塘，调整受污水体生态系统中的基本结构及比量，在各级池中分别创造微生物、浮游植物及鱼类速生快长的条件，大大提高系统净化有机磷、有机氮等化工污水的效率，把原受污水体面积大大缩小，在局限范围内提高净化效率和鱼的单产，进而显著提高过程的经济效益、环境效益和生态效益。

我国污水生态农业主要有污水灌溉、污水塘养鱼养鸭、种植水生植物等内容。在污水灌溉农田中，对许多种污染物和营养盐类达到了很高的去除率，使渗滤水水质显著改善，同时，大多数污水灌区的作物获得显著增产。据调查统计，90％的污水灌区粮食作物增产范围为 100～150 斤/亩（1 斤＝500g）。在用正常的城市污水合理灌溉的条件下，每立方米污水大致可增产粮食 1～2 斤。但也有少数污水灌区由于使用有毒有害污水灌溉，使土壤变坏，作物减产或农作物污染超标。另外，大多数污水灌区没有必要的预处理设施，致使农作物、土壤和地下水等受到较多的污染。

现在我国有不少城市都成功地利用生态塘处理污水养鱼，将城市污水、屠宰污水、酿酒污水、畜禽养殖场污水通过鱼塘进行处理和利用，取得了水净鱼肥的双重效果。每亩污水净化养鱼塘产鱼 600～800 斤，而清水养鱼塘产鱼仅 100～200 斤。齐齐哈尔市和保定市的大型氧化-贮存塘库，在其后部，利用其水草、浮游动物、小型鱼虾等茂盛的环境养鸭、养鹅，获得了成功的经验。

由此可见，污水生态农业的特征是通过综合利用，如种植水生作物，养鱼、虾、蚌、鸭、鹅等，形成多级食物链（网）生态系统。其中分解者为多种不同功能的细菌和真菌，生产者为多种藻类和其他水生植物，消费者为水蚤虫（鱼虫）、鱼、虾、蚌、螺、鸭、鹅等。三者分工协作，构成许多条食物链，并进而构成相互交错的食物网生态系统，对污水中的污染物进行更有效的处理和利用。污水在这种农业生产型人工生态系统中，其中的有机污染物经微生物降解和在食物网中参与新陈代谢，从低营养级往高营养级逐级地进行物质和能量的传递，最后转变成水生作物、鱼、虾、蚌、鹅、鸭等产品，由此获得可观的经济效益；同时污水达到了很高的净化效率，通常超过二级处理而接近三级处理。

如果出水再用于灌溉农田，则灌溉水不仅符合卫生要求，而且经土壤过滤、吸附、微生物降解等作用，使水中剩余的有机污染物进一步减少，并转化成无机营养盐，由农作物吸收。水中残留的细菌、病毒经土壤过滤、截留、吸附、大型微生物（原生动物和后生动物）和噬菌体的捕食，以及一些土壤微生物分泌抗生素的杀灭作用，可达到很高的去除率；微量金属通过土壤颗粒吸附和离子交换等作用而被固定；难降解的有机化合物能够被土壤中大量的和多种多样的微生物群落降解。设计合理、运行良好的污水灌溉田的出水达到或接近三级处理水平。

污水多级和综合开发型生态农业，既对污水进行了充分利用，又使污水达到了高效和广谱的净化，还可获得大量的水产资源。根据生态学的理论，生态系统越复杂则越稳定，因此由许多种分解者生物、生产者生物和消费者生物构成的复杂人工生态系统处理和利用污水时，能通过多条途径对污水中的有机物、营养物和微量元素等进行净化和利用，不仅有高的效率，而且有很高的工作稳定性。这是因为它有很强的调节和缓冲能力，即使有少数链节缺少，也可由其他一些相同功能的链节来代偿，因而不致影响全局。

14.5.4　污水生态农业的发展方向

我国现有的污水生态农业大都处于较简陋的状态，存在不少问题，如食物链最后级产物（如生态塘中的鱼、鹅、鸭等和灌溉田中的农作物）受到重金属、难降解有机化合物、病原微生物等的污染；缺少必要的污水预处理设施和防渗措施，因而导致塘的逐渐沉积淤塞，造成大面积的厌氧腐败发臭和地下水污染等。为了克服上述缺点，在今后的污水生态农业中可采取如下措施。

① 采取有效的厂内治理措施，坚决杜绝重金属、放射性等不能降解的有毒有害物质进入城市污水中，并尽量减少进入城市污水中的难降解有机污染物、油、酚、氰、病原体等的数量，以防止水产品和农产品受污染和损害。

② 修建必要的预处理设施，最好是有比较完善的常规一级处理设施，包括格栅、沉砂池等。有条件的地方最好设置污泥消化池，既可制取沼气，又可改善污泥的卫生状况、脱水性能和增加其速效肥料含量等，还可根据对水质的具体要求加设其他必要的处理设施，如调节池、除油池等。

③ 因地制宜地开发多种适宜的污水生态农业。

在北方缺水地区，在有较多空闲低洼土地的地方，对于有机物浓度较高的城市污水或高浓度工业有机污水，可采用生态处理和利用系统，使污水首先经过一级处理后，依次流经厌氧塘、兼性塘、好氧塘、贮存塘（库）和灌溉田。通过贮存塘（库）将流入的全年污水贮存起来并进行多级开发，以使污水中的水、肥得到充分的利用，并使最后出水达到三级处理水质，既可补给地下水，又可补给地表水。用低洼盐碱地修建生态塘（库），发展污水生态农业，使污水实现资源化，不是占用土地的问题，而是合理和有效利用土地的问题，因为其水产的经济收益要比种植农作物大得多。在缺少空闲土地的地方，可在一级处理之后建造短停留时间（1~2天）的兼性生物塘，其后接以全年性污水灌溉田。在南方丰水地区，可采用多级的污水生态系统综合利用和净化污水。

从防止环境污染和充分利用污水资源两方面考虑，都要改变目前季节性污水灌溉、养鱼等做法。污水是一项很大的资源，在农、林、畜、渔业的生产中具有巨大的潜力，同时又是一个很大的环境污染源，因此应尽量对全部污水进行综合利用和净化，从而最大限度地实现污水资源化并生产较多的财富，同时最有效地防止污水对环境的污染。

污水灌溉应根据污水水质研究确定适宜的灌溉对象，建立多种多样的污水生态农业系统。重金属、放射性和难降解有机污染物浓度较高的工业污水，不宜灌溉食用作物，可考虑用于灌溉城市和村镇附近的苗圃、树林、草地、花卉及一些经济作物如棉、麻、芦苇等。

污水生态农业系统是把污水作为有用的再生资源，以太阳能为最初能源，通过建立适宜的生态系统将污水中的有机物、营养物等进行降解和转化，并与能量一起在食物链中进行传递，最后转变为有经济价值的产品，为人类提供再生的资源和能源，从而构成人类生产和生活过程中的生态循环系统。这种经济、节能和实现污水资源化的新的污水治理途径和新的农业生产方式，在实现污水资源化和能源化的同时，可实现环境效益、经济效益和社会效益的统一，必将大大助推"碳达峰、碳中和"的进程。

参考文献

[1] 廖传华，王银峰，高豪杰，等.环境能源工程 [M].北京：化学工业出版社，2021.

[2] 廖传华，杨丽，郭丹丹.污泥资源化处理技术及设备 [M].北京：化学工业出版社，2021.

[3] 廖传华，米展，周玲，等.物理法水处理过程与设备 [M].北京：化学工业出版社，2016.

[4] 廖传华，王万福，吕浩，等.污泥稳定化与资源化的生物处理技术 [M].北京：中国石化出版社，2019.

[5] 王维，郭青，赵旭涛.污水处理回用于农业灌溉的探讨 [J].安徽农业科学，2007，35（9）：2691，2718.

污水工业回用

工业回用，是指将污水经适当处理，使其部分或全部恢复使用功能后，回用于工业生产过程。工业回用途径和手段的差异使得回用后水资源质量也有所不同，通常需要进行二级处理与适当消毒，除去回用水中所存在的污染物质，使工厂员工的健康能够得到保障。

▶ 15.1 污水工业回用的原则

要实现污水的工业回用，首先必须了解工业生产过程中的用水节点及其对水质水量的要求，再根据各用水节点的要求对待回用的污水进行适当的处理。将污水进行适当处理而实现回用的水处理厂称为再生水厂，以区别于传统的水厂。待回用的污水称为再生水水源。

然而，大多的工业生产过程是连续运行的，对水的供给保证度要求较为严格，因此，要实现污水工业回用，必须首先分析现状供用水条件下化工项目周边区域再生水厂污水收集量、处理量和再生水产生量、利用量及剩余可利用量，再按表 15-1 所示的深度要求，对再生水水源进行分级论证。

表 15-1　再生水水源分级论证的深度要求

类别	分类等级	
	一级	二级
现场查勘及资料收集	对再生水厂进行现场查勘，收集再生水厂出水水质、年出水量和日变化系数、再生水用水户及供水量等资料。长期运行的再生水厂，收集近 3 年以上资料；运行不足 3 年的还应收集再生水厂相关设计资料；在建的再生水厂收集相关设计资料；规划的再生水厂，收集可研报告中相关资料和规划批复文件和承诺函	对再生水厂进行现场查勘，收集再生水厂出水水质、年出水量和日变化系数、再生水用水户及供水量等资料。长期运行的再生水厂，收集近 1 年以上资料；运行不足 1 年的还应收集再生水厂相关设计资料；在建的再生水厂收集相关设计资料；规划的再生水厂，收集可研报告中相关资料和规划批复文件和承诺函
可供水量计算	根据再生水厂近 3 年的实际资料计算年可供水总量和日变化系数，以及其他用水户的再生水供水量，并分析供水过程，计算可供化工项目利用的再生水量。在建和规划的再生水厂，以设计和规划确定的数为依据	根据再生水厂近 1 年的实际资料计算年可供水量和日变化系数，以及其他用水户的再生水供水量，计算可供化工项目利用的再生水量。在建和规划的再生水厂，以设计和规划确定的数为依据
供水可靠性分析	进行供水可靠性分析，对各种影响可供水量的因素进行全面评估，并进行风险分析，定量给出化工项目运行期满足供水保证率的可靠性程度	进行供水可靠性分析，对各种影响可供水量的因素进行评估，定性给出满足供水保证率的可靠性程度

论证步骤包括：

① 收集已投入运行的再生水厂的出水水质资料，明确出水水质类别，评价主要污染物浓度的全年变化范围，在出水水质不达标或水质变化波动较大的情况下，应制定应急预案，并建设备用水源供水工程。

② 依据 GB 50335、SL 368 的相关规定，分析再生水厂出水的水量可靠性和水质稳定性，并按如下要求分析再生水可供水量及供水保证率：

a. 对运行 3 年以上的再生水厂，应收集近 3 年再生水厂的年出水总量和日变化系数，以及再生水用水户年再生水用水总量和日变化系数，分析再生水厂供水的稳定性，计算可供化工项目的再生水量；

b. 对运行不足 3 年的再生水厂，除收集运行以来的年出水总量、日变化系数，以及再生水用水户年再生水用水总量和日变化系数外，还应收集再生水厂的设计年出水总量和日变化系数，与设计要求不一致的应分析其原因，估算未来年出水总量和日变化系数，以及可供化工项目的再生水量；

c. 对在建和规划建设的再生水厂，应分析再生水厂建设时期与化工项目运行的匹配性，依据其规划设计的年出水总量、日变化系数和其他再生水用户的供水量，计算可供化工项目的再生水量；

d. 以再生水为主要水源的化工项目，可根据再生水厂稳定的供水量和化工项目用水保证率要求选择备用水源。

15.2 工业过程的用水分析

一个完整的工业过程，是在一定的工艺条件下将原料经一系列的物理和化学变化后生成具有一定价值的产品，其生产工序包括原料预处理系统（以满足对原料浓度或纯度的要求）、反应条件创造系统（以满足生产过程所需要的压力条件和温度条件）、反应系统（保证化学反应的正常、充分进行）、反应后处理系统（产品的分离与精制，以满足使用要求），其运行期间的用水情况，应按照原料预处理系统、化学反应系统、热力系统（包括蒸汽形式的动力系统）、冷却系统、反应后处理（产品分离和精制）系统，辅助生产用水、生活用水以及消防用水和事故备用水，分析主要用水工序。应对每个系统分别论证，说明用水方式、用水量、水质要求、排出水量及其去向。

(1) 原料预处理系统

原料预处理系统用水量分别按照固态、液态、气态原料进行计算。

固态原料根据被洗涤物质的特性，按下式核算洗涤水量：

$$W_{洗} = \frac{100M_{洗}(1 - c_{洗})}{n} \tag{15-1}$$

式中　$W_{洗}$——洗涤水量，kg/h；

$M_{洗}$——待洗涤物料的流量，kg/h；

$c_{洗}$——待洗涤物料中产物的浓度，kg/kg；

n——洗涤条件下杂质物料的溶解度，g/100g（水）。

$M_{洗}$ 和 $c_{洗}$ 由项目设计单位提供；n 由现行《化学工程手册》查取。

液态、气态原料进行净化预处理的用水量，可按建设项目初步设计计算。

（2）化学反应系统

化学反应系统中，参与化学反应的原料带入水量按化学反应方程式和产品产量计算，产品带走水量按产品产量和单位产品含水量计算，化学反应系统包含多种反应过程或者多种反应装置的，应按反应过程或反应装置分别分析其系统用水。

（3）热力系统

以蒸汽形式提供压缩、膨胀系统中所需动力的动力系统，一般并入热力系统进行分析计算。

蒸汽锅炉用水量（通常称锅炉用水）应结合锅炉种类和型号，按照热力负荷计算。热力系统冷凝水应充分回收利用。

（4）冷却系统

冷却系统循环水量应根据化学反应放热量、放热速率，按下式核算：

$$W = \frac{Q}{\eta c_p (t_1 - t_0)} \tag{15-2}$$

式中　Q——反应过程的放热量，kJ/h；

　　　W——冷却水的流量，kg/h；

　　　η——换热效率；

　　　c_p——水的比热容，kJ/(kg·℃)；

　　　t_1——冷却水的终温，℃；

　　　t_0——冷却水的初温，℃。

Q 和 η 由现行《化学工程手册》查取，其中 η 不得低于国家规定的换热效率下限，水资源紧缺地区应选择上限。

（5）反应后处理系统

反应后处理常用的方法有洗涤、溶解-结晶、蒸馏/精馏分离、萃取等。

单纯采用洗涤方式进行产品精制的，按式（15-1）核算建设项目初步设计的用水量。

采用溶解-结晶方式进行产品精制的，按式（15-3）核算建设项目初步设计的溶解用水量；采用蒸发结晶的，蒸发过程中产生的水量必须回收。

$$W_溶 = \frac{100M_溶(1 - c_溶)}{n} \tag{15-3}$$

式中　$W_溶$——溶解水量，kg/h；

　　　$M_溶$——待溶解物料的流量，kg/h；

　　　$c_溶$——待溶解物料中产物的浓度，kg/kg；

　　　n——溶解条件下杂质物料的溶解度，g/100g 水。

$M_溶$ 和 $c_溶$ 由项目设计单位提供；n 由现行《化学工程手册》查取。

采用蒸馏/精馏方式进行产品精制的，按热力系统用水量；蒸馏/精馏过程中产生的水量应尽量回收。采用萃取方式进行产品精制的，一般采用有机溶剂，不涉及用水，但残液应回用。

(6) 辅助生产用水

应分析项目初步设计提出的空压站用水、氧（氮）气站用水、分析化验用水和其他辅助用水的合理性。

(7) 生活用水

生活用水应按照职工人数和当地用水定额分析估算生活用水量，并分析项目初步设计提出的生活用水量的合理性。

应分析各场所和环节的节水设施情况，并分析生活污水处理后回用于厂区绿化用水、生活杂用水以及循环冷却水的补充水的回用水量。

(8) 消防用水和事故备用水

化工项目消防用水按照化工行业相关消防用水设计规范计算，其事故备用水及其备用水池等设施应符合项目安全评价要求。

▶ 15.3 典型工业过程的主要用水节点

化学工业，泛指生产过程中化学方法占主要地位，利用化学反应改变物质结构、成分、形态等生产化学品的过程工业。根据所用原料和产品的种类，化工行业可分为无机化工、有机化工和精细化工三类。无论何种化学工业，其生产过程的用水量都很大，属高耗水行业。分析这类高耗水行业的用水节点，并在其生产过程中实现污水回用，对于节约水资源、减缓区域水资源压力具有重要意义。因此，本节采用上节的用水节点方法，对石油炼制、乙烯、煤制气、合成氨、煤制甲醇、氯碱等六大高耗水行业的主要用水节点进行分析。

15.3.1 石油炼制

15.3.1.1 工艺流程

石油炼制是以原油为原料，生产各种燃料油和润滑油的加工过程，生产过程包括原料预处理系统（原油脱盐脱水）、反应系统（催化重整、加氢裂化、催化裂化、延迟焦化、加氢精制）、热力系统、冷却系统和反应后处理系统。工艺流程见图 15-1。

(1) 原料预处理系统

石油加工过程的原料是原油，含有一定的盐分和水分。较高的盐分会导致设备严重腐蚀，较高的水分会导致装置生产能力大幅下降，因此需对原油进行脱盐脱水处理。

(2) 反应系统

石油炼制的反应系统包括裂化、焦化和加氢等过程，是将经常减压蒸馏后的重质油在一定的温度和催化剂作用下发生重整、裂化和焦化反应，常用的方法是催化裂化、延迟焦化和催化加氢。

(3) 热力系统

石油炼制的热力系统是为前述各过程创造温度条件，一般是采用软水生产的高压蒸汽作为载热体，提供各过程所需的热量。

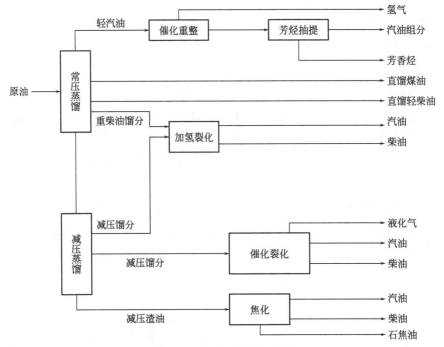

图 15-1　石油炼制工艺流程

(4) 冷却系统

石油炼制的冷却系统是指对高温状态下的设备进行冷却,以保持设备的正常运行。

(5) 反应后处理系统

石油炼制过程的反应后处理系统包括:

① 对反应过程中生产的产品进行冷却,使其达到贮存、运输和包装所需的温度条件;

② 对反应后产生的尾气、尾油进行处理回用或达标排放。

15.3.1.2　主要用水节点及水质要求

石油炼制的原料预处理系统和反应系统一般不涉及用水,用水主要是热力系统、冷却系统和反应后处理系统。热力系统中水的作用是作为载热体产生高温高压蒸汽,为反应过程的发生创造温度条件。冷却系统中水的作用是对处于高温状态下的设备进行降温保护。反应后处理系统中水的作用是对产品进行冷却,可归为冷却系统。因此石油炼制过程的用水节点只有冷却系统和热力系统,用水节点见图 15-2。

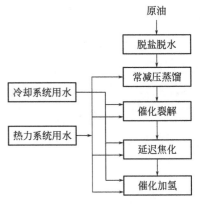

图 15-2　石油炼制生产过程的用水节点

(1) 冷却系统用水

主要用于各类设备装置冷却,包括常减压装置、催化裂化装置、延迟焦化装置、直馏煤柴油加氢装置、加氢裂化装置、催化原料加氢装置、催化重整装置、加氢精制装置、气体分馏装置、硫黄回收装置、制氢装置和环烷酸装置等。

冷却系统用水对水质要求不高,一般清水即可。但冷却用水消耗量较大,而且使用前后仅发生温度变化,其水质不变,循环利用率很高。

（2）热力系统用水

通过锅炉产生蒸汽并输送到各工艺流程中。为保证锅炉的长期稳定运行，热力系统用水采用软化水。蒸汽使用后产生的冷凝水根据生产过程的用水节点基本全部回收利用。

15.3.2 乙烯

15.3.2.1 工艺流程

乙烯是一种重要的化工原料和产品，目前大多由石油裂解产生，除主产物乙烯（C_2）外，也包括丙烯（C_3）等其他副产物，其工艺流程见图15-3。

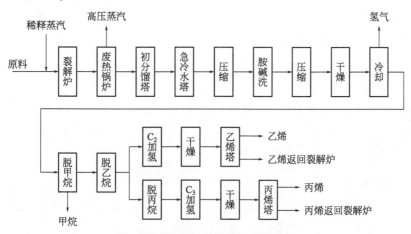

图15-3 裂解制乙烯装置工艺流程

（1）原料预处理系统

乙烯生产所用的原料为石油裂解气，原料预处理系统就是对裂解气进行净化处理，去除其中所含的酸性气体、水和炔烃，一般采用碱洗法去除酸性气体。

（2）反应系统

乙烯生产过程主要采用顺序深冷法对裂解气进行深度冷却和精馏分离（即裂解），使不同碳原子数的烃类和同一碳原子数的烷烃与烯烃分离，没有化学反应。

（3）热力系统

乙烯生产过程中热力系统的作用是为精馏系统的开工提供热量，一般以水为介质，通过开工锅炉和急冷锅炉产生蒸汽。

（4）冷却系统

乙烯生产过程中通过冷却系统对设备及裂解气进行冷却。

（5）反应后处理系统

反应后处理系统是对精馏产物进行冷却。

15.3.2.2 主要用水节点及水质要求

乙烯生产过程中的反应系统即裂解，不涉及用水；主要用水节点为原料预处理系统、热力系统、冷却系统和反应后处理系统。用水节点见图15-4。

（1）原料预处理系统用水

乙烯生产工艺中原料预处理系统中水的作用是配制裂解气脱酸性气体的碱液。用水量约为裂解气量的4%～5%，水质要求较高，通常使用脱盐水。

（2）热力系统用水

主要用于急冷锅炉和开工锅炉。锅炉用水量较大，其补水量约占总取水量的25%，水质要求较高，一般使用脱盐水。

（3）冷却系统用水

主要用于设备和反应气的冷却。补水量约占总取水量的50%。水质要求不高，一般清水即可。

（4）反应后处理系统用水

主要用于精馏产物的冷却。

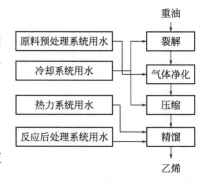

图15-4 裂解制乙烯
生产过程的用水节点

15.3.3 煤制气

15.3.3.1 工艺流程

煤制气也称煤的气化，是指在特定的设备内于一定温度及压力下使煤中的有机质与气化剂发生一系列化学反应，将煤转化为可燃性气体的过程。

煤制气是以煤或煤焦为原料，以氧气（空气、富氧或纯氧）、蒸汽或氢气为气化剂，在高温条件下，通过一系列反应将煤转化为气体燃料的过程，发生的反应包括煤的热解、燃烧和气化反应。从物理化学过程来看，煤制气包括煤炭干燥脱水、热解脱挥发分和热解半焦的气化反应，如图15-5所示。

图15-5 煤气化的一般历程

煤的干燥过程在200℃以前完成，在此阶段煤失去大部分水分，并以水蒸气形式逸出。之后，进入煤的干馏阶段，开始发生煤的热解反应，一部分干馏气相产物，随着气化条件的不同，直接或间接转化成CO_2、CO、H_2、CH_4等而成为气化产物的组成部分。一些分子量较大的挥发物则以焦油形式析出或参与二次气化反应，留下的热解半焦则进行后续的气化反应。

煤制气的主要工序有磨煤、水煤浆、气化、脱硫、脱碳，见图15-6。

根据生产过程的特点，可将煤制气分为原料预处理系统、反应系统、热力系统、冷却系统和反应后处理系统。

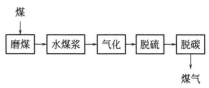

图15-6 煤制气工艺过程

（1）原料预处理系统（磨煤、水煤浆）

原料预处理系统就是对煤进行精选、粉磨，使其达到配制水煤浆的粒径分布，然后再与水按一定比例配制成水煤浆。

（2）反应系统（气化）

将配制的水煤浆送至气化炉内，在一定的工艺条件下发生气化反应，生成以 H_2、CO 为主要成分的粗煤气。反应过程中不用水。

（3）热力系统

热力系统的作用是为反应过程提供热量，使其达到反应所需的温度。由于气化反应过程需在较高温度条件下进行，一般采用燃料燃烧加热的方式，不涉及用水。

（4）冷却系统

主要用于对相关设备进行冷却。一般采用水冷却的方式。

（5）反应后处理系统

煤制气的主要成分是 H_2 和 CO，但其中含有硫化物、CO_2，以及部分灰尘、焦油等杂质，必须脱除。净化包括脱硫、一氧化碳变换、二氧化碳脱除等过程。

脱硫：煤制气脱硫工艺除用于脱除 H_2S 和有机硫化物外，通常还可用于脱除 CO_2。目前常用的脱硫工艺主要是醇胺法和砜胺法。

脱碳：去除煤制气中的 CO_2，主要方法为氨洗法。

15.3.3.2 主要用水节点及水质要求

煤制气过程中反应系统和热力系统不用水，主要用水节点有原料预处理系统用水、冷却系统用水和反应后处理系统用水。用水节点见图 15-7。

（1）原料预处理系统用水

煤制气工艺中原料预处理系统用水的作用是配制水煤浆，用水量较大，但对水质的要求不高，一般清水即可。

（2）冷却系统用水

① 主要用于原料煤粉碎机的冷却。此部分用水量不大，对水质的要求也不高，一般清水即可。

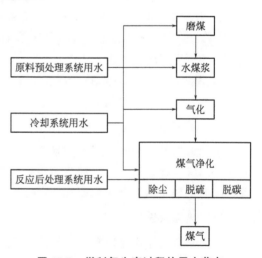

图 15-7　煤制气生产过程的用水节点

② 主要用于对气化、灰水处理、空分/空压站和动力站等设备进行冷却。此部分为循环冷却水，需采用软化水。

（3）反应后处理系统用水

反应后处理系统用水的作用是对产生的粗煤气进行净化处理，主要用于配制脱硫液和脱碳液。此部分用水量不大，但对水质要求较高，需用除盐水。

15.3.4 合成氨

15.3.4.1 工艺流程

合成氨是一种重要的化工产品和原料。制备合成氨的原料主要有重油、煤和天然气。虽然目前大多数合成氨以煤为原料，但以天然气为原料将是合成氨生产的发展方向。

生产合成氨的原料不同，生产工艺流程也不同，但都包括原料气制备、氨的合成及循环气再利用三个步骤。原料以天然气为例，合成氨工艺流程见图 15-8。

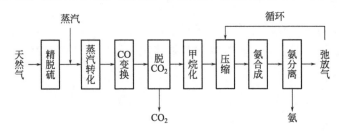

图 15-8 天然气制合成氨工艺流程

合成氨制备过程可分为原料预处理系统、反应系统、热力系统、冷却系统和反应后处理系统。

（1）原料预处理系统

原料预处理系统包括深冷空分制得氮气、天然气原料的净化和天然气转化气的精制。

① 深冷空分制氮：将空气进行深冷液化，再对液化空气进行蒸馏分离，制得氮气。

② 天然气原料的净化：天然气中含有一定的杂质，会导致合成氨用的催化剂中毒、失活，必须进行净化处理。

③ 天然气转化气的精制：天然气转化反应产生的转化气中含有一氧化碳，需进行精制，通常采用先将一氧化碳转化为二氧化碳、再将二氧化碳脱除等过程。

（2）反应系统

包括天然气转化制取氢气和氨合成。氨合成反应分别采用氢压缩机和氮压缩机将氢气和氮气加压至设定压力，并加热至设定温度后，按 3∶1（体积比）的比例进入合成氨装置，在催化剂作用下合成为氨气。

（3）热力系统

热力系统的作用是以蒸汽的形式为生产过程提供热量和动力。

（4）冷却系统

冷却系统的作用是对设备进行冷却。

（5）反应后处理系统

由氢气和氮气发生反应制备氨是可逆反应，氢气和氮气不可能完全转化成氨气，必须将合成的氨从合成塔中分离出来，未反应的氢气和氮气循环使用。反应后处理系统就是采用冷却降温方式分离出合成氨。

15.3.4.2 主要用水节点及水质要求

以天然气为原料生产合成氨的用水节点见图 15-9。

（1）原料预处理系统用水

原料预处理系统包括深冷空气制氮气、天然气转化制氢气和转化气精制。用水节点有：

① 天然气净化：用于配制天然气净化用的脱硫液和脱碳液，用水量不大，但水质要求较高，需用除盐水。

② 天然气转化气精制：用于配制脱碳液，去除转化气中所含的二氧化碳。

（2）反应系统用水

反应系统中水的作用是以蒸汽的形式进行 CO 变换反应。

（3）热力系统用水

以蒸汽的形式为工艺系统提供热量。

（4）冷却系统用水

冷却系统用水的作用有：

① 主要用于脱硫工段贫氨液的冷却和酸性气体的冷凝等。

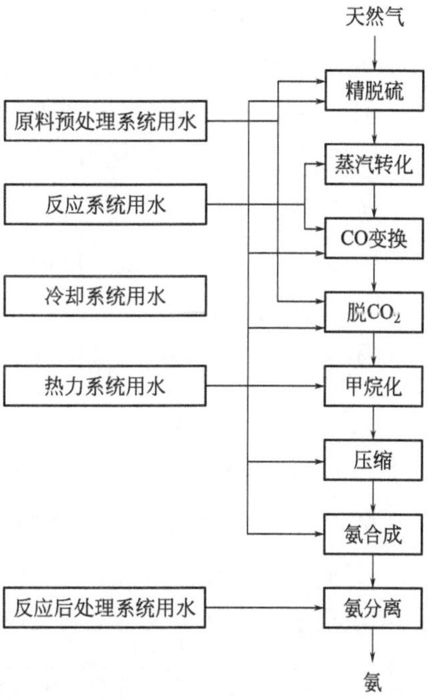

② 用于转化设备的间接冷却，同时副产蒸汽，用水量较大，对水质要求较高，一般采用软化水。

③ 用于压缩机的冷却。

（5）反应后处理系统用水

反应后处理系统用水的作用是对出合成塔的混合气进行冷却，分离出其中的氨。

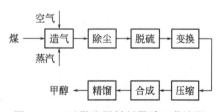

图 15-9　以天然气为原料
生产合成氨的用水节点

15.3.5　煤制甲醇

15.3.5.1　工艺流程

甲醇是一种重要的化工原料和产品。制备甲醇的原料有煤、天然气和其他化工原料，目前我国大多都以煤为原料，工艺流程见图 15-10。工艺过程包括原料预处理系统、反应系统、热力系统、冷却系统和反应后处理系统。

图 15-10　以煤为原料制甲醇工艺流程

（1）原料预处理系统

原料预处理系统包括造气工段和合成工段的原料预处理。

① 造气工段的原料预处理。造气工段原料预处理的目的是将原料煤磨制成粒度符合要求的煤粉。

② 合成工段的原料预处理。合成工段是将造气产生的原料气与水蒸气一同在合成塔内合成甲醇，为防止反应催化剂的失活和中毒，并提高反应的转化率，需对原料气进行净化处理，包括除尘、脱硫、脱碳等过程。

(2) 反应系统

反应系统包括原料气的气化反应和原料气制甲醇的合成反应。

① 气化反应。将磨制的煤粉送至气化炉内，生成以 H_2、CO 为主要成分的煤气。

② 合成反应。将净化的原料气与水蒸气送至合成塔中合成甲醇。

(3) 热力系统

为精馏过程提供热量，以创造合适的温度条件。

(4) 冷却系统

对磨煤机、气化炉、压缩机、合成塔等设备进行冷却。

(5) 反应后处理系统

反应后处理系统是对精馏塔顶出来的甲醇进行冷却，得到符合贮存和使用要求的甲醇产品。

15.3.5.2　主要用水节点及水质要求

煤制甲醇过程的用水节点见图 15-11，包括原料预处理系统用水、反应系统用水、热力系统用水、冷却系统用水和反应后处理系统用水。

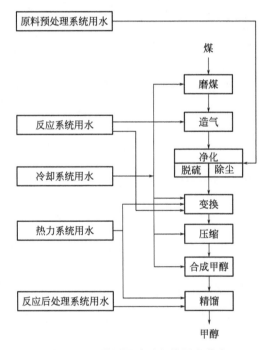

图 15-11　煤制甲醇过程的用水节点

(1) 原料预处理系统用水

原料预处理系统包括造气工段和合成工段的原料预处理。

造气工段原料预处理即磨煤过程，基本不用水，原料预处理系统的用水主要是合成工段的原料的预处理，用于配制原料气净化用的脱硫液和脱碳液。

(2) 反应系统用水

反应系统包括原料的气化反应和原料气制甲醇的合成反应。原料气的合成反应过程不消耗水，反应系统用水仅指煤的气化反应用水。

（3）热力系统用水

热力系统用水是以蒸汽形式为精馏过程提供热量。

（4）冷却系统用水

冷却系统用水的作用是对磨煤机、气化炉、压缩机、合成塔等进行冷却。

（5）反应后处理系统用水

从合成塔出来的是甲醇和未反应的原料气混合体，需先冷却，再精馏。反应后处理系统用水也可归为冷却系统用水。

15.3.6 氯碱

15.3.6.1 工艺流程

氯碱工业是我国的基础化工工业，是利用电解饱和食盐水溶液制取烧碱（氢氧化钠）和氯气并副产氢气的工业过程，其工艺流程如图 15-12 所示。过程包括盐水精制、电解和产品精制等工序，其中主要工序是电解。工业上采用隔膜（金属阳极）电解法、水解电解法和离子膜电解法生产氯碱，各法所用的电解槽结构不同，因而其具体工艺流程和产品规模也有所不同。

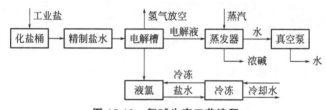

图 15-12 氯碱生产工艺流程

氯碱企业的用水装置大致有化盐、洗氢、制取去离子水、循环水系统、乙炔发生和各类冷却设备。以年产 90000t 氯碱生产为例，其用水情况如表 15-2 所示。

表 15-2 氯碱生产用水情况一览表

项目	化盐用水	洗氢用水	钛冷却水	氯气泵酸冷却水	冷冻机冷却水	蒸发冷碱水	蒸发喷射泵用水	锅炉及其他
用量/(m³/h)	60	50	50	100	180	100	800	150
进水温度		常温	常温	常温	常温	常温		
出水温度/℃		40	40	38	33	40	50	
能否物料利用	能	能	能	能	能	能	能	
能否用循环水	能	能		能			能	能

① 化盐用水：主要用于溶解配制氯化钠溶液，此部分的用水量较大，对水质的要求也较高，一般要求为去离子软化水，以免影响后续工艺的正常运行。

② 设备冷却水：主要用于设备的冷却。此部分的用水量较大，但由于采用间接冷却，对水质的要求不高，一般清水即可。

③ 洗氢水：主要用于对副产品氢气进行洗涤，此部分的用水量不大，但对水质的要

求较高，一般需用去离子软水。

④ 锅炉用水：主要用于产生蒸汽，这部分的用水量不大，但对水质的要求较高，一般要求为软水。

⑤ 蒸汽喷射泵用水：主要以蒸汽的形式用于产生真空。这部分的用水量不大，但对水质的要求较高，一般要求为软水。

15.3.6.2 主要用水节点及水质要求

以氯化钠为原料的氯碱生产过程的用水节点见图 15-13，包括原料预处理系统用水、热力系统用水、冷却系统用水和反应后处理系统用水，反应系统不涉及用水。

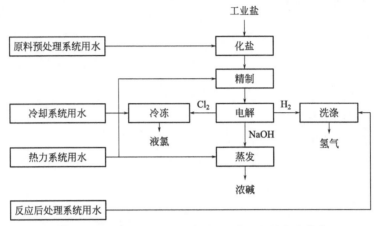

图 15-13 以氯化钠为原料的氯碱生产过程的用水节点

(1) 原料预处理系统用水

原料预处理系统用水主要用于工业盐的溶解。

(2) 热力系统用水

热力系统用水是制备蒸汽，一部分用于蒸发电解后的电解液，以制得合乎浓度要求的纯碱；另一部分用于蒸汽喷射泵产生真空。

(3) 冷却系统用水

冷却系统用水主要是对电解产生的氯气进行冷凝以制得液氯产品。

(4) 反应后处理系统用水

反应后处理系统用水主要是对副产物氢气进行洗涤，去除所含杂质。

▶ 15.4 污水的工业回用方式

由上节典型化工过程的用水节点分析可以看出，不同用水节点对水质的要求不同，因此对回用污水的要求及回用方式也不同。

污水回用分为间接回用、直接回用、再生回用和再生循环四种类型。

15.4.1 间接回用

水经过一次或多次使用后成为工业污水，经处理后排入天然水体，经水体缓冲、自然净化，包括较长时间的贮存、沉淀、稀释、日光照射、曝气、生物降解、热作用等，再次使用，称为间接回用。间接回用又分为补给地表水和人工补给地下水两种方式。

① 补给地表水　污水经处理后排入地表水体，经过水体的自净作用再进入给水系统。

② 人工补给地下水　污水经处理后人工补给地下水，经过净化后再抽取上来送入给水系统。

污水的间接回用可视为供给水源的一种补充，一般不将其作为回用手段。

15.4.2　直接回用

直接回用是指从某个用水单元出来的污水直接用于其他用水单元而不影响其操作，又称为水的优化分配，如图 15-14 所示。

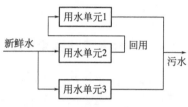

图 15-14　污水的直接回用

一般来说，从一个用水单元出来的污水如果在浓度、腐蚀性等方面满足另一个单元的进口要求，则可为其所用，从而达到节约新鲜水用量的目的。这种污水的重复利用是节水工作的主要着眼点，其中最具节水潜力的是回用于工业冷却水方面。

相对于其他节水方法来说，污水的直接回用通常所需的投资和运行费用最少，因此是应该首先考虑的节水方法。而且，在考虑污水的再生回用和再生循环之前，也应先考虑污水的直接回用。

直接回用与间接回用的主要区别在于，间接回用中包括了天然水体的缓冲与净化作用，而直接回用则没有任何天然净化作用。选择直接回用还是间接回用，取决于技术因素和非技术因素。技术因素包括水质标准、处理技术、可靠性、基建投资和运行费用等，非技术因素包括市场需要、公众的接受程度和法律约束等。

15.4.3　再生回用

再生回用是将从某个用水单元出来的污水经处理后用于其他用水单元，如图 15-15 所示。

在采用污水再生回用方法时，由于再生回用后的污水将被排掉，所以与再生循环相比，不会产生杂质的积累，在这一点上，污水的再生回用优于再生循环。但是，再生回用时，使用再生水的用水单元接收的是来自其他单元的污水，虽然经过了再生，但其他单元所排出的一些微量杂质可能未在再生单元中去除掉而带入该单元，有可能影响该单元的操作，这一点要予以注意。

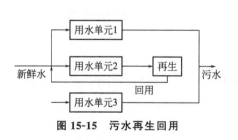

图 15-15　污水再生回用

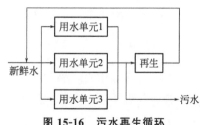

图 15-16　污水再生循环

15.4.4　再生循环

再生循环是将从某个用水单元出来的污水经处理后回到原单元再用，如图 15-16 所示。

在再生循环水网络中，污水处理脱除杂质再生后又可回用于本单元。由于水可以一直循环使用，因此再生水量可以充分满足系统的要求，使得这种结构的水网络可以最大限度地节约新鲜水的用量和减少污水的排放，而且，如果杂质再生后浓度足够低，系统就可能只需要输入补充水量损失的新鲜水，而实现用水系统污水的"零排放"。因此，再生循环水网络具有重要的意义。

但是，在污水的再生循环中，由于污水一直在循环使用，会出现杂质的积累，对此要注意并需有相应的措施以保证用水系统的正常运行。

工业污水的回用有着广阔的前景，但从目前看，回用的范围和回用的水量还很小，其潜力是很大的。

15.4.5　污水工业回用的处理

要实现工业污水的回用，必须使回用污水的水质符合具体回用用途的水质标准。污水处理的任务就是去除污水中含有的呈悬浮状和溶解状的有机物、氮和磷等植物性营养盐类以及所含的微量溶解性无机盐与微生物，使出水水质达到回用要求。

工业污水回用处理流程大致由下列环节组成：去除沉降、浮游和漂浮性物质；去除构成浑浊度的成分和胶状物质；去除溶解的无机物，包括有毒有害物质；去除有机物，消除其毒害性；保证水回用的安全性。

对于工业回用水处理而言，采用较多的是物理、化学和物理化学方法，但生物处理法在去除易被微生物降解的悬浮性、溶解性有机物或无机物方面仍具有重要地位。

由于工业污水的成分复杂，回用对象也不同，因此工业污水的回用处理很难形成通用定型的模式，需根据具体的处理对象和回用类型，有针对性地采用各种水处理方法中的一种或几种的组合，使出水水质达到回用的标准。各种污水处理过程与设备可参见相关书籍（《物理法水处理过程与设备》《化学法水处理过程与设备》《生物法水处理过程与设备》，化学工业出版社）

▶ 15.5　污水的工业回用途径

由上述典型化工过程的用水节点分析可以看出，工业生产过程中的用水节点大多对水质的要求较高，如果要实现污水的全节点回用，必须对污水进行深度处理，这在经济上是不合算的，因此，目前污水的工业回用主要是针对对水质要求不高的产品用水、冷却用水、洗涤用水、冲渣用水、烟气净化用水、除尘冲灰用水、地坪冲洗用水等。

15.5.1　产品用水

产品用水是指水作为产品的必不可少的组成部分。污水回用作产品用水只能用于产品对水质要求不高的场合，如浆状产品、涂料等。

（1）浆状产品

浆状产品是一类以水为媒介的悬浮液，水是其中不可缺少的组成部分。最典型的浆状产品是由 50%～70% 的煤和水组成的水煤浆，即高浓度的煤粉颗粒在水中的悬浮混合物。不同的应用场所要求的煤粉浓度不同，对于电力工业及煤气化的应用，要求煤粉的浓度为

70%，对于燃气轮机而言，要求煤粉的浓度为50%。

水煤浆制备的一个基本问题是如何达到要求的高浓度（即成浆）并具有合适的流变性，特别是黏性。其制备包括以下几部分：①煤粉的制备，有干磨及湿磨两种；②煤的清洗除灰；③与水混合，达到要求的浓度；④加附加剂，以改善煤水浆的性质。

由于水在水煤浆制备过程中的作用仅是与煤混合，使成浆具有合适的流变性，对水质的要求不高，因此可将绝大多数的城市污水、工业污水和农村污水直接回用，作为水煤浆的组成部分供后续工序使用，从而减少高品质新水的耗用量，同时减少污水的排放量并降低后续的处理负荷。

（2）涂料

涂料指涂布于物体表面在一定的条件下能形成薄膜而起保护、装饰或其他特殊功能（绝缘、防锈、防霉、耐热等），提升产品价值的一类液体或固体材料。

涂料一般由四种基本成分组成：成膜物质（树脂、乳液）、颜料（包括体质颜料）、溶剂和添加剂（助剂）。成膜物质是涂料的主要成分，包括油脂、油脂加工产品、纤维素衍生物、天然树脂、合成树脂和合成乳液。成膜物质还包括部分不挥发的活性稀释剂，它是使涂料牢固附着于被涂物体表面上形成连续薄膜的主要物质，是构成涂料的基础，决定着涂料的基本特性；助剂如消泡剂、流平剂等，还有一些特殊的功能助剂，如底材润湿剂等。这些助剂一般不能成膜并且添加量少，但对基料形成涂膜的过程与耐久性起着相当重要的作用；颜料一般分两种，一种为着色颜料，常见的钛白粉，铬黄等，还有一种为体质颜料，也就是常说的填料，如碳酸钙、滑石粉；溶剂包括烃类（矿物油精、煤油、汽油、苯、甲苯、二甲苯等）、醇类、醚类、酮类和酯类物质。溶剂和水的主要作用在于使成膜基料分散而形成黏稠液体，有助于施工和改善涂膜的某些性能。

凡是用水作溶剂或者作分散介质的涂料，都可称为水性涂料。水性涂料包括水溶性涂料、水稀释性涂料和水分散性涂料（乳胶涂料）3种。水溶性涂料是以水溶性树脂为成膜物，以聚乙烯醇及其各种改性物为代表；水稀释性涂料是以后乳化乳液为成膜物配制的涂料，使溶剂型树脂溶在有机溶剂中，然后在乳化剂的帮助下靠强烈的机械搅拌使树脂分散在水中形成乳液，称为后乳化乳液，制成的涂料在施工中可用水来稀释；水分散性涂料主要是指以合成树脂乳液为成膜物配制的涂料。由于水性涂料以水作溶剂，节省大量资源，消除了施工时火灾的危险性，降低了对大气的污染，改善了作业环境条件，而且施工方便，涂层附着力强，因此得到了非常广泛的应用。

在水性涂料中，水的作用主要是作溶剂或分散介质，使成膜物均匀分布，其对水质的要求不高，因此对于不含挥发性有机物等有害成分的城市污水、工业污水和农村污水，可将其直接回用于水性涂料的生产与施工过程，从而减少高品质新水的耗用量，同时减少污水的排放量并降低后续的处理负荷。

15.5.2　冷却用水

污水冷却水回用包括两种类型：一种是某一用水节点排出污水的指标能满足另一用水节点的水质要求，则可将前一节点排出的污水直接作为后一节点的冷却用水使用；另一种是污水的水质指标不能满足用水节点的水质要求，此时则需对污水进行适当的处理，使其水质达到某一用水节点的水质要求后再作为这一用水节点的冷却水。

将污水作为冷却水回用是一种应用非常广泛的污水回用方式，其原因是工业生产过程的冷却系统几乎全部都采用间接冷却系统，即冷却介质与待冷却物料是不接触的，无须担心物料被污染，因此可利用污水作为冷却介质，以减少新水的取用量。

由于冷却水在使用过程中只有温度升高，水质基本不发生变化，因此工业过程的冷却系统都是采用闭式循环冷却系统。为满足回用水循环冷却系统的长周期稳定运行，必须要消除水中可能会导致相关装置生锈与生成污垢的氨。如作为回用水的原水二级出水没有做硝化处理，就需要合并入过滤流程当中实行。

目前，将污水回用作冷却水的处理模式是运用膜装置来完成脱盐作业。尤其是运用微滤或超滤完成前处理后的二级出水再接反渗透的操作方法逐渐得到了广泛应用。

15.5.3 洗涤用水

在工业生产中，为保证产品的质量，往往需要对成品或半成品进行洗涤以去除杂质，一般的洗涤工序都是采用水作为洗涤介质。在工业生产用水中，洗涤水的用量仅次于冷却水，居工业用水量的第二位，约占工业用水总量的 10%～20%，尤其在印染、造纸、电镀等行业中，洗涤用水有时占总用水量的一半以上。

针对洗涤物的含杂质情况及对洗涤用水水质的要求，可将污水回用作洗涤用水，以减少新水的取用量。具体的措施有以下几种：

① 一水多用：是将水源先送到某些车间，使用后或直接送到其他车间，或经冷却、沉淀等适当处理后，再送到其他车间使用，然后排出。例如，可以先将清水作为冷却水用，然后送入水处理站，经软化或除盐后作锅炉供水用。也可将冷却水多次利用后作洗涤、洗澡用。

② 降级使用：工业企业中有些环节出来的水质较差，如果经过适当的处理，往往可以回用或降级用于其他环节中去，以达到节水的目的。例如在采煤洗煤工业中，其浮选尾矿水排放量较大，这种污水中含有大量细颗粒黏土类物质及微粉煤，直接排放一方面浪费水源，另一方面也污染环境。这时可采取混凝沉降技术，在洗煤污水中加入聚丙烯酰胺 4mg/L 左右，将洗煤污水在沉降槽（或沉淀槽）中混凝沉降，所得澄清液回用于原洗煤过程中。沉降槽中排出的污泥主要为细粉煤及泥石灰等，并含水 65% 左右，可加入 25mg/L 的聚丙烯酰胺进一步脱水回收。

在钢铁工业的高炉气湿式集尘时会产生集尘污水，这种集尘污水呈灰黑色，固含量约为 300mg/L，可加入 0.5mg/L 的聚丙烯酰胺，使固含量降低到 50mg/L，然后继续回用于湿式集尘的洗涤中。

对于一些运输单位的车辆洗涤，也可将生活污水如淋浴水经净化后代替清水作洗车用。例如将淋浴水经收集后加铝盐，如明矾、碱式氯化铝等，必要时再添加微量的聚丙烯酰胺，即能获得无色透明、无臭、pH 值为 7 左右、符合洗车用水要求的水。夏季因水中含有的有机质变质起味时，可加入少量的氧化剂，如漂白粉或过氧化氢溶液即可消除异味。

15.5.4 冲渣用水

(1) 高炉渣粒化

钢铁厂在高炉炼铁生产过程中会产生大量的炉渣，一般每炼 1t 生铁产生 300～900kg

的高炉渣，其主要成分是硅酸钙或铝酸钙等。炉渣的处理方法通常是将炉渣制成水渣或炉前干渣，或者两者兼而有之。目前高炉渣粒化采用多种形式的水冲渣方式以及泡渣、热泼渣等方式。冲制水渣就是用水将炽热的炉渣急冷水淬，粒化为水渣。粒化后的炉渣可用作水泥、渣砖和建筑材料。

渣粒化过程需要耗用大量的水，但这部分用水对水质要求较低，可将生产过程中各用水节点排出的污水收集后直接回用，也可回用其他工艺过程排放的污水。

（2）氧化铁皮

为了保持冷轧材的表面质量，防止轧辊损伤，热轧钢材必须清除表面的氧化铁皮后才能进行冷轧，此时需采用酸洗方法清除氧化铁皮，再进行喷洗、漂洗，因此需要用水。但这部分用水对水质的要求不高，可直接将其他用水节点产生的污水回用，也可回用其他工艺过程的污水。

15.5.5 烟气净化用水

（1）高炉煤气净化

钢铁厂的高炉在冶炼过程中，由于焦炭在炉缸内燃烧，而且是一层炽热的厚焦炭由空气过剩而逐渐变成空气不足的燃烧，结果产生了一定量的一氧化碳气体，故称高炉煤气。其中含有较高浓度的粉尘，影响后续的输送与使用，必须对其进行除尘净化处理。采用塔文除尘工艺进行净化处理，具有设备投资小、占地面积省、除尘效果好等优点，但需耗用大量的水。由于此部分用水对水质的要求不高，因此可将其他工序中产生的污水直接回用作为烟气除尘用水。

（2）顶炉烟气净化

钢铁厂纯氧顶吹转炉在冶炼过程中，由于吹氧的缘故，含有浓重烟尘的大量高温气体经过炉口冒出来，通过烟罩进入烟道，经余热锅炉回收烟气的部分热量后，进入设有两级文氏管的湿式除尘系统，依次对烟气进行清洗。第一级文氏管一般做成喉口处带有溢流堰并设喷嘴的结构，溢流的水沿文氏管壁流下，可以保护洗涤设备不致被高温气流和烟气中的尘粒损害。第二级文氏管的喉口处设有一个可以调节喉口大小的装置，通过调节喉口的大小，可控制气流通过喉口的速率，提高除尘和降温的效果。整个除尘过程需耗用大量的水以供两级文氏管进行除尘和降温，但这部分用水对水质的要求不高，可将其他用水节点排放的污水直接回用。

15.5.6 除尘冲灰用水

粉煤灰是以煤为燃料的火力发电厂排出的废弃物，每10000kW火电机组的排灰渣量为0.9～1.0t；燃煤锅炉排出的灰渣除粉煤灰外，还有一部分是由炉底排出的煤渣，约占灰渣量的15%。目前大部分火力电发厂的除尘冲灰都是采用湿排方式，除灰泵和除渣的灰水比一般大于1：20，因此需耗用大量的水。但这部分用水对水质的要求很低，可将生产过程中各用水节点产生的污水收集后直接使用。

15.5.7 地坪冲洗用水

水力冲洗地坪（或平台）的目的是防止二次扬尘，减轻工人体力劳动，改善劳动条件，但会产生大量的洗地污水。为了减少污水的产生，建议尽可能减少或取消水力冲洗地坪。洒水清扫地坪（或平台）也是为防止二次扬尘，改善劳动条件，但是人工洒水清扫工人劳动强度大，优点是不产生污水。

车间地坪、平台均用水力冲洗，产生大量的污水，给污水收集输送和处理带来困难。若全部采取洒水清扫，对局部灰尘较多的场所又达不到理想的效果。因此，目前一般在配料、混合和烧结等车间采用水力冲洗地坪；而在转运站、筛分等其他车间采用洒水清扫地坪。这部分用水对水质的要求很低，可将生产过程中各用水节点产生的污水收集后直接使用，以减少清水的耗用量。

参考文献

［1］季红飞，王重庆，冯志祥，等.工业节水案例与技术集成［M］.北京：中国石化出版社，2011.

［2］廖传华，张秝湲，冯志祥.重点行业节水减排技术［M］.北京：化学工业出版社，2016.

［3］中华人民共和国水利行业标准.建设项目水资源论证导则　第 5 部分：化工建设项目：SL/T 525.5—2021［S］.2021-11-18.

第16章

污水生活回用

随着城市的不断发展，生活污水的产生量逐渐增大，导致水资源不断减少，并出现大量的环境污染情况，需要合理应用中水回用技术进行水资源节约，以降低水资源的消耗。将排放的污水经适当处理后回用于生活，可大大提升水资源的利用效率，满足可持续发展需求。

目前，污水在生活中的回用范围越来越广泛，如市政用水、消防用水和生活杂用水。

▶ 16.1 市政用水

市政是指城市的国家行政机关对市辖区内的各类行政事务和社会公共事务所进行的管理活动及其过程，市政的内容主要是城市的公共事业、公共事务的管理，如道路、排水、桥梁、绿化、景观等，目的在于繁荣经济，方便市民生产生活，改善生活环境，促进城市的物质文明和精神文明的发展。现代化城市离不开现代化的市政设施，以满足城市生活生产的必要条件，为城市劳动力的再生产提供必要条件，不是可有可无、可多可少的"附属性"建设，而是有基础性和重点性的地位。

市政工程包括城镇建设中的给水、排水、热水及煤气、采暖、通风和空气调节、电力、通信、弱电、防洪、交通、园林绿地、抗震防灾、人防、管理综合、环境保护等城镇基础设施的十余项工程，从用水环节来讲，市政用水包括城市绿化用水、景观环境用水、建筑施工用水、道路清扫用水。

16.1.1 城市绿化用水

园林绿化建设是现代城市环境一项极为重要的建设内容。对一个城市发展而言，市政园林的绿化建设工作代表了城市文明程度，也是城市基础设施建设过程当中的重要组成部分。

16.1.1.1 城市绿化的作用

市政园林的绿化建设工作作为城市基础设施的一部分，其质量优劣对于提高居民的生活水平、改善居民生活环境有着十分重要的意义。

（1）展现地区历史背景，体现地方特色

各个城市都有着较为特殊的地方特色及历史背景，因此在市政园林的绿化建设过程当中，应将城市的可持续发展与当地的文化背景有机结合，体现出园林建设的个性特点，使得该地区的绿化建设具有较强的文化性以及地域性。

（2）形成较好的视觉效果

在现代市政园林绿化建设过程当中，应遵循生态优先的原则，把整座城市作为一种整体生态环境，将大自然引入城市当中，并且科学、统筹布局城市园林绿化。还需要对不同植物做好配植工作，根据每种植物所具有的不同特征，培育一个稳定的生态群，形成一个良好园林景观，从而形成较好视觉效果，使得最终效果具有野生以及天然方面的特点。

（3）保护环境

在对城镇居民所居住环境进行美化的背景条件之下，园林绿化建设可以对保护环境发挥多种不可替代的作用，对防止环境污染、调节和改善城区气候、净化空气、防阻粉尘扩散与迁移、净化污水、减弱噪声、减少细菌病菌、美化环境、提高城市人文与居住条件、增强经济效益与环境效益及社会效益都有重要意义。

从当前发展趋势来看，市政园林的绿化建设工作在社会发展历程当中起到了重要作用，其主要目的是协调好城市、生态环境以及人之间的关系，保证城市在一个较为稳定、和谐的氛围当中进步发展。

文明程度的提升促使城市绿化受到人们的重视，各城市的绿化面积都在大幅度增加，现代的城市颜色已经变得越来越绿，也变得越来越美。但要想很好地保护绿化成果，就需要浇水、施肥、中耕、锄草、整形、修剪、防治病虫害等系列养护措施到位，其中养护管理浇水是非常重要的一项，绿化用水量一般为 $1.5 \sim 2.0 L/(m^2 \cdot 次)$（每日 $1 \sim 2$ 次），因此绿化的用水量非常巨大，而且随着城市绿化面积的不断增加，绿化需水量也在不断提升。然而，中国是一个水资源匮乏的国家，人均占有水量只有世界人均占有水量的 $1/4$，排名第 109 位，长江以北的人均占有水量仅是世界人均占有水量的 $1/20$。因此，根据各城市的现实情况，在绿化设计时考虑节约用水大有必要。

16.1.1.2　污水的绿化回用

城市绿化用水是指除特种树木及特种花卉以外的公园、道边树及道路隔离绿化带、运动场、草坪，以及相似地区的用水。目前我国大部分城市的绿化用水均是直接取自生活用水管网，但绿化用水对水质的要求不高，按照《城市污水再生利用　城市杂用水水质》（GB/T 18920—2020）标准规定，水质符合 pH 值 $6.0 \sim 9.0$、色度 $\leqslant 30$、嗅味无不快感、浊度 $\leqslant 10 NTU$、溶解性总固体 $\leqslant 1000 mg/L$、$BOD_5 \leqslant 10 mg/L$、氨氮 $\leqslant 8 mg/L$、阴离子表面活性剂 $\leqslant 0.5 mg/L$、溶解氧 $\geqslant 2.0 mg/L$、总氯（出厂 $\geqslant 1.0 mg/L$、管网末端 $\geqslant 0.2 mg/L$）、大肠埃希菌不应检出的，均可作为城市绿化用水。直接取用生活用水不仅造成高品质水资源的浪费，而且增加了城市绿化的成本，因此，对于城市绿化工作，一方面要采用科学方法节约用水，同时还需拓展用水的水源，以减缓当地水资源的压力。

要实现城市绿化节水，首先应选择乡土植物或抗旱、耐旱植物，同时要充分利用城市居民生活和工业生产中产生的各类污水。由于绿化用水对水质的要求不高，城市生活污水和工业污水稍加处理便可满足绿化用水的要求，因此将污水经适当处理后回用于城市绿化，对于节约城市水资源、缓解城市的供水压力、提升水资源的利用效率具有重要的现实意义，目前已成为水资源缺乏城市绿化用水的重要水源，并不断进行技术创新，以提升污水处理厂的处理技术水平与效率，为城市提供充足的用水。

16.1.2 景观环境用水

景观环境,是指由各类自然景观资源和人文景观资源所组成的,具有观赏价值、人文价值和生态价值的空间关系。

16.1.2.1 景观环境的分类

根据景观环境的空间大小和距离人群的远近,大体上可将之分为:

庭院景观环境:是指人们日常活动所处的景观环境,包括住宿、购物、餐饮、娱乐、社交等活动所处的宾馆、饭店、商场甚至影院、酒吧等场所。

社区景观环境:是指人们日常户外活动所处的景观环境,包括锻炼、娱乐、休闲等所处的小区绿地、公园、草地、林荫道甚至城市雕塑等。

郊野景观环境:即野外景观环境,距离人们日常生活范围较远,通常是人们假日游览、观光的对象,一些人迹罕至的地区也属于此类。

瞬时景观环境:是指具有时间性的景观,如日出、彩霞、春雨等。

景观环境在现代城市建设中发挥着重要的作用,其质量直接影响到人们的心理、生理以及精神生活,对于构建和谐社会,处理好人与自然、历史、人文、经济、政治、社会发展之间的关系具有重要意义。

16.1.2.2 景观环境用水的分类

景观环境用水是指满足景观需要的环境用水,即用于营造城市景观水体和各种水景构筑物的水的总称,一般分为观赏性景观环境用水和娱乐性景观环境用水。

(1) 观赏性景观环境用水

观赏性景观环境用水是指人体非直接接触的景观环境用水,包括不设娱乐设施的景观河道、景观湖泊及其他观赏性景观用水。观赏性景观环境用水应重点关注水的营养盐及色度、嗅味等,可由再生水组成,或部分由再生水组成(另一部分由天然水或自来水组成)。

(2) 娱乐性景观环境用水

娱乐性景观环境用水是指人体非全身性接触的景观环境用水,包括设有娱乐设施的景观河道、景观湖泊及其他娱乐性景观用水。娱乐性景观环境用水应考虑人体接触的健康风险及水体富营养化的风险,因此应重点关注水的营养盐、病原微生物、有毒有害有机物及色度、嗅味等,可由再生水组成,或部分由再生水组成(另一部分由天然水或自来水组成)。对于可能与人体直接接触的娱乐性景观用水,不应含有毒、有刺激性物质和病原微生物,要求经过滤和充分消毒后才可用作娱乐用水。无论何种景观环境,一般用作景观水的水质需达到地表水水质的Ⅳ类标准,具体水质指标可参考《地表水环境质量标准》(GB 3838—2002)。

长期以来,我国景观环境的用水大都是直接使用市政管网的自来水,也有部分景观环境的用水是因地制宜地直接取自附近的河流或湖泊中满足水质要求的清洁水,但由于景观环境的用水量非常大,无论是使用自来水,还是高品质的河流水或湖泊水,都会造成水资源的浪费。另一方面,景观环境是在人们生活水平提高之后为满足人们精神层面的需求而建立的,景观环境的美学功能的充分发挥更多体现在城市景观环境上,而城市的日常生活与工业生产会产生大量的污水,如能将这些污水经处理后回用作景观环境用水,不仅可减少高品质市政供水、清洁河流湖泊水的消耗,缓解区域供水压力,而且可有效降低既有污水的消纳成本，具有显著的社会效益和经济效益。

16.1.2.3 污水景观环境回用的要求

为实现污水在景观环境领域的回用，同时保护景观环境不被破坏，国家标准《城市污水再利用　景观环境用水水质》（GB/T 18921—2019）对经处理后的再生水水质提出了相应的要求，如表 16-1 所示。

表 16-1　景观环境用水的再生水水质

序号	项目	观赏性景观环境用水			娱乐性景观环境用水			景观湿地环境用水
		河道类	湖泊类	水景类	河道类	湖泊类	水景类	
1	基本要求	无漂浮物,无令人不愉快的嗅和味						
2	pH 值(无量纲)	6.0～9.0						
3	五日生化需氧量(BOD$_5$)/(mg/L)	≤10	≤6	≤10	≤6			≤10
4	浊度/NTU	≤10	≤5	≤10	≤5			≤10
5	总磷(以 P 计)/(mg/L)	≤0.5	≤0.3	≤0.5	≤0.3			≤0.5
6	总氮(以 N 计)/(mg/L)	≤15	≤10	≤15	≤10			≤15
7	氨氮(以 N 计)/(mg/L)	≤5	≤3	≤5	≤3			≤5
8	粪大肠菌群/(个/L)	≤1000			≤1000		≤3	≤1000
9	余氯/(mg/L)	—					0.05～0.1	—
10	色度/度	≤20						

注：1. 未采用加氯消毒方式的再生水，其补水点无余氯要求。
　　2. "—"表示对此项无要求。

污水回用作景观环境用水时，应满足以下要求：

① 回用的污水宜选用生活污水，或不含重污染、有毒有害工业污水的城市污水。

② 完全使用污水处理后的再生水，水体温度大于 25℃时，景观湖泊类水体的水力停留时间不宜大于 10 天；水体温度不大于 25℃或再生水补水实际总磷浓度低于表 16-1 限值时，水体水力停留时间可延长。

③ 设置人工曝气或水力推动等装置增强水体扰动与流动能力，或大型水面因风力等自然作用具有较强流动和交换能力时，可结合运行过程监测，延长景观湖泊类水体的水力停留时间。

④ 使用污水处理后的再生水的景观水体和景观湿地中宜培育适宜的水生植物并定期收获处置。

⑤ 以再生水作为景观湿地环境用水，应考虑盐度及其累积作用对植物生长的潜在影响，选择耐盐植物或采取控盐降咸措施。

⑥ 利用过程中，应注意景观水体的底泥淤积和水质变化情况，并应进行定期底泥清淤。

⑦ 使用再生水的景观水体和景观湿地，应在显著位置设置"再生水"标识及说明。

⑧ 使用再生水的景观水体和景观湿地中的水生动、植物不应被食用。

⑨ 使用再生水的景观环境用水，不应用于饮用、生活洗涤及可能与人体有全身性直接接触的活动。

16.1.2.4 污水景观环境回用的处理工艺

由表 16-1 可以看出，景观环境用水对水质的要求不高，因此可将城市污水经适当处理后回用于景观环境，以减少高品质生活用水的耗用量，既缓解区域水资源的供需矛盾，又可降低景观环境的维护成本，取得显著的社会和经济效益。

(1) 观赏性景观环境用水的处理工艺

城市污水回用于观赏性景观环境，必须采取一定的处理工艺，使处理后的水质达到表 16-1 中的要求。相关处理工艺、处理效果及特点如表 16-2 所示。

表 16-2　城市污水回用于观赏性景观环境的处理工艺、处理效果及特点

处理工艺	处理效果	特点
城市污水→二级强化处理出水→(混凝沉淀)→(介质过滤)→(臭氧)→消毒	采用二级强化处理以强化氮和/或磷去除；使用混凝沉淀过滤进一步去除总磷和悬浮物(SS)；使用臭氧可去除色嗅	投资成本低；运行管理简便
城市污水→二级强化处理出水→(混凝沉淀)→臭氧→(生物过滤)→消毒	采用二级强化处理以强化氮和/磷去除；使用臭氧可去除色嗅；使用生物过滤进一步脱氮	投资运行成本较高
城市污水→膜生物反应器出水→臭氧→(生物过滤)→消毒	采用膜生物反应器对 SS 去除效果好；使用臭氧可去除色嗅；使用生物过滤可消除臭氧氧化的副产物	投资运行成本高；膜生物反应器占地面积小；运行过程需关注膜污染和膜寿命

(2) 娱乐性景观环境用水的处理工艺

城市污水回用于娱乐性景观环境，也必须采取一定的处理工艺，使处理后的水质达到表 16-1 中的要求。相关处理工艺、处理效果及特点如表 16-3 所示。

表 16-3　城市污水回用于娱乐性景观环境的处理工艺、处理效果及特点

处理工艺	处理效果	特点
城市污水→二级强化处理出水→(混凝沉淀)→介质过滤→臭氧→(生物过滤)→消毒	采用二级强化处理以强化氮和/或磷去除；使用混凝沉淀过滤进一步去除总磷和 SS；使用臭氧可去除色嗅、部分有毒有害有机物，并强化病原微生物的去除；使用生物过滤可消除臭氧氧化的副产物	投资运行成本较高
城市污水→二级处理/强化处理出水→(混凝)→超滤/微滤→臭氧→消毒	使用超滤/微滤对 SS 和病原微生物去除效果好；使用臭氧可去除色嗅	投资运行成本较高；需关注膜污染和膜寿命
城市污水→膜生物反应器出水→臭氧→(生物过滤)→消毒	采用膜生物反应器对 SS 有良好去除效果，对病原微生物有一定的去除效果；使用臭氧可去除色嗅、部分有毒有害有机物，并强化病原微生物的去除；使用生物过滤可消除臭氧氧化的副产物	投资运行成本高；膜生物反应器占地面积小；运行过程需关注膜污染和膜寿命

16.1.3　建筑施工用水

建筑是人类借突发的想象力，或模仿自然界的形态，对居住环境进行改善而构筑的人造物。

16.1.3.1　建筑的类别

目前，建筑的意义已由最初的满足抵御自然灾害和恶劣自然环境的基本需求上升到提升人们精神感受及生产效率的层面。建筑的类别，按规模可分为大量性建筑和大型性建

筑，按使用功能可分为民用建筑和工业建筑。

民用建筑：是供人们生活、居住、从事各种文化福利活动的房屋。按其用途不同，有以下两类：①居住建筑，供人们生活起居用的建筑物，如住宅、宿舍、宾馆、招待所；②公共建筑，供人们从事社会性公共活动和各种福利设施的建筑物，如各类学校、图书馆、影剧院等。

工业建筑：供人们从事各类工业生产活动的各种建筑物、构筑物的总称。通常将这些生产用的建筑物称为工业厂房，包括车间、变电站、锅炉房、仓库等。

按建筑结构的材料，建筑可分为砖木结构、砖混结构、钢筋混凝土结构和钢结构。

砖木结构：主要承重构件用砖、木构成，其中竖向承重构件如墙、柱等采用砖砌，水平承重构件如楼板、屋架等采用木材制作。这种结构形式的房屋层数较少，多用于单屋房屋。

砖混结构：建筑物的墙、柱用砖砌筑，梁、楼板、楼梯、屋顶用钢筋混凝土制作，称为砖-钢筋混凝土结构（简称砖混结构）。多用于层数不多（六层以下）的民用建筑及小型工业厂房，是目前广泛采用的一种结构形式。

钢筋混凝土结构：建筑物的梁、柱、楼板、基础全部用钢筋混凝土制作。梁、楼板、柱、基础组成一个承重的框架，因此也称框架结构。墙体只起围护作用，用砖砌筑。此结构用于高层或大跨度房屋建筑中。

钢结构：建筑物的梁、柱、屋架等承重构件用钢材制作，墙体用砖或其他材料制成。此结构多用于大型工业建筑。

16.1.3.2 建筑施工的用水节点

建筑施工是指建造建筑物的过程，建筑施工用水是指建筑施工现场的土壤压实、灰尘抑制、混凝土冲洗、混凝土拌和的用水。

建筑施工用水主要分为施工生产用水、施工机械用水、现场生活用水及现场消防用水四部分。除现场生活用水外，其余三部分用水均可采用由污水经适当处理而达到一定水质要求的回用水。

（1）施工生产用水

施工生产项目包括混凝土拌制、混凝土自然养护、模板清洗和搅拌机冲洗。混凝土拌制的耗水定额为 $250L/m^3$，混凝土自然养护的耗水定额为 $200L/m^3$，模板冲洗的耗水定额为 $5L/m^3$，搅拌机冲洗的耗水定额为 $600L/台班$。

（2）施工机械用水

施工过程中的用水机械一般包括内燃挖掘机和汽车。内燃挖掘机的耗水定额为 $250L/(t \cdot 台班)$，汽车的耗水定额为 $500L/d$。

（3）现场消防用水

据火灾资料统计，火灾造成重大损失的绝大部分原因是因为火场缺水，因此，保证消防给水系统供给足够的水量，是施工组织设计中消防部分的一项主要内容。

施工现场的消防用水量等于同一时间内的火灾次数与一次灭火用水量的乘积，可按下式进行计算：

$$Q = Nq$$

式中 Q——施工现场的消防用水量，L/s；

N——同一时间内火灾次数；

q——一次灭火用水量，L/s。

同一时间内的火灾次数是指施工现场同一时间内发生火灾的次数。据火灾统计资料，同一时间内的火灾次数与人口密度和占地面积有关。国家消防技术规范对施工现场同一时间内的火灾次数没有规定，在日常工作中，一般根据工厂同一时间内火灾资料进行确定。工厂同一时间内火灾次数见表16-4。

表16-4 工厂同一时间内火灾次数

名称	基地面积/hm²	附近居住区人数/万人	同一时间内火灾次数	备注
工厂	≤100	≤1.5	1	按需水量最大的一座建筑物（或堆场）计算
		>1.5	2	工厂、居住区各考虑一次
	>100	不限	2	按需水量最大的一座建筑物（或堆场）计算

现场施工一次灭火用水量应等于同时使用的水枪数量和每支水枪平均用水量的乘积。一般城市消防队（或现场内义务消防队）第一次出动力量到达火场时，常出两支（19mm）水枪扑救初期火灾，每支水枪的平均出水量为5L/s，所以施工现场内灭火用水量的起点流量不应小于10L/s。不同施工现场的一次灭火用水量可参照表16-5、表16-6进行计算。

表16-5 易燃、可燃材料露天、半露天堆场的消防用水量

堆场名称	一个堆场的总储量/m³	消防用水量/(L/s)	堆场名称	一个堆场的总储量/m³	消防用水量/(L/s)
木材等可燃材料	50～1000	20	稻草、芦苇、麦秸等易燃材料	50～500	20
	>1000～5000	30		>500～5000	35
	>5000～10000	45		>5000～10000	50
				>10000～20000	60

表16-6 建筑物的室外消防用水量

耐火等级	建筑名称		建筑容积/m³					
			<1500	1500～<3000	3000～<5000	5000～<20000	20000～<50000	≥50000
			一次灭火用水量/(L/s)					
一、二级	厂房	甲、乙	10	15	20	25	30	35
		丙	10	15	20	25	30	40
		丁、戊	10	10	10	15	15	20
	库房	甲、乙	15	15	25	25	—	—
		丙	15	15	25	25	35	45
		丁、戊	10	10	10	15	15	20
	民用建筑		10	15	15	20	25	30
三级	厂房或库房	乙、丙	15	20	30	40	45	—
		丁、戊	10	10	15	20	25	35
	民用建筑		10	15	20	25	30	—

耐火等级	建筑名称	建筑容积/m³					
		<1500	1500～<3000	3000～<5000	5000～<20000	20000～<50000	≥50000
		一次灭火用水量/(L/s)					
四级	丁、戊类厂房或库房	10	15	20	25	—	—
	民用建筑	10	15	20	25	—	—

16.1.3.3 建筑施工用水的水质要求

受施工现场条件的限制，目前我国大多数建筑工地的施工用水都是直接取用于市政管网。按照《城市污水再生利用　城市杂用水水质》（GB/T 18920—2020）标准规定，水质符合 pH 值 6.0～9.0、色度≤30、嗅味无不快感、浊度≤10NTU、溶解性总固体≤1000mg/L、BOD_5≤10mg/L、氨氮≤8mg/L、阴离子表面活性剂≤0.5mg/L、溶解氧≥2.0mg/L、总氯（出厂≥1.0mg/L、管网末端≥0.2mg/L）、大肠埃希菌不应检出的水源，均可作为建筑施工用水。由此可知，直接将生活用水用作建筑施工用水，会造成高品质生活用水的浪费，并进一步加剧区域水资源的短缺。为缓解缺水城市的水资源供需矛盾，应拓展建筑施工用水的来源，减少生活用水的浪费。

16.1.3.4 污水的建筑施工回用

由上述可知，建筑施工用水对水质的要求不高，城市居民生活产生的城市污水、工业生产产生的大量工业污水和农村产生的农村污水，经过简单处理后即可达到建筑施工对水质的要求，因此可作为建筑施工用水实现污水的回用。

对于城市生活污水和农村生活污水，由于其中所含的杂质主要是人类的食物消化分解产物和日用化学品，包括纤维素、油脂、蛋白质及其分解产物、氨氮、洗涤剂成分（表面活性剂、磷）等，可经过混凝、沉淀等物理处理方法和好氧、厌氧等生物处理方法，使其达到建筑施工用水的水质要求，进而回用于建筑施工。具体处理方法可分别参见《物理法水处理过程与设备》《生物法水处理过程与设备》（化学工业出版社）。

对于工业污水，由于其中所含的杂质相对复杂，不同来源的工业污水的组成及含量均不同，因此应根据污水的具体情况，采取合适的化学处理方法，使其达到建筑施工用水的水质要求。具体处理方法可参见《化学法水处理过程与设备》（化学工业出版社）。

16.1.4 道路清扫用水

伴随着城市的发展，城市道路越来越多，占地也越来越多，一般占城市面积的比例达到10％以上。与此同时，随着物质条件的丰富，人们对提升生活品质的愿望更加强烈，保持干净整洁的城市道路也是满足人们美好生活向往的重要组成部分，城市道路清扫已成为城市生活的日常性事务。

16.1.4.1 道路清扫的范围

城市道路清扫范围包括主次干道、快速路、高架路与高架桥、人行天桥和地下通道、街巷、广场与步行街及城市家具等。清扫的感官质量要求为：车行道整体路面见本色，无积尘、积水、污渍、垃圾等，道沿两侧无积灰，交通隔离栏下无积灰，收水井（口）无垃坼，机动车驶过后道路无明显浮尘；人行道、广场无积存沙土，无明显积水，无油渍污染、石块、杂草、粪便等其他废弃物；人行道、广场石砖无污垢，路沿石面干净；树坑无杂物、杂草；道路边坡无垃圾，等等。

16.1.4.2　道路清扫的用水量

目前，我国大部分城市的道路清扫是以人工清扫为主，往往使颗粒物反复扫起，反复沉降，再加上城市道路的复杂性、机动车等多重因素，从而造成城市范围内颗粒物的重复污染。为了抑制扬尘，一方面需尽量采用技术含量高的道路清扫车，减少甚至消除清扫过程中的扬尘，二是在道路清扫前和清扫过程中大量洒水，起到抑尘和冲洗污垢的作用。这些水即为道路清扫用水。

目前，我国道路清扫用水大多直接由市政管网取用生活用水，用水量一般为 $1.0 \sim 1.5 L/(m^2 \cdot 次)$（每日 $1 \sim 2$ 次），因此用水量非常巨大，而且随着城市道路面积的不断增大，清扫用水量也在不断提升。

16.1.4.3　道路清扫用水的水质要求

按照《城市污水再生利用　城市杂用水水质》（GB/T 18920—2020）标准规定，水质符合 pH 值 $6.0 \sim 9.0$、色度 $\leqslant 30$、嗅味无不快感、浊度 $\leqslant 10 NTU$、溶解性总固体 $\leqslant 1000 mg/L$、$BOD_5 \leqslant 10 mg/L$、氨氮 $\leqslant 8 mg/L$、阴离子表面活性剂 $\leqslant 0.5 mg/L$、溶解氧 $\geqslant 2.0 mg/L$、总氯（出厂 $\geqslant 1.0 mg/L$，管网末端 $\geqslant 0.2 mg/L$）、大肠埃希菌不应检出的水源，均可作为道路清扫用水。由此可知，道路清扫用水对水质的要求不高，直接取用生活用水不仅是一种高品质水资源的浪费，而且会导致供水紧张。为确保城市供水安全，最大限度地满足社会经济发展和广大市民的用水需求，目前越来越多的城市规定，要求全市的道路清洁不得使用自来水，用水单位要加强再生水的利用。因此，将城市生活污水和工业污水经适当处理后的中水作为道路清扫用水，既可完全满足城市卫生的要求，也符合当前城市发展的政策要求，对于节约城市水资源、缓解城市的供水压力、提升水资源的利用效率具有重要的现实意义。

16.1.4.4　污水的道路清扫回用

用于道路清扫的水，在起抑尘和清洗作用的同时，也会因蒸发等原因而扩散进入大气，因此，要将污水回用于道路清扫，必须重点考虑污水中含有的病原微生物的灭活。为此，可采用表 16-7 中的处理工艺对城市污水进行病原微生物的灭活和去除处理，使其达到道路清扫用水的水质要求后，即可实现回用。

表 16-7　城市污水回用于道路清扫的处理工艺、处理效果及特点

处理工艺	处理效果	特点
城市污水→二级强化处理出水→（混凝沉淀）→介质过滤→臭氧→（生物过滤）→消毒	采用二级强化处理以强化氮和/或磷去除； 使用混凝沉淀过滤进一步去除总磷和 SS； 使用臭氧可去除色嗅、部分有毒有害有机物，并强化病原微生物的去除； 使用生物过滤可消除臭氧氧化的副产物	投资运行成本较高
城市污水→二级处理/强化处理出水→（混凝）→超滤/微滤→臭氧→消毒	使用超滤/微滤对 SS 和病原微生物去除效果好； 使用臭氧可去除色嗅	投资运行成本较高； 运行过程需关注膜污染和膜寿命

处理工艺	处理效果	特点
城市污水→膜生物反应器出水→臭氧→（生物过滤）→消毒	采用膜生物反应器对 SS 有良好去除效果，对病原微生物有一定的去除效果； 使用臭氧可去除色嗅、部分有毒有害有机物，并强化病原微生物的去除； 使用生物过滤可消除臭氧氧化的副产物	投资运行成本高； 膜生物反应器占地面积小； 运行过程需关注膜污染和膜寿命

▶ 16.2　消防用水

消防是指消除隐患、预防灾患，即预防和解决人们在生活、工作、学习过程中遇到的人为与自然、偶然灾害的总称，狭义的消防是指扑灭火灾，主要包括火灾现场的人员救援，重要设施设备、文物的抢救，重要财产的安全保卫与抢救，扑灭火灾等，目的是降低火灾造成的破坏程度，减少人员伤亡和财产损失。

消防行动主要有：①查明火情及受损情况，了解火灾现场的地形、风向，起火建筑的结构、出入口，被困人员的情况等；②实施现场指挥，组织力量迅速赶往火场，根据火灾性质选用灭火剂和消防装备，根据火场情况正确运用灭火战术，主要方法包括阻火、设立隔火带、封锁火道、扑灭余火和看守火场等；③迅速抢救被困人员，对受伤人员进行转移后送离；④及时撤离或隔离火场附近的危险物品，防止发生次生灾害。消防使用水和化学灭火剂，利用消防车、灭火器、机动水泵等器材实施灭火，坚持先人后物、先控后灭和确保重点的行动原则。

16.2.1　消防用水量

一个建筑或构筑物的室外用水同时与室内用水开启使用时，消防用水量为二者之和。当一个系统防护多个建筑或构筑物时，需要以各建筑或构筑物为单位分别计算消防用水量，取其中的最大者为消防系统的用水量。这不等同于室内最大用水量和室外最大用水量的叠加。

室内一个防护对象或防护区的消防用水量为消火栓用水、自动灭火用水、水幕或冷却分隔用水之和（三者同开启）。当室内有多个防护对象或防护区时，需要以各防护对象或防护区为单位分别计算消防用水量，取其中的最大者为建筑物的室内消防用水量。这不等同于室内消火栓最大用水量、自动灭火最大用水量、防火分隔或冷却最大用水量的叠加。

消防用水量可按以下步骤确定。

(1) 确定同一时间火灾起数

工厂、仓库、堆场、储罐区或民用建筑的室外消防用水量，应按同一时间内的火灾起数和一起火灾灭火所需室外消防用水量确定。同一时间内的火灾起数应符合下列规定：

① 工厂、堆场和储罐区等，当占地面积≤100hm²，且附有居住区人数≤1.5 万人时，同一时间内的火灾起数应按 1 起确定；当占地面积≤100hm²，且附有居住区人数>1.5

万人时，同一时间内的火灾起数应按 2 起确定，居住区应计 1 起，工厂、堆场或储罐区应计 1 起。

② 工厂、堆场和储罐区等，当占地面积＞100hm² 时，同一时间内的火灾起数应按 2 起确定，工厂、堆场和储罐区应按需水量最大的两座建筑（或堆场、储罐）各计 1 起。

③ 仓库和民用建筑同一时间内的火灾起数应按 1 起确定。

（2）确定火灾延续时间

火灾延续时间是水灭火设施达到设计流量的供水时间，是根据火灾统计资料、国民经济水平以及消防力量等情况权衡确定的。根据火灾统计，城市、居住区、工厂、丁类和戊类仓库的火灾延续时间较短，绝大部分在 2.0h 之内，因此，民用建筑、城市、居住区、工厂、丁类和戊类厂房或仓库的火灾延续时间采用 2.0h。

甲、乙、丙类仓库内大多储存着易燃易爆物品或大量可燃物品，其火灾燃烧时间一般均较长，消防用水量较大，且扑救也较困难，因此，甲、乙、丙类仓库及可燃气体储罐的火灾延续时间采用 3.0h；直径小于 20m 的甲、乙、丙类液体储罐的火灾延续时间采用 4.0h。直径大于 20m 的甲、乙、丙类液体储罐和发生火灾后难以扑救的液化石油气罐的火灾延续时间采用 6.0h。易燃、可燃材料的露天堆场起火，有的可延续灭火数天之久，经综合考虑，规定其火灾延续时间为 6.0h。据统计，液体储罐发生火灾燃烧时间均较长，长者达数昼夜。显然，按这样长的时间设计消防用水量是不经济的，因此其火灾延续时间的确定主要考虑在灭火组织过程中需要立即投入灭火和冷却的用水量。一般浮顶罐、掩蔽室和半地下固定顶立式罐，其冷却水延续时间按 4.0h 计算；直径超过 20m 的地上固定顶立式罐冷却水延续时间按 6.0h 计算。液化石油气火灾，一般按 6.0h 计算。设计时，应以这一基本要求为基础，根据各种因素综合考虑确定。不同场所的火灾延续时间可参见表16-8。

表 16-8　不同场所的火灾延续时间

建筑			场所与火灾危险性	火灾延续时间/h
建筑物	工业建筑	仓库	甲、乙、丙类仓库	3.0
			丁、戊类仓库	2.0
		厂房	甲、乙、丙类厂房	3.0
			丁、戊类厂房	2.0
	民用建筑	公共建筑	高层建筑中的商业楼、展览楼、综合楼，建筑高度大于 50m 的财贸金融楼、图书馆、书库、重要的档案楼、科研楼和高级宾馆等	3.0
			其他公共建筑	2.0
			住宅	
	人防工程		建筑面积＜3000m²	1.0
			建筑面积≥3000m²	2.0
			地下建筑、地铁车站	

建筑		场所与火灾危险性	火灾延续时间/h
构筑物	煤、天然气、石油及其产品的工艺装置		3.0
	甲、乙、丙类可燃液体储罐	直径大于20m的固定顶罐和直径大于20m、浮盘用易熔材料制作的内浮顶罐	6.0
		其他储罐	4.0
		覆土储罐	
	液化烃储罐、沸点低于45℃甲类液体储罐、液氨储罐		6.0
	空分站、可燃液体与液化烃的火车和汽车装卸台		3.0
	变电站		2.0
	装卸油品码头	甲、乙类可燃液体油品一级码头	6.0
		甲、乙类可燃液体油品二、三级码头丙类可燃液体油品码头	4.0
		海港油品码头	6.0
		河港油品码头	4.0
		码头装卸区	2.0
	装卸液化石油气船码头		6.0
	液化石油气加工气站	地上储气罐加气站	3.0
		埋地储气罐加气站	1.0
		加油和液化石油气加气站合建	
	易燃、可燃材料露天、半露天堆场	粮食土圆囤、席穴囤	6.0
		棉、麻、毛、化纤百货	
		稻草、麦秸、芦苇等	
		木材等	

自动灭火系统包括自动喷水灭火系统、水喷雾灭火系统、固定消防水炮灭火系统、自动跟踪定位射流灭火系统、固定冷却水等，是扑救中初期火灾效果很好的灭火设备，其火灾延续时间应分别按现行国家标准《自动喷水灭火系统设计规范》（GB 50084—2017）、《水喷雾灭火系统设计规范》（GB 50219—2014）和《固定消防炮灭火系统设计规范》（GB 50338—2003）的有关规定执行。考虑到二级建筑物的楼板耐火极限为1.0h，因此火灾延续时间采用1.0h。如果在1.0h内还未扑灭火灾，自动喷水灭火设备将可能因建筑物的倒塌而损坏，失去灭火作用。

建筑内用于防火分隔的防火分隔水幕和防护冷却水幕的火灾延续时间，不应小于防火分隔水幕或防护冷却火幕设置部位墙体的耐火极限。

城市隧道的火灾延续时间引用国家标准《建筑设计防火规范》（GB 50016—2014）的规定值，不应小于表16-9的规定。一类城市交通隧道的火灾延续时间应根据火灾危险性分析确定，确有困难时，可按不小于3.0h计。

表 16-9　城市交通隧道的火灾延续时间

用途	类别	隧道封闭段长度 L/m	火灾延续时间/h
可通行危险 化学品等机动车	一	L>1500	3.0
	二	500<L≤1500	3.0
	三	L≤500	2.0
	四	—	—
仅限通行非危险 化学品等机动车	一	L>3000	3.0
	二	1500<L≤3000	3.0
	三	500<L≤1500	2.0
	四	L≤500	可不设置消防给水系统
仅限人行或通行 非机动车	一	—	—
	二	—	—
	三	L>1500	可不设置消防给水系统
	四	L≤1500	可不设置消防给水系统

（3）消防给水量

一起火灾灭火用水量应按需要同时作用的室内、外消防给水用水量之和计算，两座及以上建筑合用时，应取最大者，并按下列公式计算：

$$V = V_1 + V_2$$

$$V_1 = 3.6 \sum_{i=1}^{i=n} q_{1i} t_{1i}$$

$$V_2 = 3.6 \sum_{i=1}^{i=m} q_{2i} t_{2i}$$

式中　V——建筑消防给水一起火灾灭火用水总量，m^3；

V_1——室外消防给水一起火灾灭火用水量，m^3；

V_2——室内消防给水一起火灾灭火用水量，m^3；

q_{1i}——室外第 i 种水灭火系统的设计流量，L/s；

t_{1i}——室外第 i 种水灭火系统的火灾延续时间，h；

n——建筑需要同时作用的室外水灭火系统数量；

q_{2i}——室内第 i 种水灭火系统的设计流量，L/s；

t_{2i}——室内第 i 种水灭火系统的火灾延续时间，h；

m——建筑需要同时作用的室内水灭火系统数量。

16.2.2　消防用水的水源

我国的消防用水以生活饮用水为主，而消防用水对水质的要求没有生活用水高，这就造成高品质生活用水的极大浪费。而我国是一个淡水资源十分匮乏的国家，人均占有水量为世界第 88 位，仅为世界人均占有水量的 1/4。我国有 80% 的城市缺水，其中有 110 个城市严重缺水，因此应拓展消防用水的来源，减少生活用水的浪费。

从消防的实际意义上讲，凡是可用于扑救火灾的水体均可以作为消防水源。《建筑设计消防规范》规定：消防用水可由给水管网、天然水源或消防水池供给。按照《城市污水再生利用 城市杂用水水质》（GB/T 18920—2020）标准规定，水质符合 pH 值 6.0～9.0、色度≤30、嗅味无不快感、浊度≤10NTU、溶解性总固体≤1000mg/L、BOD_5≤10mg/L、氨氮≤8mg/L、阴离子表面活性剂≤0.5mg/L、溶解氧≥2.0mg/L、总氯（出厂≥1.0mg/L、管网末端≥0.2mg/L）、大肠埃希菌不应检出的水，均可作为消防用水。

根据消防用水对水质的要求，消防用水可采用以下水源。

(1) 中水

中水即再生水，是指污水经适当处理后，达到一定的水质指标，满足某种使用要求，可以进行有益使用的水。中水主要分为城市中水系统和小区中水系统，二者作为消防供水系统，完全能够满足《建筑设计防火规范》提出的各项要求。

城市中水消防供水系统应设置消防泵房，平时由稳压泵维持低压运行，需要时启动加压泵形成临时高压系统。可以将城市中水供水系统连接至建筑的消防水池（与生活用水系统分开设置），作为建筑的消防水源，市政管网的出水口可作为备用水源。建筑的消防水泵接合器附近设置市政地下消火栓，作为消防车向建筑消防供水的备用水源，设置位置和数量应该作为该座建筑的防火设计内容。

设有中水处理系统的小区，可以将中水水池和消防水池合并建造，既节约消防水池土建费用，也加快消防水池内水的循环，避免水池内水质变坏。

(2) 循环冷却水

循环冷却水是通过换热器交换热量或直接接触换热方式来交换介质热量并经冷却塔冷却，循环使用，以节约水资源的用水。循环冷却水与生活用水的主要区别是，两者所含矿物质离子成分不同，水温不同，可以满足消防用水的水质要求，因此设有循环冷却装置的企业可以考虑使用循环冷却水作为消防用水。

《工业循环冷却水处理设计规范》（GB 50050—2017）规定：循环冷却水的系统容积宜小于小时循环水量的 1/3，当按规定的公式计算出的系统容积超过上述规定时，应调整水池容积。循环水系统规模少则几千吨，多则几万吨，其有效容量为单位时间内循环水量的 1/3，一般可以满足消防水量的要求。可以用循环冷却水池代替消防水池，但应采取消防用水量不做他用的技术措施。同时，可将市政管网入水口引入水池作用备用水源。

(3) 雨水

雨水作为自然界水循环的阶段性产物，其水质优良，是城市中十分宝贵的水资源，通过合理的规划和设计，采取相应的措施，可将城市雨水用作消防用水，这样不仅能在一定程度上缓解城市水资源的供需矛盾，而且可以有效降低城市地面水径流量，减少防洪投资和防灾损失。城市可以通过修建截留坝和调节池等设施将城市雨水径流集中贮存，以备处理后用于消防或城市杂用水等方面。

与建筑污水相比，雨水具有水量大且水质好的优势。利用屋面收集雨水后，通过雨水排水管输至地下的雨水调节池，该池容积按建筑的雨水利用量设计。当降雨量较大时，多余的雨水便排入小区的雨水管网。雨水调节池的雨水经简单处理后送入中水消防联用水池，与建筑排水的中水处理水混合，通过中水供水系统送至用户，用于消防、冲洗厕所、洗车、浇灌绿地等。

16.2.3 污水消防回用的防护与保障

在上述几种消防用水中，由于污水来源稳定，流量充足，将其经过适当处理后回用于消防，不仅可满足消防用水的需求，减少生活用水的浪费，而且是污水的一种有效消纳途径，因此得到了越来越广泛的应用。然而，将污水作为消防回用必须做好安全防护和水量保障。

（1）安全防护

在一般的设计中，消防是以生活用水作为水源，生活用水和消防用水可以通过水池、水箱或管道相连通，但当以污水处理后的中水作为消防水源时，为了保障生活用水的安全，消防系统与生活供水系统之间不得直接连接。

（2）水量保障

中水与消防用水合建的水池，其容积必须满足建筑设计防火规范的储水量和中水用水要求。水池补水管除满足中水系统的需要，还必须保障消防规范中规定的对消防系统的补水要求。

（3）泵房设计

中水泵房的耐火等级符合消防规范的要求且有直通室外安全出口时，可将消防水泵房和中水泵房合建，但应分开摆设宜于操作。当条件不满足消防要求时，应该独立建造消防水泵房。

▶ 16.3 生活杂用水

在我国的城市发展过程中，为进一步提升水资源的利用效率，部分城市正在积极进行城市污水再生利用专项规划，从多个角度进行处理。如新建住宅小区应建立完善的中水系统，并根据人口数量进行中水回用量控制，做好相关的处理工作，保证小区在建设过程中设计完整的中水回用处理站，灵活利用中水供给人们日常使用，如洗车、冲厕等，提升水资源的利用效率，减少一次水资源的使用量。对于城市中的大型商务楼、饭店、公寓、宾馆、科研单位、文化体育设施等场所，如果其建筑面积较大，应建设中水处理站，同时根据实际情况建立完善的循环用水系统，充分利用中水进行日常应用，如建筑的冲厕、绿化、道路清扫、车辆冲洗、消防用水等，提升水资源的利用效率，保证人们日常生活。

生活杂用水是指将处理后达到一定标准的水回用于日常生活的杂用，最典型的是用于洗车、冲厕。

16.3.1 洗车用水

按《洗车场所节水技术规范》（GB/T 30681—2014）的规定，洗车用水是指用于清洗车辆的水，包括清洗车辆外部和内部用水、洗涤剂等的稀释用水、洗车工具的清洁用水以及场地清洗用水。

汽车冲洗用水定额，应根据车辆用途、道路路面等级和玷污程度，以及采用的冲洗方式，可按表16-10确定。

表 16-10　汽车冲洗用水定额　　　　　　　　单位：[L/(辆·次)]

车种	软管冲洗	高压水枪冲洗	循环用水冲洗	抹车
轿车	200～300	40～60	20～30	10～15
公共汽车 载重汽车	400～500	80～120	40～60	15～30

由表 16-10 可以看出，汽车冲洗的水资源消耗量巨大，尤其是设备投资少的人工洗车方式，其用水量更大，通常洗一辆车需耗水 200L 左右，有的甚至接近 300L。整个汽车冲洗行业的用水量较大，且与车辆的保有量和冲洗频次成正相关。我国汽车市场规模全球最大，汽车产销量、保有量已连续多年居世界首位。截至 2021 年底，全国机动车保有量达到 3.95 亿辆，其中汽车 3.02 亿辆。再加上随着人们生活水平的提高，对美好事物与整洁环境的要求日益提高，洗车的频次也越来越高，因此汽车冲洗用水的耗用量非常巨大。另外，为保持城市道路与市容的整洁，施工车辆进入城市市区建成区、驶出施工现场，以及运输车辆进入城市市区，都应当采取冲洗措施，消除车身及车辆轮胎携带的泥土，这部分的冲洗用水量也相当巨大。

一直以来，我国车辆冲洗都是直接采用市政管网的自来水，这无疑加大了高品质清水的耗用量，加剧了缺水地区的水资源供需矛盾。按照《城市污水再生利用　城市杂用水水质》（GB/T 18920—2020）标准规定，水质符合 pH 值 6.0～9.0、色度≤15、嗅味无不快感、浊度≤5NTU、溶解性总固体≤1000mg/L、BOD_5≤10mg/L、氨氮≤5mg/L、阴离子表面活性剂≤0.5mg/L、铁≤0.3mg/L、锰≤0.1mg/L、溶解氧≥2.0mg/L、总氯（出厂≥1.0mg/L、管网末端≥0.2mg/L）、大肠埃希菌不应检出的水，均可作为车辆冲洗用水。

按此水质标准，对于城市居民生活和工业生产排放的大量污水，可采取适当措施稍微进行处理即可回用于车辆冲洗，从而节约大量的高品质生活用水，缓解当地水资源的供需矛盾。对于偏远的城郊和农村地区的施工车辆，可采用农村污水和建筑施工产生的生活污水经适当处理后进行车辆冲洗。

另一方面，对于集中洗车的洗车店，可通过安装循环用水设施实现洗车污水的循环利用。首先通过地面的收集系统，将洗车时流淌到地上的水收集入蓄水池内，再通过适当的净化与去污处理，将水排入另一个蓄水池。洗车时可以直接使用蓄水池内经处理了的水，当储备量不够时，再使用市政管网的自来水补充。采用这种方式，可将 80% 左右的洗车污水实现回收。

16.3.2　冲厕用水

冲厕用水是指公共及住宅卫生间便器冲洗的用水。不同卫生器具的给水额定流量、当量、连接管公称直径和最低工作压力见表 16-11。

表 16-11　卫生器具的给水额定流量、当量、连接管公称直径和最低工作压力

序号	给水配件名称	额定流量 /(L/s)	当量	连接管公称直径 /mm	最低工作压力 /MPa
1	大便器 　冲洗水箱浮球 　延时自闭式冲洗阀	 0.10 1.20	 0.50 6.00	 15 25	 0.200 0.100～0.150

序号	给水配件名称	额定流量 /(L/s)	当量	连接管公称直径 /mm	最低工作压力 /MPa
2	小便器 手动或自动自闭式冲洗阀 自动冲洗水箱进水阀	0.10 0.10	0.50 0.50	15 15	0.050 0.020
3	小便槽穿孔冲洗管（每1m长）	0.05	0.25	15～20	0.015
4	净身盆冲洗水嘴	0.10（0.07）	0.50（0.35）	15	0.050
5	医院倒便器	0.20	1.00	15	0.050

注：1. 表中括号内数值是在有热水供应时，单独计算冷水或热水时使用。
2. 当卫生器具配件所需额定流量和最低工作压力有特殊要求时，其值应按产品要求确定。

住宅最高日生活用水定额及小时变化系数如表16-12所示。

表16-12　住宅最高日生活用水定额及小时变化系数

住宅类别		卫生器具设置标准	用水定额 /[L/(人·天)]	小时变化系数 K_h
普通 住宅	Ⅰ	有大便器、洗涤盆	85～150	3.0～2.5
	Ⅱ	有大便器、洗脸盆、洗涤盆、洗衣盆、热水器和沐浴设备	130～300	2.8～2.3
	Ⅲ	有大便器、洗脸盆、洗涤盆、洗衣机、集中热水供应（或家用热水机组）和沐浴设备	180～320	2.5～2.0
别墅		有大便器、洗脸盆、洗涤盆、洗衣机、洒水栓、家用热水机组和沐浴设备	200～350	2.3～1.8

由表16-11和表16-12可知，冲厕用水的消耗量较大，且与人口的数量与使用频次正相关。据不完全统计，城市生活用水占城市供水的20%左右，而城市冲厕用水要占城市生活用水的35%左右。随着人们生活水平的提高，生活用水量在逐年增加；随着城乡差距的缩小，特别是农村厕所改造，冲厕用水量的占比也在逐渐增长。

冲厕用水对水质的要求不高，能够冲去便溺、清洁好便器即可。但目前我国绝大部分地区的冲厕用水都是直接由市政供水管网的生活用水管道供给，把品质较高的自来水低用于冲厕水，浪费了大量的优质水资源、人力资源和能源。而且随着冲厕用水量的快速增长，如果不进行必要的开源节流，必然会加剧水资源供需矛盾，加重保障居民生活供水的压力。因此应拓展冲厕用水的来源，减少生活用水的浪费。

按照《城市污水再生利用　城市杂用水水质》（GB/T 18920—2020）标准规定，水质符合pH值6.0～9.0、色度≤15、嗅味无不快感、浊度≤5NTU、溶解性总固体≤1000mg/L、BOD_5≤10mg/L、氨氮≤5mg/L、阴离子表面活性剂≤0.5mg/L、铁≤0.3mg/L、锰≤0.1mg/L、溶解氧≥2.0mg/L、总氯（出厂≥1.0mg/L、管网末端≥0.2mg/L）、大肠埃希菌不得检出的水，均可作为冲厕用水。

按此水质标准，对于城市居民生活和工业生产排放的大量污水，可采取适当措施稍微进行处理即可实现冲厕回用，既能取得显著的社会效益，又有一定的经济效益。社会效益体现在节约了优质的自来水资源，开发了新的水源，极大缓解了水资源供需矛盾，保障了生活用水的安全供给。经济效益体现在减少了既有污水量，降低了后续的处理与消纳成本。

参考文献

［1］廖传华，米展，周玲，等.物理法水处理过程与设备［M］.北京：化学工业出版社，2016.

［2］李本章.庆云县冲厕用水节流开源探讨［J］.山东水利，2021（6）：76-77.

第**17**章

污水生态回用

生态回用是指对污水进行适当处理达到一定水质要求后，将其回用于生态系统。污水生态回用包括湿地回用、地表水补水和地下水补水。随着"节能减碳"理念的不断推广，以污水为媒介的地下储能技术也日渐受到重视。

▶ 17.1 湿地回用

美国鱼类和野生生物保护机构于 1979 年对湿地的定义为"陆地和水域的交汇处，水位接近或处于地表面，或有浅层积水，至少有一个至几个以下特征：①至少周期性地以水生植物为植物优势种；②底层土主要是湿土；③在每年的生长季节，底层有时被水淹没"。定义还指湖泊与湿地以低水位时水深 2m 为界。这个定义被许多国家的湿地研究者接受。湿地的水文条件是湿地属性的决定性因素，水的来源（如降水、地下水、潮汐、河流、湖泊等）、水深、水流方式，以及淹水的持续性和频率决定了湿地的多样性。水对湿地土壤的发育有深刻影响。湿地土壤通常称为湿土或水成土。

狭义湿地（wetland）是指地表过湿或经常积水，生长湿地生物的地区。湿地生态系统（wetland ecosystem）是湿地植物、栖息于湿地的动物与微生物及其环境组成的统一整体。湿地广泛分布在世界各地，是人类最重要的环境资本之一，也是自然界富有生物多样性和较高生产力的生态系统，湿地的水陆过渡性使环境要素在湿地中的耦合和交汇作用复杂化，它对自然环境的反馈作用是多方面的。

根据形成方式，湿地可分为自然湿地和人工湿地。

17.1.1 自然湿地

自然湿地是指天然形成的湿地，可分为以下类型：①沼泽湿地，包括藓类沼泽、草本沼泽、沼泽化草甸、灌丛沼泽、森林沼泽、内陆盐泽、地热湿地、绿洲湿地；②湖泊湿地，包括永久性淡水湖、季节性淡水湖、永久性咸水湖、季节性咸水湖；③河流湿地，包括永久性河流、季节性河流、洪泛平原湿地；④滨海湿地，包括浅海滩涂湿地、河口湿地、海岸湿地、红树林湿地、珊瑚礁湿地、海岛湿地。

17.1.1.1 自然湿地的功能

自然湿地为人类社会提供了大量的生产资源和生活资料，如食物、原材料和水资源等，具有巨大的生态、经济、社会功能。湿地能抵御洪水、调节径流、控制污染、消除毒物、净化水质，是自然环境中自净能力很强的区域之一，对保护环境、维护生态平衡、保护生物多样性、蓄滞洪水、涵养水源、补充地下水、稳定海岸线、控制土壤侵蚀、保墒抗旱、净化空气、调节气候等起着极其重要的作用。

(1) 湿地的生态功能

湿地的生态功能主要体现在物质循环、生物多样性维护、调节河川径流和气候等方面。

① 保护生物和遗传多样性。湿地蕴藏着丰富的动植物资源，湿地植被具有种类多、生物多样性丰富的特点，许多的自然湿地为水生动物、水生植物、多种珍稀濒危野生动物（特别是水禽）提供了必需的栖息、迁徙、越冬和繁殖场所，对物种保存和保护物种多样性发挥着重要作用，对维持野生物种种群的存续，筛选和改良具有商品价值的物种，均具有重要意义。如果没有保存完好的自然湿地，许多野生动物将无法完成其生命周期，湿地生物将失去栖身之地。同时，自然湿地为许多物种保存了基因特性，使得许多野生生物能在不受干扰的情况下生存和繁衍。因此，湿地当之无愧地被称为生物超市和物种基因库。

我国湿地分布于高原平川、丘陵、海涂等多种地域，跨越寒、温、热多种气候带，生境类型多，生物资源十分丰富。据初步调查统计，全国内陆湿地已知的高等植物有1548种，高等动物有1500种；海岸湿地生物物种约有8200种，其中植物5000种、动物3200种。在湿地物种中，淡水鱼类有770多种，鸟类300余种，特别是鸟类在我国和世界都占有重要地位。据资料反映，湿地鸟的种类约占全国的三分之一，其中有不少珍稀种。世界166种雁鸭中，我国有50种，占30％；世界15种鹤类中，我国有9种，占60％，在鄱阳湖越冬的白鹤占世界总数的95％。亚洲57种濒危鸟类中，我国湿地内就有31种，占54％。这些物种不仅具有重要的经济价值，还具有重要的生态价值和科学研究价值。

② 调蓄径流洪水，补充地下水。湿地在控制洪水、调节河川径流、补给地下水和维持区域水平衡等方面的功能十分显著，是其他生态系统所不能替代的。湿地是陆地上的天然蓄水库，还可以为地下蓄水层补充水源。

③ 调节区域气候和固定二氧化碳。由于湿地环境中，微生物活动弱，土壤吸收和释放二氧化碳十分缓慢，形成了富含有机质的湿地土壤和泥炭层，起到了固定碳的作用。湿地的水分蒸发和植物叶面的水分蒸腾，使得湿地和大气之间不断进行能量和物质交换，对周边地区的气候调节具有明显的作用。

④ 降解污染和净化水质。许多自然湿地生长的湿地植物、微生物通过物理过滤、生物吸收和化学合成与分解等，把人类排入湖泊、河流等湿地的有毒有害物质降解和转化为无毒无害甚至有益的物质。湿地在降解污染和净化水质上的强大功能使其被誉为"地球之肾"。

⑤ 防浪固岸。湿地中生长着多种多样的植物，这些湿地植被可以抵御海浪、台风和风暴的冲击力，防止对海岸的侵蚀，同时它们的根系可以固定、稳定堤岸和海岸，保护沿海工农业生产。

(2) 湿地的经济功能

广阔多样的湿地，蓄藏有丰富的淡水、动植物、矿产及能源等自然资源，可以为社会生产提供水产、禽蛋、莲藕等多种食品，以及工业原材料、矿产品等，具有较好的经济功能。

① 提供丰富的动植物产品。湿地提供的水稻、肉类、莲、藕、菱、芡及浅海水域的一些鱼、虾、贝、藻类等是富有营养的副食品；有些湿地动植物还可入药；有许多动植物还是发展轻工业的重要原材料，如芦苇就是重要的造纸原料。

② 提供水资源。湿地水资源丰富，是人类发展工、农业生产用水和城市生活用水的主要来源。我国众多的沼泽、池塘、溪流、河流、湖泊和水库在输水、储水和供水方面发挥着巨大效益，其他湿地如泥炭沼泽森林可以成为浅水水井的水源。

③ 提供矿物资源。湿地中有各种矿砂和盐类资源，可以为人类社会工业经济的发展提供包括食盐、天然碱、石膏等多种工业原料，以及硼、锂等多种稀有金属矿藏。中国一些重要油田，大都分布在湿地区域，湿地的地下油气资源开发利用在国民经济中的意义重大。

④ 能源和水运。湿地可以发展水电、水运，增加电力和交通运输能力。湿地通过航运、电能为人类文明和进步做出了巨大贡献。中国约有 10 万公里内河航道，内陆水运承担了大约 30% 的货运量。

(3) 湿地的社会功能

湿地为人类提供了集聚场所、娱乐场所、科研和教育场所，许多湿地自然环境独特，风光秀丽，具有自然观光、旅游、娱乐等美学方面的功能和巨大的景观价值。长期以来，由于湿地特有的资源优势和环境优势，一直都是人类居住的理想场所，先民们"逐水草而居，顺天时而动"，湿地为人类的繁衍和文明的发展提供了物质保障，是人类社会文明和进步的发祥地。中国有许多重要的旅游风景区都分布在湿地地区，壮观秀丽的自然景色使其成为生态旅游和疗养的胜地。城市中的水体在美化环境、为居民提供休憩空间方面有着重要的社会效益。有些湿地还保留了具有宝贵历史价值的文化遗址，是历史文化研究的重要场所。湿地丰富的野生动植物和遗传基因等为教育和科学研究提供对象和实验基地。湿地保留的过去和现在的生物、地理等方面演化进程的信息，具有十分重要和独特的价值。

17.1.1.2 自然湿地减少的原因

自然湿地减少的原因可分为自然原因和人为原因。自然原因包括：①全球气候变暖，加剧了湿地水分的蒸发，同时永久性冻土层融化而使水分更容易下渗，二者均会导致湿地的水资源量减少；②海平面上升，沿海低地被淹，而湿地多分布在沿海和高纬度地区。人为原因包括：①土壤破坏，人类不合理使用土地，导致了土壤的酸化与其他形式的污染，严重破坏了湿地内的生态环境；②环境破坏，如水污染、空气污染；③围湖、围海造田，会直接减少湿地面积；④河流改道，影响了河流对湿地的水量补给作用。

17.1.2 人工湿地

人工湿地是由人工建造和控制运行的与沼泽地类似的地面，将污水、污泥有控制地投配到经人工建造的湿地上，污水与污泥在沿一定方向流动的过程中，主要利用土壤、人工介质、植物、微生物的物理、化学、生物三重协同作用，对污水、污泥进行处理的一种技术，其作用机理包括吸附、滞留、过滤、氧化还原、沉淀、微生物分解、转化、植物遮蔽、残留物积累、蒸腾水分和养分吸收及各类动物的作用。人工湿地包括水库、池塘、稻田、渠系、运河等。

17.1.2.1　人工湿地的功能

人工湿地是一个综合的生态系统，它应用生态系统中物种共生、物质循环再生原理，结构与功能协调原则，在促进污水中污染物质良性循环的前提下，充分发挥资源的生产潜力，防止环境的再污染，获得污水处理与资源化的最佳效益，具有缓冲容量大、处理效果好、工艺简单、投资省、运行费用低等特点。

（1）污水中污染物的去除机理

物理过滤和吸附作用是湿地系统对污水中的污染物进行拦截从而实现污水净化的重要途径之一。污水进入湿地系统，污水中的固体颗粒与基质颗粒之间会发生作用，水流中的固体颗粒直接碰到基质颗粒表面被拦截。水中颗粒迁移到基质颗粒表面时，在范德华力和静电力作用下以及某些化学键和某些特殊的化学吸附力作用下，被黏附于基质颗粒上，也可能因为存在絮凝颗粒的架桥作用而被吸附。此外，由于湿地床体长时间处于浸水状态，床体很多区域内基质形成土壤胶体，这些土壤胶体本身具有极大的吸附能力，也能够截留和吸附进水中的悬浮颗粒。

BOD 的去除主要靠微生物的吸附和代谢作用，利用悬浮的底泥和寄生在植物上的细菌的代谢作用将悬浮物、胶体、可溶性固体分解成无机物，代谢产物均为无害的稳定物质，因此可使处理后水中残余的 BOD 浓度很低。污水中 COD 去除的原理与 BOD 基本相同。N 主要通过生物硝化-反硝化作用和植物吸收的方法而去除。植物根系分泌物对大肠埃希菌和病原体有灭活作用，植物吸收相当数量的氮和磷，生长的多年生沼泽植物每年收割一次，可将氮与磷吸收、合成后移出人工湿地系统。

（2）湿地植物的作用

植物是人工湿地的重要组成部分。人工湿地根据主要植物优势种的不同，可分为浮水植物人工湿地、浮叶植物人工湿地、挺水植物人工湿地、沉水植物人工湿地等不同类型。湿地中的植物对于湿地净化污水的作用能起到极重要的影响。

第一，湿地植物和所有进行光合自养的有机体一样，具有分解和转化有机物和其他物质的能力。植物通过吸收同化作用，能直接从污水中吸收可利用的营养物质，如水体中的氮和磷。水中的铵盐、硝酸盐以及磷酸盐都能通过这种作用被植物吸收，最后通过被收割而离开水体。

第二，植物的根系能吸附和富集重金属和有毒有害物质。植物的根茎叶都有吸收富集重金属的作用，其中根部的吸收能力最强。在不同的植物种类中，沉水植物的吸附能力较强。根系密集发达、交织在一起的植物也能对固体颗粒起到拦截吸附作用。

第三，植物为微生物的吸附生长提供了更大的表面积。植物的根系是微生物重要的栖息、附着和繁殖的场所。相关文献表明，植物根际的微生物数量比非根际微生物数量多得多，而微生物能起到重要的降解水中污染物的作用。

第四，人工湿地植物的光合作用，能够为水体输送氧气，增加水体的活性。

第五，人工湿地以水生植物、水生花卉为主要处理植物，具有良好的景观效果，有利于改造环境，还可通过选种一些具备净化效果和经济价值较高的水生植物，从而取得可持续的经济效益。

（3）微生物的作用

湿地系统中的微生物是降解水体中污染物的主力军。好氧微生物通过呼吸作用，将污水中的大部分有机物分解成为二氧化碳和水，厌氧细菌将有机物质分解成二氧化碳和甲烷，硝化细菌将铵盐硝化，反硝化细菌将硝态氮还原成氮气，等等。通过这一系列的作用，污水中的主要有机污染物都能得到降解同化，成为微生物细胞的一部分，其余的变成对环境无害的无机物质回归到自然界中。

湿地生态系统中还存在某些原生动物及后生动物，甚至一些湿地昆虫和鸟类也能参与吞食湿地系统中沉积的有机颗粒，然后进行同化作用，将有机颗粒作为营养物质吸收，从而在某种程度上去除污水中的颗粒物。

17.1.2.2　人工湿地的类型

人工湿地处理系统可以分为地表流人工湿地和潜流式人工合成湿地。

（1）地表流人工湿地

地表流湿地与地表漫流土地处理系统非常相似，不同的是：①在表面流湿地系统中，四周筑有一定高度的围墙，维持一定的水层厚度（一般为10~30cm）；②湿地中种植挺水型植物（如芦苇等）。

向湿地表面布水，水流在湿地表面呈推流式前进，在前进过程中，与土壤、植物及植物根部的生物膜接触，通过物理、化学以及生物反应，污水得到净化，并在终端流出。

（2）潜流式人工合成湿地

潜流式湿地一般由两级湿地串联、处理单元并联组成。湿地中根据处理污染物的不同而填有不同介质，种植不同种类的净化植物。水通过基质、植物和微生物的物理、化学和生物途径共同完成系统的净化，对 BOD、COD、TSS、TP、TN、藻类、石油类等有显著的去除效率。

潜流式人工合成湿地的形成分为垂直流潜流式人工湿地和水平流潜流式人工湿地，利用湿地中不同流态特点净化进水。经过潜流式湿地净化后的出水可达到地表水Ⅲ类标准，再通过排水系统排放。

① 垂直流潜流式人工湿地。在垂直潜流系统中，污水由表面纵向流至床底，在纵向流的过程中污水依次经过不同的介质层，达到净化的目的。垂直流潜流式湿地具有完整的布水系统和集水系统，其优点是占地面积较其他形式湿地小，处理效率高，整个系统可完全建在地下，地上可以建成绿地和配合景观规划使用。

② 水平流潜流式人工湿地。是潜流式湿地的另一种形式，污水由进口一端沿水平方向流动的过程中依次通过砂石、介质、植物根系，流向出水口一端，以达到净化目的。

17.1.3　污水在湿地中的回用

污水在湿地中的回用是将污水经适当处理，使其水质达到一定要求后回用于湿地，根据湿地生态用水的要求，对水资源严重匮乏的湿地进行补水。根据湿地的种类，污水回用于湿地环境的作用可分为恢复自然湿地、营造人工湿地。

（1）恢复自然湿地

因自然和人为的原因，如果水资源过度消耗，自然湿地就会减少或被破坏。湿地恢复是指通过生态技术或生态工程对退化或消失的湿地进行修复或重建，再现干扰前的结构和功能，以及相关的物理、化学和生物学特性，使其发挥应有的作用。对于因水资源过量减少而退化或消失的湿地，可采取以下措施进行恢复：①提高地下水位来养护沼泽，改善水禽栖息地；②增加湖泊的深度和广度以扩大湖容，增加鱼的产量，增强调蓄功能；③迁移湖泊、河流中的富营养沉积物以及有毒物质以净化水质；④恢复泛滥平原的结构和功能以利于蓄纳洪水，提供野生生物栖息地以及户外娱乐区。

无论采取何种措施，对湿地进行补水是使自然湿地恢复的关键。但一般说来，湿地的水容量巨大，如果采用湿地范畴以外的地表水或自来水进行补水，不仅需要大量的水资源，从而加剧区域水资源的供需矛盾，而且还需消耗大量的能源用于补给水的输送，经济性较差。如能根据湿地的地理位置，按就近的原则，将城市污水、工业污水和农村污水回用作湿地补水，从而使湿地逐渐得到恢复，则既可减少高品质水资源的耗用，并可节省大量的能源，从而取得显著的社会效益和经济效益。

由于自然湿地具有较为复杂的生态组成，其自净化能力相对较强，因此将污水回用作湿地补水时，应区别对待。对于城市污水、农村污水和基本不含毒害性污染物的工业污水，可直接回用，而对于含有高毒害性污染物的工业污水，必须先进行适当处理后才能回用作湿地补水。

目前的湿地恢复实践主要集中在沼泽、湖泊、河流及河缘湿地和红树林湿地的恢复上，不同类型、不同原因造成的湿地生态系统退化的恢复与重建的技术、策略均不一样，因此在实践中应具体问题具体分析，采用相应的合适技术与措施。

(2) 营造人工湿地

如前所述，人工湿地是将污水、污泥有控制地投配到由人工营造和控制运行的与沼泽地类似的地面，用于进行污水、污泥处理的一种技术和措施，人工湿地存续的关键是污水、污泥的持续性输入，以维持人工湿地所需的水资源量。

由于人工湿地中的水生植物、微生物自成一生态系统，而且湿地存在的某些原生动物及后生动物、水生植物产生的果实等也会吸引湿地昆虫和鸟类参与至其食物链，人工湿地对污水、污泥的适应性较强，因此可根据污水的来源及其组分，控制回用污水的输入量，维持人工湿地的正常运行。

▶ 17.2　地表水补水

地表水的范畴有两类：广义的地表水指地球表面的一切水体，包括海洋、冰川、湖泊、沼泽以及地下一定深度的水体，生物水和大气水不属于地表水；狭义的地表水专指地球陆地表面暴露出来的水，用以和地下水相区别，基本指河流、冰川、湖泊、沼泽四种水体，不包括海洋。通常所说的地表水即指狭义的地表水，它是人类生活用水的重要来源之一，也是世界各国水资源的主要组成部分。

17.2.1　地表水的载体

地表水的载体有河流、冰川、湖泊和沼泽四类。

(1) 河流

河流分布较广，水量更新快，便于取用，历来就是人类开发利用的主要水源。一个地区的地表水资源条件通常用河流径流量表示。河流径流量除了直接受降水的影响外，地形、地质、土壤、植被等下垫面因素对径流也有明显的影响。雨水、冰雪融水通过地表或地下补给河流。地下水补给河流部分叫作基流，水量较为稳定，水质一般良好，对供水有重要价值。

中国大小河流的总长度约为 42 万公里，径流总量达 27115 亿立方米，占全世界径流量的 5.8%。中国的河流数量虽多，但地区分布很不均匀，全国径流总量的 96% 都集中在外流流域，面积占全国总面积的 64%，内陆流域仅占 4%，面积占全国总面积的 36%。冬季是中国河川径流的枯水季节，夏季为丰水季节。

(2) 冰川

极地冰川和冰盖难以大量开采利用，但中低纬度的高山冰川则是比较重要的水资源。高山冰川是"固体水库"，储存固态降水，泄放冰雪融水，对河流有补给调节作用，使河流的年径流变化比较稳定。

中国的冰川都是山岳冰川，可分为大陆性冰川与海洋性冰川两大类，其中大陆性冰川约占全国冰川面积的 80% 以上。中国冰川分布在西北、西南地区河流的源头，总面积约 56500 平方公里，总储量约 5 万亿立方米，多年平均冰川融水量 550 亿立方米。冰川融水是中国西北内陆河的水源之一，具有干旱年多水、湿润年少水的特点，对农业生产十分有利。

(3) 湖泊

湖泊（水库）是蓄存、调节径流的水体，更新缓慢。内陆湖多为咸水湖，对农业供水意义不大，但蕴藏有矿物资源。外流湖和人工水库有调节径流、净化河水和养殖水产的作用，能提高河流径流的综合利用程度。

中国的湖泊分布很不均匀，总面积约 74280 平方公里（1 平方公里以上的湖泊有 2800余个），主要分布在青藏高原、长江中下游和淮河下游，其中淡水湖泊的面积为 3.6 万平方公里，占总面积的 45% 左右。此外，中国还先后兴建了人工湖泊和各种类型的水库共计 8.6 万余座。中国湖泊总储水量约 7330 亿立方米，其中淡水储量占 30%。随着人类活动的增加，干旱地区的一些湖泊面临退缩、干涸的危险，经济发达地区的湖泊存在盲目围垦和湖水污染的问题。

(4) 沼泽

沼泽是一种独特的水体，是一些生长喜湿植物的过湿地区。

中国沼泽的分布很广，仅泥炭沼泽和潜育沼泽两类面积即达 11.3 万余平方公里，主要分布在东北三江平原、嫩江平原的低洼处以及黄河上游和沿海的一些地带。中国大部分沼泽分布于低平而丰水的地段，土壤潜在肥力高，是进一步扩大耕地面积的重要对象。

17.2.2 水资源的危机

根据现有资料估算，全球水的总储量为 $1.386 \times 10^9 \mathrm{km}^3$，但淡水所占比例极少，约为

2.53%，而且多储存于冰川、雪山和深度为750m以下的地下，便于取用的河水、湖泊水及浅层地下水等水资源约为全球总水储量的0.02%。从总的水储量和循环量来看，地球上的水资源是丰富的，如能妥善保护与利用，可以供应200亿人使用，但由于分布不平衡，生活浪费，全世界60%的地区供水不足，严重缺乏用水，情况严峻。另外，由于消耗量不断增长和可利用水域的污染等原因，造成可利用水资源的短缺和危机。

目前，水资源的危机主要表现在以下三个方面：

（1）水资源的短缺

20世纪世界人口增长了近3倍，淡水消耗量也增加了约6倍，其中工业用水增加了26倍，而世界淡水资源的总量基本不变，到20世纪末人均占有水量仅是世纪初的1/18。目前全球约有24亿人生活在严重缺水的地区。照这种趋势发展下去，到21世纪中叶，世界将有近20亿人缺少饮用水。与此同时，水资源的短缺也带来了生态系统恶化和生物多样性破坏，这将严重威胁人类的生存。在全世界水资源的利用上，农业占到了70%，工业占到了近25%，其中发达国家和发展中国家存在显著的差异。

日益严重的水污染蚕食了大量可供人类使用的水资源。随着工业的迅速发展和城市化进程的加快，目前全世界每年排放的工业污水约为$4.26 \times 10^{11} m^3$，这使可供人类使用总量的1/3的淡水资源受到污染，导致本来就很紧张的淡水资源雪上加霜。

我国是一个干旱严重缺水的国家，多年的平均降水总量$6.2 \times 10^{12} m^3$，除通过土壤水直接利用于天然生态系统与人工生态系统外，可通过水循环更新的地表水和地下水的多年平均水资源总量为$2.8 \times 10^{12} m^3$，占全球水资源的6%，仅次于巴西、俄罗斯和加拿大，居世界第四位，但人均只有2300m^3，仅为世界平均水平的1/4，是全球13个人均水资源最为贫乏的国家之一。扣除难以利用的洪水径流和散布在偏远地区的地下水资源后，我国现实可利用的淡水资源量更少，仅为$1.1 \times 10^{12} m^3$左右，人均可利用的水资源量约为900m^3。

目前，我国正常年份的蓄水量约为$6 \times 10^{11} m^3$，全国正常年份的缺水量约为$4 \times 10^{10} m^3$。据有关经济学家预测，到2030年中国工业用水量将增加到$2.69 \times 10^{11} m^3$，缺水性质从以工程型缺水为主向以资源型缺水和水质型缺水为主转变。水不仅影响工业的发展，成为制约经济发展的主要因素，而且严重影响人民的生活质量和社会安定。

我国水资源的空间分布极不均衡，北方水资源贫乏，南方水资源相对丰富，南北相差悬殊。长江及其以南地区的流域面积占全国总面积的36.5%，却拥有占全国80.9%的水资源总量，长江以北地区的流域面积占全国总面积的63.5%，而拥有的水资源量仅占全国的19.1%。即使在北方地区，水资源的空间分布也与土地资源极不相配。黄河、海河、淮河三大流域的土地面积占全国的13.4%，耕地占39%，人口占35%，GDP占32%，而水资源量仅占7.7%，人均水资源量约为500m^3，耕地水资源少于6000m^3/km^2，是我国水资源最为紧张的地区。西北内陆河流域的土地面积占全国的35%，耕地占5.6%，人口占2.1%，GDP占1.8%，水资源量占4.8%，该地区属于干旱地区，但因人口稀少，人均水资源量约为5200m^3，耕地水资源量约为24000m^3/km^2。目前，我国部分地区已进入严重的水资源短缺状态，大河断流现象时有发生，水的问题不得不引起人们的高度重视。

（2）水资源的浪费

一方面是水资源的严重紧缺，另一方面则是水资源的无谓浪费。在输水、耗水和水的重复利用效率等方面，我国与国外相比差距较大。

尽管城市节水已经取得明显成效，但是浪费水和用水效率不高的现象仍十分普遍。生活用水器具与城市管网的跑、冒、滴、漏现象十分严重。全国城市供水管网的实际漏失率为 20％以上。市政公共用水的浪费更加惊人，其人均生活用水量高达 200～900L/d。

工业用水的浪费问题也很突出，以石油加工业为例，我国加工 1t 油的耗水量是国外的近 5 倍，其他工业产品的耗水量也均比国外高出数倍。据美国世界观察研究所报告，中国生产 1t 乙烯所需的水量相当于日本或美国的 3～6 倍。

尽管我国的水资源如此紧张，但用水效率极其低下，用水浪费现象普遍存在。全国农田灌溉水的利用系数为 0.4～0.5，而先进国家为 0.7～0.8；全国工业万元产值的用水量是发达国家的 5～10 倍，工业用水的重复利用率不到 50％，而发达国家为 85％以上。

（3）水污染的加剧

水是工业污染物杂质排放的重要载体。我国每年的污水排放总量达 360 亿吨，除 70％的工业污水和不到 10％的生活污水经处理排放外，其余污水未经处理直接排入江河湖海，致使水质严重恶化，污水中化学需氧量、重金属、砷、氰化物、挥发酚等都呈上升趋势。

据水利部对全国 700 余条河流约 10×10^4 km 河长开展的水资源质量评价结果：46.5％的河长受到污染（相当于Ⅳ、Ⅴ类）；10.6％的河长严重污染（已超Ⅴ类），水体已丧失使用价值。90％以上的城市水域污染严重。从地区分布来看，支流水质一般劣于干流，干流下游水质一般劣于上游，城市工矿区河段水质最差。南方河流水质整体上优于北方河流，中西部地区水质整体上优于东部发达地区。在全国七大流域中，太湖、淮河、黄河流域均有 70％以上的河段受到污染；海河、松辽流域污染也相当严重，污染河段占60％以上。全国有 1/4 的人口饮用不符合卫生标准的水。与此同时河流污染的发展趋势也令人担忧。从全国情况看，污染正从支流向干流延伸，从城市向农村蔓延，从地表向地下渗透，从区域向流域扩展。

据检测，目前全国多数城市的地下水都受到了不同程度的点状和面状污染，且有逐年加重的趋势。据有关部门对 118 个城市 2～7 年的连续监测资料，64％的城市地下水受到严重污染，33％的城市地下水受到轻度污染，基本清洁的城市地下水只有 3％。从地区分布来看，北方地区比南方地区更为严重。城市地下水受污染的途径很多，主要是化学污染、生物性污染以及超量开采引起的盐水入侵，并且其污染来源十分广泛，包括生活污水、工业污水、农药、化肥、城市垃圾、粪便与海水等。日益严重的水污染不仅降低了水体的使用功能，而且进一步加剧了水资源短缺的矛盾，对我国正在实施的可持续发展战略带来了严重影响，而且还严重威胁到城市居民的饮水安全和人民群众的健康。在我国 669个建制市中，目前有 400 多个城市不同程度缺水，其中严重缺水的城市有 110 个，全国城市年缺水总量达 60 亿立方米。因此，未来我国水资源面临的形势是非常严峻的。

17.2.3　缓解水危机的措施

水是生命之源，生活之基，生产之要，生态之素，人类社会的发展一刻也离不开水。在现代社会中，水更是经济可持续发展的必要物质条件。然而，随着社会经济的快速发展，城市化进程的加快，水资源供需矛盾更加突出，水对经济安全、生态安全、国家安全的影响更加突出，成为制约可持续发展的重要因素。因此必须采取有效措施，缓解当前的水危机。

（1）减少耗水量

当前我国的水资源利用，一方面感到水资源紧张，另一方面浪费又很严重。同工业发达国家相比，我国许多单位产品的耗水量要高得多。耗水量大，不仅造成了水资源的浪费，而且是造成水环境污染的重要原因。通过企业的技术改造，推行清洁生产，降低单位产品用水量，一水多用，提高水的重复利用率等，都在实践中被证明是行之有效的。

（2）建立城市污水处理系统

为了控制水污染的发展，工业企业还必须积极治理水污染，尤其是有毒污染物的排放必须单独处理或预处理。随着工业布局、城市布局的调整和城市下水道管网的建设与完善，可逐步实现城市污水的集中处理，使城市污水处理与工业污水处理结合起来。

（3）产业结构调整

水体的自然净化能力是有限的，合理的工业布局可以充分利用自然环境的自净能力，变恶性循环为良性循环，起到发展经济、控制污染的作用。关、停、并、转那些耗水量大、污染重、治污代价高的企业，也要对耗水量大的农业结构进行调整，特别是干旱、半干旱地区要减少水稻种植面积，走节水农业与可持续发展之路。

（4）控制农业面源污染

农业面源污染包括农村生活源、农业面源、畜禽养殖业、水产养殖的污染。解决面源污染比工业污染和大中城市生活污水难度更大，需要通过综合防治和开展生态农业示范工程等措施进行控制。

（5）开发新水源

我国的工农业和生活用水的节约潜力不小，需要抓好节水工作，减少浪费，达到降低单位国民生产总值的用水量。南水北调工程的实施，对于缓解山东、华北地区的严重缺水有重要作用。修建水库、开采地下水、净化海水等可缓解日益紧张的用水压力，但修建水库、开采地下水时要充分考虑对生态环境和社会环境的影响。

（6）加强水资源的规划管理

水资源规划是区域规划、城市规划、工农业发展规划的主要组成部分，应与其他规划同时进行。

合理开发还必须根据水的供需状况实行定额用水，并将地表水、地下水和污水资源统一开发利用，防止地表水源枯竭、地下水位下降，切实做到合理开发、综合利用、积极保护、科学管理。

利用市场机制和经济杠杆作用促进水资源的节约化，促进污水管理及其资源化。为了有效地控制水污染，在管理上应从浓度管理逐步过渡到总量控制管理。

可喜的是，随着这些措施的推行，2019年3月，长江、黄河、珠江、松花江、淮河、海河、辽河等七大流域及西北诸河、西南诸河和浙闽片河流中，Ⅰ～Ⅲ类水质断面比例为75.4%，同比上升3.4个百分点；劣Ⅴ类为5.8%，同比下降3.2个百分点。主要污染指标为氨氮、COD和BOD$_5$。其中，西南诸河和西北诸河水质为优，长江流域、浙闽片河流和珠江流域水质良好，淮河、松花江、黄河、辽河和海河流域为轻度污染。

17.2.4　污水地表水补水

日益恶化的水环境引起河湖萎缩、功能退化，部分湖泊咸化趋势明显，已严重影响到经济社会的可持续发展。在北方缺水地区，由于河道天然径流减少，引用水量增加，开发利用不尽合理，江河断流及平原地区河流枯萎已成为一个严重的水环境问题。近30年来，我国湖泊水面面积已缩小了30%。素有千湖之称的江汉湖群，目前的湖泊面积仅为新中国成立初期的50%。

调查表明，我国西北干旱、半干旱地区湖泊干涸现象十分严重，部分湖泊含盐量和矿化度明显升高，湖泊咸化趋势明显。新疆的博斯腾湖，由于上游修建灌溉工程，入湖水量锐减，含盐高的灌区退水又不断入湖，湖水矿化度上升了6倍，水位降低3.5m，水面大幅减少，已逐渐由淡水湖演变成为咸水池。

河湖萎缩、功能退化的主要危害除加剧水资源危机、影响人民生活和工业生产外，还对生态环境产生重要影响，造成生物减少、地下水位下降、风沙加剧，以及气候异常等多种效应。

污水地表水补水是将污水输入河流、湖泊等地表水体，以补充其水量的耗量。但无论是城市污水、工业污水还是农村污水，其中都含有一定的污染物，如果直接用于地表水的补水，将会导致受纳水体受到污染，严重的会使受纳水体完全丧失水的使用功能。为此，我国针对全国江河、湖泊、运河、渠道、水库等具有使用功能的地表水水域，制定了《地表水环境质量标准》（GB 3838—2002），各类地表水环境的质量标准如表17-1所示。

表17-1　地表水环境质量标准基本项目标准限值

序号	项目		Ⅰ类	Ⅱ类	Ⅲ类	Ⅳ类	Ⅴ类
1	水温/℃		人为造成的环境水温变化应限制在:周平均最大温升≤1;周平均最大温降≤2				
2	pH值		6～9				
3	溶解氧/(mg/L)	≥	饱和率90%（或7.5）	6	5	3	2
4	高锰酸盐指数/(mg/L)	≤	2	4	6	10	15
5	化学需氧量(COD)/(mg/L)	≤	15	15	20	30	40
6	五日生化需氧量(BOD$_5$)/(mg/L)	≤	3	3	4	6	10
7	氨氮(NH$_3$-N)/(mg/L)	≤	0.15	0.5	1.0	1.5	2.0
8	总磷(以P计)/(mg/L)	≤	0.02（湖、库0.01）	0.1（湖、库0.025）	0.2（湖、库0.05）	0.3（湖、库0.1）	0.4（湖、库0.2）
9	总氮(湖、库,以N计)/(mg/L)	≤	0.2	0.5	1.0	1.5	2.0

序号	项目		Ⅰ类	Ⅱ类	Ⅲ类	Ⅳ类	Ⅴ类
10	铜/(mg/L)	≤	0.01	1.0	1.0	1.0	1.0
11	锌/(mg/L)	≤	0.05	1.0	1.0	2.0	2.0
12	氟化物(以 F$^-$计)/(mg/L)	≤	1.0	1.0	1.0	1.5	1.5
13	硒/(mg/L)	≤	0.01	0.01	0.01	0.02	0.02
14	砷/(mg/L)	≤	0.05	0.05	0.05	0.1	0.1
15	汞/(mg/L)	≤	0.00005	0.00005	0.0001	0.001	0.001
16	镉/(mg/L)	≤	0.001	0.005	0.005	0.005	0.01
17	铬(六价)/(mg/L)	≤	0.01	0.05	0.05	0.05	0.1
18	铅/(mg/L)	≤	0.01	0.01	0.05	0.05	0.1
19	氰化物/(mg/L)	≤	0.005	0.05	0.2	0.2	0.2
20	挥发酚/(mg/L)	≤	0.002	0.002	0.005	0.01	0.1
21	石油类/(mg/L)	≤	0.05	0.05	0.05	0.5	1.0
22	阴离子表面活性剂/(mg/L)	≤	0.2	0.2	0.2	0.3	0.3
23	硫化物/(mg/L)	≤	0.05	0.1	0.2	0.5	1.0
24	粪大肠菌群/(个/L)	≤	200	2000	10000	20000	40000

用于地表水补水的污水必须经过适当的处理，使其水质满足该标准的要求。具体处理方法可参见相关书籍（《物理法水处理过程与设备》《化学法水处理过程与设备》《生物法水处理过程与设备》，化学工业出版社）。

▶ 17.3 地下水补水

地下水（ground water），是指赋存于地面以下岩石空隙中的水，狭义上是指地上水面以下饱和含水层中的水。在中华人民共和国国家标准《水文地质术语》（GB/T 14157—93）中，地下水是指埋藏在地面以下各种形式的重力水。国外学者认为地下水的定义有三种：一是指与地表水有显著区别的所有埋藏在地下的水，特指含水层中饱水带的那部分水；二是向下流动或渗透，使土壤和岩石饱和，并补给泉和井的水；三是在地下的岩石孔洞里、在组成地壳物质的空隙中储存的水。

地下水是水资源的重要组成部分，由于水量稳定，水质好，是农业灌溉、工矿和城市的重要水源之一，但在一定条件下，地下水的变化也会引起沼泽化、盐渍化、滑坡、地面沉降等不利自然现象。

17.3.1 地下水的分类与分布

按起源不同，可将地下水分为渗入水、凝结水、初生水、埋藏水和包气带水。

渗入水：由降雨渗入地下形成的地下水称为渗入水。

凝结水：水汽凝结形成的地下水称为凝结水。当地面的温度低于空气的温度时，空气中的水汽便要进入土壤和岩石的空隙中，在颗粒和岩石表面凝结形成地下水。

初生水：既不是降水渗入，也不是水汽凝结形成的，而是由岩浆中分离出来的气体冷凝形成，这种水是岩浆作用的结果，称为初生水。

埋藏水：与沉积物同时生成或海水渗入原生沉积物的空隙中而形成的地下水称为埋藏水。

包气带水：含水岩土分为两个带，上部是包气带，即非饱和带，其内部含有季节性存在的水，如吸着水、薄膜水、毛管水、气态水和暂时存在的重力水，同时还含有气体。下部为饱水带，即饱和带。饱水带岩土中的空隙充满水。狭义的地下水是指饱水带中的水。

依据地下水的赋存、分布状态，将全国地下水类型划分为平原-盆地地下水、黄土地区地下水、岩溶地区地下水和基岩山区地下水四种类型。

（1）平原-盆地地下水

地下水主要赋存于松散沉积物和固结程度较低的岩层之中，一般水量比较丰富，具有重要开采价值，分布于我国的各大平原、山间盆地、大型河谷平原和内陆盆地的山前平原和沙漠中，主要包括黄淮海平原、三江平原、松辽平原、江汉平原、塔里木盆地、准噶尔盆地、四川盆地，以及河西走廊、河套平原、关中盆地、长江三角洲、珠江三角洲、黄河三角洲、雷州半岛等地区。我国平原盆地地下水分布面积 $2.7389 \times 10^6 \text{km}^2$，占全国评价区总面积的 28.86%；地下水可开采资源量 $1.68609 \times 10^{11} \text{m}^3/\text{a}$，占全国地下水可开采资源总量的 47.79%。

黄淮海平原是我国第一大地下水富集区，评价区面积 $2.413 \times 10^5 \text{km}^2$，占全国评价区总面积的 2.64%，地下水可开采资源量 $3.7337 \times 10^{10} \text{m}^3/\text{a}$，占全国地下水可开采资源总量的 10.58%，范围包括北京市南部、天津市大部、河北省东部、河南省东北部、山东省西北部、安徽省北部和江苏省北部地区。三江-松辽平原是我国第二大地下水富集区，评价区面积 $3.42 \times 10^5 \text{km}^2$，占全国评价区总面积的 3.74%，地下水可开采资源量 $3.064 \times 10^{10} \text{m}^3/\text{a}$，占全国地下水可开采资源总量的 8.68%，范围包括黑龙江省大部、吉林省西部、辽宁省西部和内蒙古自治区东北部地区。

（2）黄土地区地下水

黄土地区地下水是平原-盆地地下水的一种，是中国的一大特色，主要分布在我国的陕西省北部、宁夏回族自治区南部、山西省西部和甘肃省东南部地区，即日月山以东、吕梁山以西、长城以南、秦岭以北的黄土高原地区。黄土地区地下水主要赋存于黄土塬区，在一些规模较大的塬区，地下水比较丰富，具有供水价值。评价区面积 $1.718 \times 10^5 \text{km}^2$，占全国评价区总面积的 1.81%；地下水可开采资源量 $9.744 \times 10^9 \text{m}^3/\text{a}$，占全国地下水可开采资源总量的 3.0%。

（3）岩溶地区地下水

地下水主要赋存于碳酸盐岩（石灰岩）的溶洞裂隙中，其赋存状态取决于岩溶发育程度。我国碳酸盐分布较广，有的直接裸露于地表，有的埋藏于地下，不同气候条件下，其岩溶发育程度不同，特别是北方和南方地区差异明显。我国岩溶地区地下水分布面积约 $8.283 \times 10^5 \text{km}^2$，占全国评价区总面积的 8.73%；岩溶地下水可开采资源量 $8.7002 \times 10^{10} \text{m}^3/\text{a}$，占全国地下水可开采资源总量的 26.7%，开发利用价值非常大。

北方岩溶区主要包括京津辽岩溶区、晋冀豫岩溶区、济徐淮岩溶区，分布于北京、山西、河北、河南、山东、江苏、安徽、辽宁、天津等省（市、区）的部分地区。北方岩溶地下水具有集中分布的特点，往往形成大型、特大型水源地，成为城市与大型工矿企业供水的重要水源。南方岩溶区主要分布在西南岩溶石山地区，包括云南、贵州、广西的大部分地区和广东、湖南、湖北等省的部分地区。南方岩溶地下水主要赋存于地下暗河系统里，地下水补给充沛，但地下水地表水转化频繁，岩溶地下水难以被很好地开发利用，往往形成"一场大雨遍地淹，十天无雨到处干"的特殊干旱局面。

（4）基岩山区地下水

广泛分布于岩溶地区以外的其他山地、丘陵地，地下水赋存于岩浆岩、变质岩、碎屑岩和火山熔岩等岩石的裂隙中，是我国分布最广的一种地下水类型。基岩山区地下水只有在构造破碎带等局部地带富水性较好，大部分地区水量较贫乏，一般不适宜集中开采，但对山地、丘陵和高原地区的人、畜用水有重要作用。山区地下水分布面积约 $5.7498 \times 10^6 \, km^2$，占全国评价区总面积的 60.60%；地下水可开采资源量 $9.7167 \times 10^{10} \, m^3/a$，占全国地下水可开采资源总量的 27.54%。

17.3.2　地下水的功能与水质

地下水作为地球上重要的水体，与人类社会有着密切的关系，地下水的贮存有如在地下形成一个巨大的水库，以其稳定的供水条件、良好的水质，而成为农业灌溉、工矿企业以及城市生活用水的重要水源，成为人类社会必不可少的重要水资源，井水和泉水是日常使用最多的地下水，含有特殊化学成分或水温较高的地下水，还可用作医疗、热源、饮料和提取有用元素的原料。尤其是在地表缺水的干旱、半干旱地区，地下水更是当地的主要供水水源。据不完全统计，从 20 世纪开始，以色列 75% 以上的用水依靠地下水供给，德国的许多城市供水，也主要依靠地下水；法国的地下水开采利用量要占到全国总用水量的1/3 左右。像美国、日本等地表水资源比较发达的国家，地下水也要占到全国总用水量的20% 左右。

2018 年中国全国地下水开采量为 $9.76 \times 10^{10} \, m^3$，占全国供水总量的 16%。北方大部分省区，包括河北、河南、内蒙古、黑龙江、北京、辽宁、山西，地下水供水量占比超过40%，其中河北为 58%。农业是地下水用水大户，2018 年全国农业地下水用水量为$6.4 \times 10^9 \, m^3$，占全国地下水用水总量的 67%。北方大部分省区，包括黑龙江、新疆、甘肃、内蒙古、吉林、河北、辽宁、山东、天津，农业地下水用水量占地下总用水量的比例超过 60%，其中黑龙江和新疆分别为 90% 和 86%。

然而，如果地下水位高，土壤长期过湿，地表滞水地段可能产生沼泽化，给农作物造成危害；地下水过多，会引起铁路、公路塌陷，淹没矿区坑道，形成沼泽地等。同时，地下水有一个总体平衡问题，过量开采和不合理利用地下水，常会造成地下水位严重下降，形成大面积的地下水下降漏斗，在地下水用量集中的城市地区，还会引起地面发生沉降。此外，工业污水与生活污水的大量入渗，会严重污染地下水源，危及地下水资源。

为保护和合理开发地下水资源，防止和控制地下水污染，保障人民身体健康，促进经济建设，国土资源部组织修订了《地下水质量标准》（GB/T 14848—2017）。该标准依据我国地下水水质现状、人体健康基准值及地下水质量保护目标，将地下水质量划分为五类：Ⅰ类主要反映地下水化学组分的天然低背景含量，适用于各种用途；Ⅱ类主要反映地下水化学组分的天然背景含量，适用于各种用途；Ⅲ类以人体健康基准值为依据，主要适用于集中式生活饮用水水源及工、农业用水；Ⅳ类以农业和工业用水要求为依据，除适用于农业和部分工业用水外，适当处理后可作生活饮用水；Ⅴ类不宜饮用，其他用水可根据使用目的选用。各类指标及限值如表 17-2 所示。

表 17-2　地下水质量常规指标及限值

序号	指标	Ⅰ类	Ⅱ类	Ⅲ类	Ⅳ类	Ⅴ类
	感官性状及一般化学指标					
1	色(铂钴色度单位)	≤5	≤5	≤15	≤25	>25
2	嗅和味	无	无	无	无	有
3	浑浊度/NTU①	≤3	≤3	≤3	≤10	>10
4	肉眼可见物	无	无	无	无	有
5	pH 值	6.5≤pH≤8.5			5.5≤pH<6.5 8.5<pH≤9.0	pH<5.5 或 pH>9.0
6	总硬度(以 $CaCO_3$ 计)/(mg/L)	≤150	≤300	≤450	≤650	>650
7	溶解性总固体/(mg/L)	≤300	≤500	≤1000	≤2000	>2000
8	硫酸盐/(mg/L)	≤50	≤150	≤250	≤350	>350
9	氯化物/(mg/L)	≤50	≤150	≤250	≤350	>350
10	铁/(mg/L)	≤0.1	≤0.2	≤0.3	≤2.0	>2.0
11	锰/(mg/L)	≤0.05	≤0.05	≤0.10	≤1.50	>1.50
12	铜/(mg/L)	≤0.01	≤0.05	≤1.00	≤1.50	>1.50
13	锌/(mg/L)	≤0.05	≤0.5	≤1.00	≤5.00	>5.00
14	铝/(mg/L)	≤0.01	≤0.05	≤0.20	≤0.50	>0.50
15	挥发性酚类(以苯酚计)/(mg/L)	≤0.001	≤0.001	≤0.002	≤0.01	>0.01
16	阴离子表面活性剂/(mg/L)	不得检出	≤0.1	≤0.3	≤0.3	>0.3
17	耗氧量(COD_{Mn} 法,以 O_2 计)/(mg/L)	≤1.0	≤2.0	≤3.0	≤10.0	>10.0
18	氨氮(以 N 计)/(mg/L)	≤0.02	≤0.10	≤0.50	≤1.50	>1.50
19	硫化物/(mg/L)	≤0.005	≤0.01	≤0.02	≤0.10	>0.10
20	钠/(mg/L)	≤100	≤150	≤200	≤400	>400
	微生物指标					
21	总大肠菌群/(MPN②/100mL 或 CFU③/100mL)	≤3.0	≤3.0	≤3.0	≤100	>100
22	菌落总数/(CFU/mL)	≤100	≤100	≤100	≤1000	>1000
	毒理学指标					
23	亚硝酸盐(以 N 计)/(mg/L)	≤0.01	≤0.10	≤1.00	≤4.80	>4.80
24	硝酸盐(以 N 计)/(mg/L)	≤2.0	≤5.0	≤20.0	≤30.0	>30.0
25	氰化物/(mg/L)	≤0.001	≤0.01	≤0.05	≤0.1	>0.1
26	氟化物/(mg/L)	≤1.0	≤1.0	≤1.0	≤2.0	>2.0
27	碘化物/(mg/L)	≤0.04	≤0.04	≤0.08	≤0.50	>0.50
28	汞/(mg/L)	≤0.0001	≤0.0001	≤0.001	≤0.002	>0.002

序号	指标	Ⅰ类	Ⅱ类	Ⅲ类	Ⅳ类	Ⅴ类
29	砷/(mg/L)	≤0.001	≤0.001	≤0.01	≤0.05	>0.05
30	硒/(mg/L)	≤0.01	≤0.01	≤0.01	≤0.1	>0.1
31	镉/(mg/L)	≤0.0001	≤0.001	≤0.005	≤0.01	>0.01
32	铬(六价)/(mg/L)	≤0.005	≤0.01	≤0.05	≤0.10	>0.10
33	铅/(mg/L)	≤0.005	≤0.005	≤0.01	≤0.10	>0.10
34	三氯甲烷/(μg/L)	≤0.5	≤6	≤60	≤300	>300
35	四氯化碳/(μg/L)	≤0.5	≤0.5	≤2.0	≤50.0	>50.0
36	苯/(μg/L)	≤0.5	≤1.0	≤10.0	≤120	>120
37	甲苯/(μg/L)	≤0.5	≤140	≤700	≤1400	>1400
放射性指标④						
38	总σ放射性/(Bq/L)	≤0.1	≤0.1	≤0.5	>0.5	>0.5
39	总β放射性/(Bq/L)	≤0.1	≤1.0	≤1.0	>1.0	>1.0

①NTU 为散射浊度单位。

②MPN 表示最可能数。

③CFU 表示菌落形成单位。

④放射性指标超过指导值，应进行核素分析和评价。

17.3.3 地下水破坏的影响

作为一种重要的水源，地下水在某些地表水缺乏的地区（如中国的华北平原等地、台湾云嘉南一带）是工业、农业、养殖渔业和生活用水的主要来源，但如果过量开采地下水，会造成地层下陷、岩溶塌陷，某些地区还会造成海水渗入，导致地下水咸化。

(1) 地面沉降

长期持续超采地下水会造成深层地下水水位持续下降，从而导致地面沉降。我国有近70个城市因不合理开采地下水诱发了地面沉降，沉降范围 $6.4×10^4 km^2$，沉降中心最大沉降量超过 2m 的有上海、天津、太原、西安、苏州、常州等城市，天津塘沽的沉降量达到 3.1m。西安、大同、苏州、无锡、常州等城市的地面沉降同时伴有地裂缝，对城市基础设施构成严重威胁。发生地裂缝的地区还有河北、山东、云南、广东、海南等地。

(2) 岩溶塌陷

大规模集中开采地下水以及矿山排水等，造成地面塌陷频繁发生，呈现向城镇和矿山集中的趋势，规模越来越大，损失不断增加。据不完全统计，全国 23 个省、市、自治区发生岩溶塌陷 1400 多例，塌坑总数超过 4 万个，给国民经济建设和人民生命财产带来严重威胁。

超量开采岩溶地下水造成地面塌陷，主要分布在广西、广东、贵州、湖南、湖北、江西等省区，在福建、河北、山东、江苏、浙江、安徽、云南等省区也有分布。昆明、贵阳、六盘水、桂林、泰安、秦皇岛等城市的岩溶塌陷最为典型，湖南、广东的一些矿区矿坑排水产生的塌陷数量最多。全国共发生岩溶塌陷 3000 多处，塌陷面积 300 多平方千米。

（3）海水入侵

在环渤海地区、长江三角洲的部分沿海城市和南方沿海地区，由于过量开采地下水引起不同程度的海水入侵，呈现从点状入侵向面状入侵的发展趋势。海水入侵使地下水产生不同程度的咸化，造成当地群众饮水困难，土地发生盐渍化，多数农田减产 20%～40%，严重的达到 50%～60%，非常严重的达到 80%，个别地方甚至绝产。山东莱州湾南岸是我国海水入侵最严重的地区之一，造成 8000 多眼农用机井报废，40 万人饮水困难，60 万亩耕地丧失生产能力，粮食累计减产 30 亿～45 亿千克，直接经济损失 40 亿元。

17.3.4　地下水的补给水源

一般说来，地下水具有天然形成的能力，即产水能力。地下水的天然形成能力用单位面积地下水天然补给资源量（补给模数）来反映。受自然条件、地质结构、蓄水能力等因素的影响，我国地下水产水能力的地区性差异较大。只要开采量在地下水的产水能力范围内，即可实现可持续开采。然而，近 30 年来，我国地下水开采量以每年 25 亿立方米的速度递增，虽然有效保证了经济社会的发展需求，但会导致地下水资源储量不断减少甚至枯竭。据初步统计，我国已形成大型地下水降落漏斗 100 多个，面积达 15 万平方公里，超采区面积 62 万平方公里，严重超采城市近 60 个，长期超采造成地下水资源不断减少，目前华北平原有近 7 万平方公里面积的地下水位在海平面以下；河北省沧州市深层地下水漏斗中心区水位最大下降幅度近 100 米，低于海平面 80 余米，地下水储存资源濒于枯竭。

为实现地下水的可持续开采，防止地下水资源枯竭，可采取将地表水灌入地下的方式而增加地下水资源的储存量，这种方式称为地下水补水。地下水补水的来源主要为大气降水和地表水的下渗，有时是来自大气和岩土空隙中的水气凝结等。此外，还有人工补给。

（1）大气降水的补给

大气降水包括雨、雪、雹等形式。一般来说，大气降水是地下水的主要补给来源，大气降水补给地下水的数量受许多因素的影响，与降水强度、形成、植被状况、包气带岩性、含水层埋藏条件等都有关系，降水量大、降水过程长、地形平坦、植被繁茂、包气带岩土透水性良好，则大气降水可以大量下渗补给地下水。其中，包气带岩土的透水性大小占主导地位。

（2）地表水的补给

地表水包括河流、湖泊、海洋、水库、水田等积水洼地中的水体，这些地表水体的部分下渗可以给地下水一定的补给。地表水补给地下水的基本条件是地表水位高于地下水位。此外，与积水洼地周边和底部岩土的透水性大小、与地表水体同地下水的联系范围的大小有关，例如沙地比黏土地的入渗条件要好些，石灰岩地区比花岗岩地区的入渗条件要好些。

（3）凝结水的补给

在广阔的沙漠地区，大气降水和地表水对地下水的补给都较少，而凝结水往往是地下水的重要补给来源。凝结水的补给与地下蓄水能力（包括含水层的孔隙性、裂隙性、地下水埋藏深度等）有关。

(4) 人工补给

采取某些工程措施将地表水导引入地下或用压力将其渗入地下含水层，以增加地下水的储存量，提高地下水水位，或者减缓地面下沉速度（因过量开采地下水引起地面下沉），统属人工补给地下水的范畴。

17.3.5 污水地下水补水

在干旱地区，由于地表水的匮乏，可将城市污水、工业污水或农村污水经适当处理达到一定水质要求后回灌入地下，补充地下水。这样既可以防止因过量开采地下水而造成的地面沉降，还能利用土壤自净作用提高回水水质，直接向工业和生活杂用水供水。

污水回灌补充地下水对水质的要求很高，回灌前须经生物处理（包括硝化与脱氮），还必须有效去除有毒有机物与重金属，一旦回灌水质达不到要求，将会对地下水含水层造成污染。污水地下水回灌水质要求的一般原则如下：

来自污水处理厂的经深度处理后合格的再生水向地下回灌时，对水质的要求随当地水文地质条件、回灌方式、重新抽取出来的地下水的用途不同而不同，一般应满足：①回灌水的水质应比被补给的含水层的水质好；②不应含腐蚀性气体、离子及微生物，悬浮物的含量应低于 20mg/L；③水温最佳为 20～25℃；④pH 值最好在 6.5～7.5。在众多的水质因素中，回灌水引入含水层的有毒有机物及其迁移转化途径和各种不同来源的有机物低剂量、长时间联合作用于人体，其对人体的远期危害，尤其是致癌效应，是人们十分关注的问题。

对于污水中存在的种类繁多的有机物，由于缺乏一些可靠的探测某种有机物是否存在并确定其浓度的技术手段，目前唯一可行的方法是采用某些代用参数，如 TOC（总有机碳）和 AOX（可吸附有机卤化物）。但只用集体参数来度量有机污染物的总浓度是不够的，例如 TOC 和 COD 描述的是有机物的属性，代表众多的有机物，其生态意义在很大范围内摆动，只有 BOD_5 直接与生态相关。因此，检测某些毒性化合物（如有机卤化物）的类型与浓度尤为重要，只有将表征有机物总量的集体参数与某些表征威胁性有机物的专项分析结合使用才能全面反映水质状况。虽然 TOC 和 AOX 值低于一定浓度并不能保证水中有毒有害物质的浓度一定很低，但是几乎每一种降低 TOC 和 AOX 的处理过程都能降低具有潜在毒性有机物的浓度。根据 21 世纪水厂的运行经验，TOC 可以作为痕量有机物的一个代用监测指标。

尽管用再生水中的有机物做的一些试验表明，它们对动物并没有毒害作用，但是因为人们对合成有机物的了解要远少于对传统供水中有机物的了解，所以，其浓度应尽量降低，但是对每一种有机物建立其健康标准并分别检验其在再生水中的浓度是否低于最低限值是不可行的，因此一般要求 TOC 应尽可能低。当 TOC 值低于一定值时，可以不需要专门的毒性检测。而当 TOC 值较高时，为了公众的健康，需要较频繁地监测其毒性。然而到底 TOC 值该定为多少，却无法给出一个统一的规定，其中一个重要原因是污水处理厂出水的有机物浓度受饮用水的有机物浓度影响很大。Drewes 对美国亚利桑那州 Mesa 市饮用水和该市污水处理厂出水的研究发现，饮用水中的 TOC 和污水处理厂出水的 TOC 具有非常明显的相关性。Mesa 市的污水处理厂三级出水中的难降解有机物约有 50％是来自饮用水。在饮用水的使用和污水处理厂的处理中，又产生了大约 1mg/L 的难降解有机物。由于污水处理厂三级出水中来自饮用水的 TOC 一般很难被生物降解，将深度处理后的三级出水进行地下水回灌时，将会增加含水层的 TOC。Drewes 的试验还指出，污水处理厂出水经土壤含水层处理后，水中的难降解有机物主要是没有毒性的腐殖质，因此虽然回灌会增加含水层的有机物浓度，但是这些新增加的有机物是非毒性的。

▶ 17.4 地下储能

工业城市抽用地下水的目的，除充分发挥水本身的功能之外，还可将其作为冷源或热源，夏季用于冷却产品、调节车间的温度和湿度，冬季则用作车间取暖和供锅炉用水。

地下储能是将水作为一种储能介质，通过将水灌入地下而储存热能或冷能，视需要而采取"冬灌夏用"或"夏灌冬用"的方式实现能量利用。为了增加地下水的冷源或热源，许多工厂利用含水层中地下水流速缓慢和水温变化缓慢的特点，用回灌的方法改变地下水的温度，提高地下水的冷、热源储存效率。具体做法是冬季向地下灌入温度很低的冷水，夏季开采用于降温（即冬灌夏用）。夏季则向地下灌入温度较高的水，冬季开采用于取暖（即夏灌冬用）。

17.4.1 地下储能的原理

地下储能是把大气的冷热能量以地下水为介质储存在含水层中，供使用期提取，是一种低维修、高能效的利用自然能的方法，是不产生环境污染的"绿色能源"。其工作原理是，在冬季，水从所谓的"热井"中抽出，利用热泵技术释放的热能为建筑物供热，经过冷却后的水回灌至所谓的"冷井"。在夏季，过程正好相反，从"冷井"中抽出的冷水经热交换器（或热泵）交换，为建筑物或工艺过程供冷，工作完成温度升高的水回灌至"热井"。这种储能方式，可通过一对井或几对井实现，视工程所需能量而定。还有一种形式，即分布于相对较远的对应井群，注水井群只用来注水，抽水井群只用来抽水。不同季节注入水量的温度平均值等于地下水温度，经过一定距离的流动，水温接近常温，可供空调系统用水。受水文地质条件的限制，目前多数采用前者。

按经济性考虑，地下储能应用最多的是储备冷源，是将地面的低温水在低温季节回灌至地下含水层，以备高温季节供应冷却水系统、空调系统或其他类似用水系统使用，即通常所说的"冬灌夏用"。由于取用水的温度较原先使用的地面水或地下水的温度低，因而可减少制冷量和冷却水的用量，从而达到节水节能的目的。目前，"冬灌夏用"的冷源储备方式已被我国江苏、上海、北京、天津、西安等一些城市的纺织厂广泛采用，取得了显著的节水节能效益。

实行"冬灌夏用"时，除考虑回灌的低温水能替代制冷负荷、减少总制冷量外，还应该注意冷负荷的平衡与调度。例如，如果按高温季节平均使用低温回灌水，平均取水量为 $60 m^3/h$，制冷温差为 $10℃$，则每小时可替代 $700 kW \cdot h$ 的制冷负荷；而在气温最高的时刻集中使用低温回灌水，制冷温度以 $12℃$ 计，则每小时可替代 $840 kW \cdot h$ 的制冷负荷，从而提高了"冬灌夏用"的效益。此外，在人工制冷的基础上以低温回灌水调节制冷高峰的负荷，使两种冷源合理搭配和调度，可取得更佳的经济效果。这是因为大多数制冷设备的制冷效率都随冷却水温的上升而降低，即气温越高，制冷效率越低，制冷量越小，但回灌低温水却是气温越高，可利用的温差越大，制冷效率越高。因此，集中使用回灌低温水会使同期的冷却水用量有所增加，但单位电耗却能显著下降，如果保持单位电耗不变，此时便可取得相应的节水效果。通过两者的综合权衡，便可使水资源得到合理的利用。

地下水密闭循环回灌是近年来开发应用的一项利用大气冷源的新技术，它不同于一般的"冬灌夏用"冷源储备之处在于地下水仅作为温度的载体被循环利用，而无水量消耗和水质变化。

地下水密闭循环回灌用水系统由"冬抽夏灌井"、"冬灌夏抽井"、换热器和空气冷却器等组成，其运行方式是：在气温较低的冬季，由"冬抽夏灌井"中抽取常温水（温度低于循环冷却水的温度）至换热器对循环冷却水进行间接冷却，被加温的地下水经空气冷却器依靠低气温冷却后，再由"冬灌夏抽井"注入地下含水层并作为冷源储备。在炎热的夏季，则由"冬灌夏抽井"中抽取低温水至换热器用作间接冷却循环水，被加温的地下水再由"冬抽夏灌井"注入同一地下含水层。如此往复循环，从而利用冬季的大气冷源。

17.4.2 地下储能的优点

地下水储能系统具有如下的优点。

① 能效高：由于地下储能系统可以利用地下水进行储热和储冷，系统制冷系数略高于压缩式水冷机组，一般可达 4.5 以上，制热系数达 5.0 以上。

② 环保性能好：由于以电为动力源，无任何排放物，环保性能优越。

③ 一机多用：既可冬季供热又可夏季供冷，也可供应生活热水，夏季供应还可省去冷却塔。

④ 投资与其他方法持平，运行费用较低：与电冷空调配燃油锅炉、溴化锂空调配燃油锅炉及溴化锂直燃式空调等方式比较，其投资持平，但运行费用仅为其他方式的 1/2 甚至 1/3。

⑤ 技术成熟，自动化控制水平高，运行和维持简单。

17.4.3 地下储能的发展

用地下水进行地下储能的技术最早出现在中国，20 世纪 60 年代初，为了缓解地面沉降和解决工厂的储能问题，北京、上海和天津采用了地下水人工回灌措施，储能方法大都采用单井回灌方式，每年冬季或夏季，需用冷能或热能的工厂，用管井回灌的方式将冷水或热水灌入含水层储存起来，在生产需用冷能或热能时再抽取使用。目前上海市有储冷井400 余眼，冬灌冷水约 $2 \times 10^6 \mathrm{m}^3$；储热井 130 余眼，夏灌热水约 $6 \times 10^6 \mathrm{m}^3$。天津市在 20世纪 90 年代中期有回灌井 78 眼，年回灌约 $1.7 \times 10^6 \mathrm{m}^3$，目前回灌量已降低。江苏省无锡、苏州、常州一带地下水回灌规模也较大。由于成井技术及回灌技术存在一定问题，回灌井出现物理堵塞、化学沉淀堵塞、生物化学堵塞，导致回灌规模难以扩大。

在国外，利用地下储能技术是在 20 世纪 80 年代末期开始的。此项技术处于领先地位的是荷兰 IF 技术股份有限公司，该公司从事地下储能技术研究和开发多年，在吸取中国地下水回灌技术经验的基础上，针对我国难以解决的前述几方面的问题进行研究，逐步得以解决，创造出荷兰式地下储能技术。20世纪90年代在荷兰、比利时、挪威等国推广地下储能工程近200项，均为较大型的储能工程。该技术最早采用对井，互为灌采井，对成井技术、回灌技术进行研究和改进，实现地下水灌采平衡。利用地下含水层储能，并与热泵、热交换器联合使用实现建筑物冷暖空气调节。

受荷兰地下储能技术的影响，天津市进行了多项地下储能工程试验和建设，试验结果和建设经验表明，在建设回灌系统前应进行详尽的水文地质勘察并开展回灌试验，保证该地区具备进行含水层储能的条件；合理设计系统，确保可持续开发利用；设置温度、压力、流量仪表及水质监测仪表；在运行过程中保证地热水在系统中密闭运行，避免外界气体进入造成地下水氧化堵塞及污染。

另外，地下水回灌可能造成一定的地下生态环境污染问题。若回灌水水质不达标，带回的微生物会造成地下水污染，不仅对地下生物造成影响，当再次利用地下水时也会危害人的健康。

17.4.4　污水地下储能

地下储能是把大气的冷热能量以地下水为介质储存在含水层中，供使用期提取。具体的操作是：在夏季将温度较高的水储存于地下，冬季抽取利用其储存的热能，或者是在冬季将温度较低的水储存于地下，夏季抽取利用其储存的冷能。从能量的利用效率角度看，夏季储水的温度越高，则冬季抽取利用的效率也就越高。同样的，冬季储水的温度越低，则夏季抽取利用的效率也就越高。受限于大气温度，地下储能的利用效率不可能太高，但如果将储存热能的水温提高，或者是将储存冷能的水温降低，则可大大提高抽取利用的效率。以工业生产过程产生的冷却污水为储能介质，可实现这一目的。

为了满足人民群众日益提高的物质要求，工业生产产品的种类在不断增多，但几乎所有制造产品的化学反应过程都必须在一定的温度条件下进行，因此需要消耗大量的能量，其中较大一部分用于对物料（包括原料和产品）进行加热或冷却。在反应完成后，又必须对温度较高的产品进行冷却。冷却过程大多以水为介质，即冷却水。为了提高冷却水的利用效率，大多采用间接冷却水的循环利用。

间接冷却水在完成冷却任务后，仅有水温的升高，其水质基本不发生变化。如果将其作为能量的载体储存于地下，因完成冷却任务后的水温比大气环境下的水温高得多，在冬季时抽取利用，由于供热端（抽取水）和用热端（室内空气或其他需热场合）的温差变大，因而热利用效率得到大大提升。

一般来说，间接接触方式下水的作用是作为冷却水，对温度较高的物料进行冷却，完成冷却任务后温度均会升高，但也有例外。液化天然气（LNG）气化过程中水的作用是为LNG的气化过程提供热量，取自河流、湖泊等地表水体的常温水与LNG间接接触，水所携带的热量传递给LNG，使其温度升高，不断气化，而LNG在气化过程中则将冷量（气化相变潜热）传递给水。过程结束后，水的温度会大大降低。可将这种温度较低的水作为冷量的载体储存于地下，在需要时抽取利用。此种情况下，由于需冷端（室内空气或其他需冷场合）和供冷端（抽取水）的温差变大，因而热利用效率得到大大提升。

虽然，从能量利用效率角度看，污水地下储能时水的温度越高（或越低），则抽取利用时的热效率越高，经济性越好。然而，若用于储能的污水温度过高或过低，会改变地下的温度分布，影响地下微生物的生存环境，超过其承受的范围后，会导致地下生态平衡破坏。在实际运行过程中，应采用污水与抽取水同层回灌，对抽灌量、温度、水质等参数进行动态监测、分析及评价，定期对系统进行检测、维修和保养，发现问题及时处理。

参考文献

[1] 廖传华，王小军，王银峰，等.能源环境工程 [M].北京：化学工业出版社，2020.

[2] 季红飞，王重庆，冯志祥，等.工业节水案例与技术集成 [M].北京：中国石化出版社，2011.

[3] 廖传华，张秝湲，冯志祥.重点行业节水减排技术 [M].北京：化学工业出版社，2016.

[4] 丁跃元，陈飞，李原园，等.华北地区地下水超采综合治理行动方案编制背景及思路 [J].中国水利，2021（13）：22-25.

[5] 陈飞，丁跃元，唐世南，等.华北地区河湖生态补水与地下水回补的实践及效果分析 [J].中国水利，2021（7）：36-39.

[6] 刘洋，王荣岩，孙振，等.地下储能系统的研究与应用 [J].资源节约与环保，2012（4）：69-71.

[7] 邬小波.地下含水层储能和地下水源热泵系统中地下水回路与回灌技术现状 [J].暖通空调，2004，34（1）：19-22.